复杂网络算法与应用

孙玺菁　司守奎　编著

国防工业出版社

·北京·

内容简介

随着复杂网络研究的深入发展和研究领域的不断扩展，其应用日益广泛。近年来各类数学建模竞赛中，基于复杂网络的题目层出不穷，但目前大部分数学建模书籍中都没有涉及复杂网络的相关内容，而复杂网络方面的专著偏重于基础理论和方法，涉及算法程序实现的很少。

将基本理论和计算机算法实现相结合正是本书编写的初衷。本书共计9章，主要涉及复杂网络静态特征，各种网络模型，复杂网络上的传播模型和动力学分析，复杂网络上的同步研究，复杂网络中的搜索策略，复杂网络中的社团结构，网络层次分析法，网络博弈论。基于Matlab给出了作者自主编写的函数和程序，并对书中出现的大部分例题配备了程序，便于学生从理论和求解两个角度入手学习复杂网络的相关理论，在学习中举一反三、事半功倍，节省学习时间。

本书可以作为复杂网络课程本科生和研究生的教材，也可以作为数学建模竞赛辅导书。

图书在版编目(CIP)数据

复杂网络算法与应用/孙玺菁，司守奎编著.—北京：国防工业出版社，2020.2 重印
ISBN 978-7-118-10225-3

Ⅰ.①复… Ⅱ.①孙…②司… Ⅲ.①计算机网络-计算方法 Ⅳ.①TP393.01

中国版本图书馆 CIP 数据核字(2015)第151002号

※

国防工業出版社出版发行
(北京市海淀区紫竹院南路23号 邮政编码100048)
三河市天利华印刷装订有限公司印刷
新华书店经售

*

开本 787×1092 1/16 **印张** 19 **字数** 470千字
2020年2月第1版第4次印刷 **印数** 7001—9000册 **定价** 40.00元

国防书店：(010)88540777 发行邮购：(010)88540776
发行传真：(010)88540755 发行业务：(010)88540717

前　言

复杂网络对交叉学科的融合能力非常强,随着复杂网络研究的深入发展和研究领域的不断扩展,其应用越来越广泛。近几年各类数学建模竞赛的题目中,基于复杂网络的问题层出不穷,美赛已经连续五年都有一道和复杂网络相关的题目。但是大部分数学建模书籍中并没有包含复杂网络的内容,而且现有复杂网络方面的专著偏重于基础理论和方法,涉及算法程序实现的很少,这正是我们编写本书的初衷。本书旨在让具备大学高等数学以及工程数学基础知识的本科生和研究生能够顺利地自主学习相关的理论基础,掌握实现复杂网络相关基本算法的基本计算编程能力。因此本书在介绍复杂网络常用基础理论知识的同时,基于 Matlab 给出了我们自主编写的复杂网络相关基本算法的函数和程序,并对书中出现的大部分例题配备了程序,便于学生从理论和求解两个角度入手学习复杂网络的相关理论,并为学生将来从事相关领域研究奠定计算机实现基础。同时,本书也可以作为相关专业复杂网络课程本科生和研究生的教材。

本书共计 9 章,第 1 章介绍了复杂网络的发展历程、复杂网络的特征,以及数理统计、图论、矩阵理论中的一些预备知识;第 2 章介绍了复杂网络的各种静态特征;第 3 章介绍了各种网络模型性质和生成模拟网络的方法,第 2 章和第 3 章是复杂网络的基础,不管从事什么方向的研究,这两章都是必须要学习的内容;第 4 章介绍了复杂网络上的传播模型和动力学分析;第 5 章介绍了复杂网络中的混沌同步研究;第 6 章介绍了复杂网络中的搜索研究;第 7 章介绍了复杂网络中的社团结构,第 4 章~第 7 章的内容是复杂网络研究中比较深入和成熟的,本书在这几章中选取的都是该领域最基本的内容;第 8 章介绍了网络层次分析法;第 9 章介绍了网络博弈论研究。读者可以根据自己的研究方向选读。

考虑到数学建模竞赛的时间都比较短,本书选择这样的内容和结构安排,便于学生通过程序举例举一反三,事半功倍,节省时间。

在此,我们特别感谢 2006 年清华大学出版社出版的《复杂网络理论及其应用》一书的作者汪小帆、李翔、陈关荣,以及 2012 年科学出版社出版的《复杂网络基础理论》一书的作者郭世泽、陆哲明。这两部专著给我们提供了很多帮助。同时本书也广泛参考近几年国内外研究学者的学术论文、学位论文和学术专著,在此特向参考文献中提及的国内外各位学者表示衷心的感谢,若有些结论稍有不同,仅为学术探讨。

全书共 9 章,其中第 1 章~第 5 章由孙玺菁编著;第 6 章~第 9 章由司守奎编著,全书由孙玺菁统稿。由于经验和时间有限,书中的错误和疏漏在所难免,敬请同行不吝指正。

感谢国防工业出版社对本书出版所给予的大力支持,尤其是责任编辑丁福志的热情支持和帮助。

本书的Matlab程序在Matlab2019A下全部调试通过,程序课件可到www.ndip.cn下载,使用过程中如有问题可以加入QQ群204957415和作者进行交流,也可以通过电子邮件和我们联系,E-mail:ding@ndip.com,sishoukui@163.com,xijingsun1981@163.com。

编者

2020年2月

目　　录

第1章　绪　论

1.1　引　言

随着近年来关于复杂网络(Complex network)理论及其应用研究的不断深入,人们开始尝试运用这种新的理论工具来研究现实世界中的各种大型复杂系统。其中复杂系统的结构以及系统结构与系统功能之间的关系是人们关注的热点问题。要研究这些复杂系统在结构和功能上的特点,就需要用一种统一的工具描述这些复杂系统。在复杂网络理论中,这种工具就是网络图。网络图的提出起源于 Euler 对七桥问题的研究。

1.1.1　Euler 与 Konigsberg 七桥问题

Konigsberg(哥尼斯堡)是东普鲁士一个城镇,在其城中有一条横贯城区的河流,河中有两个岛,两岸和两岛之间共架设七座桥。当地居民流传着这样一个有趣的问题:一个人能否依次走过所有的七座桥且每桥只经过一次,最后再返回出发点?这就是著名的"七桥问题"。这个问题看起来似乎非常简单,但长期以来小镇上没有一个人能够走出这样一条路径。

著名数学家 Euler 在对这个问题进行分析之后,巧妙地将被河流分隔开的四块陆地抽象为四个节点,分别用 A,B,C,D 表示,而将连接这四块陆地之间的七座桥抽象为这四个节点之间相互连接的七条边。这样就得到了由四个点和七条边构成的一个图,如图 1.1 所示。

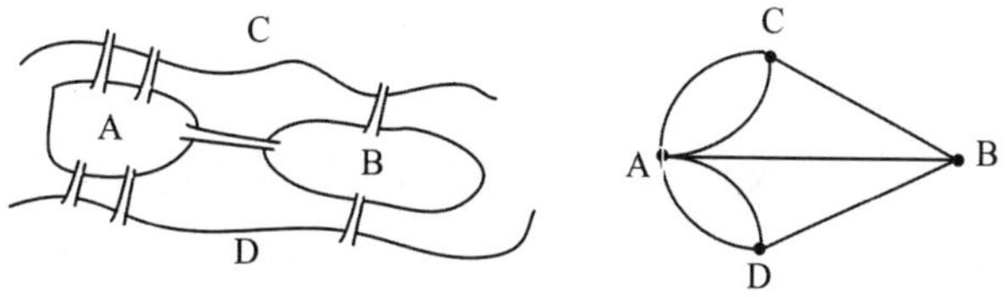

图 1.1　七桥问题示意图

经过简单抽象,原来的七桥问题可转化为如下的数学问题:从任一点出发,恰好经过每条边一次而返回原点的回路是否存在?Euler 给出了存在回路的充要条件:如果起点和终点重合(回到原地),则每一点只能有偶数条边与之相连。因此可以推出上述七桥问题是没有解的。

Euler 对七桥问题的抽象和论证思想,开创了数学中的一个新的分支——图论(Graph theory)。因此,Euler 被公认为图论之父。事实上,今天关于复杂网络的研究与 Euler 当年关于七桥问题的研究在某种程度上是一脉相承的,即用抽象的网络图结构研究复杂系统的性质。

1.1.2　ER 随机图理论

在 Euler 解决七桥问题之后的相当长一段时间里,图论并未获得足够的发展,直到 1936 年才出版了图论的第一部学术专著。20 世纪 60 年代,匈牙利数学家 Erdös 和 Rényi 建立了随机图理论[1-2](Random graph theory)。这一理论被公认为在数学上开创了复杂网络理论的系统性研究。在 Erdös 和 Rényi 研究的随机图模型(称为 ER 随机图)中,任意两个节点之间有一条边相连接的概率都为 p。因此,一个含 N 个节点的 ER 随机图中边的总数是一个期望值为 $p[N(N-1)/2]$ 的随机变量。由此可以推得,产生一个有 N 个节点和 M 条边的 ER 随机图的概率为 $p^M(1-p)^{N(N-1)/2-M}$。

Erdös 和 Rényi 系统研究了当 $N\to\infty$ 时 ER 随机图的性质(如连通性等)与概率 p 之间的关系。他们最重要的发现在于:ER 随机图的许多重要的性质都是突然涌现的。也就是说,对于任一给定的概率 p,要么几乎每一个图都具有某个性质,要么几乎每一个图都不具有该性质。

1.1.3 社会领域的小世界实验

在随后 40 年中,随机图理论一直是研究复杂网络的基本理论。在此期间,人们也做了试图解释社会网络特征的一些实验。下面介绍其中比较出名的两个实验。

1. Milgram 的小世界实验

一个社会网络就是一群人或团体按某种关系连接在一起而构成的一个系统。当然,这里的关系可以是多种多样的,如朋友关系、合作关系、联姻关系和商业关系等。那么对于地球上任意两个人来说,如果借助第三者、第四者这样的间接关系来建立他们两人的某种联系,平均需要通过多少人呢?社会心理学家 Stanley Milgram 在他的实验中给出的推断是平均中间只要通过 5 个人,即只要通过 6 个连接关系,你与地球上任何角落的任何一个人之间就能建立某种联系,这就是著名的六度分离(Six degrees of separation)推断。

Milgram 的小世界实验是这样做的。首先,他选定了两个目标对象:一个是 Massachusetts(马萨诸塞州)Sharon(沙朗)的一位神学院研究生的妻子,另一位是 Boston(波士顿)的一个证券经纪人。然后他在遥远的 Kansas(堪萨斯州)和 Nebraska(内布拉斯加州)招募到了一批志愿者。Milgram 要求这些志愿者通过自己所认识的人,用自己认为尽可能少的传递次数,设法把一封信最终转交到一个给定的目标对象手中。Milgram 根据最终到达目标者手中的信件的统计分析发现,从一个志愿者到其目标对象的平均距离是 6[1,3]。实验结果在某种程度上反映了人际关系的"小世界"特征。

2. Kevin Bacon 游戏

为检验"六度分离"假设的正确性,人们又做了其他一些小世界实验。其中一个著名的实验就是"Kevin Bacon 游戏(Game of Kevin Bacon)"。这个游戏的主角是美国演员 Bacon。游戏的目的是把 Bacon 和另外任意一个演员联系起来。在该游戏里为每个演员定义了一个 Bacon 数:如果一个演员和 Bacon 一起演过电影,那么他(她)的 Bacon 数就为 1;如果一个演员没有和 Bacon 演过电影,但是他(她)和 Bacon 数为 1 的演员一起演过电影,那么该演员的 Bacon 数就为 2,以此类推。这个游戏就是通过是否共同出演一部电影为纽带建立起演员和演员间的关系网。而 Bacon 数就描述了这个网络中任意一个演员到 Bacon 的最短路径。

美国 Virginia 大学的科学家建立了一个电影演员的数据库,放在网上供人们随意查询(http://www.cs.virginia.edu/oracle/)。网站的数据库里目前总共存有近 60 万个世界各地的演员的信息以及近 30 万部电影信息。通过简单地输入演员名称就可以知道这个演员的 Bacon 数。表 1.1 是对近 60 万个演员所做的统计:第一行是 Bacon 数,第二行是具有这个 Bacon 数的演员个数。可以看到最大的 Bacon 数仅仅为 8,而平均 Bacon 数仅为 2.944[1]。

表 1.1 电影演员的 Bacon 数

Bacon 数	0	1	2	3	4	5	6	7	8
演员数	1	1682	132399	357230	86206	6734	852	103	13

1.2 复杂网络的特性

复杂网络能很好地描述自然科学、社会科学、管理科学和工程技术等领域的相互关联的复杂模型。它以数学、统计物理学、计算机等科学为分析工具，以复杂系统为研究目标。复杂网络是21世纪发展较快的一门交叉学科，然而，到目前为止，在网络科学的研究中，复杂网络没有一个统一的定义。顾名思义，复杂网络就是高度复杂的网络，很难给出一个严格的定义。钱学森给出了一个描述性定义：具有自组织、自相似、吸引子、小世界、无标度中部分或全部性质的网络称为复杂网络。维基百科中将复杂网络定义为由数量巨大的节点和节点之间错综复杂的关系共同构成的网络结构，就是说其是一个有着足够复杂的拓扑结构特征的图。Bollobás和Riordan将其定义为随机图过程。前者是一个定性定义，过于宽泛；后者涉及数学上太抽象的随机图过程。

复杂网络的优美结构和新奇的规律，越来越吸引着人们去探索更多的奥秘。大多数复杂网络的复杂性表现在如下几个方面[1,4]：

(1) 网络规模庞大。网络节点数可以有成百上千万，甚至更多，但大规模的网络行为具有统计特性。

(2) 连接结构的复杂性。网络连接结构既非完全规则也非完全随机，但却具有其内在的自组织规律，网络结构可呈现多种不同的特性。

(3) 节点的复杂性。首先表现为节点的动力学复杂性，即各个节点本身可以是各种非线性系统(可以由离散的和连续微分方程描述)，具有分岔和混沌等非线性动力学行为；其次表现为节点的多样性，复杂网络中的节点可以代表任何事物，而且一个复杂网络中可能出现各种不同类型的节点。

(4) 网络时空演化过程复杂。复杂网络具有空间和时间的演化复杂性，可展示出丰富的复杂行为，特别是网络节点之间的不同类型的同步化运动(包括出现周期、非周期、混沌和阵发行为等运动)。

(5) 网络连接的稀疏性。一个有 N 个节点的具有全局耦合结构的网络的连接数目为 $O(N^2)$，而实际大型网络的连接数目通常为 $O(N)$。

(6) 多重复杂性融合。若以上多重复杂性相互影响，将导致更为难以预料的结果。例如，设计一个电力供应网络需要考虑此网络的进化过程，其进化过程决定网络的拓扑结构。当两个节点之间频繁地进行能量传输时，它们之间的连接权重会随之增加，通过不断地学习与记忆可逐步改善网络性能。

除了复杂性，复杂网络一般还具有以下三个特性[5]：

(1) 小世界特性。大多数网络尽管规模很大，但任意两个节点间却有一条相当短的路径。

(2) 无标度特性。人们发现一些复杂网络的节点的度分布具有幂指数函数的规律。因为幂指数函数在双对数坐标中是一条直线，这个分布与系统特征长度无关，所以该特性被称为无标度特性。无标度特性反映了网络中度分布的不均匀性，只有很少数的节点与其他节点有很多的连接，成为“中心节点”，而大多数节点度很小。

(3) 超家族特性。2004年，Sheffer和Alon等在*Science*上发表文章，比较了许多已有网络的局部结构和拓扑特性，观测到有一些不同类型的网络的特性在一定条件下具有相似性。尽管网络不同,只要组成网络的基本单元(最小子图)相同,它们拓扑性质的重大轮廓外形就可能具有相似性,这种现象被他们称为超家族特性。顾名思义,不同网络之间存在与某个家族的“血缘”关系,而出现与该家族相似的特性,究其原因在于它们拥有相同的或相似的网络“基因”,但存在网络“基因”是不是找准了、是否存在网络“基因”排序等更深层次的问题。目前,对于超家族特性在研究理论方法和技术上都有待进一步改进和发展,需要更多的不同网络的实证研究和严格的理论证明。

1.3 数理统计基础

1.3.1 矩母函数、特征函数和概率母函数

利用分布函数的变换有时可以较容易地确定独立随机变量和分布。矩母函数就是这种变换之一[6]。

定义 1.1 对一个非负随机变量 X,其矩母函数定义为

$$m_X(t)=E[\mathrm{e}^{tX}],\ -\infty<t<h, \tag{1.1}$$

式中:h 为某个常数。

因为特别要用到矩母函数在 0 点附近的小区间里的取值,所以要求 $h>0$。随机变量的矩母函数与分布函数一一对应。利用展开式,得

$$m_X(t)=\sum_{k=0}^{\infty}\frac{E[X^k]t^k}{k!}, \tag{1.2}$$

所以 X 的 k 阶矩为

$$E[X^k]=\frac{\mathrm{d}^k}{\mathrm{d}t^k}m_X(t)\mid_{t=0}。 \tag{1.3}$$

如果 X 和 Y 相互独立,则

$$m_{X+Y}(t)=E[\mathrm{e}^{t(X+Y)}]=E[\mathrm{e}^{tX}]E[\mathrm{e}^{tY}]=m_X(t)m_Y(t)。 \tag{1.4}$$

对于某些具有重尾的分布(Heavy-tailed distribution),如 Cauchy 分布,其矩母函数不存在,但是特征函数总是存在的。

定义 1.2 特征函数定义为

$$\phi_X(t)=E[\mathrm{e}^{itX}],\quad -\infty<t<+\infty, \tag{1.5}$$

随机变量的特征函数与分布函数也是一一对应的。

定义 1.3 如果 X 是在非负整数域$\{0,1,2,\cdots\}$上取值的离散随机变量,那么 X 的概率母函数定义为

$$g_X(t)=E[t^X]=\sum_{k=0}^{\infty}t^kP\{X=k\}, \tag{1.6}$$

若$|t|\leqslant 1$,则上式中的级数总是收敛的。

概率母函数、特征函数和矩母函数之间有如下的关系:

$$g_X(t)=m_X(\log t),\quad \phi_X(t)=m_X(it)。 \tag{1.7}$$

例 1.1 随机变量 X 服从参数为 μ,σ^2 的正态分布,其概率密度函数为

$$f_X(x)=\frac{1}{\sqrt{2\pi}\sigma}\mathrm{e}^{-\frac{(x-\mu)^2}{2\sigma^2}},\quad -\infty<x<\infty,$$

证明正态分布的矩母函数为 $m_X(t)=\mathrm{e}^{\mu t+\frac{\sigma^2}{2}t^2}$。

证明 矩母函数

$$m_X(t)=E[\mathrm{e}^{tX}]=\int_{-\infty}^{+\infty}\mathrm{e}^{tx}\frac{1}{\sqrt{2\pi}\sigma}\mathrm{e}^{-\frac{(x-\mu)^2}{2\sigma^2}}\mathrm{d}x$$
$$=\frac{1}{\sqrt{2\pi}\sigma}\int_{-\infty}^{+\infty}\mathrm{e}^{-\frac{[x-(\sigma^2t+\mu)]^2}{2\sigma^2}}\mathrm{e}^{\mu t+\frac{\sigma^2}{2}t^2}\mathrm{d}x,$$

令 $\frac{x-(\sigma^2t+\mu)}{\sigma}=y$,得

$$m_X(t)=\mathrm{e}^{\mu t+\frac{\sigma^2}{2}t^2}\int_{-\infty}^{+\infty}\frac{1}{\sqrt{2\pi}}\mathrm{e}^{-\frac{y^2}{2}}\mathrm{d}y=\mathrm{e}^{\mu t+\frac{\sigma^2}{2}t^2}。$$

例 1.2 Poisson 随机变量 N 的分布律为

$$P\{N=k\}=\frac{\mathrm{e}^{-\lambda}\lambda^k}{k!},k=0,1,2,\cdots,$$

计算 Poisson 随机变量的概率母函数和矩母函数。

解 Poisson 随机变量 N 的概率母函数为

$$g_N(z)=E(z^N)=\sum_{k=0}^{\infty}z^k\frac{\mathrm{e}^{-\lambda}\lambda^k}{k!}=\mathrm{e}^{-\lambda}\sum_{k=0}^{\infty}\frac{(z\lambda)^k}{k!}=\mathrm{e}^{\lambda(z-1)},$$

于是它的矩母函数为

$$m(t)=g_N(\mathrm{e}^t)=\mathrm{e}^{\lambda(\mathrm{e}^t-1)}。$$

1.3.2 一些抽样分布

下面列出一些可能用到的抽样分布。

1. χ^2 分布

定义 1.4 设 $X_1,X_2,\cdots,X_n$ 是来自服从标准正态分布 $N(0,1)$ 总体的样本,则称统计量

$$\chi^2=X_1^2+X_2^2+\cdots+X_n^2 \tag{1.8}$$

服从自由度为 n 的 χ^2 分布,记为 $\chi^2\sim\chi^2(n)$。

这里的自由度是指上式右端包含的独立变量的个数。$\chi^2(n)$ 分布的概率密度为

$$f(x)=\begin{cases}\frac{1}{2^{n/2}\Gamma(n/2)}\mathrm{e}^{-\frac{x}{2}}x^{\frac{n}{2}-1}, & x>0\\ 0, & 其他,\end{cases} \tag{1.9}$$

式中:$\Gamma(\cdot)$表示 Gamma 函数,其定义为

$$\Gamma(x)=\int_0^{\infty}t^{x-1}\mathrm{e}^{-t}\mathrm{d}t。 \tag{1.10}$$

2. t 分布

定义 1.5 设 $X\sim N(0,1)$,$Y\sim\chi^2(n)$,且 X,Y 相互独立,则称统计量

$$t = \frac{X}{\sqrt{Y/n}} \tag{1.11}$$

服从自由度为 n 的 t 分布，记为 $t \sim t(n)$。

该分布又称学生氏分布，其概率密度函数为

$$g(x) = \frac{\Gamma[(n+1)/2]}{\sqrt{\pi n}\Gamma(n/2)}\left(1+\frac{t^2}{n}\right)^{-\frac{n+1}{2}}, \quad -\infty < t < \infty。 \tag{1.12}$$

3. *F* 分布

定义 1.6 设 $U \sim \chi^2(m)$，$V \sim \chi^2(n)$，且 U,V 相互独立，则称统计量

$$F = \frac{U/m}{V/n} \tag{1.13}$$

服从自由度为 (m,n) 的 F 分布，记为 $F \sim F(m,n)$。

F 分布的概率密度为

$$h(x) = \begin{cases} \frac{\Gamma[(m+n)/2]}{\Gamma(m/2)\Gamma(n/2)}\left(\frac{m}{n}\right)^{\frac{m}{2}} x^{\frac{m}{2}-1}\left(1+\frac{m}{n}x\right)^{-\frac{m+n}{2}}, & x > 0, \\ 0, & x \leqslant 0。 \end{cases} \tag{1.14}$$

4. Gamma 分布

定义 1.7 如果随机变量 X 的概率密度函数为

$$f(x) = \frac{x^{\alpha-1}e^{-\frac{x}{\beta}}}{\beta^\alpha \Gamma(\alpha)}, \quad x > 0, \alpha > 0, \beta > 0, \tag{1.15}$$

则称 X 服从参数为 (α,β) 的 Gamma 分布，记为 $X \sim \text{Gamma}(\alpha,\beta)$，这里 α 为形状参数，β 为尺度参数。

如果 Gamma 分布的形状参数 $\alpha=1$，就是指数分布；如果 α 是一个正整数，就得到 Erlang（爱尔朗）分布；如果 $\beta=2$ 并且 $\alpha=\frac{v}{2}$，就得到自由度为 v 的 χ^2 分布。Gamma 分布是右偏的，但当参数 α 趋于无穷时，Gamma 分布近似为正态分布。

性质 1.1 （1）Gamma 分布的均值与方差分别为

$$E(X) = \alpha\beta, \text{Var}(X) = \alpha\beta^2。 \tag{1.16}$$

（2）Gamma 分布的矩母函数是

$$m(t) = \left(\frac{1}{1-\beta t}\right)^\alpha, \quad t < \frac{1}{\beta}。 \tag{1.17}$$

（3）Gamma 分布的 k 阶原点矩可以从它的矩母函数得到，即

$$E(X^k) = \frac{\beta^k \Gamma(\alpha+k)}{\Gamma(\alpha)}。 \tag{1.18}$$

Gamma 分布具有非常吸引人的数学性质，在建立其他分布时也非常有效。

例 1.3 如果 $X_i \sim \text{Gamma}(\alpha_i,\beta)$，$i=1,2,\cdots,n$，是相互独立的 Gamma 分布，试证明：Gamma 分布具有可加性，即

$$Y = \sum_{i=1}^n X_i \sim \text{Gamma}\left(\sum_{i=1}^n \alpha_i, \beta\right)。$$

证明 独立随机变量的和 $\sum_{i=1}^{n} X_i$ 的矩母函数为

$$m_Y(t) = \prod_{i=1}^{n} m_{X_i}(t) = \prod_{i=1}^{n} \left(\frac{1}{1-\beta t}\right)^{\alpha_i} = \left(\frac{1}{1-\beta t}\right)^{\sum_{i=1}^{n}\alpha_i},$$

利用矩母函数与分布函数一一对应的关系，知 $\sum_{i=1}^{n} X_i$ 服从参数为 $\left(\sum_{i=1}^{n}\alpha_i,\beta\right)$ 的 Gamma 分布。

1.3.3 统计推断方法

1. Q-Q 图

Q-Q 图是 Quantile-quantile Plot 的简称，是检验拟合优度的好方法，目前在国外被广泛使用，它的图示方法简单、直观，易于使用。

对于一组观察数据 $x_1, x_2, \cdots, x_n$，利用参数估计方法确定了分布模型的参数 θ 后，分布函数 $F(x;\theta)$ 就知道了，现在希望知道观测数据与分布模型的拟合效果如何。如果拟合效果好，观测数据的经验分布就应当非常接近分布模型的理论分布，而经验分布函数的分位数自然也应当与分布模型的理论分位数近似相等。Q-Q 图的基本思想就是基于这个观点，将经验分布函数的分位数点和分布模型的理论分位数点作为一对数组画在直角坐标图上，就是一个点，n 个观测数据对应 n 个点，如果这 n 个点看起来像一条直线，说明观测数据与分布模型的拟合效果很好，以下简单地给出计算步骤。

判断观测数据 $x_1, x_2, \cdots, x_n$ 是否来自分布 $F(x)$，Q-Q 图的计算步骤如下[7]：

(1) 将 $x_1, x_2, \cdots, x_n$ 依大小顺序排列：$x_{(1)} \leqslant x_{(2)} \leqslant \cdots \leqslant x_{(n)}$。

(2) 取 $y_i = F^{-1}((i-1/2)/n)$，$i=1,2,\cdots,n$。

(3) 将 $(y_i, x_{(i)})$，$i=1,2,\cdots,n$，这 n 个点画在直角坐标图上。

(4) 如果这 n 个点看起来呈一条45°角的直线，从 $(0,0)$ 到 $(1,1)$ 分布，则 $x_1, x_2, \cdots, x_n$ 拟合分布 $F(x)$ 的效果很好。

例 1.4 观测到 40 个数据，如果它们来自于 Gamma 分布，求该 Gamma 分布的参数，试画出它们的 Q-Q 图，判断拟合效果。

1.48 2.85 3.02 0.90 2.14 2.93 3.98 0.95 2.26 0.96 0.61 0.70 3.43 2.42 1.49 1.66 4.54 2.41 1.52 4.01 1.94 1.74 1.95 2.47 1.33 2.08 1.40 0.41 1.50 1.16 3.96 1.50 2.47 3.07 1.28 2.63 0.71 2.14 3.82 1.83

解 (1) 采用矩估计方法，先从所给的数据算出样本均值和方差，即

$$E(X) = 2.0912, D(X) = 1.0767,$$

令 $\alpha\beta = 2.0912$，$\alpha\beta^2 = 1.0767$，可解得

$$\alpha = 4.0618, \beta = 0.5149。$$

(2) 画 Q-Q 图。

① 将观测数据记为 $x_1, x_2, \cdots, x_n$（这里 $n=40$），并依从小到大顺序排列为

$$x_{(1)} \leqslant x_{(2)} \leqslant \cdots \leqslant x_{(n)}。$$

② 取 $y_i = F^{-1}((i-1/2)/n)$，$i=1,2,\cdots,n$，这里 $F^{-1}(x)$ 是参数 $\alpha = 4.0618$，$\beta = 1.9423$ 的 Gamma 分布的分布函数反函数。

③ 将$(y_i,x_{(i)})$这 n 个点画在直角坐标系上,如图 1.2 所示。

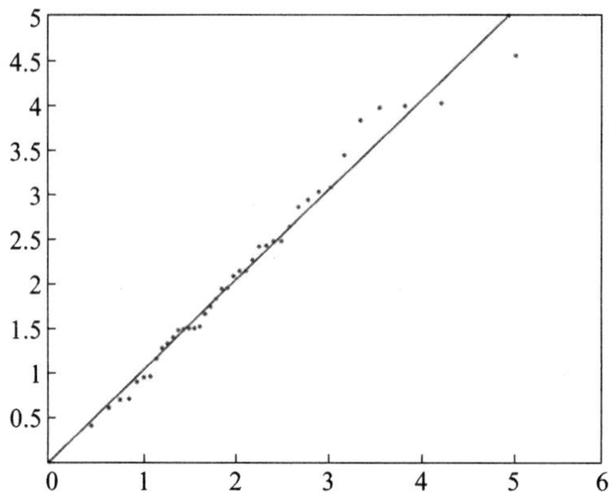

图 1.2 Q-Q 图

④ 这些点看起来接近一条 45°角的直线,说明拟合结果较好。

计算及画图的 Matlab 程序如下:

```
clc, clear
a=[1.48 2.85 3.02 0.90 2.14 2.93 3.98 0.95 2.26 0.96 0.61 0.70 3.43
2.42 1.49 1.66 4.54 2.41 1.52 4.01 1.94 1.74 1.95 2.47 1.33 2.08 1.40
0.41 1.50 1.16 3.96 1.50 2.47 3.07 1.28 2.63 0.71 2.14 3.82 1.83];
mu=mean(a), sigma2=var(a,1)
beta=sigma2/mu, alpha=mu/beta
sa=sort(a,'ascend') % 把观测数据按照从小到大的顺序排列
b=([1:40]-1/2)/40;
yi=gaminv(b,alpha,beta)
plot([0,5],[0,5]), hold on
plot(yi,sa,'.')
```

也可以使用 Matlab 工具箱画 Q-Q 图,程序如下:

```
clc, clear
a=[1.48 2.85 3.02 0.90 2.14 2.93 3.98 0.95 2.26 0.96 0.61 0.70 3.43
2.42 1.49 1.66 4.54 2.41 1.52 4.01 1.94 1.74 1.95 2.47 1.33 2.08 1.40
0.41 1.50 1.16 3.96 1.50 2.47 3.07 1.28 2.63 0.71 2.14 3.82 1.83];
mu=mean(a), sigma2=var(a,1)
beta=sigma2/mu, alpha=mu/beta
pd=makedist('gamma','a',alpha,'b',beta) % 定义 gamma 分布
qqplot(a,pd)  % Matlab 画 Q-Q 图
```

Matlab 工具箱所画的 Q-Q 图如图 1.3 所示。

2. Kolmogorov-Smirnov 检验

检验拟合优度最自然的想法就是:测量经验的分布函数 $F_n(x)$和所拟合的分布函数 $F(x)$之间的距离,距离越小,说明拟合效果越好。这个距离通常由上确界或二次范数来测量,测量经验分布 $F_n(x)$和所拟合的分布 $F(x)$之间距离的统计量称为经验分布函数(Empirical Distribution Function,EDF)统计量,记这些 EDF 统计量为 T。

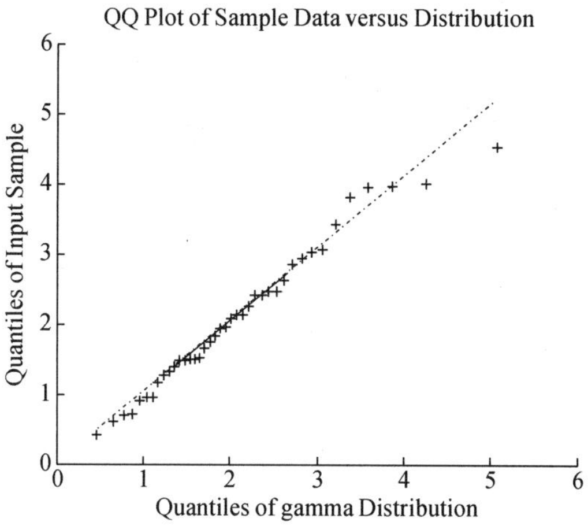

图 1.3　Matlab 工具箱所画的 Q-Q 图

在计算了这些统计量之后,要依据这些统计量判断分布 $F(x)$ 是否可以接受,也就是检验它与经验分布的拟合优度。通常,检验拟合优度的过程如下,零假设为所指定的分布是可接受的,对立假设为拒绝:

$$H_0: F_n(x) = F(x;\theta), \tag{1.19}$$

$$H_1: F_n(x) \neq F(x;\theta), \tag{1.20}$$

式中:θ 是所拟合分布中的已知的参数向量。

统计量 T 取较小的值时,说明经验分布 $F_n(x)$ 和所拟合的分布 $F(x)$ 之间的距离较小,证明零假设是可接受的。当统计量 T 的值较大时,说明零假设不能被接受。为了看看到底统计量 T 取多大的值时零假设可以接受,下面计算 p 值:

$$p = P\{T \geqslant t\}, \tag{1.21}$$

这里的 T 是由样本计算出来的检验值,即 EDF 统计量的值,t 是相应 p 值所对应的临界值。当得到较小的 p 值时,就拒绝零假设。

定义 1.8　定义 Kolmogorov-Smirnov 检验统计量为

$$T = \sup_x |F_n(x) - F(x)|, \tag{1.22}$$

这是最常用的统计量,因为上确界是测量经验分布 $F_n(x)$ 和理论分布 $F(x)$ 之间距离的最自然的量。

对于固定的 p 值,需要知道该 p 值下检验的临界值。最常用的是在统计量 T 为 Kolmogorov-Smirnov 统计量的情况下,各个 p 值所对应的临界值:在 $p=10\%$ 的显著性水平下,检验的临界值是 $1.22/\sqrt{n}$;在 $p=5\%$ 的显著性水平下,检验的临界值是 $1.36/\sqrt{n}$;在 $p=1\%$ 的显著性水平下,检验的临界值是 $1.63/\sqrt{n}$。这里,n 为样本的个数。当由样本计算出来的 T 值小于临界值时,不能拒绝零假设,所假设的分布是可以接受的;当由样本计算出来的 T 值大于临界值时,拒绝零假设,即所假设的分布是不能接受的。

例 1.5　某保险公司记录的 15 起火灾事故的损失数据(单位为万元),按从小到大的顺序排列为:

0.39　0.44　0.71　0.9　1.81　1.98　3.79　3.81　3.9　4.13　4.72　5.98　7.16　9.72　19.13

（1）试对这组数据拟合 Gamma 分布模型，并求出参数 α,β 的估计；

（2）试用 Kolmogorov-Smirnov 统计量进行拟合优度检验。

解 （1）用极大似然估计拟合参数，数学理论这里就不叙述了。求得 Gamma 分布的参数估计为

$$\hat{\alpha}=1.1049,\hat{\beta}=0.2417。$$

（2）用 Kolmogorov-Smirnov 统计量进行检验。提出假设

$$H_0:F(x)=\int_0^x \frac{t^{\hat{\alpha}-1}e^{-\frac{t}{\hat{\beta}}}}{\hat{\beta}^{\hat{\alpha}}\Gamma(\hat{\alpha})}dt,x>0,$$

$$H_1:F(x)\neq\int_0^x \frac{t^{\hat{\alpha}-1}e^{-\frac{t}{\hat{\beta}}}}{\hat{\beta}^{\hat{\alpha}}\Gamma(\hat{\alpha})}dt,x>0。$$

记 $F_n(x)$ 为经验分布函数，计算得 Kolmogorov - Smirnov 统计量的值 $T=\sup_x|F_n(x)-F(x)|=0.1533$。由于在 $p=5\%$ 的显著性水平下，Kolmogorov-Smirnov 检验的临界值是 0.3376，统计量 $T=0.1533$，小于临界值 0.3376，接受 Gamma 分布的假设。

```
clc, clear
a=[0.39 0.44 0.71 0.9 1.81 1.98 3.79 3.81 3.9 4.13 4.72 5.98 7.16 9.72 19.13];
cs=mle(a,'distribution','gamma'); % 拟合 Gamma 分布
pd=makedist('gamma','a',cs(1),'b',cs(2))  % 定义 Gamma 分布
[h,p,kstat,c]=kstest(a,pd,0.05)  % 直接使用 Matlab 工具箱做检验,kstat 返回的是统计
                                    量的值,c 返回的是临界值
```

3. χ^2 拟合优度检验

χ^2 拟合优度检验是一种常用的假设检验方法，它特别适用于对分组数据分布拟合问题的假设检验。

定义 1.9 任意选择 $c_0,c_1,\cdots,c_k$ 的值，满足 $-\infty=c_0<c_1<\cdots<c_k=\infty$，将数轴分成 k 个区间：$(c_0,c_1),[c_1,c_2),\cdots,[c_{k-2},c_{k-1}),[c_{k-1},c_k)$，令 $\hat{p}_j$ 为拟合分布函数 $F(x)$ 的总体 X 在第 j 个区间内取值的概率，即

$$\hat{p}_i=F(c_i)-F(c_{i-1}), \tag{1.23}$$

O_j 为样本落入第 j 个区间内的频数，定义 χ^2 检验统计量为

$$\chi^2=\sum_{j=1}^{k}\frac{n(\hat{p}_j-O_j/n)^2}{\hat{p}_j}, \tag{1.24}$$

式中：n 是观测到的样本数量。

χ^2 统计量服从自由度为 $k-1-m$ 的 χ^2 分布，m 为所拟合分布 $F(x)$ 中的未知参数个数。

χ^2 检验统计量还有另外一个更为常用的写法。

性质 1.2 令 $E_j=n\hat{p}_j$ 表示观测值落入区间 $[c_{j-1},c_j)$ 内的理论个数，O_j 为观测值落入 $[c_{j-1},c_j)$ 区间内的实际个数。则 χ^2 检验统计量为

$$\chi^2=\sum_{j=1}^{k}\frac{(E_j-O_j)^2}{E_j}。 \tag{1.25}$$

例 1.6 某医院的研究人员在某地随机抽查了 150 户三口之家，结果全家无某疾病有 112

户,家庭中 1 人患病的有 20 户,2 人患病的有 11 户,3 人患病有 7 户,问该病在该地是否有家族聚集性。

解 如果令随机变量 N 表示三口之家中家庭成员的发病人数,如果疾病不具有家族聚集性,则家庭成员发病与否互不影响,则 N 符合二项分布。

(1) 若 N 服从参数为$(3,p)$的二项分布,p 表示发病的概率,则未知参数 p 的极大似然估计为

$$\hat{p}=\frac{\sum_{i=0}^{3} i n_i}{3\sum_{i=0}^{3} n_i}=\frac{0\times 112+1\times 20+2\times 11+3\times 7}{3\times 150}=0.14。$$

则三口之家中 j 人患病的理论概率为

$$\hat{p}_j=P\{N=j\}=C_3^j\, 0.14^j\,(1-0.14)^{3-j}, j=0,1,2,3,$$

即 $\hat{p}_0=0.6361, \hat{p}_1=0.3106, \hat{p}_2=0.0506, \hat{p}_3=0.0027$。从而有 j 人患病的理论家庭数为

$$E_j=n\hat{p}_j,$$

即 $E_0=95.4084, E_1=46.5948, E_2=7.5852, E_3=0.416$。由于 E_3 的值过于小,将其合并到 E_2 中,于是调整后的 $E_2=7.9968$。

(2) 计算χ^2 检验统计量的值:

$$\chi^2=\frac{(95.4084-112)^2}{95.4084}+\frac{(46.5948-20)^2}{46.5948}+\frac{(7.9968-18)^2}{7.9968}=30.5777。$$

(3) 进行假设检验:

$$H_0: N \text{ 服从二项分布}, H_1: N \text{ 不服从二项分布}。$$

查自由度为 1,置信水平为 5%的χ^2 分布的临界值为 3.8415,3.8415<30.5777,因此拒绝原假设,说明该病在该地区具有家族聚集性。

计算的 Matlab 程序如下:

```
clc, clear
ni=[112 20 11 7]; n=sum(ni);
fi=[0:3];
phat=dot(ni,fi)/n/3  % 计算 p 的极大似然估计值
ph=binopdf([0:3],3,phat)  % 计算理论概率
ei=n*ph  % 计算理论频数
eih=[ei(1:end-2),sum(ei(end-1:end))]  % 计算合并区间后的频数值
nih=[ni(1:2), sum(ni(3:4))];
chistat=sum((eih-nih).^2./eih)
bd=chi2inv(0.95,1)  % 给出 chi2 检验的临界值
```

也可以利用 Matlab 工具箱实现χ^2 拟合检验,计算的 Matlab 程序如下:

```
clc, clear
bins=0:3;  % 定义区间的中心
obsCounts=[112 20 11 7];  % 各区间的观测频数
```

```
n=sum(obsCounts);  %计算样本容量
pHat = sum(bins.*obsCounts)/n/3;  %计算 p 的极大似然估计值
pd= makedist('bino','n',3,'p',pHat)  %定义二项分布
[h,p,st]=chi2gof(bins,'cdf',pd,'ctrs',bins,'frequency',obsCounts,'nparams',1)
```

1.4 图论的基本理论

1.4.1 图论的基本概念

1. 图及其分类[7,8]

在实际的生产和生活中,人们为了反映事物之间的关系,常常在纸上用点和线画出各式各样的示意图。

定义 1.10 一个图是由点集 $V=\{v_i\}$ 以及 V 中元素无序对的一个集合 $E=\{e_k\}$ 所构成的二元组,记为 $G=(V,E)$,V 中的元素 v_i 称为节点,E 中的元素 e_k 称为边。

当 V,E 为有限集合时,G 称为有限图,否则称为无限图。

例 1.7 在图 1.4 中,有

$$V=\{v_1,v_2,v_3,v_4,v_5\},E=\{e_1,e_2,e_3,e_4,e_5,e_6\}。$$

其中

$$e_1=(v_1,v_1),e_2=(v_1,v_2),e_3=(v_1,v_3),$$
$$e_4=(v_2,v_3),e_5=(v_2,v_3),e_6=(v_3,v_4)。$$

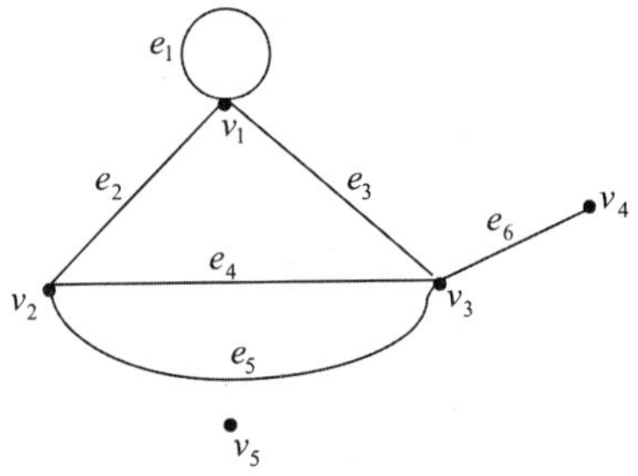

图 1.4 五个节点的图

两个点 u,v 属于 V,如果边 $(u,v)\in E$,则称 u,v 两点相邻。u,v 称为边 (u,v) 的端点。

两条边 $e_i,e_j\in E$,如果它们有一个公共端点 u,则称 e_i,e_j 相邻。边 e_i,e_j 称为点 u 的关联边。

用 $m(G)=|E|$ 表示图 G 中的边数,用 $n(G)=|V|$ 表示图 G 的节点个数,图 G 中节点的个数也称为图 G 的阶数。在不引起混淆的情况下简记为 m,n。

在一般情况下,图中点的相对位置如何,点与点之间连线的长短曲直,对于反映对象之间的关系并不重要。

在图 G 中,对于任一条边 $(v_i,v_j)\in E$,如果边 (v_i,v_j) 端点无序,则它是无向边,此时图 G 称为无向图,对象(节点)之间的关系具有"对称性"。如果边 (v_i,v_j) 的端点有序,即它表示以 v_i 为始点、v_j 为终点的有向边(或称弧),这时图 G 称为有向图,对象之间的"关系"具有"非对称性"。

一条边的两个端点如果相同,则称此边为环(自回路),如图 1.4 中的 e_1。

两个点之间多于一条边的,称为多重边,如图 1.4 中的 e_4,e_5。

定义 1.11 不含环和多重边的图称为简单图,含有多重边的图称为多重图。

定义 1.12 每一对节点间都有边相连的无向简单图称为完全图。有 n 个节点的无向完全图记为 K_n。

有向完全图则是指每一对节点间有且仅有一条有向边的简单图。

定义 1.13 图 $G=(V,E)$ 的点集 V 可以分为两个非空子集 X,Y,即 $X\cup Y=V,X\cap Y=\varnothing$,使得 E 中每条边的两个端点必有一个端点属于 X,另一个端点属于 Y,则称 G 为二部图(偶

图),有时记为 $G=(X,Y,E)$。

2. 节点的次(度)

定义 1.14 以点 v 为端点的边数称为点 v 的次,也称为度(Degree),记为 $\deg(v)$,简记为 $d(v)$。

如图 1.4 中点 v_1 的次 $d(v_1)=4$,因为边 e_1 为环,要计算两次。点 v_3 的次 $d(v_3)=4$,点 v_4 的次 $d(v_4)=1$。

次为 1 的点称为悬挂点,连接悬挂点的边称为悬挂边。如图 1.4 中 v_4 为悬挂点,e_6 为悬挂边。次为零的点称为孤立点,如图 1.4 中的点 v_5。次为奇数的点称为奇点。次为偶数的点称为偶点。

定理 1.1 任何图中,节点次数的总和等于边数的 2 倍。

证明 由于每条边必与两个节点关联,在计算点的次时,每条边均被计算两次,所以节点次数的总和等于边数的 2 倍。

定理 1.2 任何图中,次数为奇数的节点必为偶数个。

证明 设 V_1 和 V_2 分别为图 G 中奇点与偶点的集合($V_1\cup V_2=V$)。由定理 1.1 知

$$\sum_{v\in V_1}d(v)+\sum_{v\in V_2}d(v)=\sum_{v\in V}d(v)=2m, \tag{1.26}$$

由于 $2m$ 为偶数, 而 $\sum_{v\in V_2}d(v)$ 是若干个偶数之和,也是偶数,所以 $\sum_{v\in V_1}d(v)$ 必为偶数, 即 $|V_1|$ 是偶数。

定义 1.15 有向图中,以 v_i 为始点的边数称为点 v_i 的出次,用 $d^+(v_i)$ 表示;以 v_i 为终点的边数称为点 v_i 的入次,用 $d^-(v_i)$ 表示。v_i 点的出次与入次之和就是该点的次。容易证明有向图中,所有节点的入次之和等于所有节点的出次之和。

3. 子图

定义 1.16 图 $G=(V,E)$,若 E' 是 E 的子集,V' 是 V 的子集,且 E' 中的边仅与 V' 中的节点相关联,则称 $G'=(V',E')$ 是 G 的一个子图。特别地,若 $V'=V$,则 G' 称为 G 的生成子图(Spanning subgraph),也称支撑子图。

4. 连通图

定义 1.17 无向图 $G=(V,E)$,若图 G 中某些点与边的交替序列可以排成($v_{i_0},e_{i_1},v_{i_1},e_{i_2},\cdots,e_{i_k},v_{i_k}$)的形式,且 $e_{i_t}=(v_{i_{t-1}},v_{i_t})$ $(t=1,2,\cdots,k)$,则称这个点边序列为连接 v_{i_0} 与 v_{i_k} 的一条链,链长为 k。若图 G 为有向图,对于有向边 $e_{i_t}=(v_{i_{t-1}},v_{i_t})$,始终有 $v_{i_{t-1}}$ 是起点,v_{i_t} 是终点,则这个点边序列称为连接 v_{i_0} 与 v_{i_k} 的一条道路。显然对于无向图来说,链和路是一回事,对于有向图来说,链上边的方向不一定一致,但是道路上边的方向一定一致。

各边相异的道路称为迹(Trace),或称为简单路径(Simple path);各节点相异的道路称为轨(Track),亦称为基本路径(Essential path)。起点与终点重合的道路称为回路(Circuit),否则称为开路(Open circuit);闭的迹称为简单回路(Simple circuit),闭的轨称为基本回路(Essential circuit);图中含有所有节点的轨称为 Hamilton 轨,闭的 Hamilton 轨称为 Hamilton 圈;含有 Hamilton 圈的图称为 Hamilton 图。

定义 1.18 一个图中任意两点间至少有一条道路相连,则称此图为连通图。任何一个不连通图都可以分为若干个连通子图,每一个子图称为原图的一个分图。

5. 图的矩阵表示

定义 1.19 赋权图 $G=(V,E)$,其边(v_i,v_j)有权 w_{ij},构造矩阵 $\boldsymbol{A}=(a_{ij})_{n\times n}$,其中

$$a_{ij}=\begin{cases}w_{ij}, & (v_i,v_j)\in E,\\ 0, & 其他,\end{cases} \tag{1.27}$$

称矩阵 $\boldsymbol{A}$ 为赋权图 G 的邻接矩阵。

一般地,网络是指赋权图,在本书中不区分网络和图。

例 1.8 图 1.5 所示图的邻接矩阵为

$$\boldsymbol{A}=\begin{bmatrix}0&9&2&4&7\\9&0&3&4&0\\2&3&0&8&5\\4&4&8&0&6\\7&0&5&6&0\end{bmatrix}$$

定义 1.20 对于非赋权图 $G=(V,E)$,$|V|=n$,构造一个矩阵 $\boldsymbol{A}=(a_{ij})_{n\times n}$,其中

$$a_{ij}=\begin{cases}1, & (v_i,v_j)\in E,\\ 0, & 其他,\end{cases} \tag{1.28}$$

则称矩阵 $\boldsymbol{A}$ 为非赋权图 G 的邻接矩阵。

例 1.9 对图 1.6 所示的图可以构造邻接矩阵 A 如下:

$$\boldsymbol{A}=\begin{bmatrix}0&1&1&0&0&0\\0&0&1&0&0&0\\0&1&0&0&1&0\\0&1&0&0&0&1\\0&1&0&1&0&1\\0&0&0&0&1&0\end{bmatrix}。$$

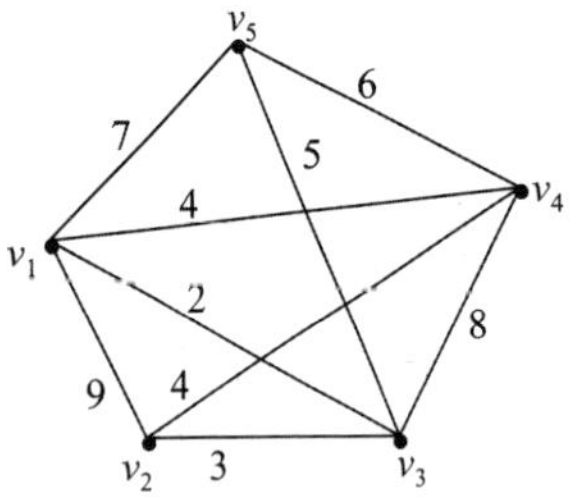

图 1.5 赋权图

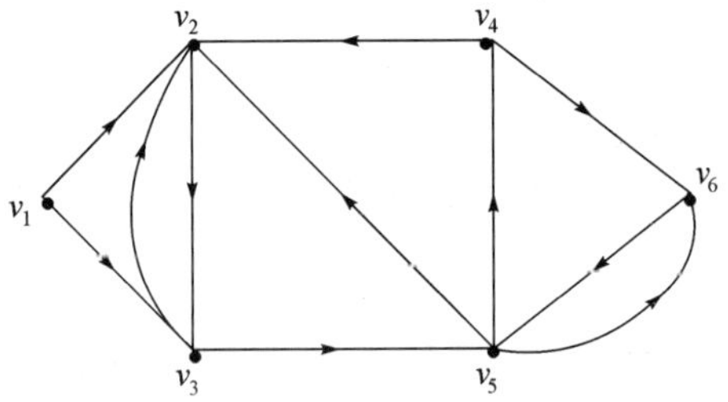

图 1.6 非赋权有向图

1.4.2 最小生成树问题

定义 1.21 连通且不含圈的无向图称为树(Tree)。树中次为 1 的点称为树叶,次大于 1 的点称为分枝点。

下面给出树的性质。

定理 1.3 图 $T=(V,E)$,$|V|=n$,$|E|=m$,下列关于树的说法是等价的。

(1) T 是一个树。

(2) T 无圈，且 $m=n-1$。

(3) T 连通，且 $m=n-1$。

(4) T 无圈，但每加一新边即得唯一一个圈。

(5) T 连通，但任意舍去一边就不连通。

(6) T 中任意两点，有唯一道路相连。

定义 1.22 若图 $G=(V,E)$ 的生成子图是一棵树，则称该树为图 G 的生成树(Spanning tree)，也称支撑树，简称为图 G 的树。图 G 中属于生成树的边称为树枝(Branch)。

定义 1.23 连通图 $G=(V,E)$，每条边上有非负权 $L(e)$。一棵生成树所有树枝上权的总和，称为这个生成树的权。具有最小权的生成树称为最小生成树(Minimum spanning tree)，也称最小支撑树，简称最小树。

许多网络问题都可以归结为最小树问题。例如，交通系统中设计长度最小的公路网把若干城市联系起来；通信系统中用最小成本把计算机系统和设备连接到局域网等等。

下面介绍最小树的两种算法。

算法 1(Prim 算法)

给定连通赋权图 $G=(V,E,\boldsymbol{W})$，其中 $\boldsymbol{W}$ 为邻接矩阵，构造它的最小生成树。设置两个集合 P 和 Q，其中 P 用于存放 G 的最小生成树中的节点，集合 Q 存放 G 的最小生成树中的边。令集合 P 的初值为 $P=\{v_1\}$(假设构造最小生成树时，从节点 v_1 出发)，集合 Q 的初值为 $Q=\varnothing$(空集)。Prim 算法的思想是，从所有 $p\in P, v\in V-P$ 的边中，选取具有最小权值的边 pv，将节点 v 加入集合 P 中，将边 pv 加入集合 Q 中，如此不断重复，直到 $P=V$ 时，最小生成树构造完毕，这时集合 Q 中包含了最小生成树的所有边。

Prim 算法如下：

(1) $P=\{v_1\}, Q=\varnothing$;

(2) while $P\sim=V$;

找最小边 pv，其中 $p\in P, v\in V-P$;

$P=P+\{v\}$;

$Q=Q+\{pv\}$;

end

算法 2(Kruskal 算法)

(1) 选 $e_1\in E(G)$，使得 $w(e_1)=\min$(选 e_1 的权值最小)。

(2) 若 $e_1, e_2, \cdots, e_i$ 已选好，则从 $E(G)-\{e_1, e_2, \cdots, e_i\}$ 中选取 e_{i+1}，使得 $G[\{e_1, e_2, \cdots, e_i, e_{i+1}\}]$ 中无圈，且 $w(e_{i+1})=\min$。

(3) 直到选得 e_{n-1} 为止。

例 1.10 一个乡有 9 个自然村，其间道路及各道路长度如图 1.7(a)所示，各边上的数字表示距离，问如何拉线才能使用线最短。这就是一个最小生成树问题，可以用 Kruskal 算法求解。

解 先将图 1.7(a)中的边按大小顺序由小至大排列：

$$(v_0,v_2)=1, (v_2,v_3)=1, (v_3,v_4)=1, (v_1,v_8)=1, (v_0,v_1)=2,$$

$$(v_0,v_6)=2, (v_5,v_6)=2, (v_0,v_3)=3, (v_6,v_7)=3, (v_0,v_4)=4,$$

$$(v_0,v_5)=4, (v_0,v_8)=4, (v_1,v_2)=4, (v_0,v_7)=5, (v_7,v_8)=5,$$

$$(v_4,v_5)=5。$$

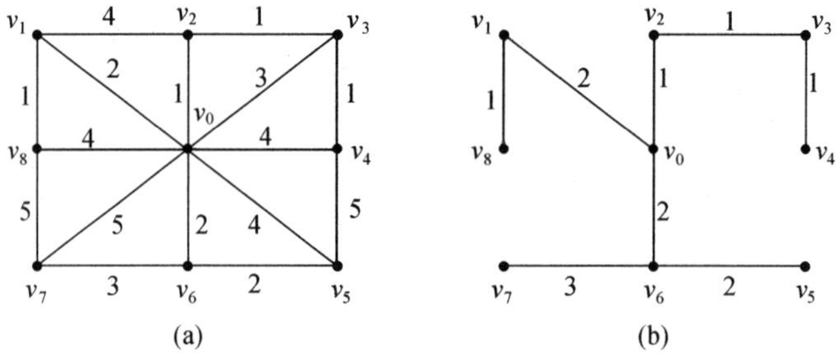

图 1.7　连通图及对应的最小生成树

然后按照边的排列顺序，取定

$$e_1=(v_0,v_2),e_2=(v_2,v_3),e_3=(v_3,v_4),e_4=(v_1,v_8),$$

$$e_5=(v_0,v_1),e_6=(v_0,v_6),e_7=(v_5,v_6),$$

由于下一个未选边中的最小权边(v_0,v_3)与已选边 e_1,e_2 构成圈，所以排除。选 $e_8=(v_6,v_7)$，得到图 1.7(b)，就是图 G 的一棵最小树，它的权是 13。

求最小生成树的 Matlab 程序如下（用 Matlab 计算时，节点 $v_0,v_1,\cdots,v_8$ 分别编号为 1，2，…，9）：

```
clc, clear
a=zeros(9);
a(1,[2:9])=[2 1 3 4 4 2 5 4];
a(2,[3 9])=[4 1]; a(3,4)=1; a(4,5)=1;
a(5,6)=5; a(6,7)=2; a(7,8)=3; a(8,9)=5;
a=a'; % 转成 Matlab 需要的下三角元素
a=sparse(a); % 转换为稀疏矩阵
b=graphminspantree(a)
L=sum(sum(b)) % 求最小生成树的权重
view(biograph(b,[],'ShowArrows','off','ShowWeights','on')) % 画最小生成树
```

1.4.3　最短路问题

最短路问题（Shortest path problem）是网络理论中应用最广泛的问题之一，许多优化问题可以使用最短路模型。

最短路问题的一般提法如下：设 $G=(V,E)$ 为连通图，图中各边(v_i,v_j)有权 l_{ij}（$l_{ij}=\infty$ 表示 v_i,v_j 间无边），v_s,v_t 为图中任意两点。求一条道路 μ，使它在从 v_s 到 v_t 的所有路中总权最小，即 $L(\mu)=\sum\limits_{(v_i,v_j)\in\mu} l_{ij}$ 最小。

有些最短路问题也可以是求网络中某指定点到其余所有节点的最短路，或求网络中任意两点间的最短路。下面介绍两种算法。

1. Dijkstra 算法

该算法由 Dijkstra 于 1959 年提出，可用于求解指定两点 v_s,v_t 间的最短路，或从指定点 v_s 到其余各点的最短路，目前被认为是求非负权网络最短路问题的最好算法。算法的基本思路基于以下原理：若序列$\{v_s,v_1,\cdots,v_{n-1},v_n\}$是从 v_s 到 v_n 的最短路，则序列$\{v_s,v_1,\cdots,v_{n-1}\}$必为从 v_s 到 v_{n-1}的最短路。

Dijkstra 算法思想采用标号法。可用两种标号：T 标号与 P 标号。T 标号为试探性标号（Tentative label）；P 标号为永久标号（Permanent label）。给 v_i 点一个 P 标号表示从 v_s 到 v_i 点的最短路权，v_i 点的标号不再改变；给 v_i 点一个 T 标号时，是从 v_s 到 v_i 点的估计最短路权的上界，是一种临时标号，凡没有得到 P 标号的点都有 T 标号。算法每一步都把某一点的 T 标号改为 P 标号，当终点 v_t 得到 P 标号时，全部计算结束。对于有 n 个节点的图，最多经 $n-1$ 步就可以得到从始点到终点的最短路。需要特别注意的是，当权值有负数时，该算法失效。

步骤：

（1）给 v_s 以 P 标号，$P(v_s)=0,\lambda(v_s)=k=0$，表明该节点是起点，其余各点均给 T 标号，$T(v_i)=+\infty$。

（2）若 v_i 点为刚得到 P 标号的点，考虑这样的点 v_j：$(v_i,v_j)\in E$，且 v_j 为 T 标号。对 v_j 的 T 标号进行如下的更改：

$$T(v_j)=\min[T(v_j),P(v_i)+l_{ij}], \tag{1.29}$$

当 v_j 的 T 标号发生变化时，修改记录前驱节点的标号 $\lambda(v_j)=k$。

（3）比较所有具有 T 标号的点，把最小者改为 P 标号，即

$$P(v_k)=\min[T(v_j)], \tag{1.30}$$

记录 k。当存在两个以上最小者时，可同时改为 P 标号。若全部点均为 P 标号则停止。否则用 v_k 代替 v_i 转回(2)。

2. Floyd 算法

在某些问题中，要求网络上任意两点间的最短路。这类问题虽然可以用 Dijkstra 算法计算，但需要依次改变起点重复计算，比较繁琐。Floyd 方法（1962 年）可直接求出网络中任意两点间的最短路。

令网络的邻接矩阵为 $\boldsymbol{D}=(d_{ij})_{n\times n}$，$l_{ij}$为 v_i 到 v_j 的距离。其中

$$d_{ij}=\begin{cases} l_{ij}, & \text{当}(v_i,v_j)\in E, \\ \infty, & \text{其他}。\end{cases}$$

算法的基本步骤为：

（1）输入权矩阵 $\boldsymbol{D}^{(0)}=\boldsymbol{D}$。

（2）计算 $\boldsymbol{D}^{(k)}=(d_{ij}^{(k)})_{n\times n},k=1,2,\cdots,n$，其中

$$d_{ij}^{(k)}=\min[d_{ij}^{(k-1)},d_{ik}^{(k-1)}+d_{kj}^{(k-1)}]。$$

（3）$\boldsymbol{D}^{(n)}=(d_{ij}^{(n)})_{n\times n}$中的元素 $d_{ij}^{(n)}$ 就是 v_i 到 v_j 的最短路。

例 1.11 设备更新问题。某工厂使用一台设备，每年年初工厂都要作出决定，如果继续使用旧设备，要支付较多维修费；若购买一台新设备，要支付更新费。试制订一个 5 年的更新计划，使总支出最少。已知该设备在不同役龄的年效益、更新费与维修费如表 1.2 所列。

表 1.2　设备更新数据表

	1	2	3	4	5
效益 $r_k(t)$	5	4.5	4	3.75	3
维修费 $u_k(t)$	0.5	1	1.5	2	2.5
更新费 $c_k(t)$	1.5	2.2	2.5	3	0

解 把这个问题化为最长路问题。

构造赋权有向图 $G=(V,E,\boldsymbol{W})$,其中节点集 $V=\{v_1,v_2,\cdots,v_6\}$,E 为弧集,$\boldsymbol{W}=(w_{ij})_{6\times6}$为邻接矩阵;这里节点 $v_i(i=1,2,\cdots,5)$表示第 i 年年初的时刻,节点 v_6 表示第 5 年年底,邻接矩阵 $\boldsymbol{W}=(w_{ij})_{6\times6}$中元素 w_{ij}表示第 i 年初开始使用新设备,一直使用到第 $j-1$ 年末的累计效益减去累计维修费及第 j 年初更新费用后的净收益,注意第 5 年末时设备不再更新。例如(v_1,v_4)边上的权重 8 为役龄分别为 1,2,3 时的三年效益(5+4.5+4=13.5)减去这三年相应的维修费用(0.5+1+1=2.5),再减去第 4 年初的更新费用 2.5 得到,计算得邻接矩阵

$$\boldsymbol{W}=\begin{bmatrix}0 & 3 & 5.8 & 8 & 9.25 & 12.75\\ 0 & 0 & 3 & 5.8 & 8 & 12.25\\ 0 & 0 & 0 & 3 & 5.8 & 10.5\\ 0 & 0 & 0 & 0 & 3 & 8\\ 0 & 0 & 0 & 0 & 0 & 4.5\\ 0 & 0 & 0 & 0 & 0 & 0\end{bmatrix},$$

这样设备更新问题就变为:求从 v_1 到 v_6 的最长路问题。为了把最长路问题转化为最短路问题,构造另外一个赋权图$\widetilde{G}=(V,E,-\boldsymbol{W})$,求$\widetilde{G}$的最短路等价于求 G 中的最长路,利用 Matlab 软件求得最长路为 $v_1\to v_2\to v_3\to v_4\to v_6$,路长为 17。

求解的 Matlab 程序如下:

```
clc, clear
a=[5    4.5    4    3.75    3
   0.5  1      1.5  2       2.5
   1.5  2.2    2.5  3       0];
w=zeros(6);
for i=1:5
   for j=i+1:6
   w(i,j)=sum(a(1,[1,j-i]))-sum(a(2,[1;j-i]))-a(3,j-i)*(j<6);% 计算邻接矩阵
   end
end
w
w=-w; w=sparse(w);
[d,path]=graphshortestpath(w,1,6,'Method','Bellman-Ford')
```

1.4.4 最大流问题

20 世纪 50 年代福特(Ford)、富克逊(Fulkerson)建立的"网络流理论"是网络应用的重要组成部分。

定义 1.24 设有向连通图 $G=(V,E)$,G 的每条边(v_i,v_j)上有非负数 c_{ij}称为边的容量,仅有一个入次为 0 的点 v_s 称为发点(源),一个出次为 0 的点 v_t 称为收点(汇),其余点为中间点,这样的网络 G 称为容量网络,常记为 $G=(V,E,C)$。

对任一 G 中的边(v_i,v_j)有流量f_{ij},称集合$f=\{f_{ij}\}$为网络 G 上的一个流。称满足下列条件的流f为可行流:

(1) 容量限制条件:对 G 中每条边(v_i,v_j),有 $0\leqslant f_{ij}\leqslant c_{ij}$。

(2) 平衡条件：对中间点 v_i，有 $\sum_j f_{ij} = \sum_k f_{ki}$，即流的输入量与输出量相等。

对收点、发点 v_t, v_s，有 $\sum_i f_{si} = \sum_j f_{jt} = W$，$W$ 为网络流的总流量。

可行流总是存在的，例如 $f=\{0\}$ 就是一个流量为 0 的可行流。所谓最大流问题(Maximum flow problem)，就是在容量网络中寻找流量最大的可行流。

一个流 $f=\{f_{ij}\}$，当 $f_{ij}=c_{ij}$ 时，称流 f 对边 (v_i, v_j) 是饱和的，否则称 f 对 (v_i, v_j) 不饱和。最大流问题实际是个线性规划问题，但是利用它与图的紧密关系，能更为直观简便地求解。

定义 1.25 容量网络 $G=(V,E,C)$，v_s, v_t 为发点、收点，若有边集 E' 为 E 的子集，将 G 分为两个子图 G_1, G_2，其节点集合分别记为 $S, \bar{S}$，$S\cup\bar{S}=V$，$S\cap\bar{S}=\varnothing$，v_s, v_t 分属 $S, \bar{S}$，满足：

(1) $G(V, E-E')$ 不连通。

(2) E'' 为 E' 的真子集，而 $G(V, E-E'')$ 仍连通。

则称 E' 为 G 的割集(Cutset)，记 $E'=(S,\bar{S})$。

割集 $(S,\bar{S})$ 中所有始点在 S，终点在 $\bar{S}$ 的边的容量之和，称为 $(S,\bar{S})$ 的割集容量，记为 $C(S,\bar{S})$。容量网络 G 的割集有多个，其中割集容量最小者称为网络 G 的最小割集(简称最小割)。

由割集的定义不难看出，在容量网络中割集是由 v_s 到 v_t 的必经之路，无论拿掉哪个割集，v_s 到 v_t 便不再相通，所以任何一个可行流的流量不会超过任一割集的容量。

定理 1.4 (最大流—最小割定理，Maximum flow minimum cut theorem)任一个网络 G 中，从 v_s 到 v_t 的最大流的流量等于分离 v_s, v_t 的最小割的容量。

定义 1.26 容量网络 G，若 μ 为网络中从 v_s 到 v_t 的一条链，给 μ 定向为从 v_s 到 v_t，μ 上的边凡与 μ 同向称为前向边，凡与 μ 反向称为后向边，其集合分别用 μ^+ 和 μ^- 表示，f 是一个可行流，如果满足

$$\begin{cases} 0 \leqslant f_{ij} < c_{ij}, & (v_i, v_j) \in \mu^+, \\ c_{ij} \geqslant f_{ij} > 0, & (v_i, v_j) \in \mu^-, \end{cases} \tag{1.31}$$

则称 μ 为从 v_s 到 v_t 的(关于 f 的)可增广路。

推论 可行流 f 是最大流的充要条件是不存在从 v_s 到 v_t 的(关于 f 的)可增广路。

可增广路的实际意义：沿着这条链从 v_s 到 v_t 输送的流，还可以继续增大。

寻求一个最大流的方法：从一个可行流开始，寻求关于这个可行流的可增广路，若存在，则可以经过调整，得到一个新的可行流，其流量比原来的可行流要大，重复这个过程，直到不存在关于该流的可增广路时就得到了最大流。

下面给出求最大流的标号算法。对于网络已给定的一个可行流 f，求最大流算法可分为两步：第 1 步是标号过程，通过标号来寻找可增广路；第 2 步是调整过程，沿可增广路调整 f 以增加流量。

1. 标号过程

(1) 给发点以标号 $(\Delta, +\infty)$。

(2) 选择一个已标号的节点 v_i，对于 v_i 的所有未给标号的邻接点 v_j 按下列规则处理：

① 若边 $(v_j, v_i)\in E$，且 $f_{ji}>0$，则令 $\delta_j=\min(f_{ji}, \delta_i)$，并给 v_j 以标号 $(-v_i, \delta_j)$。

② 若边 $(v_i, v_j)\in E$，且 $f_{ij}<c_{ij}$ 时，令 $\delta_j=\min(c_{ij}-f_{ij}, \delta_i)$，并给 v_j 以标号 (v_i, δ_j)。

(3) 重复第(2)步，直到收点 v_t 被标号或不再有节点可标号时为止。

若 v_t 得到标号,说明存在一条可增广路,转(第 2 步)调整过程。若 v_t 未获得标号,标号过程已无法进行时,说明 f 已是最大流。

2. 调整过程

(1) 令

$$f_{ij}' = \begin{cases} f_{ij} + \delta_t, & 若(v_i, v_j)\ 是可增广路上的前向边, \\ f_{ij} - \delta_t, & 若(v_i, v_j)\ 是可增广路上的后向边, \\ f_{ij}, & 若(v_i, v_j)\ 不在可增广路上。\end{cases}$$

(2) 去掉所有标号,回到第 1 步,对可行流 f' 重新标号。

例 1.12 现需要将城市 s 的石油通过管道运送到城市 t,中间有 4 个中转站 v_1, v_2, v_3 和 v_4,城市与中转站的连接以及管道的容量如图 1.8 所示,求从城市 s 到城市 t 的最大流。

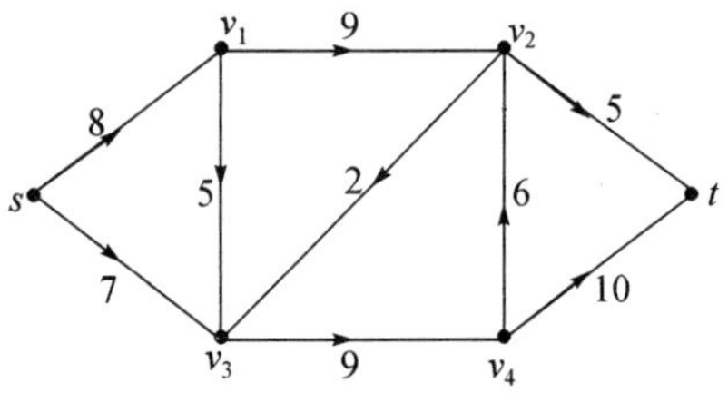

图 1.8 最大流问题图

解 把节点 s, v_1, v_2, v_3, v_4, t 依次编号为 $1,2,\cdots,6$。利用 Matlab 求得最大流的流量为 14,具体的流这里省略。

计算的 Matlab 程序如下:

```
clc, clear
a=zeros(6);
a(1,[2 4])=[8 7]; a(2,[3 4])=[9 5]
a(3,[4 6])=[2 5]; a(4,5)=9; a(5,[3 6])=[6 10];
a=sparse(a);  % 转化成稀疏矩阵
[c,d]=graphmaxflow(a,1,6)  % 求最大流
view(biograph(d,[],'ShowArrows','on','ShowWeights','on'))  % 画出最大流
```

1.5 矩阵理论的相关定义和定理

定义 1.27 称矩阵 $\boldsymbol{L}$ 是可约的,若存在一个置换矩阵 $\boldsymbol{P}$,使得

$$\boldsymbol{L} = \boldsymbol{P}^{\mathrm{T}} \begin{bmatrix} \boldsymbol{B} & \boldsymbol{C} \\ \boldsymbol{0} & \boldsymbol{D} \end{bmatrix} \boldsymbol{P}, \tag{1.32}$$

若不存在这样的矩阵 $\boldsymbol{P}$,则称矩阵 $\boldsymbol{L}$ 是不可约的。

引理 1.1 若 $\boldsymbol{L} = (l_{ij})_{N\times N}$ 是一个实对称且不可约矩阵,其中 $l_{ij} \geqslant 0 \quad (i \neq j)$,且

$$l_{ii} = -\sum_{\substack{j=1 \\ j\neq i}}^{N} l_{ij}, \tag{1.33}$$

那么有:

(1) 0 是矩阵 $\boldsymbol{L}$ 的一重特征值,且 $[1,1,\cdots,1]^{\mathrm{T}}$ 为其对应的特征向量。

(2) 矩阵 $\boldsymbol{L}$ 的其他特征值都小于 0。

(3) 存在一个正交阵 $\boldsymbol{\Phi} = [\phi_1, \phi_2, \cdots, \phi_N]$ 使得

$$\boldsymbol{L}^{\mathrm{T}} \phi_i = \lambda_i \phi_i, \quad i = 1,2,\cdots,N, \tag{1.34}$$

式中:λ_i 是矩阵 $\boldsymbol{A}$ 的特征值。

引理 1.2 线性矩阵不等式

$$\begin{bmatrix} \boldsymbol{Q}(x) & \boldsymbol{S}(x) \\ \boldsymbol{S}^{\mathrm{T}}(x) & \boldsymbol{R}(x) \end{bmatrix} > 0, \tag{1.35}$$

等价于 $\boldsymbol{R}(x)>0,\boldsymbol{Q}(x)-\boldsymbol{S}(x)\boldsymbol{R}^{-1}(x)\boldsymbol{S}^{\mathrm{T}}(x)>0$,其中 $\boldsymbol{Q}(x)=\boldsymbol{Q}^{\mathrm{T}}(x),\boldsymbol{R}(x)=\boldsymbol{R}^{\mathrm{T}}(x)$。

习 题 1

1.1 求均匀分布 $U(a,b)$ 的概率母函数和矩母函数。

1.2 求二项分布 $B(n,p)$ 的概率母函数。

1.3 某种财产保险 35 次损失数据被记录如下:

0.07 0.08 0.10 0.10 0.11 0.16 0.19 0.20 0.46 0.53 0.56 0.73 0.74 0.77 0.92 1.00 1.05 1.17 1.84 2.42 2.62 3.00 3.06 3.18 4.42 4.60 4.66 5.50 5.99 6.11 6.17 11.13 11.21 19.07 20.33

(1) 试画出这组数据的直方图与经验分布函数图;

(2) 根据直方图与经验分布函数图,选择适当的分布拟合数据,给出参数估计;

(3) 对所拟合的分布,进行统计检验。

1.4 生成 50 个服从参数 $\lambda=5$ 的 Poisson 分布的随机数,并用 χ^2 检验法检验所生成的随机数是否服从 Poisson 分布。

1.5 用 Kruskal 算法求图 1.9 中赋权图的最小生成树。

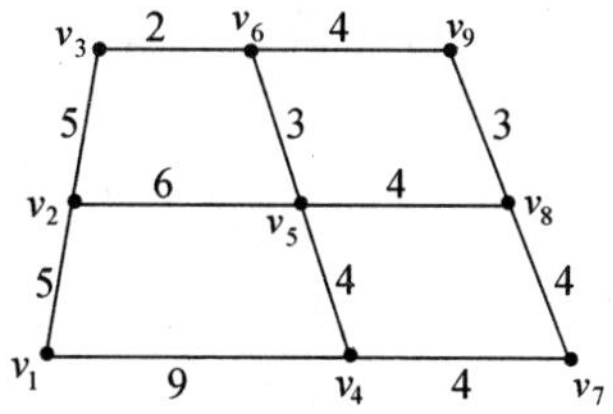

图 1.9 赋权图

1.6 求图 1.9 中从 v_1 到 v_6 的最短距离。

1.7 在 9 个节点的有向图中,存在从节点 $v_i(i=1,2,\cdots,8)$ 到节点 $v_j(j=i+1,i+2,\cdots,9)$ 的边的概率为 0.8,各边上的容量是[1,9]上的随机整数,用计算机模拟生成该有向图,并求起点 v_1 到终点 v_9 的最大流量。

第 2 章　复杂网络的统计描述

实际网络都兼有确定和随机两大特征,确定性的法则或特征通常隐藏在统计性质中,因此,对复杂网络各种性质的统计描述十分重要。虽然目前提出的大多数网络统计性质仅描述网络的拓扑性质,但是由于网络节点的连边表示它们形形色色的相互作用,所以这种统计描述也包含动力学的成分,具有非常重要的意义。

2.1　网络的基本静态几何特征

人们在刻画复杂网络结构的统计特性上提出了许多概念和方法,其中包含三个基本的概念:度分布、平均路径长度和聚类系数[1,4]。下面的网络如果没有特别指明,都是指简单无向网络。

2.1.1　度与度分布

1. 节点的度

节点 v_i 的度 k_i 定义为与该节点连接的边数。直观上看,一个节点的度越大,这个节点在某种意义上就越"重要"。

定义 2.1　网络中所有节点 v_i 的度 k_i 的平均值称为网络的平均度,记为 $\langle k\rangle$,即

$$\langle k\rangle = \frac{1}{N}\sum_{i=1}^{N} k_i 。\tag{2.1}$$

无向无权图的邻接矩阵 $\boldsymbol{A}$ 与节点 v_i 的度 k_i 的函数关系很简单:邻接矩阵二次幂 $\boldsymbol{A}^2$ 的对角元素 $a_{ii}^{(2)}$ 就等于节点 v_i 的度[4],即

$$k_i = a_{ii}^{(2)} 。\tag{2.2}$$

实际上,无向无权图的邻接矩阵 $\boldsymbol{A}$ 的第 i 行或第 i 列元素之和也是度,从而无向无权网络的平均度就是 $\boldsymbol{A}^2$ 对角线元素之和除以节点数,即

$$\langle k\rangle = \mathrm{tr}(A^2)/N,\tag{2.3}$$

式中:$\mathrm{tr}(\boldsymbol{A}^2)$ 表示矩阵 $\boldsymbol{A}^2$ 的迹(Trace),即对角线元素之和。

2. 度分布

网络中节点的度分布情况可用分布函数 $P(k)$ 来描述,$P(k)$ 表示网络中度为 k 的节点在整个网络中所占的比例,也就是说,在网络中随机抽取到度为 k 的节点的概率为 $P(k)$。一般地,可以用一个直方图描述网络的度分布(Degree distribution)性质。

对于规则的网格来说,由于所有的节点具有相同的度,所以其度分布集中在一个单一尖峰上,是一种 Delta 分布。网络中的任何随机化倾向都将使这个尖峰的形状变宽。完全随机网络(Completely stochastic network)的度分布近似为 Poisson 分布,其形状在远离峰值 $\langle k\rangle$ 处呈指数下降。这意味着当 $k>\langle k\rangle$ 时,度为 k 的节点实际上是不存在的。因此,这类网络也称为均匀

网络(Homogeneous network)。

近几年的大量研究表明,许多实际网络的度分布明显地不同于 Poisson 分布。特别地,许多网络的度分布可以用幂律形式 $P(k) \propto k^{-\gamma}$ 来更好地描述。图 2.1 给出了两种分布在同一坐标系下的对比,可以看出幂律分布 $\left(P(k)=\frac{6}{\pi^2}k^{-2}\right)$ 曲线比 Poisson 分布 $\left(P(k)=\frac{30^k}{k!}e^{-30}\right)$ 曲线下降要缓慢得多。

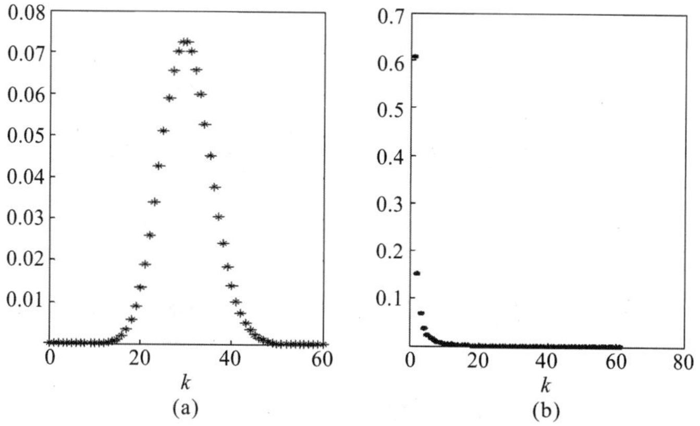

图 2.1　两种网络度分布比较

(a) Poisson 分布;(b) 幂律分布。

幂律分布也称为无标度(Scale-free)分布,具有幂律度分布的网络称为无标度网络。这是因为幂律分布函数具有如下无标度性质。

引理 2.1[1]　考虑一个概率分布函数 $F(x)$,如果对任意给定常数 a,存在常数 b 使得函数 $F(x)$ 满足"无标度条件" $F(ax)=bF(x)$,那么必有(假定 $F(1)F'(1)\neq 0$)

$$F(x)=F(1)x^{-\gamma},\gamma=-F'(1)/F(1)。\tag{2.4}$$

也就是说,幂律分布函数是唯一满足"无标度条件"的概率分布函数。

证明　取 $x=1$,有 $F(a)=bF(1)$,从而 $b=F(a)/F(1)$,则

$$F(ax)=\frac{F(a)F(x)}{F(1)},\tag{2.5}$$

由于上述方程对任意的 a 都成立,则两边对 a 求导,得

$$x\frac{dF(ax)}{d(ax)}=\frac{F(x)}{F(1)}\frac{dF(a)}{da},\tag{2.6}$$

若取 $a=1$,则有

$$x\frac{dF(x)}{d(x)}=\frac{F(x)}{F(1)}F'(1)\Rightarrow\frac{dF(x)}{F(x)}=\frac{F'(1)}{F(1)}\cdot\frac{dx}{x},\tag{2.7}$$

微分方程(式(2.7))的解为

$$\ln F(x)=\frac{F'(1)}{F(1)}\ln x+\ln F(1),\tag{2.8}$$

两边取指数,即得式(2.4)。

在一个度分布为具有适当幂指数(通常为 $2\leqslant\gamma\leqslant 3$)的幂律形式的大规模无标度网络中,绝大部分的节点的度相对很低,但存在少量的度相对很高的节点。因此,这类网络也称为非均

匀网络，而那些度相对很高的节点称为网络的“集线器”。例如，美国高速公路网就可近似看作是一个均匀网络，因为不可能有上百条高速公路都经过同一个城市；而美国航空网则可看作是一个无标度网络，大部分机场都是小机场，但却存在少量连接众多小机场的非常大的机场。

3. 累积度分布

除了度分布，人们还可以用累积度分布函数(Cumulative degree distribution function)描述度的分布情况，它与度分布的关系为

$$P_k = \sum_{i=k}^{\infty} P(i), \tag{2.9}$$

它表示的是度不小于 k 的节点的概率分布。

如果度分布为幂律分布，即 $P(k) \propto k^{-\gamma}$，那么累积度分布函数符合幂指数为 $\gamma-1$ 的幂律

$$P_k \propto \sum_{i=k}^{\infty} i^{-\gamma} \propto k^{-(\gamma-1)}。 \tag{2.10}$$

如果度分布为指数分布，即 $P(k) \propto \mathrm{e}^{-\frac{k}{\lambda}}$，其中 $\lambda>0$ 为一常数，那么累积度分布函数也是指数型的，且具有相同的指数

$$P_k \propto \sum_{i=k}^{\infty} \mathrm{e}^{-\frac{k}{\lambda}} \propto \mathrm{e}^{-\frac{k}{\lambda}}。 \tag{2.11}$$

2.1.2 平均路径长度

网络中两个节点 v_i 和 v_j 之间的距离 d_{ij} 定义为连接这两个节点的最短路径上的边数，它的倒数 $1/d_{ij}$ 称为节点 v_i 和 v_j 之间的效率，记为 ε_{ij}。通常效率用来度量节点间的信息传递速度。当 v_i 和 v_j 之间没有路径连通时，$d_{ij}=\infty$，而 $\varepsilon_{ij}=0$。

网络中任意两个节点之间的距离的最大值称为网络的直径，记为 D，即

$$D = \max_{1 \leqslant i<j \leqslant N} d_{ij}, \tag{2.12}$$

式中：N 为网络节点数。

定义 2.2 网络的平均路径长度 L 则定义为任意两个节点之间的距离的平均值，即

$$L = \frac{1}{C_N^2} \sum_{1 \leqslant i<j \leqslant N} d_{ij}。 \tag{2.13}$$

一个含有 N 个节点和 M 条边的网络的平均路径长度可以用时间量级 $O(MN)$ 的广度优先搜索算法来确定。

例 2.1 对于图 2.2 所示的一个包含 6 个节点和 8 条边的网络，求网络直径 D 和平均路径长度 L。

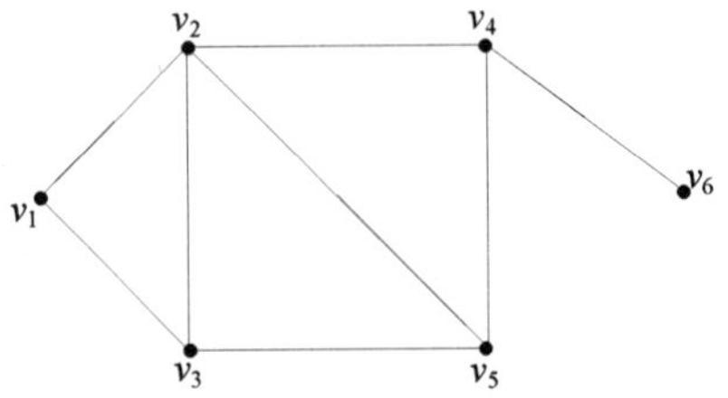

图 2.2 一个简单网络的直径和平均路径长度

解 首先构造图 2.2 对应的图 $G=(V,E)$ 的邻接矩阵

$$W=\begin{bmatrix}0&1&1&0&0&0\\1&0&1&1&1&0\\1&1&0&0&1&0\\0&1&0&0&1&1\\0&1&1&1&0&0\\0&0&0&1&0&0\end{bmatrix},$$

然后应用 Floyd 算法求出任意节点之间的最短距离,如表 2.1 所列。其中的最大距离为网络直径,网络直径 $D=d_{16}=d_{36}=3$,把所有节点对之间的距离求和(只需求对应矩阵上三角元素的和),再除以对应完全图的边数 C_6^2,求得网络的平均路径长度 $L=1.6$。

表 2.1　6 个节点对之间的最短距离

	v_1	v_2	v_3	v_4	v_5	v_6
v_1	0	1	1	2	2	3
v_2	1	0	1	1	1	2
v_3	1	1	0	2	1	3
v_4	2	1	2	0	1	1
v_5	2	1	1	1	0	2
v_6	3	2	3	1	2	0

计算的 Matlab 程序如下:

```
clc, clear
a=zeros(6);  % 邻接矩阵初始化
a(1,[2 3])=1; a(2,[3:5])=1;  % 输入邻接矩阵的上三角元素
a(3,5)=1; a(4,[5 6])=1;
a=a+a' ; % 构造完整的邻接矩阵
[D,L,dist]=myAPL(a)  % 调用我们自己编写的函数,计算网络直径 D、平均路径长度 L 和所有节点
                       对之间的最短距离 dist
```

我们编写的计算网络的最大直径及平均路径长度的 Matlab 函数如下:

```
function [D,L,dist]=myAPL(a);  % 计算网络直径 D、平均路径长度 L 和所有节点对之间的最短
                                 距离 dist;输入参数 a 为网络的邻接矩阵
a=tril(a);  % 截取邻接矩阵的下三角部分,满足 Matlab 工具箱的要求
a=sparse(a);  % 转换成稀疏矩阵,Matlab 工具箱的要求
dist=graphallshortestpaths(a,'directed',false);
D=max(max(dist));  % 计算网络直径
Ldist=tril(dist);  % 提取最短距离矩阵的下三角部分
he=sum(nonzeros(Ldist));  % 求所有边的和
n=length(a);  % 求节点个数
L=he/nchoosek(n,2);  % 求平均路径长度,这里使用 Matlab 求组合数命令
```

注:要调用上面的函数,必须输入无向图完整的邻接矩阵,即一个实对称矩阵。在 Matlab

工具箱中求无向图的最短路径，只使用邻接矩阵的下三角元素。

在朋友关系网络中，L 是连接网络内两个人之间最短关系链中的朋友的平均个数。近期的研究发现，尽管许多实际的复杂网络的节点数巨大，网络的平均路径长度却惊人地小。具体地说，对于一个网络而言，如果对于固定的网络节点平均度 $\langle k\rangle$，平均路径长度 L 的增加速度至多与网络规模 N 的对数成正比，则称此网络是具有小世界效应的。

2.1.3 聚类系数

在你的朋友关系网络中，你的两个朋友很可能彼此也是朋友，这种属性在复杂网络理论里称为网络的聚类特性。一般地，假设网络中的一个节点 v_i 有 k_i 条边将它和其他节点相连，这 k_i 个节点就称为节点 v_i 的邻居。显然，在这 k_i 个节点之间最多可能有 $C_{k_i}^2$ 条边。

定义 2.3 节点 v_i 的 k_i 个邻居节点之间实际存在的边数 E_i 和总的可能的边数 $C_{k_i}^2$ 之比就定义为节点 v_i 的聚类系数 C_i，即

$$C_i=\frac{E_i}{C_{k_i}^2}。\tag{2.14}$$

从几何特点看，式(2.14)的一个等价定义为

$$C_i=\frac{\text{与点 } i \text{ 相连的三角形的数量}}{\text{与点 } i \text{ 相连的三元组的数量}}=\frac{n_1}{n_2},\tag{2.15}$$

其中，与节点 i 相连的三元组是指包括节点 i 的三个节点，并且至少存在从节点 i 到其他两个节点的两条边(图 2.3)。

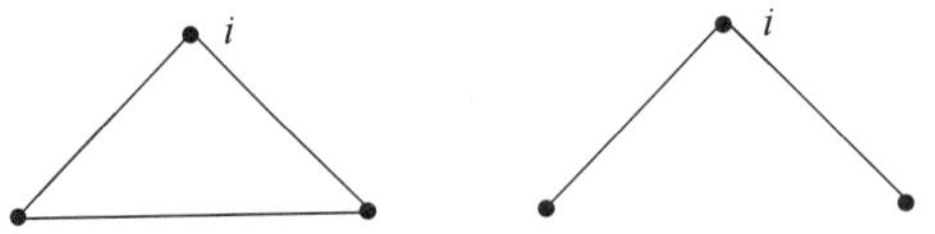

图 2.3 以节点 i 为顶点之一的三元组的两种可能形式

下面讨论如何根据无权无向图的邻接矩阵 $\boldsymbol{A}$ 求节点 v_i 的聚类系数 C_i。显然，邻接矩阵二次幂 $\boldsymbol{A}^2$ 的对角元素 $a_{ii}^{(2)}$ 表示的是与节点 v_i 相连的边数，也就是节点 v_i 的度 k_i。而邻接矩阵三次幂 $\boldsymbol{A}^3$ 的对角元素 $a_{ii}^{(3)}$ 表示的是从节点 v_i 出发经过三条边回到节点 v_i 的路径数，也就是与节点 v_i 相连的三角形数的两倍(正向走和反向走)。因此，由聚类系数的表达式(式(2.15))可知

$$C_i=\frac{n_1}{n_2}=\frac{2n_1}{2C_{k_i}^2}=\frac{2n_1}{k_i(k_i-1)}=\frac{a_{ii}^{(3)}}{a_{ii}^{(2)}(a_{ii}^{(2)}-1)},\tag{2.16}$$

整个网络的聚类系数 C 就是所有节点 v_i 的聚类系数 C_i 的平均值，即

$$C=\frac{1}{N}\sum_{i=1}^{N}C_i。\tag{2.17}$$

显然，$0\leqslant C\leqslant 1$。当所有的节点均为孤立节点，即没有任何连接边时，$C=0$；$C=1$ 当且仅当网络是全局耦合的，即网络中任意两个节点都直接相连。

对于一个含有 N 个节点的完全随机的网络，当 N 很大时，$C=O(N^{-1})$。而许多大规模的实际网络都具有明显的聚类效应，它们的聚类系数尽管远小于 1，但却比 $O(N^{-1})$ 大得多。事实上，在很多类型的网络中，随着网络规模的增加，聚类系数趋向于某个非零常数，即当 $N\to\infty$ 时，$C=O(1)$。这意味着这些实际的复杂网络并不是完全随机的，而是在某种程度上具有类似

于社会关系网络中“物以类聚，人以群分”的特性。

例 2.2 计算例 2.1 简单网络的聚类系数。

解 下面以节点 v_2 的聚类系数计算为例，节点 v_2 与 4 个节点相邻，而这 4 个节点之间可能存在的最大边数为 $C_4^2=6$，而这 4 个节点间实际存在的边数为 3，由定义可得

$$C_2 = 3/C_4^2 = 1/2,$$

同理可求得其他节点的聚类系数为

$$C_1 = 1, C_3 = 2/3, C_4 = 1/3, C_5 = 2/3, C_6 = 0。$$

整个网络的聚类系数 $C=19/36$。

计算的 Matlab 程序如下：

```
clc, clear
format  rat  %有理分数的数据格式
a=zeros(6);  %邻接矩阵初始化
a(1,[2 3])=1; a(2,[3:5])=1;  %输入邻接矩阵的上三角元素
a(3,5)=1; a(4,[5 6])=1;
a=a+a';  %构造完整的邻接矩阵
[TC,c]=mycluster(a)  %调用我们自己编写的Matlab函数,TC是整个网络的聚类系数,c为各个
                       节点的聚类系数
```

利用聚类函数的定义编写的计算整个网络的聚类系数及各个节点的聚类系数的 Matlab 函数如下：

```
function [TC,c]=mycluster(a);  %输出参数TC是整个网络的聚类系数,c为各个节点的聚类
                                 系数,输入参数是邻接矩阵
n=length(a);
for i=1:n
    m=find(a(i,:));  %找第i行非零元的地址
    ta=a(m,m);  %提取节点vi的所有邻居节点所构成的邻接矩阵
    Lta=tril(ta);  %提取邻居节点所构成邻接矩阵的下三角元素
    if  length(m)==0 | length(m)==1
        c(i)=0;  %孤立节点或只有1个邻居的节点的聚类系数定义为0
    else
        c(i)=sum(sum(Lta))/nchoosek(length(m),2);  %求节点vi的聚类系数
    end
end
TC=mean(c);  %求整个网络的聚类系数
```

也可以利用式(2.16)计算聚类系数，计算的 Matlab 程序如下：

```
clc, clear
format  rat  %有理分数的数据格式
a=zeros(6);  %邻接矩阵初始化
a(1,[2 3])=1; a(2,[3:5])=1;  %输入邻接矩阵的上三角元素
a(3,5)=1; a(4,[5 6])=1;
a=a+a';  %构造完整的邻接矩阵
```

```
n=length(a);
b3=a^3; b33=b3(1:n+1:end);  % 提出对角线元素
b2=a^2; b22=b2(1:n+1:end);  % 提出对角线元素
c=b33./(b22.*(b22-1));
c(isnan(c))=0  % 把分母为0的不确定值替换成0
TC=mean(c)  % 求整个网络的聚类系数
```

2.1.4 实际网络的统计性质

在 Watts 和 Strogatz 关于复杂网络的小世界现象[9]的研究，以及 Barabasi 和 Albert 关于复杂网络的无标度特征[10]的工作之后，人们对来自不同领域的大量实际网络的拓扑特征进行了广泛的实证性研究，表 2.2[1]列出了部分结果。测量的性质包括：有向或无向，节点总数 N，边的总数 M，平均度数 $\langle k\rangle$，平均路径长度 L，聚类系数 C。表 2.2 中的空格表示没有可靠的数据。

表 2.2 各种实际网络的特征参数统计

网络		类型	N	M	$\langle k\rangle$	L	C
社会领域	电影演员	无向	449913	25516482	113	3.48	0.78
	公司董事	无向	7673	55392	14.4	4.6	0.88
	数学家合作	无向	253339	496489	3.92	7.57	0.34
	电子邮件	有向	59912	86300	1.44	4.95	0.16
	学生关系	无向	573	477	1.66	16	0
信息领域	WWW(nd.edu)	有向	269504	1497135	5.55	11.3	0.29
	引用网络	有向	783339	6716198	8.57		
	罗氏词典	有向	1022	5103	4.99	4.87	0.15
	单词搭配网络	无向	460902	1.7E+07	70.1		0.44
技术领域	电力网	无向	4941	6594	2.67	19	0.08
	铁路网	无向	587	19603	66.8	2.16	0.69
	软件包	有向	1439	1723	1.2	2.42	0.08
	对等网络	无向	880	1296	1.47	4.28	0.01
生物领域	代谢网络	无向	765	3686	9.64	2.56	0.67
	蛋白质网络	无向	2115	2240	2.12	6.8	0.07
	海洋食物网	有向	135	598	4.43	2.05	0.23
	神经网络	有向	307	2359	7.68	3.97	0.28

2.2 无向网络的静态特征

无向网络的静态特征量有：度及其分布特征，度的相关性，聚类系数及其分布特征，最短路径及其分布特征，介数及其分布特征，连通集团的规模分布等。前面已经介绍了度、度分布、平均路径长度、聚类系数等概念。本节介绍无向网络的其他一些静态特性。

2.2.1 联合度分布和度—度相关性

1. 联合度分布

节点 v_i 的度 k_i 是指此节点关联的边数,对网络中所有节点的度求平均可得网络的平均度 $\langle k \rangle$,而度为 k 的节点在整个网络中所占的比例就是度分布 $P(k)$。显然,度分布满足

$$\sum_{k=0}^{k_{\max}} P(k) = 1, \tag{2.18}$$

而且平均度与度分布具有关系式

$$\langle k \rangle = \sum_{k=0}^{k_{\max}} kP(k), \tag{2.19}$$

式中:$k_{\max}$为所有节点度值中的最大度值。

定义 2.4 联合度分布(Joint degree distribution)[4]定义为从无向网络中随机选择一条边,该边的两个节点的度值分别为 k_1 和 k_2 的概率,即

$$P(k_1, k_2) = M(k_1, k_2)/M, \tag{2.20}$$

式中:$M(k_1, k_2)$为度值为 k_1 的节点和度值为 k_2 的节点相连的总边数;M 为网络总边数。

从联合度分布可以得出度分布

$$P(k) = \frac{\langle k \rangle}{k} \sum_{k_2} \frac{P(k, k_2)}{2 - \delta_{kk_2}}, \tag{2.21}$$

其中

$$\delta_{kk_2} = \begin{cases} 1, & k = k_2, \\ 0, & k \neq k_2。 \end{cases}$$

证明:由式(2.20)可知

$$\sum_{k_2} \frac{P(k, k_2)}{2 - \delta_{kk_2}} = \frac{1}{M} \sum_{k_2} \frac{M(k, k_2)}{2 - \delta_{kk_2}}, \tag{2.22}$$

令 $M_k = \sum_{k_2} \frac{M(k, k_2)}{2 - \delta_{kk_2}}$表示和度为 k 的节点相连的边的总数, 即度为 k 的顶点度之和的1/2。由式(2.1)可知

$$\langle k \rangle = \frac{1}{N} \sum_{i=1}^{N} k_i = \frac{2M}{N}, \tag{2.23}$$

式中:N 为网络中节点总数。

由式(2.22)和(2.23),有

$$\frac{\langle k \rangle}{k} \sum_{k_2} \frac{P(k, k_2)}{2 - \delta_{kk_2}} = \frac{2M}{Nk} \frac{M_k}{M} = \frac{1}{N} \frac{2M_k}{k} = P(k), \tag{2.24}$$

式中:$\frac{2M_k}{k}$表示度为 k 的节点的个数,即式(2.24)表示度为 k 的节点在整个网络中所占的比例。可见联合节点度分布所包含的拓扑信息更全面。

2. 基于最近邻平均度值的度—度相关性

在实际复杂网络中,度与度之间是有相关性的,而不是完全无关的(除非是完全随机网

络)。所以,度—度相关性(Degree correlation)是网络的一个重要统计特性。如果度大的节点倾向于和度大的节点连接,则网络是度—度正相关的(Assortativeness),也称为同配的。反之,若度大的节点倾向于和度值小的节点连接,则网络是度—度负相关的(Disassotativeness),也称为异配的。

定义 2.5 节点 v_i 的最近邻平均度值定义为[4,11]

$$k_{nn,i}=\frac{\left[\sum_{j} a_{ij}k_j\right]}{k_i},\tag{2.25}$$

式中:k_i 为节点 v_i 的度值;a_{ij}为邻接矩阵元素,即若节点 v_i 与 v_j 有边相连则 $a_{ij}=1$,否则 $a_{ij}=0$。则所有度值为 k 的节点的最近邻平均度值的平均值 $k_{nn}(k)$ 定义为

$$k_{nn}(k)=\frac{\sum_{i|k_i=k} k_{nn,i}}{[N\cdot P(k)]},\tag{2.26}$$

式中:N 为节点总数;$P(k)$为度分布函数。

如果 $k_{nn}(k)$是随着 k 上升的增函数,则说明度值大的节点倾向于和度值大的节点连接,网络具有正相关特性,称为同配网络(Assortative network);反之网络具有负相关特性,称为异配网络(Disassortative network)。

3. 基于 Pearson 相关系数的度—度相关性

Newman 于 2003 年在 *Physical Review E* 第 67 卷第 2 期把度相关性又称作混合模式或匹配模式(Mixing pattern),他给出求度—度相关性的一种直观思路:通过任意一条边都可以找到两个节点,进而得到两个度值,这样遍历所有的边就得到了两个序列,分析这两个序列的相关性即可。基于此,Newman 利用边两端节点的度的 Pearson 相关系数 r 来描述网络的度—度相关性。

定义 2.6 度的 Pearson 相关系数,或称网络的同配性系数(Assortativity coefficient)定义为[1,4,12]

$$r=\frac{M^{-1}\sum_{e_{ij}\in E}k_ik_j-\left[M^{-1}\sum_{e_{ij}\in E}\frac{1}{2}(k_i+k_j)\right]^2}{M^{-1}\sum_{e_{ij}\in E}\frac{1}{2}(k_i^2+k_j^2)-\left[M^{-1}\sum_{e_{ij}\in E}\frac{1}{2}(k_i+k_j)\right]^2},\tag{2.27}$$

式中:k_i,k_j 分别为边 e_{ij}的两个节点 v_i,v_j 的度;M 为网络的总边数;E 为网络的边的集合。

度—度相关系数 r 的取值范围为 $0\leqslant|r|\leqslant1$。当 $r<0$ 时,网络是负相关的,即异配的;当 $r>0$时,网络是正相关的,即同配的;当 $r=0$ 时,网络是不相关的。一个非常有趣的现象是:许多社会网络如人际关系网络是正相关的,而生物网络、技术网络则是负相关的。一个较为特殊的例子是生物网络中只有脑功能网络是正相关的。到目前为止,对这个现象的解释还没有一个定论[4]。

例 2.3 计算例 2.1 中简单无向网络度的 Pearson 相关系数 r。

解 利用 Matlab 程序计算得到度相关系数 $r=-0.2$,因为 $r<0$,说明该网络是负相关的,是异配网络。

计算的 Matlab 程序如下:

```
clc, clear
a=zeros(6);  % 邻接矩阵初始化
```

```
a(1,[2 3])=1; a(2,[3:5])=1;  % 输入邻接矩阵的上三角元素
a(3,5)=1; a(4,[5 6])=1;
a=a+a';  % 构造完整的邻接矩阵
r=mycorrelations(a)  % 调用我们自己编写的函数
```

我们编写的计算度相关性的 Matlab 函数如下：

```
function r=mycorrelations(a);  % 输出参数 r 为度相关系数,输入参数 a 为邻接矩阵
d=sum(a);  % 计算每个节点的度
M=sum(d)/2;  % 计算总边数,边的总数等于所有点度的和的一半
[i,j]=find(triu(a));  % 找 a 矩阵上三角元素中的非零元素所在的行标和列标,即每条边的两个
                        端点
ki=d(i); kj=d(j);  % 提取所有边的起点度和终点度
r=(ki*kj'/M-(sum(ki+kj)/2/M)^2)/(sum(ki.^2+kj.^2)/2/M-(sum(ki+kj)/2/M)^
2);
```

2.2.2 聚类系数分布和聚—度相关性

1. 聚类系数分布

聚类系数的统计分布也是刻画网络的一个重要几何特征。在式(2.14)的节点聚类系数定义的基础上,可以引出聚类系数分布函数 $P(C)$(Clustering coefficient distribution)的概念。

定义 2.7 从网络中任选一节点,其聚类系数值为 C 的概率为[4]

$$P(C)=\sum_{i}\delta(C_i-C)/N, \tag{2.28}$$

式中:$\delta(\lambda)$是一个单位冲激函数,它满足性质

$$\begin{cases}\int_{-\infty}^{+\infty}\delta(\lambda)\mathrm{d}\lambda=1,\\ \delta(\lambda)=0,\lambda\neq 0,\\ \int_{-\infty}^{+\infty}f(\lambda)\delta(\lambda)\mathrm{d}\lambda=f(0),\end{cases} \tag{2.29}$$

式中:$f(\lambda)$是一个在 $\lambda=0$ 点附近连续的普通函数。

2. 聚—度相关性

还可以使用局部聚类系数和全局聚类系数来刻画网络节点的聚类程度。

定义 2.8 局部聚类系数 $C(k)$ 定义为度为 k 的节点的邻居之间存在的平均边数 $\langle M_{nn}(k)\rangle$ 与这些邻居之间存在的最大可能的边数的比值,即

$$C(k)=2\langle M_{nn}(k)\rangle/[k(k-1)], \tag{2.30}$$

而相应的全局聚类系数 C 则定义为

$$C=\left[\sum_{k=0}^{k_{\max}}k(k-1)P(k)C(k)\right]\Big/[\langle k^2\rangle-\langle k\rangle], \tag{2.31}$$

式中:$\langle k^2\rangle$为度的二阶矩[4]。

全局聚类系数表示所有节点邻居间存在的边的平均数与所有节点邻居间存在的最大可能边数平均数的比值,显然,局部聚类系数 $C(k)$ 与 k 的关系刻画了网络的聚—度相关性(Clustering-degree correlation)。大量的实证研究表明,许多真实网络如好莱坞电影演员合作网络、语

义网络中节点的聚—度相关性存在近似的倒数关系[4,13]，即

$$C(k) \propto k^{-1}。\tag{2.32}$$

式(2.32)说明高度值节点的聚类系数反而较低。Ravasz 和 Barabási 于 2003 年在 *Physical Review E* 第 67 卷第 2 期考虑到真实网络同时具有无标度特性和较大的聚类系数，构造了层次网络(Hierarchical network)模型，该模型中聚—度之间具有倒数关系，因此该关系也称为网络的层次性。研究表明，具有层次性的网络还包括 WWW 网络和代谢网络等，但是对于具有位置和地理关系的空间网络，如电力网就不具有这种层次性，其可能原因是由于受到网络费用的制约，节点只能与距离较近的节点连接。

2.2.3 介数、核数和紧密度

1. 介数

在社会网络中，有的节点的度虽然很小，但它可能是两个社团的中间联络人，如果去掉该节点，那么就会导致两个社团的联系中断，因此该节点在网络中起到极其重要的作用。对于这样的节点，需要定义另一种衡量指标，这就引出网络的另一种重要的全局几何量——介数(Betweenness)。介数分为节点介数和边介数两种，它是一个全局特征量，反映了节点或边在整个网络中的作用和影响力。

定义 2.9 网络中不相邻的节点 v_j 和 v_l 之间的最短路径会途经某些节点，如果某个节点 v_i 被其他许多最短路径经过，则表示该节点在网络中很重要，其重要性或影响力可用节点的介数 B_i 来表征，定义为[4]

$$B_i = \sum_{\substack{1 \leqslant j < l \leqslant N \\ j \neq i \neq l}} [n_{jl}(i)/n_{jl}], \tag{2.33}$$

式中：n_{jl} 为节点 v_j 和 v_l 之间的最短路径条数；$n_{jl}(i)$ 为节点 v_j 和 v_l 之间的最短路径经过节点 v_i 的条数；N 为网络中的节点总数。

由此可见，v_i 的介数就是网络中所有最短路径中经过该节点的数量比例。

定义 2.10 边的介数 $\widetilde{B}_{ij}$ 定义为网络中所有的最短路径中经过边 e_{ij} 的数量比例为

$$\widetilde{B}_{ij} = \sum_{\substack{1 \leqslant l < m \leqslant N \\ (l,m) \neq (i,j)}} [N_{lm}(e_{ij})/N_{lm}], \tag{2.34}$$

式中：N_{lm} 为节点 v_l 和 v_m 之间的最短路径条数；$N_{lm}(e_{ij})$ 为节点 v_l 和 v_m 之间的最短路径经过边 e_{ij} 的条数。

2. 核数

一个图的 k-核(k-core)是指反复去掉度值小于 k 的节点及其连线后所剩余的子图[1,4,14]，该子图的节点数就是该核的大小。若一个节点存在于 k-核，而在 $(k+1)$-核中被移去，那么此节点的核数(Coreness)为 k。因此，所有度为 1 的节点的核数必然为 1，节点核数中的最大值称为图的核数。一个节点的度数即便很高，它的核数也可能很小。例如，包含 N 个节点的星形网络的中心节点的度数为 $N-1$、核数为 1。

例 2.4 计算例 2.1 中简单无向网络中各节点的核数。

解 计算得节点 $v_1, v_2, \cdots, v_6$ 的核数分别为 2,2,2,2,2,1。

求解的 Matlab 程序如下：

```
clc, clear
a=zeros(6);  % 邻接矩阵初始化
a(1,[2 3])=1; a(2,[3:5])=1;  % 输入邻接矩阵的上三角元素
a(3,5)=1; a(4,[5 6])=1;
a=a+a';  % 构造完整的邻接矩阵
core=mycoreness(a)
```

我们编写的计算核数的 Matlab 函数如下：

```
function core=mycoreness(a);  % 输出参数 core 为各节点的核数,输入参数 a 为邻接矩阵
d=sum(a);  % 计算每个节点的度
dminmax=minmax(d);  % 求最小度和最大度
core=dminmax(1) * ones(size(d));  % 核的初始值=最小度
td=d;  % 删除节点及边后,各节点度的值,这里是初值
for k=dminmax(1):dminmax(2)
    while sum(td>=1 & td<=k)
        ind=find(td>=1 & td<=k);  % 找度小于等于 k 的节点
        a(:,ind)=0; a(ind,:)=0;  % 删除度小于等于 k 的节点对应的边
        td=sum(a);  % 重新计算各节点的度
    end
    core=core+(td>0);  % 删除节点及对应边后,度非零的节点,核数加 1
end
```

例 2.5 计算图 2.4 所示网络的一些特性。

(1) 度分布及平均度。

(2) 联合度分布。

(3) 各节点的最近邻平均度值 $k_{nn,i}$。

(4) 该网络是否是同配网络。

(5) 该网络是否是正相关网络。

(6) 分别求各节点和各边的介数。

(7) 求该网络的 2-核,3-核,各节点的核数及该网络的核数。

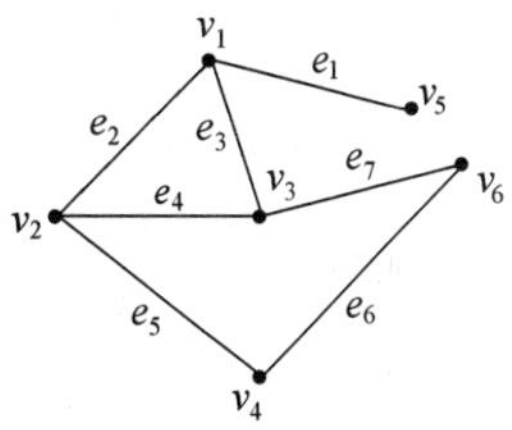

图 2.4 一个简单无向网络的计算示例

解 (1) 该网络的度分布如表 2.3 所列。

表 2.3 图 2.4 所示网络的度分布

k	1	2	3
$P(k)$	1/6	1/3	1/2

因此

$$\langle k\rangle = (3+3+3+2+1+2)/6 = 7/3,$$

或

$$\langle k\rangle = \sum_{k=0}^{k_{\max}} kP(k) = 3\times\frac{1}{2} + 2\times\frac{1}{3} + 1\times\frac{1}{6} = \frac{7}{3}。$$

(2) 计算得到联合度分布如表 2.4 所列。

表 2.4　图 2.4 所示网络的联合度分布

k_1,k_2	1,1	1,2	1,3	2,2	2,3	3,3
$P(k_1,k_2)$	0	0	1/7	1/7	2/7	3/7

(3) 计算得到 $v_1 \sim v_6$ 的最近邻平均度值 $k_{nn,i}$ 分别为 7/3、8/3、8/3、5/2、3、5/2。

(4) 计算得到度为 1、2、3 的节点的最近邻平均度值的平均值 $k_{nn}(k)$ 分别为 3、5/2、23/9。由于随着 k 的增加 $k_{nn}(k)$ 下降,所以该网络是异配网络。

(5) 计算可得 Pearson 相关系数为 $r=-2/19$,因为 $r<0$,说明该网络为负相关。

(6) 由图 2.4 可知各节点之间的最短路径分别为:$v_1e_2v_2$;$v_1e_3v_3$;$v_1e_2v_2e_5v_4$;$v_1e_1v_5$;$v_1e_3v_3e_7v_6$;$v_2e_4v_3$;$v_2e_5v_4$;$v_2e_2v_1e_1v_5$;$v_2e_4v_3e_7v_6$;$v_2e_5v_4e_6v_6$;$v_3e_4v_2e_5v_4$;$v_3e_7v_6e_6v_4$;$v_3e_3v_1e_1v_5$;$v_3e_7v_6$;$v_4e_5v_2e_2v_1e_1v_5$;$v_4e_6v_6$;$v_5e_1v_1e_3v_3e_7v_6$。由此可计算得 $v_1 \sim v_6$ 各节点的介数 B_i 为 4、2.5、2.5、0.5、0、0.5。同理可计算得 $e_1 \sim e_7$ 各边的介数为 4、3、3、1、3、1、3。

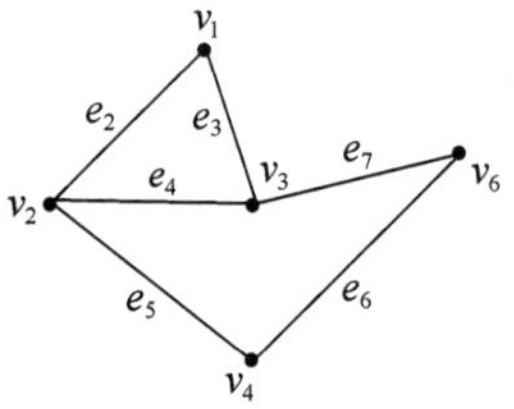

图 2.5　2-核

(7) 该网络的 2-核如图 2.5 所示,3-核为空集。节点 $v_1 \sim v_6$ 的核数分别为 2、2、2、2、1、2,所以网络的核数为 2。

计算(不包含介数)的 Matlab 程序如下:

```
clc, clear, format rat
n=6; a=zeros(n);
a(1,[2 3 5])=1; a(2,[3 4])=1;  % 输入邻接矩阵的上三角元素
a(3,6)=1; a(4,6)=1;
a=a+a';  % 输入完整的邻接矩阵
d=sum(a)  % 计算邻接矩阵的列和,即各节点的度
degrange=minmax(d);  % 求度取值的最小值和最大值
ud=[degrange(1):degrange(2)]  % 显示度的取值
pinshu=hist(d,ud);  % 求度取值的频数
df=[ud; pinshu/n]  % 求度的频率分布表
ave_degree=mean(d)  % 计算平均度
M=sum(d)/2;  % 计算总边数,边的总数等于所有点度的和的 1/2
[i,j]=find(triu(a));  % 找 a 矩阵上三角元素中的非零元素所在的行标和列标,即每条边的两个
                      端点
ki=d(i); kj=d(j);  % 提取所有边的起点度和终点度
kij=[ki' kj'];  kij=sort(kij,2);  % 逐行从小到大排列
bpin=[];  % 联合度分布的初始化
for i=1:length(ud)
    for j=i:degrange(2)
        b(i,j)=0; kk=[];
        for k=1:size(kij,1)
            b(i,j)=b(i,j)+length(findstr(kij(k,:),[i,j]));
            if length(findstr(kij(k,:),[i,j]))
                kk=[kk,k];  % 记录找到的数据
            end
        end
```

```
        kij(kk,:)=[];  % 删除已找到的数据
        bpin=[bpin,[i;j;b(i,j)/M]];
     end
  end
  bpin  % 显示联合度分布,第1,2行为度值,第3行为计算的频率
  knni=d*a./d  % 计算最近邻平均度值
  for i=1:length(ud)
     ind=(d==ud(i));
     knn(i)=sum(knni(ind))/pinshu(i);
  end
  knn=[ud;knn]  % 显示最近邻平均度值的平均值,第一行是度的取值,第二行是计算得到的平均值
  r=mycorrelations(a)  % 计算 Pearson 相关系数
  core=mycoreness(a)  % 计算核数
```

3. 紧密度

定义 2.11 紧密度(Closeness centrality)测量了节点 v_i 通过最短路径与其他节点的接近程度,定义为

$$C_i^c = \frac{1}{L_i} = \frac{n-1}{\sum\limits_{j\in\Gamma, j\neq i} d_{ij}}, \tag{2.35}$$

式中:Γ 为节点 v_i 所能够到达的节点的集合;L_i 为节点 v_i 到其他所有能够达到节点的平均距离。

紧密度指标用于刻画网络中的节点通过网络到达网络中其他节点的难易程度,其值定义为该节点到其他所有能到达节点的平均距离的倒数,反映的是节点通过网络对其他节点施加影响的能力,因而紧密度指标比度指标更能够反映网络的全局结构。

2.2.4 中心性

中心性(Centrality)反映了网络中各节点的相对重要性。在网络分析里,对图中某个节点的中心性的表征有多种方法,分别是度中心性、介数中心性、接近度中心性和特征向量中心性[4]。

1. 度中心性

针对社会网络,与度概念紧密相连的是度中心性(Degree centrality),其又可分为节点中心性(Node centrality)和网络中心性(Graph centrality)。前者指节点在与其直接相连的邻居节点当中的中心程度;而后者则侧重节点在整个网络的中心程度;表征的是整个网络的集中程度,即整个网络围绕一个节点或一组节点来组织运行的程度。度分布衡量的是所有节点度的分布规律,而网络中心性更多指的是单个节点或一组节点在网络中的位置及其重要程度及影响。

定义 2.12 节点 v_i 的度中心性 $C_D(v_i)$ 就是其度 k_i 除以最大可能的度 $N-1$,即

$$C_D(v_i) = k_i/(N-1)。 \tag{2.36}$$

该中心性定义也可以推广到整个网络。

定义 2.13 在所有含 N 个节点的网络中,假设网络 G_{optimal} 使得下式达到最大值,即

$$H = \sum_{i=1}^{N} [C_D(u_{\max}) - C_D(u_i)], \tag{2.37}$$

式中：u_i 为网络 G_{optimal} 的各个节点；$u_{\max}$ 为网络 G_{optimal} 中拥有最大度中心性的节点。

对于含有 N 个节点的某网络 G，令 $v_{\max}$ 表示其拥有最大度中心性的节点，则网络 G 的度中心性 C_D 定义为

$$C_D = \frac{1}{H}\sum_{i=1}^{N} [C_D(v_{\max}) - C_D(v_i)]。 \tag{2.38}$$

实际上，当图 G_{optimal} 的某个节点和所有其他节点相连而其他节点之间则没有任何连接，即 G_{optimal} 为星形网络时，H 值达到最大，即

$$H = (N-1)[1 - 1/(N-1)] = N-2。 \tag{2.39}$$

此时，网络 G 的度中心性 C_D 可简化为

$$C_D = \frac{1}{N-2}\sum_{i=1}^{N} [C_D(v_{\max}) - C_D(v_i)]。 \tag{2.40}$$

2. 介数中心性

节点 v_i 的介数中心性(Betweenness centrality)就是节点 v_i 的归一化介数。这里要确定的就是最大可能的介数。对于无向网络来说，这个值等于除了节点 v_i 外，最多可能的节点对数 $(N-1)(N-2)/2$。

定义 2.14 设节点 v_i 的介数为 B_i，则其介数中心性 $C_B(v_i)$ 可以定义为

$$C_B(v_i) = 2B_i/[(N-1)(N-2)]。 \tag{2.41}$$

上述中心性定义也可以推广到整个网络。

定义 2.15 令 $v_{\max}$ 表示网络 G 中拥有最高节点介数中心性的节点。类似式(2.37)的做法，可得到星形网络的 $H=N-1$（中心节点的介数中心性为 1，其他节点的介数中心性为 0）。这样网络 G 的介数中心性 C_B 可简化为

$$C_B = \frac{1}{N-1}\sum_{i=1}^{N} [C_B(v_{\max}) - C_B(v_i)]。 \tag{2.42}$$

3. 接近度中心性

接近度(Closeness)是拓扑空间里的基本概念之一。对于 Euclid 空间里的两个子集，如果两个子集所有元素对之间的平均 Euclid 距离越小，则称这两个子集越接近。这个概念可以推广到图论中，虽然这里不存在 Euclid 距离的概念，但是可以采用最短路径来表征。节点的接近度反映了节点在网络中居于中心的程度，是衡量节点的中心性的指标之一。前面已经定义 d_{ij} 为节点 v_i 到节点 v_j 的距离。

定义 2.16 则对于无向连通图来说，节点的接近度中心性(Closeness centrality) $C_C(v_i)$ 最自然的定义可以表示为

$$C_C(v_i) = \frac{(N-1)}{\sum_{\substack{j=1 \\ j\neq i}}^{N} d_{ij}}, \tag{2.43}$$

即接近度表示节点 v_i 到其他所有节点最短距离之和的倒数乘以其他节点个数。节点的接近

度越大,表明节点越居于网络的中心,它在网络中就越重要。

定义 2.17 令 $v_{\max}$ 表示网络 G 中拥有最大接近度中心性的节点,类似于式(2.37),可以推出星形网络的 $H=(N-1)(N-2)/(2N-3)$,由此可以得到连通网络 G 的接近度中心性 C_C 为

$$C_C = \frac{2N-3}{(N-1)(N-2)}\sum_{i=1}^{N}[C_C(v_{\max}) - C_C(v_i)]。\tag{2.44}$$

对于非连通图来说,上述定义需要做一定的修正,一个比较好的做法是分别计算各个连通分支的中心性,然后根据各连通分支的阶数(连通分支中节点的个数)进行赋权。为了评测网络脆弱性(Vulnerability),Dangalchev 于 2006 年在 *Physica A* 第 365 卷第 2 期修改了接近度的定义,以便能使它用于非连通图,而且整体的接近度很容易计算,即

$$C_C(v_i) = \sum_{\substack{j=1\\ j\neq i}}^{N} 2^{-d_{ij}},\tag{2.45}$$

上式可以用到非连通图中,因为对于两个非连通节点 $d_{ij}=\infty$,而 $2^{-d_{ij}}=0$。对于非连通子图的接近度测度可参见 2010 年 Opsahl 的文章,题目为 *Closeness centrality in networks with disconnected components*。

4. 特征向量中心性

特征向量中心性(Eigenvector centrality)也是节点重要度的测度之一。它指派给网络中的每个节点一个相对得分,对某个节点分值的贡献中,连到高分值节点的连接比连到低分值节点的连接大。Google 的 PageRank 就是特征向量中心性的一个变种。特征向量中心性是通过邻接矩阵 $\boldsymbol{A}$ 来定义的。

定义 2.18 对于节点 v_i,令它的中心性分值 x_i 正比于连到它的所有节点的中心性分值的总和,则

$$x_i = \frac{1}{\lambda}\sum_{j=1}^{N} a_{ij}x_j,\tag{2.46}$$

式中:N 为节点总数;λ 为常数。

用向量描述,式(2.46)可以写为特征向量方程

$$\boldsymbol{A}\boldsymbol{x} = \lambda\boldsymbol{x}。\tag{2.47}$$

通常,式(2.47)的各个特征向量解将对应不同的特征值 λ。但是,在这里,一个额外的要求是特征向量的每个分量必须是正数,根据 Perron-Frobenius 定理,它暗示着只有最大的特征值对应的解才是中心性测度所要求的。在最后得到的归一化特征向量中,第 i 个元素就是网络中节点 v_i 的中心性分值 $C_E(v_i)=x_i$。

例 2.6(续例 2.5) 计算图 2.4 所示网络的各节点的中心性分值。

解 图 2.6 对应网络的邻接矩阵为

$$\boldsymbol{A} = \begin{bmatrix} 0 & 1 & 1 & 0 & 1 & 0\\ 1 & 0 & 1 & 1 & 0 & 0\\ 1 & 1 & 0 & 0 & 0 & 1\\ 0 & 1 & 0 & 0 & 0 & 1\\ 1 & 0 & 0 & 0 & 0 & 0\\ 0 & 0 & 1 & 1 & 0 & 0 \end{bmatrix},$$

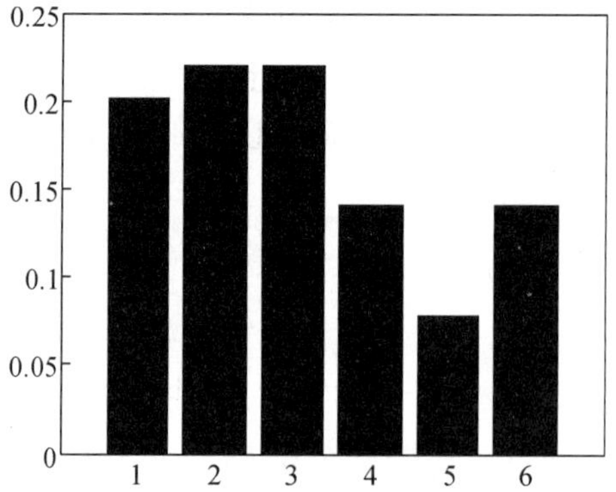

图 2.6　各节点中心性得分值的柱状图

求得矩阵 $\boldsymbol{A}$ 的最大特征值为 $\lambda=2.5616$，对应的归一化特征向量为

$$\boldsymbol{x}=[0.2019,0.2192,0.2192,0.1404,0.0788,0.1404]^{\mathrm{T}},$$

$\boldsymbol{x}$ 的各分量即为各节点的中心性得分值。中心性得分值的柱状图如图 2.6 所示。计算及画图的 Matlab 程序如下：

```
clc, clear
a=zeros(6);
a(1,[2 3 5])=1; a(2,[3 4])=1;  % 输入邻接矩阵的上三角元素
a(3,6)=1; a(4,6)=1;
a=a+a';  % 输入完整的邻接矩阵
[vec,val]=eigs(a,1)  % 求矩阵 a 的最大特征值及对应的特征向量
vec1=vec/sum(vec)  % 把特征向量进行归一化
bar(vec1)  % 把中心性得分值用柱状图画出来
```

5. PageRank 值

PageRank 算法是基于网页链接分析对关键字匹配搜索结果进行处理的。它借鉴传统引文分析思想：当网页甲有一个链接指向网页乙，就认为乙获得了甲对它贡献的分值，该值的多少取决于网页甲本身的重要程度，即网页甲的重要性越大，网页乙获得的贡献值就越高。由于网络中网页链接的相互指向，该分值的计算为一个迭代过程，最终网页根据所得分值进行检索排序。

互联网是一个有向图，每一个网页是图的一个顶点，网页间的每一个超链接是图的一个边，邻接矩阵 $\boldsymbol{B}=(b_{ij})_{N\times N}$，如果从网页 i 到网页 j 有超链接，则 $b_{ij}=1$，否则为 0。

记矩阵 $\boldsymbol{B}$ 的列和及行和分别是

$$c_j=\sum_{i=1}^{N}b_{ij},r_i=\sum_{j=1}^{N}b_{ij},$$

它们分别给出了页面 j 的链入链接数目和页面 i 的链出链接数目。

假如在上网时浏览页面并选择下一个页面的过程，与过去浏览过哪些页面无关，而仅依赖于当前所在的页面，那么这一选择过程可以认为是一个有限状态、离散时间的随机过程，其状态转移规律可用 Markov 链描述。定义矩阵 $\boldsymbol{A}=(a_{ij})_{N\times N}$ 如下：

$$a_{ij}=\frac{1-d}{N}+d\frac{b_{ij}}{r_i},i,j=1,2,\cdots,N,$$

式中：d 为模型参数，通常取 $d=0.85$；$\boldsymbol{A}$ 为 Markov 链的转移概率矩阵；a_{ij} 为从页面 i 转移到页面 j 的概率。

根据 Markov 链的基本性质，对于正则 Markov 链存在平稳分布 $\boldsymbol{x}=[x_1,x_2,\cdots,x_N]^{\mathrm{T}}$，满足

$$\boldsymbol{A}^{\mathrm{T}}\boldsymbol{x}=\boldsymbol{x},\ \sum_{i=1}^{N}x_i=1,$$

$\boldsymbol{x}$ 表示在极限状态（转移次数趋于无限）下各网页被访问的概率分布，Google 将它定义为各网页的 PageRank 值。假设 $\boldsymbol{x}$ 已经得到，则它按分量满足方程

$$x_k=\sum_{i=1}^{N}a_{ik}x_i=(1-d)+d\sum_{i:b_{ik}=1}\frac{x_i}{r_i}。$$

网页 i 的 PageRank 值是 x_i，它链出的页面有 r_i 个，于是页面 i 将它的 PageRank 值分成 r_i 份，分别"投票"给它链出的网页。x_k 为网页 k 的 PageRank 值，即网络上所有页面"投票"给网页 k 的最终值。

根据 Markov 链的基本性质还可以得到，平稳分布（即 PageRank 值）是转移概率矩阵 $\boldsymbol{A}$ 的转置矩阵 $\boldsymbol{A}^{\mathrm{T}}$ 的最大特征值（=1）所对应的归一化特征向量。

例 2.7 已知一个 $N=6$ 的网络如图 2.7 所示，求它的 PageRank 值。

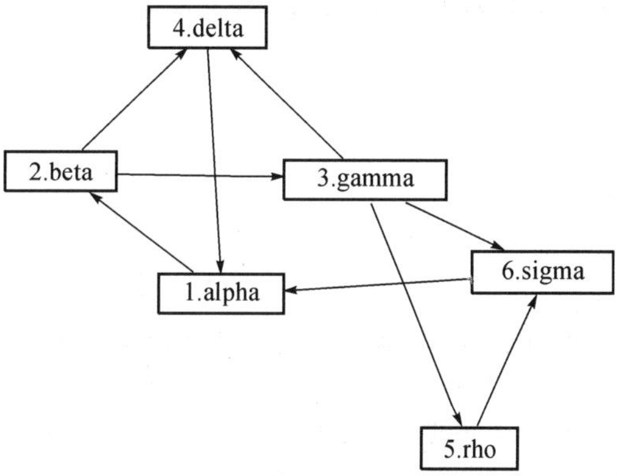

图 2.7 网络结构示意图

解 相应的邻接矩阵 $\boldsymbol{B}$ 和 Markov 链转移概率矩阵 $\boldsymbol{A}$ 分别为

$$\boldsymbol{B}=\begin{bmatrix}0&1&0&0&0&0\\0&0&1&1&0&0\\0&0&0&1&1&1\\1&0&0&0&0&0\\0&0&0&0&0&1\\1&0&0&0&0&0\end{bmatrix},$$

$$\boldsymbol{A}=\begin{bmatrix}0.025&0.875&0.025&0.025&0.025&0.025\\0.025&0.025&0.45&0.45&0.025&0.025\\0.025&0.025&0.025&0.3083&0.3083&0.3083\\0.875&0.025&0.025&0.025&0.025&0.025\\0.025&0.025&0.025&0.025&0.025&0.875\\0.875&0.025&0.025&0.025&0.025&0.025\end{bmatrix}$$

计算得到该 Markov 链的平稳分布为

$$\boldsymbol{x} = [0.2675 \quad 0.2524 \quad 0.1323 \quad 0.1697 \quad 0.0625 \quad 0.1156]^{\mathrm{T}}。$$

这就是 6 个网页的 PageRank 值,其柱状图如图 2.8 所示。

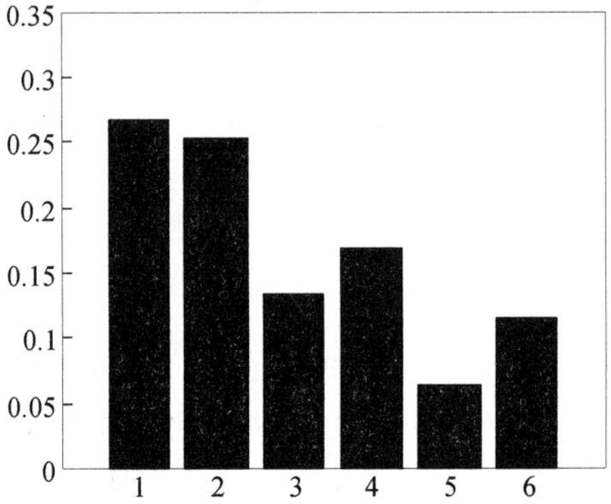

图 2.8　PageRank 值的柱状图

编号 1 的网页 alpha 的 PageRank 值最高,编号 5 的网页 rho 的 PageRank 值最低,网页的 PageRank 值从大到小的排序依次为 1,2,4,6,3,5。

计算及画图的 Matlab 程序如下:

```
clc, clear
B=zeros(6);
B(1,2)=1; B(2,[3,4])=1;
B(3,[4:6])=1; B(4,1)=1;
B(5,6)=1; B(6,1)=1;
nodes={'1.alpha','2.beta','3.gamma','4.delta','5.rho','6.sigma'};
h=view(biograph(B,nodes,'ShowWeights','off','ShowArrows','on'))
h.EdgeType='segmented';  % 边的连接为线段
h.LayoutType='equilibrium';
dolayout(h)  % 刷新图形
r=sum(B,2);  n=length(B);
for i=1:n
    for j=1:n
        A(i,j)=0.15/n+0.85*B(i,j)/r(i);  % 构造状态转移矩阵
    end
end
A  % 显示状态转移矩阵
[x,y]=eigs(A',1);  % 求最大特征值对应的特征向量
x=x/sum(x)  % 特征向量归一化
bar(x)  % 画 PageRank 值的柱状图
```

2.2.5　连通度

连通图 G 的连通程度通常叫做连通度(Connectivity)。连通度有两种,一种是点连通度,另一种是边连通度。通常一个图的连通度越好,它所代表的网络越稳定。

定义 2.19 连通图 G 的点连通度定义为

$$\kappa(G) = \min_{S\subset V}\{|S|, \omega(G-S) \geqslant 2 \text{ 或 } G-S \text{ 为平凡图}\}, \tag{2.48}$$

式中:V 为图 G 的节点集合;S 为 V 的真子集;$\omega(G-S)$ 为从图 G 中删除点集 S 后得到的子图 $G-S$ 的连通分支数。这里 $G-S$ 是指删除 S 中每一个节点以及图 G 中与之关联的所有边。由此可见,点连通度就是使 G 不连通或成为平凡图(只有一个节点没有边的图)所必须删除的最少节点个数。对于不连通图或平凡图,定义 $\kappa(G)=0$;若 G 为 N 个节点的完全图,则$\kappa(G)=N-1$。

定义 2.20 连通图 G 的边连通度定义为

$$\lambda(G) = \min_{T\subset E}\{|T|, \omega'(G-T) \geqslant 2\}, \tag{2.49}$$

式中:E 为图 G 的边集合;T 为 E 的真子集;$\omega'(G-T)$ 为从图 G 中删除边集 T 后得到的子图 $G-T$的连通分支数。这里 $G-T$ 是指删除 T 中每一条边,而 G 中所有节点全部保留下来。由此可见,边连通度就是使得 G 不连通所必须删除的最少边数。定义不连通图或平凡图的边连通度为0。若 G 为 N 个节点的完全图,$\lambda(G)=N-1$。可以证明,同一个图的点连通度和边连通度满足 $\kappa(G)\leqslant\lambda(G)$。

2.3 赋权网络的静态特性

无权网络只能给出节点之间是否存在相互作用,但是在很多情况下,节点之间相互作用的强度的差异起着至关重要的作用。赋权网络在实际中是普遍存在的,无权网络完全可以作为赋权网络的一种特例。

赋权网络的静态几何量包括:度及其分布特征,点权、单位权及其分布特征,权的相关性,权与度的相关性,最短距离及其分布特征,赋权聚类系数及其分布特征等[4]。首先赋权并不改变度与聚类系数等局域几何量,所以无权网络的许多局域几何量分析都可以在赋权网络上实现。

2.3.1 点权、单位权和权重分布差异性

1. 点权

与边权相对照的一个概念是点权,也叫点强度(Vertex strength),它是无权网络中节点度的自然推广。

定义 2.21 节点 v_i 的点权 S_i 定义为与它关联的边权之和,即

$$S_i = \sum_{j\in N_i} w_{ij}, \tag{2.50}$$

式中:N_i 为节点 v_i 的邻点集合;w_{ij}为连接节点 v_i 和节点 v_j 的边的权重。

若节点 v_i 与 v_j 无连接时认为 $w_{ij}=0$,则有

$$S_i = \sum_{j=1}^{N} w_{ij}, \tag{2.51}$$

式中:N 为节点个数。

2. 单位权

定义 2.22 单位权表示节点连接的平均权重,它定义为节点 v_i 的点权 S_i 与其节点度 k_i

的比值,即

$$U_i = S_i / k_i。\tag{2.52}$$

3. 权重分布的差异性

定义 2.23 节点 v_i 的权重分布差异性 Y_i 表示与节点 v_i 相连的边权分布的离散程度,定义为

$$Y_i = \sum_{j \in N_i} (w_{ij}/S_i)^2。\tag{2.53}$$

拥有相同点权与单位权的两个节点相比,差异性越大,离散程度越大。容易理解差异性与度有如下关系:

(1) 如果与节点 v_i 关联的边的权重值差别不大,则 $Y_i \propto 1/k_i$。

(2) 如果权值相差较大,例如只有一条边的权重起主要作用,则 $Y_i \approx 1$。

2.3.2 权—度相关性和权—权相关性

1. 基于节点的权—度相关性

基于节点的权—度相关性指的是对于单个节点来说,其点权和其度之间的相关性。在科学家合作网络中,权与度的相关性研究考查的是科学家合作交流的广泛性与深入性的关系。对于无向网络,就是 S_i 和 k_i 的关系。

定义 2.24 基于节点的权—度相关性定义为

$$S_{vv}(k) = \frac{\left(\sum_{i|k_i=k} S_i\right)}{[N \cdot P(k)]},\tag{2.54}$$

式中:N 为节点总数;$P(k)$ 为度分布函数。

当边权 w_{ij} 与网络的拓扑结构无关时,通常呈现 $S_{vv}(k) \approx \langle w \rangle \cdot k$ 的分布情况,其中 $\langle w \rangle$ 表示所有边权的平均值;而当边权与网络的拓扑结构有关时,通常呈现 $S_{vv}(k) \approx A \cdot k^{\beta}$ 的分布情况(要么指数 $\beta \neq 1$,要么常数 $A \neq \langle w \rangle$)。

2. 基于边的权—度相关性

基于边的权—度相关性类似于前面在无向网络中介绍的度—度相关性,它考查的是较大权重的边是倾向于与度值大的节点相连还是倾向于与度值小的节点相连,还是根本没有关系。

定义 2.25 对于无向赋权网络,类似式(2.25)的 $k_{nn,i}$,可定义节点的赋权平均近邻度为

$$k_{w\_nn,i} = \frac{\left(\sum_{j \in N_i} w_{ij} k_j\right)}{S_i},\tag{2.55}$$

式中:k_j 为节点 v_j 的度值,若节点 v_i 与 v_j 无边直接相连,也可以认为 $w_{ij}=0$。

若所有节点满足 $k_{w\_nn,i} > k_{nn,i}$,则表明具有较大权重的边倾向于连接具有较大度值的点(正相关)。若所有节点满足 $k_{w\_nn,i} < k_{nn,i}$,则表明具有较大权重的边倾向于连接具有较小度值的点(负相关)。可定义所有度为 k 的节点的赋权平均近邻度的平均值 $k_{w\_nn}(k)$ 为

$$k_{w\_nn}(k) = \frac{\left(\sum_{i|k_i=k} k_{w\_nn,i}\right)}{[N \cdot P(k)]}。\tag{2.56}$$

3. 权—权相关性

这里的权—权相关性有两大类,一类是点权—点权相关性,另一类是单位权—单位权相关性,定义方式差不多,这里仍以点权为例。

定义 2.26 对于无向赋权网络,类似式(2.25)的 $k_{nn,i}$ 可定义节点的赋权平均近邻权为

$$S_{nn,i}=\frac{\left(\sum_{j} w_{ij}S_j\right)}{S_i}。 \tag{2.57}$$

于是所有点权为 s 的节点的赋权平均近邻权的平均值 $S_{nn}(s)$ 为

$$S_{nn}(s)=\frac{\left(\sum_{i\mid S_i=s} S_{nn,i}\right)}{[N\cdot P(s)]}。 \tag{2.58}$$

2.3.3 距离分布和平均距离

对于无权网络来说,平均距离是途经的平均边数量(每条边的长度是 1)。对于赋权网络来说,平均距离不再是简单地计算经历的边数量,而应该考虑每条边的权重。赋权网络中的距离不再满足“三角不等式”,即“两边权重之和不一定大于第三边的权重”,边数最少不一定距离最短。可以用两两节点之间的距离度量由于赋权带来的节点之间的亲密程度的不同。

定义 2.27 无向连通简单赋权网络的平均距离 L 定义为所有节点对之间距离的平均值,即

$$L=\frac{2}{N(N-1)}\sum_{i<j} d_{ij}, \tag{2.59}$$

式中:d_{ij} 为节点 v_i 到 v_j 之间的距离。

2.3.4 赋权聚类系数

2.1.3 节定义了节点 v_i 的聚类系数 C_i,它反映了该节点的各邻点之间联系的程度。C_i 越大,说明该点的邻点之间的联系越频繁。针对赋权网络,Onnela 等人于 2005 年在期刊 *Physical Review E* 第 71 卷给出的定义式考虑了三角形边上权重的几何平均值。

定义 2.28 赋权聚类系数定义为

$$C_{O,i}^{w}=\frac{1}{k_i(k_i-1)}\sum_{j,k}\left(w'_{ij}w'_{jk}w'_{ki}\right)^{\frac{1}{3}}, \tag{2.60}$$

式中:k_i 为节点 v_i 的度;$w'_{ij}=w_{ij}/\max(w_{ij})$ 为归一化权重。

这样做的好处是:当赋权网络变成无权网络时,$C_{O,i}^{w}$ 就变成了式(2.14)定义的无权网络聚类系数 C_i。

此外,Holme 等人于 2007 年在期刊 *Physica A* 第 373 卷中分析赋权网络的聚类系数,指出它应该满足以下几条要求:

(1) 系数值在 0~1 内取值。

(2) 赋权网络退化为无权网络时,聚类系数应与式(2.16)定义的聚类系数的计算结果一致。

(3) 权值为 0 表示该边不存在。

(4) 包含节点 v_i 的三角形中三条边对聚类系数的贡献应与边的权重成正比。

由此，给出定义

$$C_{H,i}^{w}=\frac{\sum\limits_{j,k} w_{ij}w_{jk}w_{ki}}{\max\limits_{j}(w_{ij})\sum\limits_{j,k} w_{ij}w_{ki}}。\tag{2.61}$$

例 2.8 请分别计算图 2.9 所示网络的下述特性：

(1) 分别求出各节点的点权、单位权、权重差异性。

(2) 求出网络的基于节点的权—度相关性 $S_{vv}(k)$。

(3) 根据聚类系数的 Holme 定义式，求出各节点的赋权聚类系数。

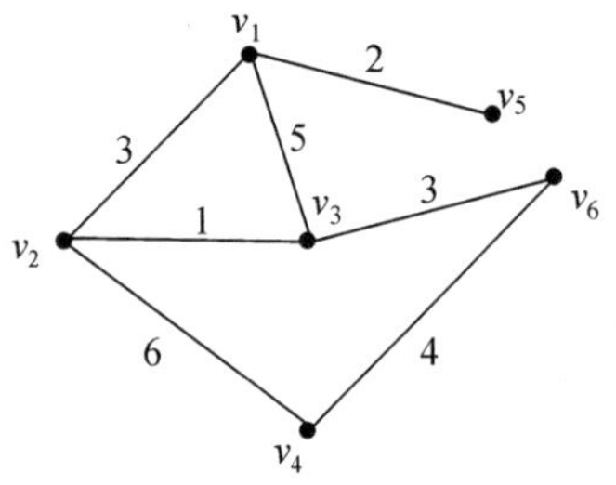

图 2.9 一个简单赋权网络

解 (1) 计算得节点 $v_1\sim v_6$ 的点权 S_i 分别为 10、10、9、10、2、7；节点 $v_1\sim v_6$ 的单位权 U_i 分别为 10/3、10/3、3、5、2、7/2；节点 $v_1\sim v_6$ 的权重差异性 Y_i 分别为 19/50、23/50、35/81、13/25、1、25/49。

(2) 该网络的度分布如表 2.5 所列。

计算得到的基于节点的权—度相关性 $S_{vv}(k)$ 如表 2.6 所列。

表 2.5 图 2.9 所示网络的度分布

k	1	2	3
P	1/6	1/3	1/2

表 2.6 图 2.9 所示网络的权—度相关性 $S_{vv}(k)$

k	1	2	3
$S_{vv}(k)$	2	17/2	29/3

(3) 计算得 $v_1\sim v_6$ 的赋权聚类系数分别为 3/31、5/54、3/23、0、0、0。

计算的 Matlab 程序如下：

```
clc, clear, format rat
n=6; a=zeros(n);
a(1,[2 3 5])=[3 5 2];  % 输入邻接矩阵的上三角元素
a(2,[3 4])=[1 6]; a(3,6)=3; a(4,6)=4;
a=a+a';  % 输入完整的邻接矩阵
Si=sum(a)  % 计算点权
b=(a>0.5);  % 计算对应的无权邻接矩阵
ki=sum(b);  % 计算各节点的度
Ui=Si./ki  % 计算各节点的单位权
SSi=repmat(Si,size(a,1),1);  % 把 Si 变成与 a 同维数的矩阵
Yi=sum((a./SSi).^2)  % 计算各节点的权重差异性
kr=minmax(ki);  % 求度的取值的最小值和最大值
uk=[kr(1):kr(2)];  % 枚举度的取值
pinshu=hist(ki, uk)  % 求度取值的频数
df=[uk; pinshu/n]  % 求度的频率分布表
for i=1:length(pinshu)
    Svv(i)=sum(Si(ki==uk(i)))/pinshu(i);  % 计算基于节点的权—度相关性
end
SSvv=[uk; Svv]  % 显示基于节点的权—度相关性
```

```
for i=1:n
    m=find(a(i,:));  % 找第 i 行非零元的地址
    ta=a(m,m);  % 提取节点 vi 的所有邻居节点所构成的邻接矩阵
    maxw=max(a(i,:));  % 求节点 vi 关联边的权值中的最大值
    if  length(m)==0 |length(m)==1
        c(i)=0;  % 孤立节点或只有 1 个邻居的节点的聚类系数定义为 0
    else
        s1=0; s2=0;
        for j=1:length(m)-1
            for k=j+1:length(m);
                s1=s1+a(i,m(j))*a(i,m(k))*a(m(j),m(k));
                s2=s2+a(i,m(j))*a(m(k),i);
            end
        end
        c(i)=s1/s2/maxw;  % 求节点 vi 的赋权聚类系数
    end
end
c
```

2.4 网络的其他静态特性

2.4.1 网络结构熵

对于具有幂律度分布的无标度网络来说,存在极少数具有大量连接的核心节点和大多数具有少量连接的末梢节点,这样的网络是不均匀的,表现在节点度分布上,就是度分布的曲线呈递减状态。熵(Entropy)是系统的一种无序的度量。如果网络是随机连接的,各个节点的重要度大致相当,则认为网络是无序的;反之,如果网络是无标度的,网络中有少量的具有高连通度的中枢节点和大量的具有低连通度的节点,节点的重要性程度存在差异,可以认为这种网络是有序的。网络结构熵(Network structured entropy,也称网络拓扑熵)定义的引出可以更简洁地度量复杂网络的序状态,它是定义在度分布上的。

定义 2.29 假设网络中节点 v_i 的度为 k_i,则其重要度可以定义为[4]

$$I_i=\frac{k_i}{\sum_{j=1}^{N}k_j},\tag{2.62}$$

对于 $k_i=0$ 的节点不作考虑,可以定义网络结构熵为

$$E=-\sum_{i=1}^{N}I_i\cdot\ln I_i。\tag{2.63}$$

不难证明,当网络完全均匀,即 $I_i=1/N$ 时,$E_{\max}=\ln N$。因为假设 $k_i>0$ 且 k_i 为整数,所以当网络中所有节点都与某一个中心节点相连(不妨假设都与第一个节点相连),即 $k_1=N-1,k_i=1$ $(i>1)$时,网络最不均匀,此时网络结果熵最小。即当 $I_1=1/2,I_i=1/[2(N-1)]$ $(i>1)$时,网络结构熵最小值 $E_{\min}=\ln[4(N-1)]/2$。

定义 2.30 为了消除节点数目 N 对 E 的影响,可以对网络结构熵进行归一化,定义[4]

$$\hat{E} = \frac{E - E_{\min}}{E_{\max} - E_{\min}} = \frac{-2\sum_{i=1}^{N} I_i \ln I_i - \ln[4(N-1)]}{2\ln N - \ln[4(N-1)]} \tag{2.64}$$

为网络的标准结构熵,显然 $0 \leqslant \hat{E} \leqslant 1$。

用网络结构熵研究复杂网络的非同质性,并不是说用网络结构熵取代度分布。网络结构熵与度分布的关系就如同随机变量的数字特征与其概率分布函数的关系。两者是互为补充的,网络结构熵是由度分布确定的,因而网络结构熵可以更加精确简洁地度量复杂网络的非同质性。根据上述结构熵的定义可知,当一个网络具有无标度特性时,其值会相对较小,此时网络的连通性也较好,其小世界性就会越明显。当网络受损分裂为几个随机网或多数节点非连通状态下,其熵的值就会变大,从一个节点到达另一个节点的最短路径就会变长,甚至根本无法到达。也就是说,当复杂网络失去了这种特定结构,其小世界性就会消失,熵也会有较大的变化。

综上所述,熵的定义可以为衡量网络的连通性和研究网络中哪些节点是其中的核心节点提供度量标准,这样就能对我们选择保护哪些网络中的节点才能起到保护整个网络的作用给予有价值的指导。

2.4.2 特征谱

随着复杂网络研究的深入,关于含有网络结构丰富信息的特征谱(Characteristic spectrum)的研究逐渐引起了人们的重视。20 世纪 50 年代末,美籍匈牙利科学家 Wigner 发表文章指出:对于一个 $N \times N$ 的实对称矩阵 $\boldsymbol{A}$,如果它的非对角线元素的均值为 0,二阶矩为一个常数并且任意阶矩有限,则当 $N \to \infty$ 时,$\boldsymbol{A}$ 的谱密度(Spectral density)将收敛于半圆形分布。由于复杂网络可以由实对称矩阵来表示,因此它们的谱密度是否和 Wigner 所说的一样也收敛于半圆形分布呢?

由前面的描述可知,简单无向网络 G 的邻接矩阵 $\boldsymbol{A}$ 定义为:若网络中两节点 v_i 和 v_j 有边相连,则 $a_{ij}=1$,否则为 $a_{ij}=0$;而且 $a_{ii}=0$。令对角阵 $\boldsymbol{D}$ 的对角元素分别是各节点的度,即 $d_{ii}=k_i$,则称矩阵 $\boldsymbol{L}=\boldsymbol{D}-\boldsymbol{A}$ 为网络 G 的 Laplacian 矩阵。由此可见,Laplacian 矩阵是邻接矩阵的变形,二者都是对网络结构的刻画。而所谓的特征谱,就是矩阵 $\boldsymbol{A}$ 或 $\boldsymbol{L}$ 特征值的集合,是图的所有特征值连同其重数构成的重集。网络的谱密度也叫做状态密度,它是特征值分布特性的表现形式。

定义 2.31 设简单无向网络 G 有 N 个节点,由于它的邻接矩阵 $\boldsymbol{A}$ 是实对称矩阵,因此根据矩阵理论,它有 N 个实特征值(重特征值按重数计算),记为 $\lambda_j, j=1,2,\cdots,N$,不妨设 $\lambda_1 \geqslant \lambda_2 \geqslant \cdots \geqslant \lambda_N$。借助邻接矩阵的特征值,可以定义谱密度 $\rho(\lambda)$ 和其 p 阶矩 M_p,即[4]

$$\rho(\lambda) = \frac{1}{N}\sum_{j=1}^{N}\delta(\lambda - \lambda_j), \tag{2.65}$$

$$M_p = \frac{1}{N}\int_{-\infty}^{+\infty}\lambda^p \rho(\lambda)\,\mathrm{d}\lambda, \tag{2.66}$$

式中:$\delta(\lambda)$ 是一个单位冲激函数。

于是,容易证明 $\rho(\lambda)$ 是一种谱密度,因为它满足

$$\int_{-\infty}^{+\infty}\rho(\lambda)\,\mathrm{d}\lambda = \frac{1}{N}\sum_{j=1}^{N}\int_{-\infty}^{+\infty}\delta(\lambda - \lambda_j)\,\mathrm{d}\lambda = \frac{1}{N}\sum_{j=1}^{N}1 = 1。 \tag{2.67}$$

显然，当 $N\to\infty$ 时，$\rho(\lambda)$ 逼近一个连续函数。进一步，由矩阵特征值理论，有

$$M_p = \frac{1}{N}\sum_{j=1}^{N}\lambda_j^p = \frac{1}{N}\mathrm{tr}(A^p) = \frac{1}{N}\sum_{i_1,i_2,\cdots,i_p} a_{i_1i_2}a_{i_2i_3}\cdots a_{i_pi_1}。\tag{2.68}$$

因为邻接矩阵的元素均为0和1，式(2.68)中最后一个等式说明：如果 $a_{i_1i_2}a_{i_2i_3}\cdots a_{i_pi_1}=1$，那么就存在一条长为 p 的闭合回路使得从编号为 i_1 的节点出发经过 $p-1$ 个节点可以返回编号为 i_1 的节点。于是，N 和 M_p 的乘积就表示网络中存在的长为 p 的闭合回路的总数。当 $p=3$ 时，由于一个三角形中有6条闭合回路，因此 $NM_3/6$ 就是图中三角形的数目。而在树状网络中，从一点出发只有经过偶数步才能返回同一节点，故树状网络谱密度的奇数阶矩为0。

2.4.3 度秩函数

近年来，有很多学者开始对度分布刻画复杂网络的精确性提出了质疑，可以不统计各个节点度值的频率分布，取而代之的是关注网络节点的度与其排序之间的关系，称为度秩函数[4]（Degree rank function）。

定义 2.32 节点 v 的秩定义为它的度在降序排序中的序号。

定义 2.33 记节点 v 的度为 d_v，节点 v 的秩为 r_v，对 $\ln d_v$ 关于 $\ln r_v$ 做线性回归，则所得回归方程的斜率的相反数定义为秩指数 R。

若节点 v 的度 d_v，正比于节点 v 的秩 r_v 的 $-R$ 次幂，即

$$d_v \propto r_v^{-R},\tag{2.69}$$

则秩指数为 R。

注：这里秩的定义和数学上通常的定义不一样，一般数学上的秩是按照升序排序的序号。

例 2.9 节点的度为

$$2\quad 5\quad 4\quad 10\quad 7\quad 9,$$

求秩指数 R。

解 把度序列按照从大到小排列为

$$10\quad 9\quad 7\quad 5\quad 4\quad 2,$$

得原度序列对应的秩为

$$6\quad 4\quad 5\quad 1\quad 3\quad 2。$$

$\ln d_v$ 和 $\ln r_v$ 的数据见表2.7。

表2.7 线性回归的数据表

自变量 $\ln r_v$	ln1	ln2	ln3	ln4	ln5	ln6
因变量 $\ln d_v$	ln10	ln9	ln7	ln5	ln4	ln2

利用表2.7的数据做线性回归分析，得到的回归方程为

$$\ln d_v = 2.5621 - 0.7962\ln r_v,$$

则秩指数 $R=0.7962$。计算的 Matlab 程序如下：

```
clc, clear
dv=[2  5  4  10  7  9]'; n=length(dv);
idv=2*max(dv)-dv;  % 把 dv 变成逆序，通常的秩是按照从小到大排列的序号定义
```

```
rv=tiedrank(idv)  % 调用Matlab求秩的命令
a=[ones(n,1),log(rv)];
cs=a\log(dv)  % 用线性最小二乘法拟合线性回归的常数项和一次项系数
R=-cs(2)  % 提取秩指数
```

2.4.4 富人俱乐部特性

Internet 中少量的节点具有大量的边,这些节点也称为“富节点(Rich nodes)”;它们倾向于彼此之间相互连接,构成“富人俱乐部(Rich-club)”。

可以用富人俱乐部连通性 $\Phi(r)$ 来刻画这种现象,它表示的是网络中前 r 个度最大的节点之间,实际存在的边数 L 与这 r 个节点之间总的可能存在的边数 C_r^2 的比值,即[4]

$$\Phi(r)=\frac{L}{C_r^2}=\frac{2L}{r(r-1)}。\tag{2.70}$$

如果 $\Phi(r)=1$,那么前 r 个最富的节点组成的富人俱乐部为一个完全连通的子图。

习 题 2

2.1 计算图 2.10 所示网络的度分布、网络直径、平均路径长度、各节点的聚类系数和整个网络的聚类系数。

2.2 计算图 2.10 所示网络的一些特性。

(1) 求联合度分布及各节点的最近邻平均度值 $k_{nn,i}$;

(2) 该网络是否是同配网络;

(3) 该网络是否是正相关网络;

(4) 求各节点的核数及该网络的核数。

2.3 分别计算图 2.11 所示网络的下述特性:

(1) 求权重差异性;

(2) 求出网络的基于节点的权—度相关性 $S_{vv}(k)$;

(3) 根据聚类系数的 Holme 定义式,求出各节点的赋权聚类系数。

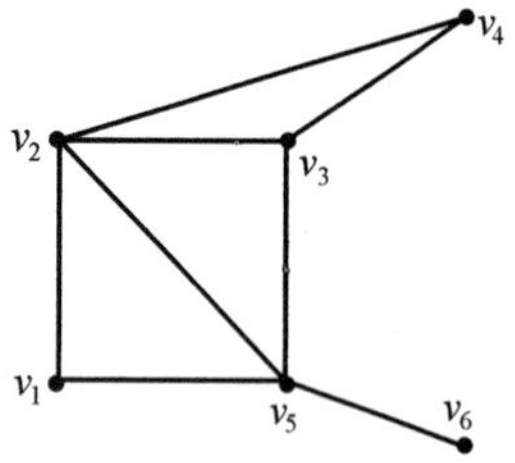

图 2.10 简单的无权网络

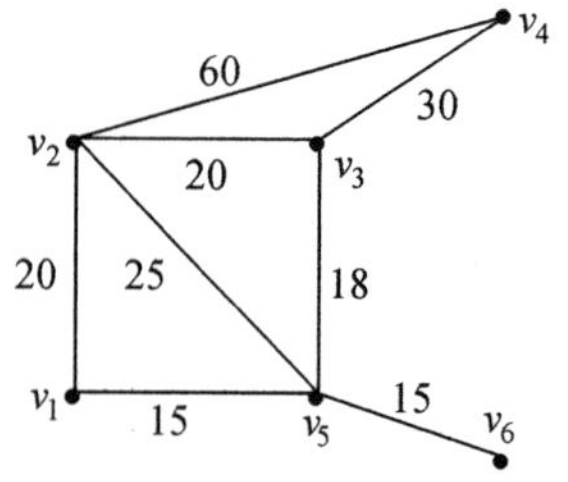

图 2.11 简单的赋权网络

2.4 求如图 2.12 所示网络各节点的秩。

2.5 随着现代科学技术的发展,每年都有大量的学术论文发表。如何衡量学术论文的重要性,成为学术界和科技部门普遍关心的一个问题。有一种确定学术论文重要性的方法是考虑论文被引用的状况,包括被引用的次数以及引用论文的重要性程度。假如用有向图表示论文引用关系，则“A”引用“B”可用图2.13表示。

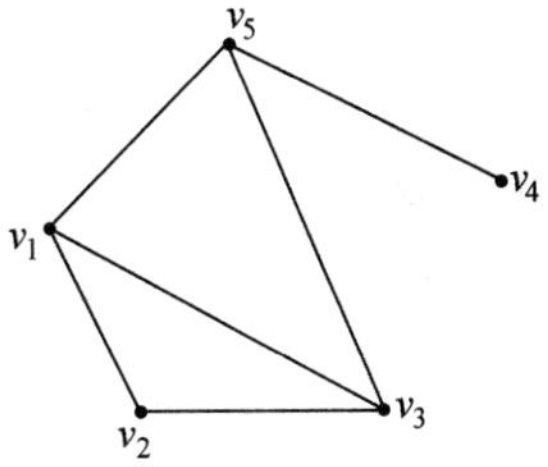

图2.12　一个简单的无权网络

图2.13　引用关系图

现有A、B、C、D、E、F六篇学术论文，它们的引用关系如图2.14所示。设计依据上述引用关系排出六篇论文重要性顺序的模型与算法，并给出用该算法排得的结果。

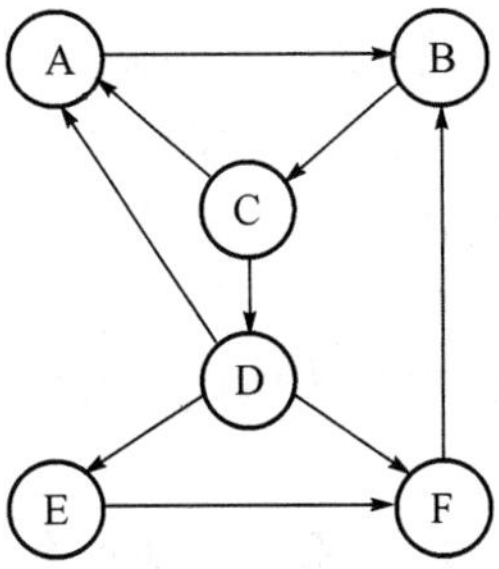

图2.14　六篇论文的引用关系

第3章　各种网络模型

复杂网络的研究大致可以描述为密切相关但又依次深入的三个方面：

（1）大量的真实网络的实证研究，分析真实网络的统计特性。

（2）构建符合真实网络统计性质的网络演化模型，研究网络的形成机制和内在机理。

（3）研究网络上的动力学行为，如网络的鲁棒性和同步能力，网络的拥塞及网络上的传播行为等。

在 Watts 和 Strogatz 关于小世界网络，以及 Barabási 和 Albert 关于无标度网络的开创性工作之后，人们对现实世界中不同领域的大量实际网络的拓扑特征进行了广泛的实证性研究。在此基础上，人们从不同的角度出发提出了各种各样的网络拓扑结构模型。本章主要介绍几类基本的模型，包括规则网络、随机网络、小世界网络、无标度网络、等级网络和局域世界演化网络模型等；并介绍复杂网络的模块化和自相似性等特性。

3.1　规则网络

最简单的网络模型为规则网络（Regular network），它是指系统各元素之间的关系可以用一些规则的结构表示，也就是说网络中任意两个节点之间的联系遵循既定的规则，通常每个节点的近邻数目都相同。规则网络的研究，已经建立了比较完善的理论框架。常见的具有规则拓扑结构的网络包括全局耦合网络（Globally coupled network，也称为完全图，在本书中网络和图是一样的）、最近邻耦合网络（Nearest - neighbor coupled network）和星形耦合网络（Star coupled network），如图3.1所示。规则网络的普遍特征是具有平移对称性，每个节点的度和聚类系数相同。由于大多数规则网络表现出较大的平均路径长度和聚类系数，因此无法反映现实中结构的异质性及动态增长性。下面分别介绍几种典型规则网络，在本书中若无特殊说明，以下讨论都是基于无向网络。

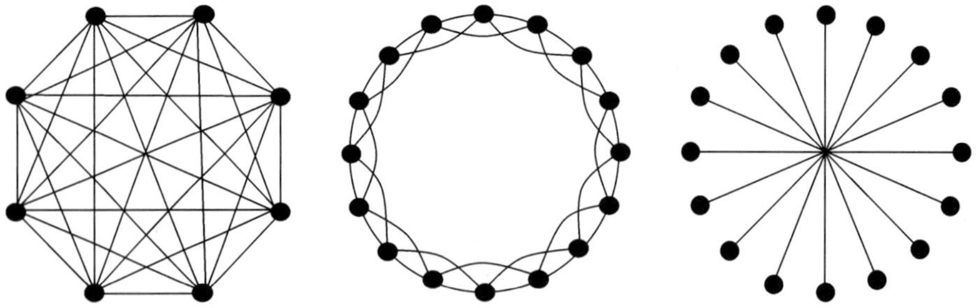

(a)　　(b)　　(c)

图3.1　几种规则网络

（a）全局耦合网络；（b）最近邻耦合网络；（c）星形耦合网络。

3.1.1 全局耦合网络

在一个全局耦合网络中,任意两个点之间都有边直接相连(图 3.1(a))。因此,在具有相同节点数的所有的网络中,全局耦合网络具有最小的平均路径长度 $L_{gcn}=1$,节点 v_i 的聚类系数均为 $C_i=1$,故整个网络的聚类系数 $C_{gcn}=1$。虽然全局耦合网络模型反映了许多实际网络具有的聚类和小世界性质,但该模型作为实际网络模型的局限也是很明显的:一个有 N 个点的全局耦合网络有 $N(N-1)/2$ 条边,然而大多数大型实际网络都是很稀疏的,它们边的数目一般至多是 $O(N)$ 而不是 $O(N^2)$[1]。

3.1.2 最近邻耦合网络

得到大量研究的稀疏规则网络模型是最近邻耦合网络,其中每一个节点只和它周围的邻居节点相连(图 3.1(b))。具有周期边界条件的最近邻耦合网络包含 N 个围成一个环的点,其中每个节点都与它左右各 $K/2$ 个邻居节点相连,这里 K 是一个偶数。对较大的 K 值,最近邻耦合网络中节点 v_i 的聚类系数

$$C_i=\frac{3(K-2)}{4(K-1)}\approx\frac{3}{4}。\tag{3.1}$$

记最近邻耦合网络为 $G=(V,E)$,其中 V 为节点集,E 为边集。考虑节点 v,它的邻居节点总共有 K,它的左邻居节点按离 v_i 从远到近分别记为 $u_j(j=1,2,\cdots,K/2)$,它的右邻居节点按离 v 从远到近分别记为 $\tilde{u}_j(j=1,2,\cdots,K/2)$。由节点集 $\widetilde{V}=\{u_1,u_2,\cdots,u_{K/2},\tilde{u}_1,\tilde{u}_2,\cdots,\tilde{u}_{K/2}\}$,以及 $\widetilde{V}$ 中节点间的边集 $\widetilde{E}$ 构成的子图 $\widetilde{G}=(\widetilde{V},\widetilde{E})$ 中,各节点的度为

$$\begin{aligned}
d(u_1)&=d(\tilde{u}_1)=\frac{K}{2}-1,\\
d(u_2)&=d(\tilde{u}_2)=\frac{K}{2},\\
&\vdots\\
d(u_{K/2})&=d(\tilde{u}_{K/2})=K-2。
\end{aligned}\tag{3.2}$$

由于在一个图中,所有节点度的和等于边数的 2 倍,则子图 $\widetilde{G}$ 中所有边的条数为

$$\begin{aligned}
\widetilde{M}&=\frac{1}{2}\sum_{j=1}^{K/2}(d(u_j)+d(\tilde{u}_j))\\
&=\sum_{j=1}^{K/2}d(u_i)=\frac{K}{2}-1+\frac{K}{2}+\cdots+K-2,\\
&=\frac{3(K-2)K}{8}。
\end{aligned}\tag{3.3}$$

即节点 v_i 的邻居节点间实际存在的边数,因而,节点 v_i 的聚类系数为

$$C_i=\widetilde{M}/C_K^2=\frac{3(K-2)}{4(K-1)},\tag{3.4}$$

这样就可以推出式(3.1)。于是,最近邻耦合网络的聚类系数为

$$C_{ncn}=\frac{1}{N}\sum_{i=1}^{N}\frac{3(K-2)}{4(K-1)}=\frac{3(K-2)}{4(K-1)}\approx\frac{3}{4}。\tag{3.5}$$

最近邻耦合网络是高度聚类的。然而，最近邻耦合网络不是一个小世界网络，相反，对固定的 K 值，该网络的平均路径长度为

$$L_{\mathrm{ncn}} \approx \frac{N}{2K} \to \infty\ (N \to \infty)。 \tag{3.6}$$

3.1.3 星形耦合网络

星形耦合网络有一个中心点，其余的 $N-1$ 个点都只与这个中心点连接(图 3.1 (c))。星形耦合网络的平均路径长度为

$$L_{\mathrm{scn}} = 2 - \frac{2}{N} \to 2 \quad (N \to \infty), \tag{3.7}$$

整个网络的平均聚类系数为 $C_{\mathrm{scn}}=0$，这里假设如果一个节点只有一个邻居节点，那么该节点聚类系数定义为 0。星形耦合网络是比较特殊的一类网络。

有些研究文献中则定义只有一个邻居节点的节点聚类系数为 1，若依此定义，则整个星形耦合网络的平均聚类系数为

$$C_{\mathrm{scn}} = \frac{N-1}{N}。 \tag{3.8}$$

3.2 随机网络

从某种意义上讲，规则网络和随机网络(Random network)是两个极端，而复杂网络处于两者之间。粗略地说，网络是节点与连线的集合。如果节点按确定的规则连线，所得到的网络就称为规则网络。如果节点不是按确定的规则连线，如按纯粹的随机方式连线，所得到的网络就称为随机网络。如果节点按照某种自组织原则方式连线，将演化成各种不同网络。20 世纪 50 年代末，为了描述通信和生命科学中的网络，匈牙利数学家 Erdös 和 Rényi 首次将随机性引入到网络中来，提出了著名的随机网络模型，简称 ER 模型。由于具有复杂拓扑结构和未知组织规则的大规模网络通常表现出随机性，所以 ER 随机网络模型常常被用于复杂网络研究中。ER 模型以简单和随机连接的思想在很长时间内被许多人所接纳，从 20 世纪 60 年代开始到 1998 年之前将近 40 年的时间里，ER 随机网络模型一直是复杂网络研究的基本模型。然而真实复杂网络并非是完全随机的，因此随机网络的缺陷也是显而易见的。

3.2.1 随机网络模型

随机网络是由一些节点通过随机连接而组成的一种复杂网络。随机网络构成有两种等价方法：

(1) ER 模型：给定 N 个节点，最多可以存在 $N(N-1)/2$ 条边，从这些边中随机选择 M 条边就可以得到一个随机网络，显然一共可产生 $C_{N(N-1)/2}^{M}$ 种可能的随机网络，且每种可能的概率相同。

(2) 二项式模型：给定 N 个节点，每一对节点以概率 p 进行连接，如图 3.2 所示。这样，所有连线的数目是一个随机变量，其平均值为 $M=pN(N-1)/2$。若 G_0 是一个由 N 个节点和 M 条边组成的图，则得到该图的概率为

$$p(G_0)=p^M(1-p)^{N(N-1)/2-M},$$

式中:p^M 为 M 条边同时存在的概率;$(1-p)^{N(N-1)/2-M}$为其他边都不存在的概率。二者是独立事件,故二概率相乘即得图 G_0 存在的概率。

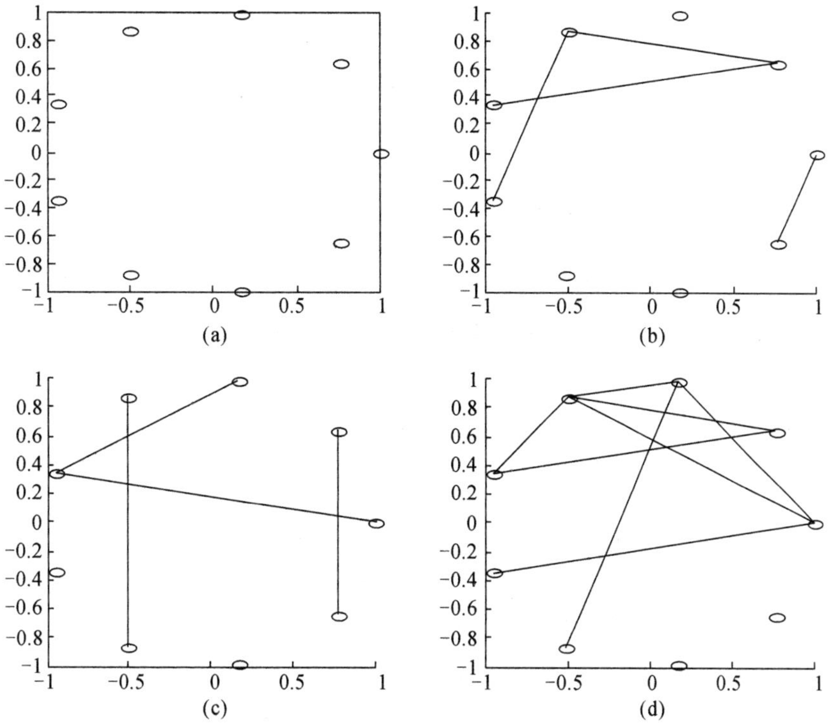

图 3.2 随机网络的演化示意图

(a) $p=0$,给定的 9 个孤立点;(b) 连接概率 $p=0.1$ 生成的随机网络;

(c) 连接概率 $p=0.15$ 生成的随机网络;(d) 连接概率 $p=0.25$ 生成的随机网络。

画上述随机网络图 3.2 的 Matlab 程序如下:

```
function main
global m n x y  % 定义全局变量
clc, n=9; t=0:2*pi/n:2*pi;
m=nchoosek(n,2);   % 计算 n 个节点的完全图的边数 m
x=cos(t); y=sin(t);
axis([-1.1,1.1,-1.1,1.1])
subplot(1,2,1),plot(x,y,'o','Color','k')
subplot(1,2,2),hold on
[i1,j1]=myfun(0.1)  % 根据概率 0.1,调用函数计算连边的地址,并画图
figure, subplot(1,2,1), hold on
[i2,j2]=myfun(0.15)  % 根据概率 0.15,调用函数计算连边的地址,并画图
subplot(1,2,2), hold on
[i3,j3]=myfun(0.25)  % 根据概率 0.25,调用函数计算连边的地址,并画图
function [i,j]=myfun(p);  % 该函数根据给定的概率 p,计算连边的节点 i 与 j
global m n x y  % 定义全局变量
```

```
z=rand(1,m);  % 生成 m 个随机数
ind1=(z<=p);   % 找 z 中小于等于 p 的随机数,对应的地址将来连边
ind2=squareform(ind1);  % 把 0-1 向量转换成邻接矩阵
[i,j]=find(ind2);  % 求边的节点编号
plot(x,y,'o','Color','k')
for k=1:length(i)
   line([x(i(k)),x(j(k))],[y(i(k)),y(j(k))],'Color','k')
end
```

Erdös 和 Rényi 系统性地研究了当 $N \to \infty$ 时,ER 随机网络的性质与概率 p 之间的关系[2]。他们采用了如下定义:如果 $N \to \infty$ 时产生一个具有性质 Q 的 ER 随机网络的概率为 1,那么就称几乎每一个 ER 随机网络都具有性质 Q。

Erdös 和 Rényi 的最重要的发现是 ER 随机网络具有如下的涌现或相变性质:ER 随机网络的许多重要性质都是突然涌现的。也就是说,对于任一给定的概率 p,要么几乎每一个图都具有某个性质 Q(如连通性),要么几乎每一个图都不具有该性质。

在上述随机网络中,如果概率 p 大于某个临界值 $p_c \propto (\ln N)/N$,那么几乎每一个随机网络都是连通的。

3.2.2 随机网络的性质

随机网络的性质基本上可概括为:

(1) Poisson 度分布。

(2) 平均距离短。

(3) 聚类系数小。

下面详细介绍随机网络的各种基本性质。

1. 随机网络的度分布

Erdös 和 Rényi 是最早探讨随机图中最大度和最小度分布的人,随后全部的度分布由 Bollboas 推导得到。随机网络中节点的度分布是遵循 Poisson 分布的,连接数目比平均数高很多或低许多的节点都十分罕见。因为一个节点连接 k 个其他节点的概率会随着 k 值的增大而呈指数递减,所以有时随机网络也称为指数网络。

在连接概率为 p 的 ER 随机网络中,其平均度为[1,4]

$$\langle k \rangle = p(N-1) \approx pN, \tag{3.9}$$

式中:N 为网络中节点的总数,而某个节点 v_i 的度等于 k 的概率遵循参数为 $N-1$ 和 p 的二项分布

$$P(k_i = k) = C_{N-1}^{k} p^k (1-p)^{N-1-k}。\tag{3.10}$$

对于充分大的 N,由于每条边的出现与否都是独立的,ER 随机网络的度分布可用 Poisson 分布来表示[4],即

$$P(k) = C_{N-1}^{k} p^k (1-p)^{N-1-k} \approx \frac{\langle k \rangle^k e^{-\langle k \rangle}}{k!}。\tag{3.11}$$

对固定的 k,当 N 趋于无穷大时,最后的近似等式是精确成立的。因此,ER 随机网络也称为

"Poisson 随机网络"。

2. 随机网络的直径和平均距离

网络的直径是所有节点对之间的最大距离。严格地说,不连通网络的直径为无穷大,但是通常可以定义为其各连通子图直径的最大值。在 p 不是非常小的条件下,随机网络趋于有限直径。关于随机网络直径的一个一般性的结论是:对于大多数的 p 值,几乎所有的网络都有同样的直径。这就意味着连接概率为 p 的 N 阶随机网络(随机网络的节点总数为 N)的直径的变化幅度非常小,通常集中在[15]

$$D = \frac{\ln N}{\ln\langle k\rangle} \approx \frac{\ln N}{\ln(pN)}。\tag{3.12}$$

设 L_{ER} 是 ER 随机网络的平均路径长度。直观上,对于 ER 随机网络中随机选取的一个点,网络中大约有 $\langle k\rangle^{L_{ER}}$ 个其他的点与该点之间的距离等于或非常接近于 L_{ER}。因此,$N \propto \langle k\rangle^{L_{ER}}$,即 $L_{ER} \propto \ln N/\ln\langle k\rangle$。这种平均路径长度为网络规模的对数增长函数的特性就是典型的小世界特征[1,4]。因为 $\ln N$ 的值随 N 增长得很慢,这就使得即使规模很大的随机网络也可以具有很小的平均路径长度。

3. 随机网络的聚类系数

ER 随机网络中两个节点之间不论是否具有共同的邻居节点,其连接概率均为 p。因此,ER 随机网络的平均聚类系数是[1,4]

$$C_{ER} = \langle k\rangle/(N-1) \approx \langle k\rangle/N = p \ll 1,\tag{3.13}$$

这意味着大规模的稀疏 ER 随机网络没有聚类特性。而现实中的复杂网络一般都具有明显的聚类特性。也就是说,实际的复杂网络的聚类系数要比相同规模的 ER 随机网络的聚类系数高得多。

3.3 小世界网络

前面已经提到,规则的最近邻耦合网络具有高聚类特性,但并不是小世界网络。另一方面,ER 随机网络虽然具有小的平均路径长度但却没有高聚类特性。因此,这两类网络模型都不能再现真实网络的一些重要特征,毕竟大部分实际网络既不是完全规则的,也不是完全随机的。作为从完全规则网络向完全随机网络的过渡,Watts 和 Strogtz 于 1998 年引入了一个小世界网络模型,称为 WS 小世界模型。本节首先介绍小世界网络的概念和生成模型,然后介绍小世界网络的各种特性。

3.3.1 小世界网络模型

小世界的概念,简单地说就是用来描述这样一个事实:尽管一些网络系统有很大的尺寸,但其中任意两个节点之间却有一个相对小的距离。小世界特征除了有比较短的平均距离外,还表现出相对较大的聚类系数。下面介绍两种典型小世界网络构造方法。

1. WS 小世界模型

WS 小世界模型的构造算法如下[9]:

(1) 从规则图开始。考虑一个含有 N 个点的最近邻耦合网络,它们围成一个环,其中每个节点都与它左右相邻的各 $K/2$ 个节点相连,K 是偶数。

(2) 随机化重连。将上面规则图中的每条边以概率 p 随机地重新连接,即将边的一个端点保持不变,而另一个端点以概率 p 变为网络中其余 $N-K-1$ 个节点中随机选择的一个节点。其中规定,任意两个不同的节点之间至多只能有一条边,即若重连的两个节点之间有边,则该边就不进行重连。

在上述模型中,$p=0$ 对应于完全规则网络,$p=1$ 则对应于完全随机网络,通过调节 p 的值就可以控制从完全规则网络到完全随机网络的过渡。

例 3.1 WS 小世界网络仿真。

仿真的 Matlab 程序如下:

```
clc, clear, hold on
N=20; K=4; p=0.2;  % N 为网络节点总数,K 为邻域节点个数,p 为重连概率
t=0:2*pi/N:2*pi-2*pi/N;  % 生成最近邻耦合网络各节点坐标的参数方程的角度
x=100*sin(t); y=100*cos(t);
plot(x,y,'ro','MarkerEdgeColor','g','MarkerFaceColor','r','markersize',6);
A=zeros(N);  % 邻接矩阵初始化
for i=1:N  % 该层循环构造最近邻 K 耦合网络的邻接矩阵
  for j=i+1:i+K/2
     jj=(j<=N)*j+(j>N)*mod(j,N);  % 如果 j 超过了 N,要取除以 N 的余数
     A(i,jj)=1; A(jj,i)=1;
  end
end
for i= 1:N  % 该层循环进行随机重连
  for j=i+1:i+K/2
     jj=(j<=N)*j+(j>N)*mod(j,N);
     ChangeV=randi([1,N]);  % 产生随机整数,为可能重连的另外一个节点
     if rand<=p & A(i,ChangeV)==0 & i~=ChangeV  % 重连的条件
        A(i,jj) = 0; A(jj,i) = 0;  % 删除原边
        A(i,ChangeV)=1; A(ChangeV,i)=1;  % 重连新边
     end
  end
end
for i=1:N-1
   for j=i+1:N
      if A(i,j)~=0
         plot([x(i),x(j)],[y(i),y(j)],'linewidth',1.2);
      end
   end
end
Matlab_to_Pajek(A)  % 把邻接矩阵 A 转换为 Pajek 格式的数据。
```

这里函数 Matlab_to_Pajek 是我们自己编写的函数,见下面的例 3.2。

上述程序的一次运行生成的 WS 小世界网络如图 3.3 所示。

例 3.2 用 Pajek 软件画出例 3.1 的小世界网络。

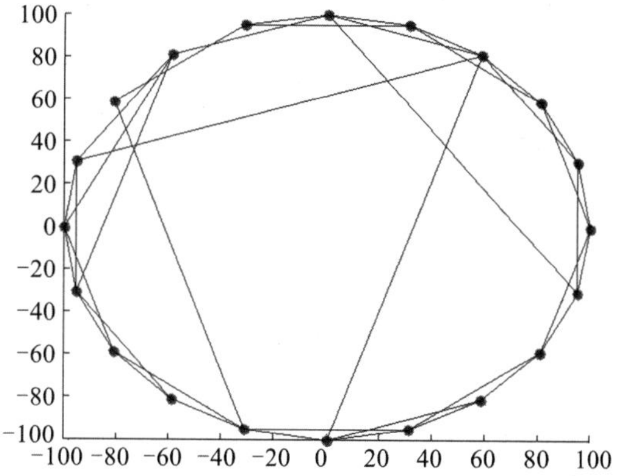

图 3.3　$N=20, K=4, p=0.2$ 时生成的 WS 小世界网络

解　(1) 用 Pajek 软件画网络图,必须先构造适合 Pajek 的数据,构造 Pajek 数据的 Matlab 函数如下:

```
function Matlab_to_Pajek(A,k)
% Matlab 邻接矩阵 A 转换成 Pajek 数据的函数,
  k 是第 k 次转换,生成的文件命名成 Pajek_datak.net,
  如果不输入第 2 个参数 k,默认文件名为 Pajek_data1.net
if nargin==1
      str='Pajek_data1.net';
else
      str=['Pajek_data',int2str(k),'.net'];
end
n=length(A); v=1:n;
fid=fopen(str,'w');  % 创建纯文本文件 Pajek_data.net
fprintf(fid,'%s%d\n','*Vertices  ',n);  % 写入字符串并换行
for i=1:n
   fprintf(fid,'%d  ',v(i));   % 写入节点编号
   fprintf(fid,'"%d"\n',v(i));  % 写入双引号节点字符串并换行
end
fprintf(fid,'%s\n%s\n','*Arcs','*Edges');  % 写入两个字符串并各自换行
A=tril(A);  % 截取邻接矩阵的下三角元素
[u,v]=find(A); n=length(u);  % 找非零元素,并计算个数
for i=1:n
      fprintf(fid,'  %d  %d  1\n',u(i),v(i));  % 逐条边写入信息并换行
end
fclose(fid);
```

(2) 使用 Pajek 软件,调入数据文件 Pajek_data.net,就可以画出网络图。

注:必须使用较高版本的 Pajek 软件,否则 Matlab 构造的纯文本文件 Pajek 软件不识别。

由上述算法得到的网络模型的聚类系数 $C(p)$ 和平均路径长度 $L(p)$ 的特性,都可看作是重连概率 p 的函数。一个完全规则的最近邻耦合网络(对应于 $p=0$)是高度聚类的($C(0)\approx 3/4$),但平均路径长度很大($L(0)\approx N/2K\gg 1$)。当 p 较小时($0<p\ll 1$),重新连线后

得到的网络与原始的规则网络的局部属性差别不大,从而网络的聚类系数变化也不大($C(p)\approx C(0)$),但其平均路径长度却下降很快($L(p)\ll L(0)$)。这类既具有较短的平均路径长度又具有较高的聚类系数的网络就称为小世界网络。

2. NW 小世界模型

WS 小世界模型构造算法中的随机化过程有可能破坏网络的连通性。另一个研究较多的小世界模型是由 Newman 和 Watts 稍后提出的,称为 NW 小世界模型。该模型是通过用“随机化加边”取代 WS 小世界模型构造中的“随机化重连”而得到的。NW 小世界模型构造算法如下[16]:

(1) 从规则图开始。考虑一个含有 N 个点的最近邻耦合网络,它们围成一个环,其中每个节点都与它左右相邻的各 $K/2$ 节点相连,K 是偶数。

(2) 随机化加边。以概率 p 在随机选取的一对节点之间加上一条边。其中,任意两个不同的节点之间至多只能有一条边,并且每一个节点都不能有边与自身相连。

在 NW 小世界模型中,$p=0$ 对应于原来的最近邻耦合网络,$p=1$ 则对应于全局耦合网络。在理论分析上,NW 小世界模型要比 WS 小世界模型简单一些。当 p 足够小和 N 足够大时,NW 小世界模型本质上等同于 WS 小世界模型。

例 3.3 NW 小世界网络仿真。

仿真的 Matlab 程序如下:

```
clc, clear, hold on
N=100; K=4; p=0.15;  % N 为网络节点总数,K 为邻域节点个数,p 为随机化加边概率
t=0:2*pi/N:2*pi-2*pi/N;  % 生成最近邻耦合网络各节点坐标的参数方程的角度
x=100*sin(t); y=100*cos(t);
plot(x,y,'ko','MarkerEdgeColor','k','MarkerFaceColor','r','markersize',6);
A=zeros(N);  % 邻接矩阵初始化
for i=1:N  % 该层循环构造最近邻 K 耦合网络的邻接矩阵
    for j=i+1:i+K/2
        jj=(j<=N)*j+(j>N)*mod(j,N);  % 如果 j 超过了 N,取除以 N 的余数
        A(i,jj)=1; A(jj,i)=1;
    end
end
B=rand(N); B=tril(B);  % 产生随机数,并截取下三角部分
C=zeros(N); C(B>=1-p)=1; C=C+C';  % C 对应新产生边的完整邻接矩阵
A=A|C;  % 做逻辑或运算,产生加边以后的邻接矩阵
for i=1:N-1
    for j=i+1:N
        if A(i,j)~=0
            plot([x(i),x(j)],[y(i),y(j)],'linewidth',1.2);
        end
    end
end
Matlab_to_Pajek(A)  % 生成 Pajek 数据,文件名为 Pajek_data1.net
```

按 NW 小世界模型的构造算法,得到例 3.3 原始的小世界网络如图 3.4(a)所示,由于节点

众多且节点间距离太短，不便于认识网络中各节点的联系，采用 Pajek 软件提供的 Kamada-Kawai 算法，对网络空间进行重新布局，得到图 3.4(b)。对网络重新布局的操作步骤：在 Pajek 图形窗口，在 Layout 菜单中依次选择 Energy→Kamada-Kawai→Separate Components。

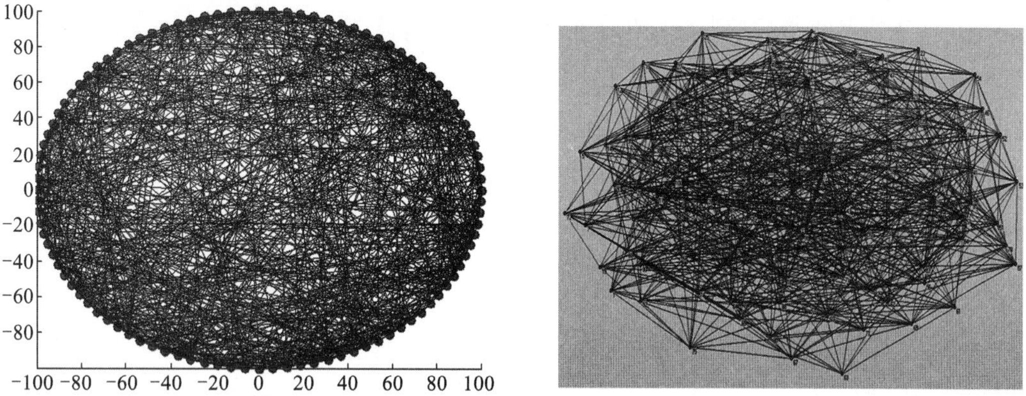

(a) (b)

图 3.4 $N=100;K=4;p=0.15$ 时的 NW 小世界网络

(a) 未调整布局的网络；(b) 调整布局的网络。

小世界网络模型反映了朋友关系网络的一种特性，即大部分人的朋友都是和他们住在同一条街上的邻居或在同一单位工作的同事。另外，也有些人住得比较远，甚至是远在异国他乡的朋友，这种情况对应于 WS 小世界模型中通过重新连线或在 NW 小世界模型中通过加入连线产生的远程连接。

下面介绍小世界网络模型的一些统计性质。

3.3.2 小世界网络的性质

1. 聚类系数

对于 WS 小世界网络而言，以任一节点 v 及其邻居节点 v_i 和 v_j 为研究对象，以概率 p 随机重连以后，v 的邻居节点 v_i 和 v_j 仍然是 v 的邻居节点的概率分别为 $(1-p)$，v_i 和 v_j 之间的边仍然存在的概率为 $(1-p)$，即 v 的邻居节点 v_i 和 v_j 之间边仍然存在的概率为 $(1-p)^3$，结合式(3.1)得到 WS 小世界网络的聚类系数为[17]

$$C_{\text{WS}}(p)=\frac{3(K-2)}{4(K-1)}(1-p)^3。\tag{3.14}$$

Newman 于 2002 年在期刊 *Computer Physics Communications* 第 147 卷第 1 期中已证明其 NW 模型的平均聚类系数为[1]

$$C_{\text{NW}}(p)=\frac{3(K-2)}{4(K-1)+4Kp(p+2)}。\tag{3.15}$$

2. 平均路径长度

目前还没有关于 WS 小世界模型平均路径长度 L_{WS} 的精确解析表达式，文献[16]给出了如下的计算公式，即

$$L_{\text{ws}}(p)=\frac{2N}{K}f(NKp/2),\tag{3.16}$$

式中:$f(u)$为普适标度函数,满足

$$f(u)=\begin{cases}\text{constant}, & u\ll 1,\\ (\ln u)/u, & u\gg 1。\end{cases}$$

Newman 等人基于平均场方法给出了如下的近似表达式[18]

$$f(u)\approx\frac{1}{2\sqrt{u^2+2u}}\operatorname{arctanh}\sqrt{\frac{u}{u+2}},\tag{3.17}$$

但目前为止还没有$f(u)$的精确显式表达式。

3. 度分布

在基于"随机化加边"机制的 NW 小世界网络模型中,每个节点的度至少为 K。因此当 $k\geqslant K$时,随机选取一个节点的度为 k 的概率为

$$P(k)=C_{N-K-1}^{k-K}p^{k-K}(1-p)^{N-k-1},\tag{3.18}$$

而当 $k<K$ 时,$P(k)=0$。

对于基于"随机化重连"机制的 WS 小世界模型,每个节点 v 的度 k 可以写为 $k=\frac{K}{2}+n_v$, $n_v\geqslant 0$, n_v 可以分解为 $n_v=n+\tilde{n}\left(0\leqslant n,\tilde{n}\leqslant\frac{K}{2}\right)$,其中 n 对应的边没有重连,$\tilde{n}$ 对应的边进行了重连,对应的概率分别为

$$P_1(n)=C_{K/2}^{n}(1-p)^n p^{K/2-n},\tag{3.19}$$

$$P_2(\tilde{n})=C_{K/2}^{\tilde{n}}p^{\tilde{n}}(1-p)^{K/2-\tilde{n}}。\tag{3.20}$$

当 $k\geqslant K/2$ 时,随机选取一个节点的度为 k 的概率为

$$\begin{aligned}P(k)&=\sum_{n=0}^{\min(k-K/2,K/2)}C_{K/2}^{n}(1-p)^n p^{(K/2)-n}C_{K/2}^{k-(K/2)-n}p^{k-(K/2)-n}(1-p)^{K+n-k}\\&=\sum_{n=0}^{\min(k-K/2,K/2)}C_{K/2}^{n}C_{K/2}^{k-(K/2)-n}p^{k-2n}(1-p)^{K+2n-k},\end{aligned}\tag{3.21}$$

而当 $k<K/2$ 时,$P(k)=0$。

类似于 ER 随机网络模型,WS 小世界模型也是所有节点的度都近似相等的均匀网络。

3.4 无标度网络

ER 随机网络、WS 和 NW 小世界网络的一个共同特征是网络的度分布是一种近似的 Poisson 分布形式。该分布在度平均值$\langle k\rangle$处有一峰值,然后呈指数快速衰减。这意味着当 k 远大于$\langle k\rangle$时,度为 k 的节点几乎不存在。因此,这类网络也称为均匀网络或指数网络(Exponential network)。

很多网络(包括 Internet 和新陈代谢网络等)都不同程度拥有如下共同特性:大部分节点只有少数几个链接,而某些节点却拥有与其他节点的大量链接,表现在度分布上就是具有幂律形式,即 $P(k)\sim k^{-\gamma}$。这些具有大量链接的节点称为"集散节点",所拥有的链接数可能高达几百、几千甚至几百万。包含这种集散节点的网络,由于网络节点的度没有明显的特征长度,故称为无标度网络(Scale-free network)。

无标度网络的幂律型度分布使这类网络在小世界特征的基础上又具有了许多新的性质,

如不存在传染病传播的临界阈值等。对网络鲁棒性的研究结果表明，随机失效基本上不会影响无标度网络的连通性，但在有目的的最大度策略下，很小比例的节点移除就会对网络的连通性造成根本性的影响。

1950 年，Herbert Simon 提出，当"富者愈富"时，幂律现象便会出现。在社会学中，这种"贫者愈贫，富者愈富"的现象称为"马太效应(Matthew effect)"。Price 在 1965 年时对无标度网络进行了最初的研究，所研究的无标度网络称为 Price 模型。他研究了科学文献之间的引用关系网络，发现入度和出度均服从幂律分布。Price 主要对论文间的引用关系网络及其入度进行了研究，其思想是：一篇论文被引用的比率与它已经被引用的次数成正比。从定性角度来看，如果某篇文章被引用的次数越多，则碰到该论文的概率越大。

下面只介绍一种无标度网络 BA 模型，然后介绍 BA 无标度网络的各种特性。

3.4.1 BA 无标度网络模型

为了解释幂律分布的产生机理，Barabási 和 Albert 提出了一个无标度网络模型，现被称为 BA 模型[10]。他们认为以前的许多网络模型都没有考虑到实际网络的如下两个重要特性：

(1) 增长(Growth)特性，即网络的规模是不断扩大的。例如每个月都会有大量的新的科研文章发表，而 WWW 上则每天都有大量新的网页产生。

(2) 优先连接(Preferential attachment)特性，即新的节点更倾向于与那些具有较高连接度的"大"节点相连接。例如，新发表的文章更倾向于引用一些已被广泛应用的重要文献。

基于网络的增长和优先连接特性，BA 无标度网络模型的构造算法如下：

(1) 增长。从一个具有 m_0 个节点的网络开始，每次引入一个新的节点，并且连到 m 个已存在的节点上，这里 $m \leqslant m_0$。

(2) 优先连接。一个新节点与一个已经存在的节点 v_i 相连接的概率 Π_i 与节点 v_i 的度 k_i 满足如下关系：

$$\Pi_i = \frac{k_i + 1}{\sum_j (k_j + 1)}。 \tag{3.22}$$

注：BA 模型的初始网络没有完全设定，只说明开始给定 m_0 个节点，它们之间如何连接没有阐明，可以从 m_0 个节点全部为孤立点的图开始，也可以从 m_0 个节点的完全图开始，式(3.22)中每个节点的度都加 1，是为了从孤立点的图开始构造 BA 无标度网络。

在经过 t 步之后，这种算法产生一个有 $N=t+m_0$ 个节点、新增 mt 条边的网络。图 3.5 显示了当 $m=m_0=2$ 时的 BA 网络的演化过程。初始网络有两个节点，一条边，每次新增加的一个节点按优先连接机制与网络中已存在的两个节点相连。

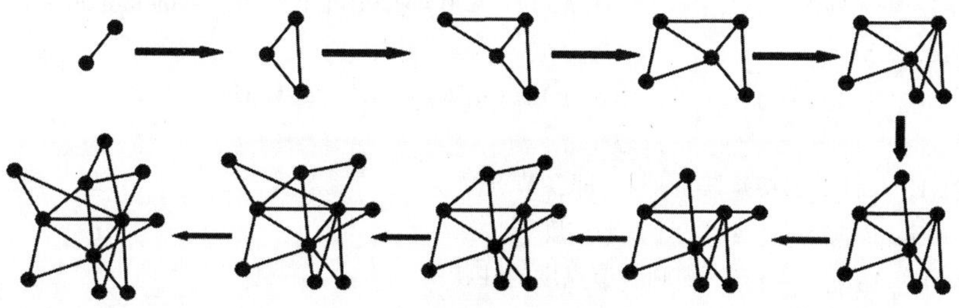

图 3.5 BA 无标度网络的演化 $m=m_0=2$

例 3.4 BA 无标度网络仿真。

仿真 BA 无标度网络的 Matlab 程序如下：

```
clc, clear
m0=input('请输入未增长前的网络节点个数 m0：');
m=input('请输入每次引入新节点时新生成的边数 m：');
N=input('请输入增长后的网络节点总数 N：');
disp('初始网络时 m0 个节点的连接情况:1 表示都是孤立点;2 表示构成完全图;3 表示随机连接一些边');
se=input('请选择初始网络情况 1,2 或 3：');
if m>m0
    disp('输入参数 m 不合法'); return;
end
x=100*rand(1,m0); y=100*rand(1,m0);  %构造初始用于画图的 m0 个节点坐标
if se==1
   A=zeros(m0);
elseif se==2
   A=ones(m0); A(1:m0+1:m0^2)=0;  %对角线元素置 0
else
   A=zeros(m0); B=rand(m0); B=tril(B);  %截取下三角元素
   A(B<=0.1)=1;  %按照概率 0.1 进行连边
   A=A+A';  %构造完整的邻接矩阵
end
for k=m0+1:N
   x(k)=100*rand; y(k)=100*rand;  %生成用于当前节点画图的坐标
   p=(sum(A)+1)/sum(sum(A)+1);  %计算所有节点的连接概率
   pp=cumsum(p);  %求累积分布
   A(k,k)=0;  %加入新的连边之前,邻接矩阵扩充维数
   ind=[];  %新节点所连节点的初始集合
   while length(ind)<m
      jj=find(pp>rand); jj=jj(1);  %用赌轮法选择连边节点的编号
      ind=union(ind,jj);  %使用 union 保证选择的节点不重复
   end
   A(k,ind)=1; A(ind,k)=1;  %构造加边以后新的邻接矩阵
end
plot(x,y,'ro','MarkerEdgeColor','g','MarkerFaceColor','r','markersize',8);
hold on, A2=tril(A); [i,j]=find(A2);  %找邻接矩阵下三角元素的非零元素
for k=1:length(i)
   plot([x(i(k)),x(j(k))],[y(i(k)),y(j(k))],'linewidth',1.2)
end
deg=sum(A)  %计算邻接矩阵的列和,即各节点的度
ave_degree=sum(deg)/N  %计算平均度
figure, bar([1:N],deg);  %画各节点度的柱状图
title('网络图各节点度大小');
xlabel('$ v_{i} $','Interpreter','Latex'), ylabel('$ k $','Interpreter','Latex')
```

```
degrange=minmax(deg);  % 求度的取值范围
pinshu=hist(deg,[degrange(1): degrange(2)]);  % 求度取值的频数
df=pinshu/N;  % 求度的频率分布
figure, bar([degrange(1):degrange(2)],df,'r')  % 画度分布柱状图
title('网络图的度分布');
xlabel('$ k $','Interpreter','Latex'), ylabel('$ P $','Interpreter','Latex')
Matlab_to_Pajek(A,2)  % 生成 Pajek 数据,文件名为 Pajek_data2.net
```

为了以后方便使用,我们编写的求度的频数分布函数如下:

```
function dp=mydegree(a);  % 返回值 dp 是度的频数分布表,它的第一行是度的取值,第二行是对
                            应度的频数,输入参数 a 为邻接矩阵
N=length(a);  % 计算节点的个数
deg=sum(a);  % 求各节点的度
degrange=minmax(deg);  % 求度的取值范围
pinshu=hist(deg,[degrange(1): degrange(2)]);  % 求度取值的频数
ind=find(pinshu==0);  % 找频数为 0 的地址
dp=[[degrange(1):degrange(2)]; pinshu];  % 构造频数分布表
dp(:,ind)=[];  % 删除频数为 0 的列
df=dp(2,:)/N;  % 求度的频率分布
figure, bar(dp(1,:),df,'r')  % 画度的频率分布柱状图
title('网络图的度分布');
xlabel('$ k $','Interpreter','Latex'), ylabel('$ P $','Interpreter','Latex')
```

3.4.2 BA 无标度网络的度分布

目前对 BA 无标度网络的度分布的理论研究主要有三种方法:连续场理论[4,10]、速率方程法[4]和主方程法[19-22]。这三种方法得到的渐近结果都是相同的。其中,速率方程法和主方程法是等价的。

1. 连续场理论

在 BA 模型中,研究网络中某一节点 v_i 的度值 k_i 随时间的变化,假设其度值连续,有

$$\frac{\mathrm{d}k_i}{\mathrm{d}t} = m\Pi_i = m\frac{k_i + 1}{\sum_j (k_j + 1)}, \tag{3.23}$$

为了方便,不妨设

$$\frac{\mathrm{d}k_i}{\mathrm{d}t} = m\Pi_i = m\frac{k_i}{\sum_j k_j}, \tag{3.24}$$

由于每一时间步,加入 m 条边,即网络总度值增加 $2m$,于是第 t 步的总度值(初始总度值为 0)为

$$\sum_j k_j = 2mt, \tag{3.25}$$

将式(3.25)代入式(3.24),得

$$\frac{\mathrm{d}k_i}{\mathrm{d}t}=\frac{k_i}{2t},\tag{3.26}$$

解方程,得

$$\ln k_i(t)=C+\ln t^{\frac{1}{2}},\tag{3.27}$$

由初始条件,节点 v_i 在时刻 t_i 以 $k_i(t_i)=m$ 加入到系统中,得

$$C=\ln\frac{m}{t_i^{1/2}},\tag{3.28}$$

因此,得

$$k_i(t)=m\left(\frac{t}{t_i}\right)^{1/2}。\tag{3.29}$$

由式(3.29)可以很明显地得到,时间一长(t 越大),越老(t_i 越小)的节点,其连接度越大,而且是以牺牲新节点(t_i 大的节点)的度为代价的。这就很好地解释了规则网络无法解释的“马太效应”,即富者越富的现象。由式(3.29)可以得到节点连接度 $k_i(t)$ 小于某定值 k 的概率为

$$P(k_i(t)<k)=P\left(t_i>\frac{m^2t}{k^2}\right)。\tag{3.30}$$

假设等时间间隔地向网络中增加节点,则 t_i 值就有一个常数概率密度

$$P(t_i)=\frac{1}{m_0+t},\tag{3.31}$$

由式(3.30)和式(3.31),得

$$P\left(t_i>\frac{m^2t}{k^2}\right)=1-\left(t_i\leqslant\frac{m^2t}{k^2}\right)=1-\sum_{t_i=1}^{\frac{m^2t}{k^2}}P(t_i)=1-\frac{m^2t}{k^2(m_0+t)},\tag{3.32}$$

所以度值的分布 $P(k)$ 为

$$P(k)=\frac{\mathrm{d}P\left(t_i>\frac{m^2}{k^2}t\right)}{\mathrm{d}k}=\frac{2m^2t}{m_0+t}\cdot\frac{1}{k^3},\tag{3.33}$$

当 $t\to\infty$ 时,$P(k)=2m^2k^{-3}$,完全符合幂律分布。

2. 速率方程法

由 Krapivsky,Redner 和 Leyvraz 引入的速率方程方法,关注的是在 t 时刻有 k 条边的平均节点数目 $N_k(t)$。显然,对于 BA 模型,满足 $\sum_k kN_k(t)=2mt$。根据连续性理论,现在需要考虑节点数的变化率:对原来有 $k-1$ 条连线的节点,由于新连线加入而变成了 k 条连线的节点,需要算入;对原来有 k 条连线的节点,由于新连线而变成有 $k+1$ 条连线的节点,需要排除;对于新节点,它刚好有 m 条连线,若 $k=m$,则需要保留。新连的 m 条边连接到某个有 k 条连线的节点的概率为

$$m\Pi(k)\approx m\frac{k}{\sum_j k_j}=m\frac{k}{2mt}=\frac{k}{2t},\tag{3.34}$$

式中:$\Pi(k)$ 为新节点与某个已有 k 条连线的节点连接的概率,转换为 $N_k(t)$ 可以推导出速率

方程

$$\frac{\mathrm{d}N_k(t)}{\mathrm{d}t}=m\frac{(k-1)N_{k-1}(t)-kN_k(t)}{\sum_k kN_k(t)}+\delta_{km}, \tag{3.35}$$

其中

$$\delta_{km}=\begin{cases}1, & k=m,\\ 0, & k\neq m。\end{cases} \tag{3.36}$$

为求解该速率方程,首先按照大数定律可得 $N_k(t)\approx tP(k)$,把它连同 $\sum_k kN_k(t)=2mt$ 代入式(3.35),得

$$P(k)\frac{\mathrm{d}t}{\mathrm{d}t}=m\frac{(k-1)tP(k-1)-ktP(k)}{2mt}+\delta_{km}, \tag{3.37}$$

简化为

$$P(k)(k+2)=(k-1)P(k-1)+2\delta_{km}。 \tag{3.38}$$

这是一个典型差分方程。忽略初始节点的连通性,即当 $k<m$ 时,令 $P(k)=0$,则当 $k=m$ 时,因为 $P(k-1)=0$,所以有 $P(m)=2/(m+2)$。当 $k>m$ 时,因为 $\delta_{km}=0$,递推求解式(3.38),得

$$P(k)=\frac{k-1}{k+2}P(k-1)=\frac{k-1}{k+2}\frac{k-2}{k+1}\frac{k-3}{k}P(k-3)。 \tag{3.39}$$

一直计算到 $k=m+3$,于是有

$$P(k)=\frac{m(m+1)(m+2)}{k(k+1)(k+2)}P(m)=\frac{2m(m+1)}{k(k+1)(k+2)}\propto 2m^2k^{-3}。 \tag{3.40}$$

3. 主方程法

设网络从 m_0 个孤立节点开始构造,每次引入一个新节点,并且连到 m 个已经存在的节点上。定义 $p(k,t_i,t)$ 为在 t_i 时刻加入的节点 v_i 在 t 时刻的度恰好是 k 的概率。考虑到 $\sum_j k_j=2mt$,当一个新节点加入到系统中时,节点 v_i 的度增加 1 的概率为 $m\Pi_i=k/(2t)$,否则该节点的度保持不变。由此得到递推关系式

$$p(k,t_i,t+1)=\frac{k-1}{2t}p(k-1,t_i,t)+\left(1-\frac{k}{2t}\right)p(k,t_i,t), \tag{3.41}$$

其边界条件为 $P(k,t,t)=\delta_{km}$,而网络的度分布极限为

$$P(k)=\lim_{t\to\infty}\left(\frac{1}{t}\sum_{t_i}p(k,t_i,t)\right), \tag{3.42}$$

它满足如下的递推方程

$$P(k)=\begin{cases}\dfrac{k-1}{k+2}P(k-1), & k\geqslant m+1,\\ \dfrac{2}{m+2}, & k=m,\end{cases} \tag{3.43}$$

从而求得 BA 无标度网络的度分布函数为

$$P(k)=\frac{2m(m+1)}{k(k+1)(k+2)}\propto 2m^2k^{-3}, \tag{3.44}$$

这表明 BA 网络的度分布函数可由幂指数为 3 的幂律函数近似描述。

3.4.3 BA 无标度网络的平均路径长度和聚类系数

1. 平均路径长度

对于 N 个节点的无标度网络,度分布 $P(k) \propto k^{-\lambda}$,当 $2<\lambda<3$ 时,平均路径长度 $L \propto \ln \ln N$;当 $\lambda=3$ 时,$L \propto \ln N/\ln\ln N$;当 $\lambda>3$ 时,$L \propto \ln N$。

对于 BA 无标度网络,由于 $\lambda=3$,平均路径长度[23,24]

$$L_{BA} \propto \ln N/\ln\ln N, \tag{3.45}$$

这表明 BA 无标度网络也具有小世界特性。

2. 聚类系数

BA 无标度网络的聚类系数为[25]

$$C_{BA} = \frac{m^2 (m+1)^2}{4(m-1)}\left[\ln\left(\frac{m+1}{m}\right) - \frac{1}{m+1}\right]\frac{[\ln(T)]^2}{T}, \tag{3.46}$$

式中:T 为新增节点的最终个数,这表明与 ER 随机网络类似,当网络规模充分大时,BA 无标度网络的聚类系数趋于零,不具有明显的聚类特性。

需要指出的是,对 BA 无标度网络模型的构造及其理论分析的严格性等还存在一些不同的看法。

3.4.4 鲁棒性与脆弱性

网络遭遇攻击或故障相当于从网络中删除若干节点或边,这通常会导致本来连通的网络变得不连通,如果移走某些节点后网络中绝大部分节点仍然连通,则称该网络的连通性对这些节点的移除具有鲁棒性。假设移除的节点数占原始网络总节点数的比例为 β,可以用最大连通分支与网络的阶数比(最大连通分支节点数与网络总节点数之比),以及网络的平均路径长度 L 与 β 的关系来度量网络的鲁棒性。

随机网络和无标度网络遭到故意攻击和故障时的表现不同,故意攻击等同于从网络中移除度值最高的若干节点以及与之相连接的边,而故障则相当于从网络中移除随机选择的若干节点以及与之连接的边。

对于随机网络而言,无论是故意攻击还是随机故障,只要所移除的节点比例超过一个阈值(约 0.28)[26],网络的极大连通分支中的节点比例将近似为 0。随机网络可以使用渗流理论(Percolation)精确描述,因此可以使用渗流理论给出随机网络遭遇故意攻击或随机故障后的解析结果。对于无标度网络而言,情形发生了变化。遭遇随机故障时,阈值现象几乎消失,随着随机移除的节点比例的增加,极大连通分支中的节点比例只是缓慢地减少,只有当绝大多数节点被移除后,网络才会最终解体。当无标度网络遭遇故意攻击时,与随机网络类似也表现出阈值现象,只是此时阈值很小(约 0.18)[26]。因此可以断言,无标度网络对于随机故障表现出健壮性,而对于故意攻击则显得异常脆弱性,这种脆弱性的根源实际上就是网络中具有一定比例的高度值节点,而大量节点的度值则很小。

无标度网络面临故意攻击所表现出的脆弱性说明网络中高度值节点过少是有危害的,那么增加无标度网络中的高度值节点会如何改变这种脆弱性呢?由于无标度网络中高度值节点的多寡取决于其度分布指数,因此这一问题相当于研究无标度网络面临故意攻击所表现出的脆弱性与无标度网络的度分布指数之间的关系。可以利用仿真的办法研究这一问题。

3.4.5 适应度模型

BA 无标度模型的精彩之处在于它把实际复杂网络的无标度性，归结为增长和优先连接这两个非常简单明了的机制。当然，这也不可避免地使得 BA 无标度网络模型和真实网络相比存在一些明显的限制。例如，BA 模型只能生成度分布的幂律指数固定为 3 的无标度网络，而各种实际复杂网络的幂律指数则不甚相同，且大多为 2～3。此外，实际网络常常具有一些非幂律特征，如指数截断（Exponential cutoff）、小变量饱和（Saturation for small variables）等。因此，在 BA 模型的基础上人们做了各种各样的扩展，其中一些重要的扩展模型都是修改 BA 模型中的优先连接方式而获得的，如考虑初始吸引度和非线性优先连接概率等[27-28]。

在 BA 无标度网络的增长过程中，节点的度也在发生变化并且满足如下幂律关系[1]：

$$k_i(t) \propto \left(\frac{t}{t_i}\right)^{1/2}, \tag{3.47}$$

式中：t_i 为第 i 个节点加入到网络中的时刻；k_i 为第 i 个节点在时刻 t 的度。

式（3.47）表明，在 BA 无标度网络中，越老的节点具有越高的度。然而，在许多实际网络系统中，节点的度及其增长速度并非只与该节点的年龄有关。例如，社会网络中的某些人具有较强的交友能力，他们可以较为容易地把一次随机相遇变为一个持续的社会连接；而 WWW 上的某些站点通过好的内容和市场推广，可以在较短时间内获得大量的超文本链接，甚至超过一些老的站点；而一些高质量的科研论文在较短时间内就可以获得大量的引用。显然，这些例子都是与节点的内在性质相关的，如个人的交友能力、WWW 站点的内容和科研论文的质量等。Bianconi 和 Barabási 把这一性质称为节点的适应度（Fitness）[29]，并据此提出了适应度模型（Fitness model），其构造算法如下：

（1）增长。从一个具有 m_0 个节点的网络开始，每次引入一个新的节点并且连到 m 个已存在的节点上，这里 $m \leqslant m_0$。

（2）优先连接。一个新节点与一个已经存在的节点 v_i 相连接的概率与节点 v_i 的度 k_i 和适应度 η_i 之间满足

$$\Pi_i = \frac{\eta_i k_i}{\sum_j \eta_j k_j}, \tag{3.48}$$

其中，每个节点 v_i 的适应度 η_i 按某种分布 $\rho(v_i)$ 选取，例如选取 $\eta_i = \mathrm{e}^{-\frac{\delta_i}{T}}$，其中 δ_i 为节点 v_i 的能量，T 为温度或距离等参数。

可以看出，适应度模型与 BA 无标度模型的区别在于，在适应度模型中的优先连接概率与节点的度和适应度之积成正比，而不是仅与节点的度成正比。这样，在适应度模型中，如果一个年轻的节点具有较高的适应度，那么该节点就有可能在随后的网络演化过程中获取更多的边。取决于适应度分布 $\rho(v_i)$ 的形式，适应度模型表现出两类不同的行为[29]。如果该分布具有有限支撑（Finite support），那么与原始的 BA 模型一样，网络具有幂律度分布；如果该分布具有无限支撑（Infinite support），那么适应度最高的那个节点就会获得占整个网络总边数的一定比例的边数，后者是一种所谓“赢者通吃”的现象，类似于市场中的寡头垄断。

3.5 局域世界演化网络模型

李翔和陈关荣[30]在对世界贸易网（Word Trade Web）的研究中发现，全局的优先连接机制并不适用于那些只与少数（小于 20 个）国家有贸易往来关系的国家。他们由此建立了局域世

界演化网络模型(Local-world evolving network)。在这个模型中,每一个节点代表一个国家;两个国家之间有贸易关系,则相应两个节点之间存在连接边。研究表明,许多国家都致力于加强与各自区域经济合作组织内部的国家之间的经济合作和贸易关系。这些组织包括欧盟(EU)、东盟(ASEAN)和北美自由贸易区(NAFTA)等。在世界贸易网中,优先连接机制是存在于某些区域经济体中的。甚至于在人们的社团组织中,每一个人实际上也生活在各自的局域世界里。所有这些都说明在诸多实际的复杂网络中存在着局域世界。模型的构造算法如下:

(1) 网络初始时有 m_0 个节点和 e_0 条边。

(2) 第 t 步时,加入一个新节点,随机地从已存在的网络中选取 M 个节点,作为新加入节点的局域世界 LW。添加新节点附带的 $m(m\leqslant M)$ 条边,新加入的节点根据优先连接概率

$$\Pi_{LW}(k_i)=\Pi'(v_i\in LW)\frac{k_i}{\sum\limits_{v_j\in LW}k_j}\equiv\frac{M}{m_0+t}\frac{k_i}{\sum\limits_{v_j\in LW}k_j}\tag{3.49}$$

来选择与局域世界中的 m 个节点相连,其中,k_i 是局域世界 LW 中节点 v_i 的度,其值随时间 t 变化。

在每一时刻,新加入的节点从局域世界中按照优先连接原则选取 m 个节点来连接,而不是像 BA 无标度模型那样从整个网络中来选择。构造一个节点的局域世界的法则依赖于实际不同的局域连接性而不同,上述模型中只考虑随机选择的简单情形。

显而易见,在 t 时刻,$m\leqslant M\leqslant m_0+t$ 。因此上述局域世界演化网络模型有两个特殊情形:$M=m$ 和 $M=t+m_0$。

1. 特殊情形 A: $M=m$

这时,新加入的节点与其局域世界中所有的节点相连接,这意味着在网络增长过程中,优先连接原则实际上已经不发挥作用了。这等价于 BA 无标度网络模型中只保留增长机制而没有优先连接时的特例。此时,第 i 个节点(在 t_i 时刻加入的节点)的度的变化率为

$$\frac{\mathrm{d}k_i}{\mathrm{d}t}=\frac{m}{m_0+t},\tag{3.50}$$

网络度分布服从指数分布

$$P(k)\propto \mathrm{e}^{-\frac{k}{m}}。\tag{3.51}$$

证明 利用初值条件 $k_i(t_i)=m$,解微分方程(式(3.50)),得

$$k_i(t)=m(\ln(m_0+t)-\ln(m_0+t_i)+1),\tag{3.52}$$

节点 v_i 的度 $k_i(t)$ 小于 k 的概率为

$$P(k_i(t)<k)=P\left(t_i>(m_0+t)\exp\left(1-\frac{k}{m}\right)-m_0\right),\tag{3.53}$$

假设节点是按照均匀分布加入系统的,则有

$$P\left(t_i>(m_0+t)\exp\left(1-\frac{k}{m}\right)-m_0\right)=1-\frac{(m_0+t)\exp\left(1-\frac{k}{m}\right)-m_0}{m_0+t}。\tag{3.54}$$

由于概率密度

$$P(k)=\frac{\mathrm{d}P(k_i(t)<k)}{\mathrm{d}k},\tag{3.55}$$

利用式(3.53)~式(3.55)并令 $t \to +\infty$,得

$$P(k)=\frac{e}{m}\exp\left(-\frac{k}{m}\right)。\tag{3.56}$$

这样就证明了式(3.51)成立。

2. 特殊情形 B:$M=m_0+t$

在这种特殊情形,每个节点的局域世界其实就是整个网络。因此,局域世界模型此时完全等价于 BA 无标度网络模型。

3.6 层次网络

3.6.1 模块与模体

尽管小世界和无标度是许多实际网络的共同全局结构特征,但具有相似的全局结构特性的网络却可能具有非常不同的局部结构特征。因此,理解网络的局部拓扑结构及其产生机理也是非常重要的。以细胞网络为例,近年的研究表明,细胞的功能很可能是以一种高度模块化的方式实现的。一般而言,模块(Module)是指一组物理上或功能上连接在一起的、共同完成一个相对独立功能的节点组[1]。许多实际系统中都包含模块,例如社会网络中的一群朋友或 WWW 上相似主题的网站等。在许多复杂的工程系统中,从现代化飞机组件到计算机芯片,高度模块化结构是一个基本的设计要求。

由于大量系统中都存在模块性特征,复杂网络的模块分析方法可以应用于很多领域,尤其是生物领域,为了研究网络的模块性,需要相应的工具和度量来确定一个网络是否是模块化的,并且能够清晰地辨识一个给定网络中的模块以及模块之间的关系。当前生物领域复杂网络的模块化研究主要集中在模块划分的方法上。人们基于网络拓扑结构识别出网络的模块,通过分析这些模块与功能之间的关系可说明模块划分方法的有效性。

模体(Motif)是网络中由少量节点按照一定拓扑结构构成并且相对于随机网络在网络中复制出现的小规模模式[4]。实际上,模体就是网络中大量出现的具有相同结构的小规模子图(Subgraph),这种子图在网络中所占的比例明显高于同一网络的完全随机化形式中这些子图所占的比例,并且这种子图从局部层次刻画了网络内部相互连接的特定模式。近期研究表明,模体可能是复杂网络的基本模块[31-33]。在生物网络、神经网络、食物链和技术网络等多种网络中,各种模体先后被找到,因此也吸引了许多研究者对复杂网络的结构设计原理开展了研究。每一种复杂网络通常都由其自身一组特定的模体进行刻画,而辨识出这些模体将有助于识别网络典型的局部连接模式。因为实际网络中节点之间的相互作用很复杂,因此要看清网络的全局结构是一件十分困难的事,然而模体可以帮助我们对网络进行简化,以达到看清网络全局结构的目的。

3.6.2 层次网络概念

大量实证研究结果都表明很多现实自然网络和社会网络具有两个普遍特征:幂律度分布和层次模块性(Hierarchical modularity)[1]。正如前面所说,幂律度分布是指一个被随机选中的节点的度为 k 的概率 $P(k)\propto k^{-\gamma}$,其中 γ 为幂指数。具有幂律度分布的一些网络包括 WWW、Internet、性接触网络和引文网络等。层次模块性在许多实际网络中也普遍存在,如演

员网络、语言网络、WWW 和新陈代谢网络等。层次模块性表现为：度很小的节点具有高的聚类系数且属于高度连接的小模块；相反，度很高的 hub 节点具有低的聚类系数，其作用只是把不同的模块连接起来，也就是说，在具有层次模块性的网络中，很多内部关联密集的小规模节点组之间松散关联，从而形成更大规模的拓扑模块。这种拓扑模块按照层次组织起来的网络称为层次网络(Hierarchical network)。层次网络可以由模块通过某种迭代方式生成，它表明了许多实际系统中同时存在模块性、局部聚类特性和无标度拓扑特性[1,4]。

层次模块性的一个重要标志是聚—度相关性(Clustering-degree correlations)满足幂律分布。如果用 $C(k)$ 表示度为 k 的节点的平均聚类系数(也称为局部聚类系数)，则 $C(k)$ 与 k 之间的关系称为聚—度相关性。实证研究表明，在许多现实网络中，$C(k)$ 与 k 之间存在倒数关系，即局部聚类系数服从幂律分布 $C(k) \propto k^{-1}$。这种倒数关系的聚—度相关性称为层次性(Hierarchy)，把具有层次性的网络称为层次网络。更严格地讲，层次模块性用幂律来刻画就是 $C(k) \propto k^{-a}$，其中 a 为层次指数[4]。需要注意的是，ER 随机图和 BA 无标度网络都不具备层次拓扑，因为这两类网络的局部聚类系数 $C(k)$ 与节点的度 k 无关。

3.6.3 层次网络构造方法

层次网络的构造方法有多种，这里只简单介绍确定性层次网络构造方法。

许多学者从多个角度与层面提出了多种确定性层次网络的构造方法。但考虑一般情形，确定性层次网络模型的构造方法可以描述为[34]：

(1) 生成一个具有 M 个节点组成的完全图模块，定义其中一个节点为中心节点，其他 $M-1$ 个节点为外围节点。

(2) 制作 $M-1$ 个复制品，并将每个复制品的 $M-1$ 个外围节点与原来完全图的中心节点进行连接，这样就得到一个具有 M^2 个节点的模块。

(3) 接着将刚获得的新模块复制 $M-1$ 个，把每个复制品的 $(M-1)^2$ 个外围节点连接到原模块的中心节点上，于是形成一个 M^3 个节点的模块。

这一复制和连接过程可以无限地进行下去，直到形成所需大小的网络规模为止。这样得到的层次网络的度指数为

$$\gamma = 1 + \ln M/\ln(M-1)。 \tag{3.57}$$

实际上，层次网络、阿波罗网络等几何增长网络的度分布和度指数在文献上一直是颇有争议的问题，而且该问题还与实际网络度分布的统计有关，因此值得讨论[4]。关于幂律和度指数需要分为确定的和随机的两种情况进行讨论，而几何增长网络和实际网络数据都属于确定的情况。目前，判断复杂网络度分布和度指数的方法主要有画频率图、画 logarithmic binning 图、画秩次图三种。秩次图是以秩次为纵坐标，将 N 个节点的度从大到小排序，依次给予从 $1 \sim N$ 的秩次所画的图。在双对数坐标上，如果图形近似为一条直线，就认为是幂律；负的斜率为度指数。

图 3.6 是由模块生成层次网络的一个例子。该网络在初始时有一个 4 节点模块。然后这一模块复制 3 份，其中每个复制模块的 3 个外面的节点与原始模块的中心节点相连，从而产生一个大的 16 节点模块。接下来，这个 16 节点的模块再复制 3 份，其中 16 个外围的节点与原始模块的中心节点相连，从而产生一个更大的 64 节点模块。当然，这种过程可以一直继续下去。这个层次网络模型恰好把无标度拓扑与内在的模块结构集成起来。该网络具有指数为 $\gamma = 1 + \ln 4/\ln 3 = 2.26$ 的幂律度分布，以及与网络规模无关的较高的网络聚类系数 $C \propto 0.6$。

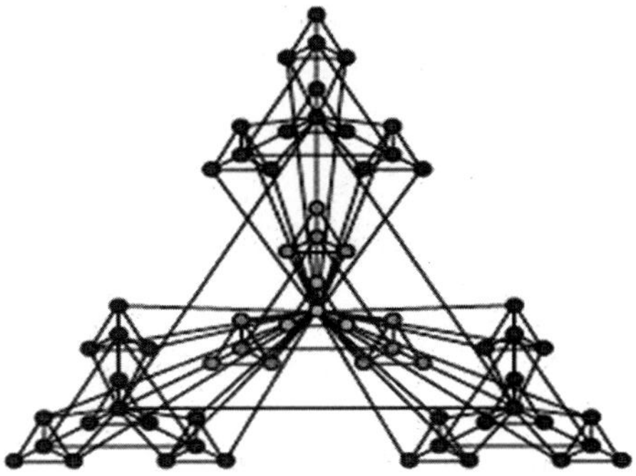

图 3.6　由模块生成层次网络的例子

例 3.5　用 Matlab 画出图 3.6 的层次网络。

计算的 Matlab 程序如下：

```
function myhierarchy(a,b,x,y,L,d,n)  %(a,b)为图形的中心,(x,y)为每一层的中心,调用时要求 a=x,b=y,L 为三角形边长,d 为模体之间的距离,d>L,n 为递归深度
hold on
mc=a+b*i;  %整个图形的中心
if n==1
    A=(x-L/2)+(y-L*tan(pi/6)/2)*i;  %计算三角形顶点的坐标
    B=(x+L/2)+(y-L*tan(pi/6)/2)*i;
    C=x+(y+L*tan(pi/6))*i;
    ZX=(A+B+C)/3;  %计算等边三角形自身的中心
    plot([ZX,C,B,A,mc],'.')
    plot([C,B,A,C])  %画三角形的三条边
    plot([ZX,A,mc]), plot([ZX,B,mc]), plot([ZX,C,mc])  %画中心到各点的边
else
    xy=x+y*i;
    x01=x-d/2; y01=y-d*tan(pi/6)/2;  %计算三角形中心的坐标
    x02=x+d/2; y02=y-d*tan(pi/6)/2;
    x03=x;  y03=y+d*tan(pi/6);
    A0=x01+y01*i; B0=x02+y02*i; C0=x03+y03*i;
    plot([A0,B0,C0,A0])
    A1=(x01-L/2)+(y01-L*tan(pi/6)/2)*i;  %计算三角形顶点的坐标
    B1=(x01+L/2)+(y01-L*tan(pi/6)/2)*i;
    C1=x01+(y01+L*tan(pi/6))*i;
    plot([xy,A1]), plot([xy,B1]), plot([xy,C1])
    A2=(x02-L/2)+(y02-L*tan(pi/6)/2)*i;  %计算三角形顶点的坐标
    B2=(x02+L/2)+(y02-L*tan(pi/6)/2)*i;
    C2=x02+(y02+L*tan(pi/6))*i;
    plot([xy,A2]), plot([xy,B2]), plot([xy,C2])
    A3=(x03-L/2)+(y03-L*tan(pi/6)/2)*i;  %计算三角形顶点的坐标
    B3=(x03+L/2)+(y03-L*tan(pi/6)/2)*i;
    C3=x03+(y03+L*tan(pi/6))*i;
```

```
    plot([xy,A3]), plot([xy,B3]), plot([xy,C3])
    myhierarchy(a,b,x,y,L,d/n,n-1)  % 递归调用
    myhierarchy(a,b,x01,y01,L,d/n,n-1)
    myhierarchy(a,b,x02,y02,L,d/n,n-1)
    myhierarchy(a,b,x03,y03,L,d/n,n-1)
end
```

注:(1) 上述函数的调用格式为

```
myhierarchy(0,0,0,0,10,100,3)
```

调用时,要求第 1、3 参数取值相同,第 2、4 参数取值相同,第 5 个参数的取值要小于第 6 个参数的取值,第 7 个参数的取值可以为 1,2,…。

(2) 由两个实数 a、b 组合成复数 $z=a+ib$ 时,最好使用命令 z=complex(a,b),在一些情形下使用 z=a+b*i 会发生错误。

3.7 确定性网络

前面介绍的 ER 随机网络模型、小世界网络模型、无标度网络模型均带有随机。随机性是产生具有小世界效应和幂律分布的复杂网络的共同特性,也就是新节点以不同的概率与系统中已经存在的节点进行连接。但是,正如 Barabási 等所言,随机性虽然符合大多数现实网络的主要形成特性,它很难让人对复杂网络的形成以及不同节点间的相互作用有一个直观、形象的理解。而且,随机模型中边的随机连接不适合具有固定节点连通度的通信网络,如神经网络、计算机网络和电路网等。以确定性方式构建符合真实系统特性的网络模型不仅具有重要的理论意义,而且具有潜在的实际应用价值。研究该种模型可以使人们更好地理解并计算网络的各种特性,如度分布、聚类系数等。本节将介绍两种与小世界网络和无标度网络相对应的确定性模型。

3.7.1 确定性小世界网络

通过迭代方法构造确定性小世界网络是最简单的一种构造方法,若用 $G(t)$ 表示经过 t 步迭代后生成的小世界网络,则网络 $G(t)$ 的生成算法如下[34,35]:

(1) 当 $t=0$ 时,初始网络 $G(0)$ 为一个三角形。

(2) 当 $t\geqslant 1$ 时,$G(t)$ 通过下面的方式得到:对 $G(t-1)$ 中在 $t-1$ 步生成的每一条边都加入一个新节点,并与该边的两个端点建立连接。

图 3.7 给出了利用这种迭代方法构造的确定性小世界网络的前三步迭代结果。

画图 3.7 的 Matlab 程序如下:

```
clc, clear
t0=pi/2:2*pi/3:2*pi+pi/2;
x0=1+cos(t0);y0=1+sin(t0);
subplot(1,3,1)
plot ( x0, y0,' ko -',' MarkerEdgeColor',' k',' LineWidth', 2,' MarkerFaceColor',' r',
'markersize',6);
```

```
t1=pi/2:pi/3:2*pi+pi/2;
x1=1+cos(t1); y1=1+sin(t1);
subplot(1,3,2), hold on
plot ( x0, y0,' ko -',' MarkerEdgeColor',' k',' LineWidth', 2,' MarkerFaceColor',' r',
'markersize',6);
plot ( x1, y1,' ko -',' MarkerEdgeColor',' k',' LineWidth', 2,' MarkerFaceColor',' r',
'markersize',6);
t2=0:pi/3:2*pi;
x2=1+1.15*cos(t2); y2=1+1.15*sin(t2);
subplot(1,3,3), hold on
plot ( x0, y0,' ko -',' MarkerEdgeColor',' k',' LineWidth', 2,' MarkerFaceColor',' r',
'markersize',6);
plot ( x1, y1,' ko -',' MarkerEdgeColor',' k',' LineWidth', 2,' MarkerFaceColor',' r',
'markersize',6);
plot ( x2, y2,' ko -',' MarkerEdgeColor',' k',' LineWidth', 2,' MarkerFaceColor',' r',
'markersize',6);
```

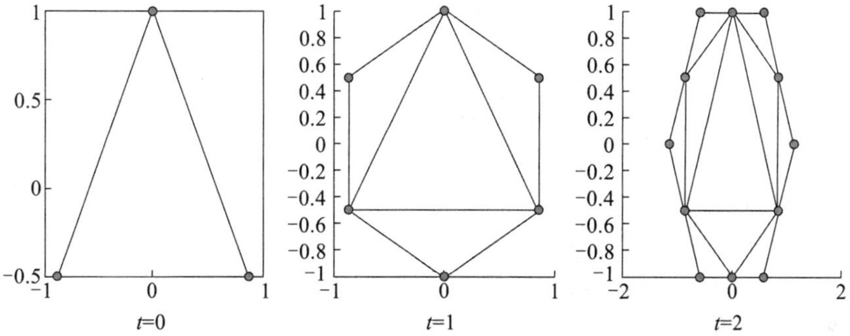

图 3.7　确定性小世界网络的前三步迭代

从模型的构造过程中可以看出：当网络无限大时，度分布 $P(k)$ 是关于度 k 的幂函数，随着 k 增大呈指数衰减。因此，该确定性小世界网络是一个指数网络。网络的平均聚类系数为 0.6931，说明网络的聚类程度非常高，并且它的直径和平均路径长度短。这些特性都完全满足小世界网络的主要特性。下面分析该模型的平均度与迭代次数的关系。设网络经过 t 次迭代拥有的节点数和边数分别用 N_t 和 M_t 表示，在该模型增长过程中，每增加一个节点就会同时增加两条边，而这些新增边的两个端点又将与下个时间步新生的一个节点相连，即每增加一条边，在下一步将增加一个节点[4]。因此，有如下关系式：

$$N_t - N_{t-1} = 2(N_{t-1} - N_{t-2}), \tag{3.58}$$

根据初始条件 $N_0=3, N_1=6$，可以解得

$$N_t = 3 \times 2^t, \tag{3.59}$$

而由于每个新节点都产生两条新边，所以

$$M_t - M_{t-1} = 2(N_t - N_{t-1}) = 3 \times 2^t, \tag{3.60}$$

根据初始条件 $M_0=3$，可以解得

$$M_t = 3 \times 2^{t+1} - 3, \tag{3.61}$$

于是节点的平均度为

$$\langle k\rangle_t=\frac{2M_t}{N_t}=\frac{2(3\times 2^{t+1}-3)}{3\times 2^t}=4(1-2^{-(t+1)})。\tag{3.62}$$

当 t 趋于无穷大时,$\langle k\rangle_t$ 趋于 4。因此,当 t 足够大时,该网络是一个稀疏的网络。

确定性小世界模型的构造方法有很多种,而上面介绍的确定性小世界网络模型是通过独特的迭代规则实现的。一般来说,可以通过小世界网络的两个重要特点入手:较高的聚类系数和较小的平均路径长度。在原有模型迭代的基础上附加一些其他规则,就可以构造出其他的确定性小世界模型。

3.7.2 确定性无标度网络

前面介绍的确定性层次网络就是确定性无标度网络,其构造方法只是学者们提出的多种构造确定性无标度网络方法中的一种。在众多已经提出的确定性无标度网络中构造最完美的可能要数阿波罗网络(Apollonian Networks),它是根据古希腊数学家提出的阿波罗填充问题而构造出来的。因为该网络的性质与许多真实世界网络相似,其应用十分广泛。

阿波罗填充问题的迭代生成过程为[4,34]:初始时有三个相切的圆盘,它们的空隙是边为曲线的一个曲线三角形(中间的曲线三角形),然后在第一步迭代,将一个合适大小的圆盘放到空隙处,使得圆盘与曲线三角形的三边相切。新放入的圆盘没有填满空隙,而是产生三个更小的空隙。在第二步迭代,将三个圆盘插入到新产生的空隙中,使得每个圆盘与相应的曲线三角形的三边相切。这一过程如此不断地重复下去。当经过无限步此项过程后,便得到阿波罗填充问题。如果每次只是随机选择一个空隙进行填充,经过长时间的填充后,便得到随机阿波罗填充问题,根据这一随机填充过程构造的网络叫随机阿波罗网络。而确定性阿波罗网络的构造算法为:将每个圆盘对应网络的一个节点,如果节点所对应的圆盘相切,则节点间有边相连,这样便得到二维确定性阿波罗网络。图 3.8 显示了二维确定性阿波罗网络的形成过程。与二维确定性阿波罗网络类似,还可以用相同的迭代方法构造高维阿波罗网络。研究者发现,所有与 d 维阿波罗填充问题有关的网络均为无标度网络,它们的聚类系数较大,平均路径长度较小,与现实网络的性质十分吻合,因此阿波罗网络同时具备无标度特征、小世界特征。

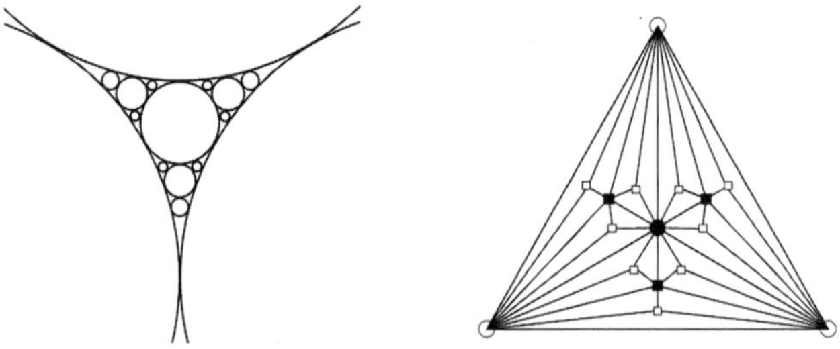

图 3.8 二维阿波罗填充问题的迭代构造与二维确定性阿波罗网络

事实上,包含阿波罗网络在内的许多确定性无标度网络不仅具备无标度特征,并且呈现出自相似性,3.8 节将列举另外几种常见的确定性无标度网络模型。

3.8 自相似网络

3.8.1 复杂网络的自相似性

自相似(Self-similarity)是相似中的一种特殊情况,它是指系统的部分和整体之间具有某种相似性,这种相似性不是两个无关事物间的偶然近似,而是在系统演化中必然出现并始终保持的[36]。这种自相似性是层次复杂网络共有的拓扑性质,而自相似又是分形(Fractal)的一个基本特征,所以复杂系统与各层次子系统之间的自相似性,可以利用分形加以描述。

1. 分形

"分形(Fracta)"这个术语是美籍法国数学家 Mandelbrot 于 1975 年创造的。Fractal 出自拉丁语 fractus(碎片,支离破碎)、英文 fractured(断裂)和 fractional(碎片,分数),说明分形是用来描述和处理粗糙、不规则对象的。Mandelbrot 想用这个词描述自然界中传统 Euclid(欧几里得)几何学所不能描述的一大类复杂无规则的几何对象,如蜿蜒曲折的海岸线、起伏不定的山脉、令人眼花缭乱的漫天繁星等。它们的共同特点是极不规则或极不光滑,但是却有一个重要的性质——自相似性,举例来说,海岸线的任意小部分都包含有与整体相似的细节。要定量地分析这样的图形,要借助分形维数这一概念。经典维数都是整数,而分形维数可以取分数。简单地讲,具有分数维数的几何图形称为分形[37]。

1975 年,Mandelbrot 出版了他的专著《分形对象:形、机遇与维数》,标志着分形理论的正式诞生。1982 年,随着他的名著 *The Fractal Geometry of Nature* 出版,"分形"这个概念被广泛传播,成为当时全球科学家们议论最为热烈、最感兴趣的热门话题之一。

目前还没有一个让各方都满意的分形定义,但在数学上,大家都认为分形有以下几个特点:

(1) 具有无限精细的结构。

(2) 有某种自相似的形式,可能是近似的或是统计的。

(3) 一般它的分形维数大于它的拓扑维数。

(4) 可以由非常简单的方法定义,并由递归、迭代等产生。

第(1)、(2)两项说明分形在结构上的内在规律性。自相似是分形的灵魂,它使得分形的任何一个片段都包含了整个分形的信息。第(3)项说明了分形的复杂性。第(4)项则说明了分形的生成机制。分形是一种无限多层次自相似的、支离破碎的、奇异的图形。

Sierpinski 三角形是典型的具有自相似的分形,也称为 Sierpinski 分形垫,有很多算法可以构造 Sierpinski 三角形[38]。先介绍一种二维 Sierpinski 三角形(Sierpinski Triangle)的迭代生成过程:从一个等边三角形开始,然后在第一个迭代步连接等边三角形的各边中点,从而将原三角形分成四个小三角形,接着移走中间的一个小三角形。在第二个迭代步,将剩下的三个小三角形按同样的方法继续分割,并舍弃中间的三角形。然后如此不断地重复"分割"与"舍弃"的过程。如果用 t 表示迭代的次数,则 $t=0$ 对应于初始的等边三角形,而当 $t\to\infty$ 时,便得到 Sierpinski 三角形。

下面给出另外一种迭代算法生成 Sierpinski 三角形的过程。

例 3.6 用迭代算法生成 Sierpinski 三角形。

迭代算法的 Matlab 函数如下:

```
function mysierpinski(N)
if nargin==0; N=20000; end;
A=0; B=100; C=complex(50,sqrt(3)*50);  %用复数表示的三角形三个点 A,B,C 的坐标
P=10+20i;  %任取三角形内的一点
TP=[];  %所有生成点的初始化
gailv=randperm(N);  %产生 1 到 N 的随机全排列
for k=gailv
      if k<N/3+1;
         P=(P+A)/2;  %生成新点为点 P 和 A 的中点
      elseif k<2*N/3+1
         P=(P+B)/2;  %生成新点为点 P 和 B 的中点
      else
         P=(P+C)/2;  %生成新点为点 P 和 C 的中点
      end
      TP=[TP,P];  %TP 中加入新点
end
plot(TP,'.','markersize',5)  %画所有生成的新点
```

下面给出通用正 n 边形中点的迭代算法函数:

```
function mysierpinski_n(x,y,L,n,N);
if nargin==0
x=10; y=20;  %(x,y)为初始点,取为正 n 边形内的任意一点
L=100; n=3; N=20000;  %L 为正 n 边形的中心到顶点的距离,N 为画的总点数
end
t=pi/2:2*pi/n:2*pi+pi/2;  %正 n 边形顶点复数表示的幅角
Pxy=L*complex(cos(t),sin(t));  %正 n 边形 n 个顶点坐标,这里是 n+1 个点,首尾顶点相同
P=complex(x,y);  %构造三角形内的一点
TP=[];  %所有生成点的初始化
gailv=randperm(N);  %产生 1 到 N 的随机全排列
biaohao=zeros(size(gailv));  %N 个随机整数对应的 1 到 n 的标号的初始值
for k=1:n-1
    ind=(gailv>=(k-1)*N/n & gailv<k*N/n);
    biaohao(ind)=k;
end
ind=(gailv>=(n-1)*N/n); biaohao(ind)=n;
for k=biaohao
    P=0.5*(P+Pxy(k)); TP=[TP,P];
end
hold on, plot(TP,'.','markersize',5)  %画所有生成的新点
```

例 3.7 用递归算法生成 Sierpinski 三角形。

递归算法中点的相对位置如图 3.9(a)所示,使用 Matlab 画出的图形效果如图 3.9(b)所示。

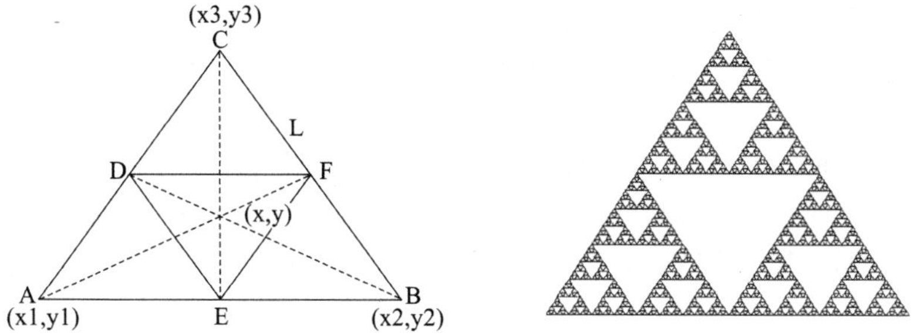

(a) (b)

图 3.9 递归算法绘制 Sierpinski 三角形

(a) 递归算法中点的相对位置；(b) Sierpinski 三角形。

递归算法的 Matlab 函数如下：

```
function mysierpinski2(x,y,L,n)
if nargin==0; x=0; y=0; L=100; n=6; end
% x,y 为三角形中心点坐标,L 为三角形边长,n 为递归深度
axis off, hold on
if n==1
    x1=x-L/2; y1=y-L*tan(pi/6)/2;  % 计算三角形顶点的坐标
    x2=x+L/2; y2=y-L*tan(pi/6)/2;
    x3=x; y3=y+L*tan(pi/6)/2;
    plot([x1;x2],[y1;y2]); plot([x2;x3],[y2;y3]); plot([x3;x1],[y3;y1])
    % 画三角形的边
else
    x01=x-L/4; y01=y-L*tan(pi/6)/4;  % 计算小三角形中心的坐标
    x02=x+L/4; y02=y-L*tan(pi/6)/4;
    x03=x;y03=y+L*tan(pi/6)/4;
    mysierpinski2(x01,y01,L/2,n-1)  % 递归调用
    mysierpinski2(x02,y02,L/2,n-1)
    mysierpinski2(x03,y03,L/2,n-1)
end
```

2. 自相似性

复杂网络的自相似性是指某种结构或过程的特征从不同的空间角度或时间尺度来看都是相似的,或者某系统或结构的局域性质或局域结构与整体类似[1]。一般情况下自相似是比较复杂的表现形式,并不是说局部放大到一定倍数后与整体完全重合,而是说在它的不规则中存在着一定的规则性,同时暗示了自然界中一切形状及现象都能以较小或部分的细节来反映整体的不规则性[39]。

许多现实网络,如 WWW、社会网络、蛋白质网等都呈现出这种自相似性[1]。尽管小世界模型与无标度模型刻画了复杂网络的基本性质,但它们都是基于对现实复杂网络进行理想化的前提下得出的结论。然而,对于复杂网络的自相似分形特征研究则是利用网络节点之间的互动特性来解释网络的微观演化过程。复杂网络的分形与自相似是复杂网络在演化成小世界网络时整体和部分、部分和部分之间呈现出来的某种相似性。实际上,诸如 Internet 等许多真

实系统,如果撇开网络的几何位置,它们在拓扑上都表现出一定的自相似性。目前,自相似结构产生的内在机理以及决定网络呈现自相似性的微观因素已经成为复杂网络演化模型一个需要努力研究的重要内容[4]。图 3.10 把某个层次网络例子与一个典型的具有自相似性的分形——Sierpinski 三角形放在一起做比较。由图可见,层次网络是一种典型的具有自相似分形特征的网络,因为该网络的部分与整体之间具有明显的相似性。这种整体与局部的相似性,即自相似性,就是分形的基本特性。需要注意的是,在复杂网络研究中,分形性和自相似性并不总是互相包含,一般而言,分形的网络总是自相似的,但是自相似的网络并不总是分形的。

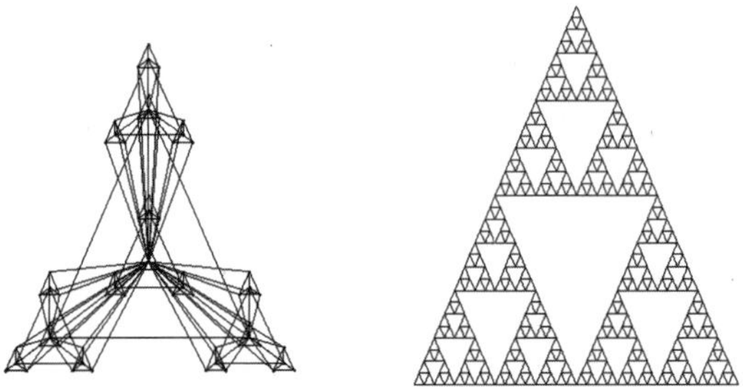

(a) (b)

图 3.10 层次网络与 Sierpinski 三角形比较

(a) 层次网络;(b) Sierpinski 三角形。

复杂网络的自相似性不能直接体现在几何直观上,因为一个图只存在自身的一个拓扑结构,没有"形"上的特点。一般自相似性结构要求标度上存在某种幂律的数量关系,而相当一部分实际网络具有典型的"小世界"性质,这种性质使得网络的节点数随网络的直径指数形式地增长,而不满足幂律关系,故一般认为,复杂网络在尺度变换下不具有不变性或自相似性。由于无标度网络满足幂律的度分布,说明对于无标度网络而言,在相应的变换下,度分布有可能保持不变,也就是所谓的网络自相似性。

既然借助分形描述复杂网络的自相似性,如何定义和测量分形的维数就是需要首先研究的问题。Hausdorff 维数给出了分形维数的刻画方法,盒记数法则给出了分数维的常用计算方法。

3. Hausdorff 维数

维数是几何对象的一个重要特征量,普通几何学研究的对象一般都具有整数的维数,例如 0 维的点、一维的线、二维的面、三维的立体乃至四维的时空。人们将这种维数称为几何维数或拓扑维数。然而这种维数只能是整数,存在较大的局限。自然界中如雪花、云彩、山脉等复杂物体的维数则不能通过这种整数维来表达,Hausdorff 维数则可以对这些复杂事物进行定量分析。通过 Hausdorff 维数可以给一个任意复杂的点集合(如分形)赋予一个维数。通常来说一个物体的 Hausdorff 维数不像几何维数一样总是一个自然数,而可能会是一个非整的有理数或者无理数。设想有一个由三维空间内具有有限大小的点组成的集合,N 是用来覆盖这个集合内所有点所需的半径为 R 的球体的最小个数,则这个最小数 N 是 R 的一个函数,记为 $N(R)$。显然 R 越小,则 N 越大,假设 $N(R)$ 和 R^d 之间存在一个反比的关系,记为 $N(R)\sim 1/R^d$,当 R 趋向于 0 时,得到 $d=-\lim\limits_{R\to 0}\log_R N$ 就是这个集合的 Hausdorff 维数。

4. 盒记数法

盒记数法(Box-counting method)是计算自相似分形维数的一种常用方法。任意一个几何图形都可以嵌入在一个整数维的 Euclid 空间,例如 Sierpinski 三角形是嵌入在二维平面中,这样就可以基于 Euclid 距离来定义长度。用盒记数法计算一个几何图形的维数的基本思想就是用边长为 l_B 的盒子来覆盖该图形，并统计完全覆盖该图形所需要的最少的盒子数$N_B(l_B)$。这里的盒子在一维情形下就是线段，二维情形下就是正方形，三维情形下就是立方体，l_B 也称为盒子的尺寸。图形的维数的近似计算公式为

$$d_B \approx -\frac{\ln N_B(l_B)}{\ln(l_B)}, \tag{3.63}$$

等价地有幂律标度公式

$$N_B(l_B) \approx l_B^{-d_B}。 \tag{3.64}$$

例如，对于 Sierpinski 三角形，假设整个大三角形的边长为 1。如果用边长为 1/2 的正方形覆盖 Sierpinski 三角形，那么需要 3 个正方形；如果用边长为 1/4 的正方形覆盖 Sierpinski 三角形，那么需要 9 个正方形；如果用边长为 1/8 的正方形覆盖 Sierpinski 三角形，那么需要 27 个正方形，依此类推。在此情形下，有以下精确的公式：

$$d_B = -\frac{\ln 3}{\ln(1/2)} = -\frac{\ln 9}{\ln(1/4)} = -\frac{\ln 27}{\ln(1/8)}, \tag{3.65}$$

但是，一般情形下，在理论上只有当盒子尺寸 l_B 趋于零时，才能由式(3.63)得到维数的精确值。人们通常在对数坐标系中画出 $N_B(l_B)$和 l_B 之间的关系，拟合直线的斜率的负值就是 d_B。

一些研究者通过把盒记数方法推广用于复杂网络，指出对于许多复杂网络也存在类似于分数维的自相似指数，从而也具有某种内在的自相似性[40]。盒记数法用于复杂网络的主要困难是，对大多数实际网络并不存在包含这些网络的自然的 Euclid 空间，而且复杂网络上两个节点之间的距离，并不是指这两个节点之间的 Euclid 距离，而是指连接这两个节点的最短路径包含的边的数目。也就是说，不能直接用上面介绍的 Euclid 空间中的盒子去覆盖复杂网络。对用于覆盖复杂网络的尺寸为 l_B 的盒子的规定为：盒子中任意两个节点之间的距离都小于 l_B。这样就可以把一个网络分割成一组不重叠的盒子，也就是说，网络中的每一个节点都属于某个盒子，并且一个节点只能属于一个盒子。研究者通过穷举搜索找到覆盖网络需要的最少盒子数，然后通过检查这个最少盒子数 $N_B(l_B)$和盒子尺寸 l_B 之间的关系，发现许多实际网络都服从分形所遵循的幂律标度公式(3.64)。

采用盒记数法的步骤如下：

(1) 计算网络的直径 L。

(2) 选取直径为 1 的盒子进行网络覆盖，得到覆盖整个网络所需的最少的盒子数。

(3) 逐一增加盒子的直径，用新盒子进行网络覆盖，得到覆盖整个网络所需的最少的盒子数。

(4) 重复步骤(3)，直到盒子的直径等于网络的直径。这样得到了$\lceil L \rceil$组盒子数和盒子直径的关系数据，这里$\lceil L \rceil$表示不小于 L 的最小整数。

研究者通过采用重整化过程，揭示出自相似性和无标度的度分布在网络的所有粗粒化阶段都成立[40]。一般而言，网络的粗粒化是指把网络中的具有某种共同性质的节点集合，用单个新节点来表示，这样就得到一个具有较少节点的新的网络。在把所有节点都分配到盒子中之后，再把每个盒子用单个节点来表示，这些节点称为重整化节点。如果在两个未重整化盒子之间至少存在一条边，那么两个重整化节点之间就有一条边相连。这样就得到了一个新的重整化网络(Renormalized network)。这种重整化过程可以一直进行下去，直到这个网络被归约

为单个节点。图 3.11 显示了一个包含 8 个节点的网络在不同 l_B 情形下的重整化。第一列为原始网络。用尺寸为 l_B 的盒子覆盖网络,一个盒子中任意两个节点之间的距离小于 l_B。例如,在 $l_B=2$ 的情形下有 4 个盒子,它们分别包含 3、2、1 和 2 个节点。然后把每个盒子用单个节点来表示。如果在两个未重整化盒子之间至少有一条边,那么两个重整化节点之间就有边相连。这样就得到一个重整化网络。可以反复应用重整化过程,直到网络被归约为单个节点。

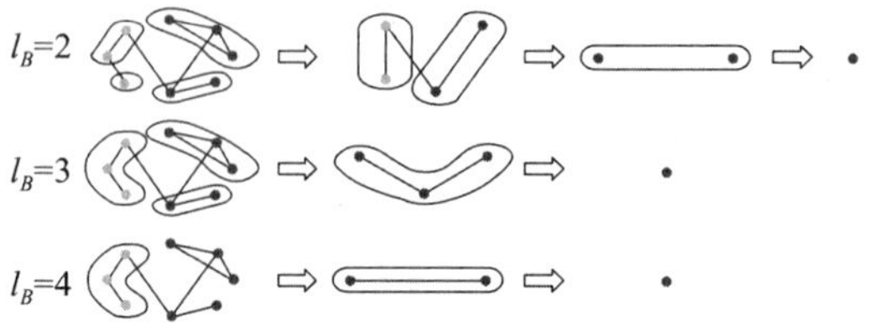

图 3.11　一个包含 8 个节点网络的重整化[40]

盒记数法为复杂网络特性的研究提供了一个强大的工具,因为它使重整程序成为了可能,揭示了自相似特性与网络粗糙颗粒量的无标度分布是不同的。

5. 超家族

许多生物网络、技术网络和社会网络的规模和连接情况通常十分不同,这样就很难比较它们的结构和拓扑性质。那么,不同领域的网络是否也可能具有相似的局部结构特征呢？复杂网络的另一特性——超家族(Superfamily),可以解决这个问题。

事实上,有些不同类型的网络的特性在一定条件下具有相似性。尽管网络不同,只要组成网络的基本单元(最小子图)相同,它们的局部拓扑性质就可能具有相似性,这种现象称为超家族特性[4]。顾名思义,不同网络之间存在某个家族的“血缘”相近联系。出现某些网络家族的相似特性,来源于它们的相同或相似的网络“基因”,问题是网络“基因”是不是找准了？是否存在网络“基因”排序等更深层次的问题。到目前为止,这些问题还远没有解决。

Milo 等提出了基于重要性剖面(Significance Profile,SP)比较网络局部结构的方法,经过大量实验研究发现[41],如果组成不同网络的最小子图或模体具有相同或相似的结构,尽管网络不同,反映其拓扑性质的三元组重要性剖面(Triad Significance Profile,TSP)也有可能具有相似性。图 3.12 给出了有向网络所包含的所有可能的三元组重要性剖面。

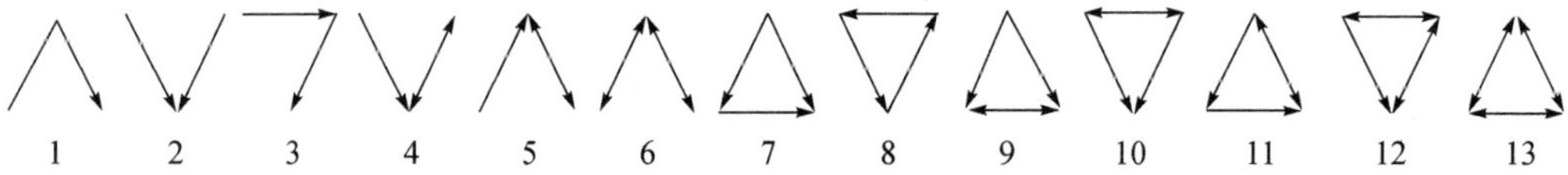

图 3.12　有向网络三元组重要性剖面[41]

这样就可以根据 TSP(SP)对网络进行分类,具有相似 TSP(SP)的网络就组成一个网络超家族。SP 的计算方法如下:

(1) 计算网络中每个子图 i 的统计重要性,即

$$Z_i = \frac{N_i^{\text{real}} - \langle N_i^{\text{rand}} \rangle}{\text{std}(N_i^{\text{rand}})}, \tag{3.66}$$

式中:N_i^{real} 和 N_i^{rand} 分别为该子图在实际网络和对应的随机网络中出现的次数;$\langle N_i^{\text{rand}} \rangle$ 和 std(N_i^{rand}) 分别为 N_i^{rand} 的均值和标准差。

(2) 对 Z_i 作规范化处理即得相应的 SP_i，即

$$SP_i = \frac{Z_i}{\sqrt{(\sum Z_i^2)}}。\tag{3.67}$$

规范化处理是为了强调子图的相对重要性，因为大型网络中的模体比小型网络中的模体具有更高的 Z 值。

3.8.2 自相似复杂网络的构造方法

分形特征作为大多数复杂网络的共性真正被认识是 2005 年 Song 等在 *Nature* 杂志上创造性地用分形维数描述网络中的自相似性。前面的阿波罗网络模型就是具有明显的自相似特征的模型，下面介绍几种典型的自相似复杂网络模型，值得注意的是下面的网络模型还具备无标度特性。

1. 伪分形无标度网络

2002 年，Dorogovtsev 等人在期刊 *Physical Review* 的第 65 卷通过简单的机制构造了一个确定性无标度网络，由于他们所采用的构造方法类似分形，故称所得网络为伪分形无标度网络（Pseudofractal Scale-Free Network，PSFN）[4,35]。PSFN 的构造始于一个三角形，然后在第一个时间步，对网络中已有的每一条边都生成一个新节点，并将新节点与所对应边的两端点分别进行连接，这一操作一直进行下去。在第 t 步时，节点数 $N_t = 3(3^t+1)/2$，边数 $M_t = 3^{t+1}$，平均度 $\langle k_t \rangle = 2M_t/N_t = 4(1+3^{-t})$。伪分形无标度网络具有自相似结构，即每一步的网络是由上一步的 3 个网络在边界的集散节点处连接而得到的。图 3.13 为伪分形无标度网络的生成过程。

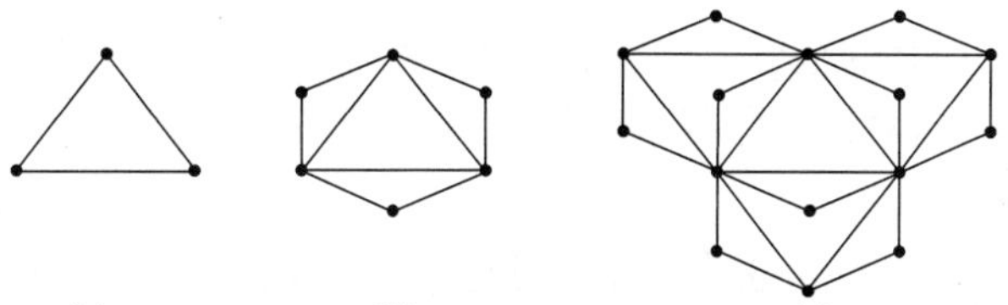

图 3.13 伪分形无标度网络生成过程
(a) $t=0$；(b) $t=1$；(c) $t=2$。

伪分形无标度网络有许多优点，其许多结构特性（如度分布、聚类系数、度相关性、平均路径长度、网络的谱性质等）都可以通过解析计算得到；特别地，伪分形无标度网络上的许多动力学过程也可以进行精确求解。因此，该网络模型发表后，许多学者进一步对该网络的物理过程（如同步、扩散等）以及扩展模型等进行了深入探讨。

2. 基于 Sierpinski 分形垫的无标度网络

在现实世界，有一大类系统可以用不相容网络进行描述，因为在这类系统中存在接触或不相容关系。例如，城市道路系统就可以映射成一个不相容网络，其中每条道路被映射成网络节点，道路间的相互交叉关系定义为节点间的边，这一映射为分析城市导航的复杂性提供了方便。又如，学校的排课系统也可以用不相容图描述，网络节点为不同的课程。如果两门课程在同一时间授课，则它们之间有一条边相连。用不相容图描述排课系统，对于学生选课有重要的帮助。虽然不相容网络普遍存在，相关的网络模型研究却很少，主要原因是这些系统有各自不

同的演化模式[4]。为了对这类网络有一般的了解,需要有一个一般的方法来表示这些不相容网络的共性,同时避免单个系统的具体细节。根据著名的 Sierpinski 分形映射成的不相容网络,可以达到这一目的。

根据 Sierpinski 分形垫,通过如下映射方法可以很容易构建一个网络[34]:将 Sierpinski 分形垫中每个被删除的三角形的边映射为网络节点,网络的边表示 Sierpinski 分形垫的所有被删除的三角形边的接触关系。为保持一致性,Sierpinski 分形垫中初始等边三角形的三条边也分别对应于 3 个不同的节点。这样,便得到了一个网络,如图 3.14(b)所示。由于该网络描述了 Sierpinski 分形垫中被删除三角形边的接触关系,称为确定性 Sierpinski 不相容网络。类似地,人们可以根据其他 Sierpinski 分形垫建立相应的不相容网络。

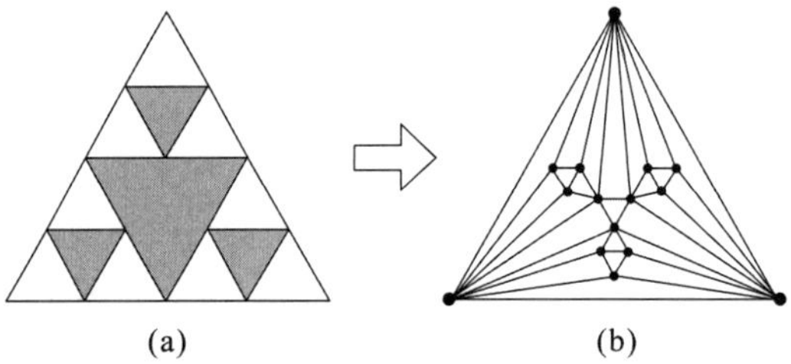

图 3.14　确定性 Sierpinski 不相容网络

(a) Sierpinski 分形垫; (b) 对应的 Sierpinski 不相容网络。

确定性 Sierpinski 不相容网络具有真实系统的重要特性:网络的度分布服从幂指数为 $1+\ln 3/\ln 2$ 的幂律分布、小世界效应、负度相关性等[4]。Sierpinski 分形垫与不相容网络之间的联系,对于研究相关的现实网络有重要的借鉴意义,所使用的映射方式为通过网络理论研究现实系统的复杂性提供了很好的范例。特别地,确定性 Sierpinski 不相容网络与确定性二维阿波罗网络均为最大平面图,这对设计印制电路版有一定的帮助和借鉴价值。

3.9　随机图产生器

20 世纪 80 年代,Internet 的网络规模比较小,处于发展的初级阶段。1988 年,Waxman 提出了随机图产生器[42],它较好地再现了 ARPANET 网络。其建模步骤如下:

(1) 在平面上取 $m\times n$ 个网格节点,从中均匀选取 N 个节点。

(2) 两节点 u 和 v 之间建立边的概率为

$$\Pi(u,v)=\alpha e^{-\frac{d(u,v)}{\beta L}}, \tag{3.68}$$

式中:$d(u,v)$ 为节点 u 和 v 之间的 Euclid 距离;α 为平均连接度,$\alpha>0$;L 为图中相距最远的两节点间的欧几里得距离;β 决定了边的平均长度,$\beta\leqslant 1$。如果 α 增大,则边的生成概率 $\Pi(u,v)$ 增大,使得最后生成的图中边的数目增加;如果 β 增加,则使得最后生成的图中较长的边相对于较短的边出现的概率增加。

Waxman 图中相距较远的两节点间存在边的可能性较小,从而获得连通图的可能性也比较小,通常用来对网络中的最大连通子图进行研究。Waxman 图的直观表示如图 3.15(a)所示。用频数 f_d 表示网络中度为 d 的节点的个数,其对数分布如图 3.15(b)所示。Waxman 产生器是随机图产生器的典型代表,后来的很多随机图模型都受其启发。

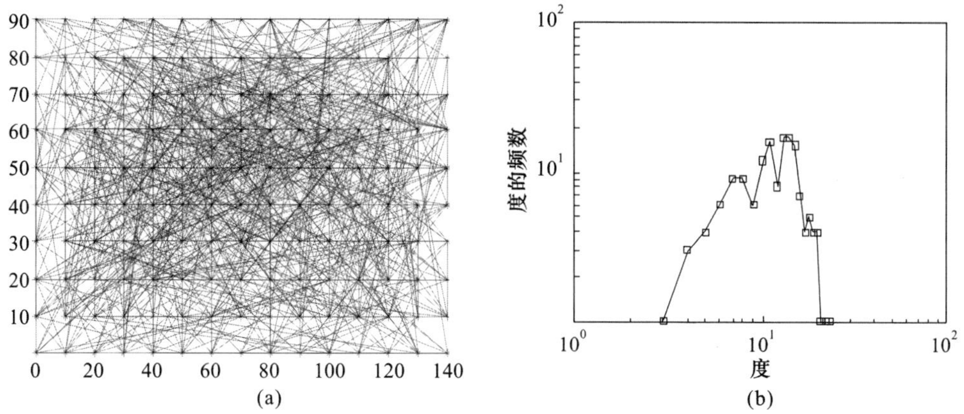

图 3.15　Waxman 随机图($\alpha=0.25,\beta=0.3$)

(a) 150 个节点的 Waxman 随机图；(b) 频数 f_d 关于 d 的对数分布图。

计算及画图的 Matlab 程序如下：

```
clc, clear
alpha=0.25; beta=0.3;
m=15; n=10; s=10;  % 设置网络节点纵横个数,及水平和垂直间距
u=0:s:(m-1)*s; v=0:s:(n-1)*s;
[u,v]=meshgrid(u,v);  % 生成网格节点的横坐标和纵坐标
u=u(:); v=v(:);  % 转换成列向量
hold on, plot(u,v,'*')  % 画 m×n 个点
uv=[u';v'];  % 构造 m×n 个点的坐标
d=dist(uv);  % 求 m×n 个点之间的两两距离矩阵
L=max(max(d));  % 求最大距离
gailv=alpha*exp(-d/(beta*L));  % 计算概率矩阵
gailv=tril(gailv);  % 提取概率矩阵的下三角元素
gailv(1:m*n+1:end)=0;  % 概率矩阵的对角线元素置 0
randnum=rand(m*n);  % 生成服从[0,1]上均匀分布随机数的 150×150 矩阵
[i,j]=find(randnum<=gailv) ;  % 节点 i 和 j 之间连边
a=zeros(m*n);  % 邻接矩阵初始化
for k=1:length(i)
    a(i(k),j(k))=1; a(j(k),i(k))=1;  % 构造邻接矩阵
    plot([u(i(k)),u(j(k))],[v(i(k)),v(j(k))]);  % 节点 i 和 j 之间画线
end
deg=sum(a);  % 计算所有节点的度
dminmax=minmax(deg)  % 求度的最小值和最大值
pinshu=hist(deg,[dminmax(1):dminmax(2)]);  % 计算度取值的频数
figure, loglog([dminmax(1):dminmax(2)],pinshu,'.-')  % 对数坐标系画图
xlabel('度'), ylabel('度的频数')
Matlab_to_Pajek(a)  % 生成 Pajek 数据,文件名为 Pajek_data1.net
```

3.10 结构产生器

随着 Internet 规模的不断扩大和人们对其认识的不断深入,人们发现 Internet 并不是完全随机的,而是具有层次结构的。而随机图产生器并不能反映这种层次性。于是具有层次拓扑的结构产生器便成了 20 世纪 90 年代中期 Internet 拓扑建模的主流,下面介绍其中有代表性的 Tiers 产生器。

Tiers 产生器用于表现广域网(WAN)、中域网(MAN)和局域网(LAN)这三个层次间的关系及内部联系[27]。在 Tiers 中需要指定 MAN 和 LAN 的目标个数,其中 LAN 采用星形拓扑结构。

模型中的主要参数包括:

WAN 的个数 N_W(为简化起见,将 N_W 设为 1),每个 WAN 内的节点的个数 S_W;

MAN 的个数 $N_M \leqslant S_W$(因为每个 MAN 都要连接到一个 WAN 节点上);

每个 MAN 内节点的个数 S_M;

每个 MAN 内 LAN 的个数 $N_L \leqslant S_M$(因为对每个 LAN 都至少存在一个 MAN 节点);

每个 LAN 内节点的个数 S_L。

节点总个数为 $N=S_W+N_M S_M+N_M N_L S_L$。

WAN、MAN 和 LAN 的内部网络冗余度,即一个节点到另一个相同类型节点的连接度,分别为 R_W、R_M 和 R_L,其数值通常分别可能为 3、2、1。网络间的冗余度为一个 MAN 和一个 WAN 间或一个 MAN 和一个 LAN 间的连接的个数,分别为 R_{MW} 和 R_{LM}。

Tiers 产生器建模步骤如下:

(1) 创建 WAN。随机地在格子内放置节点,如果一个节点与另一个节点相距非常近,就将其舍弃。

(2) 当放置的节点的个数达到所需的目标个数后,在这些节点间建立最小生成树。

(3) 随机地检查每个节点,看它们是否满足 R_W。由最小生成树算法知道,一个节点与对等节点间边的个数可能多于 R_W。这种情况下,不需再增加额外的边。如果与对等节点间少于 R_W 条边,则需要添加它与网络中最近的节点的边。

类似地,可采用上述三步骤创建 MAN 网络。只是当两节点相距很近时,不需舍弃其中之一,因为,通常 MAN 和 LAN 内的节点要比 WAN 中的相距近得多。

(4) 创建 LAN 网络。在每个 LAN 内随机选择一个节点作为星形拓扑的中心,再将 LAN 内其他的任意一个节点与它之间建立一条边。若 $R_L>1$,则采用与步骤(3)类似的操作,当然这种情况很少发生。

(5) 通过以下方式,对各种类型的网络进行连接。

① 将 MAN 连接到 WAN 上。从 S_W 个 WAN 节点内随机选取 N_M 个节点组成一个集合 A,在 A 内的每个节点和从每个 MAN 内随机选取的一个节点 X 间建立边,所以,每个 MAN 就通过一条边连接在 WAN 上。

② 如果 $R_{MW}>1$,那么,对于每个 MAN,在 MAN 的另外一个节点和 A 中相距最近的节点间建立边。

③ 与上述步骤相类似,将 LAN 连接到 MAN。

通过以上步骤所建立的网络,具有较大的网络直径。

例 3.8　仿真下面局域网的构造。

(1) 水平方向取 m 个点,垂直方向取 n 个点,在平面上设置 mn 个网格节点。随机地取一个网格节点,如果所取的网格节点与已经选定的网格节点相距非常近,就将其舍去,这里所取的距离是 Euclid 距离,即节点(x_i,y_i)和节点(x_j,y_j)的距离为

$$d_{ij}=\sqrt{(x_i-x_j)^2+(y_i-y_j)^2}。$$

(2) 当选定的网格节点的个数达到所需的目标个数 N_2 时,停止选择节点。先构造一个赋权完全图 $G=(V,E,\boldsymbol{W})$,其中 $V=\{v_1,v_2,\cdots,v_{N_2}\}$ 为节点集合,$\boldsymbol{W}=(d_{ij})_{N_2\times N_2}$ 为距离权重矩阵。然后在图 G 中利用 Prim 算法构造最小生成树 $T=(V,E_2,\boldsymbol{W}_2)$。

(3) 最小生成树 T 就是一个连通的最简单网络。为了保证网络的可靠性,对于一些重点的关键节点,要使它的度大于等于某个阈值 k_0,若度小于该阈值 k_0,则需要添加它与网络中最近节点的边(节点之间没有重复边)。仿真时,随机地检查 $\gamma N_2(\gamma=0.15)$ 个节点,若它们不满足阈值条件 k_0,则需要添加额外的边。

仿真的 Matlab 程序如下:

```
clc, clear, hold on
m=100; n=100; num=100;  % m 和 n 分别为水平方向和垂直方向点的个数;num 为选择节点的
                          个数
hh=10; gamma=0.15;  % hh 为格子点水平方向和垂直方向的步长,gamma 为重要节点比率
k0=8;  % k0 为重要节点安全度的阈值
u=0:hh:(m-1)*hh; v=0:hh:(n-1)*hh;  % 在平面中取 m×n 个 hh×hh 的格子点
xr=randi([1,m]); yr=randi([1,n]);  % 随机选取第一个点的 x 和 y 标号
label=[xr;yr];
xy=[u(xr),v(yr)];  % 提取第一个点的坐标
for i=1:num-1  % 选取另外的 num-1 个点
    flag=1;  % 循环选点控制变量初始化
    while flag
      xr=randi([1,m]); yr=randi([1,n]);  % 随机选下个点的 x 和 y 的标号
      xt=u(xr); yt=v(yr);  % 提取选取的另外一点坐标
      tt=[xy;[xt,yt]];
      if all(pdist(tt)>10*sqrt(2))   % 如果所有点两两距离大于指定阈值
          label=[label,[xr;yr]];
          xy=[xy; [xt,yt]]; flag=0;  % 选点成功
      end
    end
end
dd0=dist(xy');  % 求选取的所有节点对之间的两两距离邻接矩阵
dd=tril(dd0); dd=sparse(dd);  % 生成 Matlab 需要的下三角阵的稀疏矩阵
[st,pred]=graphminspantree(dd);  % 求最小生成树
[k1,k2]=find(st);  % 找 st 中非零元的行标和列标,即最小生成树连边端点
z1=complex(xy(k1,1),xy(k1,2)); z2=complex(xy(k2,1),xy(k2,2));
z=[z1.'; z2.']; h=plot(z,'-P');  % 使用复数画图比较方便
set(h,'Color','k','LineWidth',1.3)
stw=full(st);  % 把稀疏矩阵转化为普通矩阵
```

```
stw=stw+stw';  % 最小生成树的完整距离邻接矩阵
dm=zeros(size(stw));  % 最小生成树的 0-1 邻接矩阵的初始值
dm(find(stw))=1;  % 把 stw 中非零元素换成 1,构造最小生成树的 0-1 邻接矩阵
deg=sum(dm);  % 求最小生成树各节点的度
dd2=dd0; dd2(1:num+1:end)=inf;  % 为了下面找权重最小的边作为添加边,对角线换成 inf
rnum=randperm(num);  % 产生 1~num 的一个全排列
addnode=rnum(1:round(gamma*num));  % 产生加边的节点编号
for k=addnode
    if deg(k)<k0
        tt=dm(:,k);  % 提出邻接矩阵的第 k 列
        tt(tt==1)=inf;  % 把 tt 中的 1 变换成无穷
        dd2(:,k)=dd2(:,k)+tt;  % 把已选取边对应的元素换成无穷
        dd2(k,:)=dd2(k,:)+tt';
        [sd,ind]=sort(dd2(:,k));  % 把离节点 k 的节点按从近到远排序
        knode=ind(1:min(k0-deg(k),length(ind)));  % 选取 k 节点对应的加边节点
        dm(k,knode)=1; dm(knode,k)=1;  % 加边
    end
end
figure, hold on  % 画第二个图形
[k1,k2]=find(dm);
z1=complex(xy(k1,1),xy(k1,2)); z2=complex(xy(k2,1),xy(k2,2));
z=[z1.'; z2.']; h=plot(z,'-P');
set(h,'Color','k','LineWidth',1.3)
```

3.11 基于连接度的产生器

Falatous 三兄弟于 1999 年发表关于 Internet 拓扑的幂律特性[43]的文章以后,Internet 拓扑产生器的研究进入了一个新阶段。

3.11.1 AB 模型

AB 模型是 Albert 和 Barabási 对 BA 模型的拓展,将其应用于 Internet 的拓扑建模。通过增加节点、边及边的重新配置,网络得以增长和扩展。AB 模型的构建过程如下[44]:

初始有 m_0 个孤立节点,每一步等可能地执行下面三个步骤中的一个。

(1) 以概率 p 增加 $m(m\leqslant m_0)$ 条新的内部连接,即在已存在的节点间添加新的边,随机选取一个节点作为新的边的起始点,边的另一个端点由以下概率决定,即

$$\Pi_{ab}(k_i)=\frac{k_i+1}{\sum\limits_j(k_j+1)},\tag{3.69}$$

重复此过程 m 次。

(2) 以概率 q 重新配置 m 条边。随机选取节点 i 和连接到 i 的一条边 l_{ij},然后移走此边,以连接节点 i 和节点 j' 的新边 $l_{ij'}$ 取代。每次根据式(3.69)所示的概率选取 j' 来配置一条边,并重复此过程 m 次。

（3）以概率 $1-p-q$ 增加一个新节点。根据式(3.69)所示概率分别与网络中已存在的 m 个节点相连接。

其中，$0<p<1$，$0<q<1-p$，式(3.69)中采用(k_i+1)，保证了孤立节点建立新连接的概率为非零。

例 3.9 仿真 AB 模型。

解 把整个仿真过程分成 3 个子模块。

（1）编写向一个已知网络（子网络）m 次添加边，边的另外一个端点由以下概率确定，即

$$\Pi(k_i)=\frac{k_i+\alpha}{\sum_j (k_i+\alpha)},\tag{3.70}$$

Matlab 函数 addedge(a,m,alpha)如下：

```
function b=addedge(a,m,alpha);   % 输入参数 a 表示原网络邻接矩阵,输入参数 m 表示加边次
                                   数;alpha 为式(3.70)中的调节因子,输出参数 b 为加边
                                   操作后新网络邻接矩阵
b=a; n=length(a);  % n 为已知网络的节点数
for i=1:m
    deg=sum(b);  % 计算当前网络各节点的度
    LP=(deg+alpha)/sum(deg+alpha);  % 计算各节点的连接概率
    pp=cumsum(LP);  % 计算累积概率
    rnum=randperm(n);  % 产生 1,2,…,n 的全排列
    flag=1;  % 加边的一个端点编号的地址,默认是第 1 个,下面修正
    while flag<=n & deg(rnum(flag))==n-1  % 该节点关联边数达到最大值,无法加边
        flag=flag+1;
    end
    if flag==n+1, continue, end
    ind=find(pp>=rand);  % 产生一个随机数,找 pp 中元素大于该随机数的地址,第一个地址
                           作为加边的另外一个端点
    if rnum(flag)~=ind(1) & b(rnum(flag),ind(1))==0  % 两个端点不同且原位置无边
        b(rnum(flag),ind(1))=1; b(ind(1),rnum(flag))=1;
    end
end
```

（2）编写重新配置 m 条边的 Matlab 函数 deleteadd 如下：

```
function b=deleteadd(a,m,alpha);   % 输入参数 a 表示原网络邻接矩阵,输入参数 m 表示重连
                                     操作次数;alpha 为式(3.70)中调节因子,输出参数 b
                                     为 m 次重新操作后新网络邻接矩阵
b=a; n=length(a);  % n 为已知网络的节点数
for i=1:m
    deg=sum(b);  % 计算当前网络各节点的度
    LP=(deg+alpha)/sum(deg+alpha);  % 计算各节点的连接概率
    pp=cumsum(LP);  % 计算累积概率
    rnum=randperm(n);  % 产生 1,2,…,n 的全排列
flag=1;  % 固定端点编号的地址,默认是第 1 个,下面修正
```

```
    while flag<n & deg(rnum(flag))==0  % 当前节点为孤立点,取下一个节点
        flag=flag+1;
    end
    if flag==n & deg(rnum(flag))==0
        continue  % 当前节点为孤立点,循环进入下一个取值
    end
    ind1=find(b(:,rnum(flag)));  % 找固定端点 i 的邻居节点
    rnum2=randperm(length(ind1));  % 产生全排列
    cnode=ind1(rnum2(1));  % cnode 为可能删除边的另外一个端点
    ind2=find(pp>=rand);  % 产生一个随机数,找 pp 中元素大于该随机数的地址,第一个地址
                            作为加边的另外一个端点 j'
    if rnum(flag)~=ind2(1) & b(rnum(flag),ind2(1))==0
        b(rnum(flag),cnode)=0; b(cnode,rnum(flag))=0;  % 删除原边
        b(rnum(flag),ind2(1))=1; b(ind2(1),rnum(flag))=1;  % 添加新边
    end
end
```

(3) 编写增加一个新点,且新点以一定的概率连 m 条边的 Matlab 函数 addnode 如下:

```
function b=addnode(a,m,alpha);  % 输入参数 a 表示原网络邻接矩阵,输入参数 m 表示可能的
                                  连边数;alpha 为式(3.70)中调节因子,输出参数 b 为新
                                  网络邻接矩阵
b=a; n=length(a);  % n 为已知网络的节点数
if m>n
    return  % 输入数据不匹配,返回
end
for i=1:m
    LP=(sum(b)+alpha)/sum(sum(b)+alpha);  % 计算各节点的配置概率
    pp=cumsum(LP);  % 计算累积概率
    ind=find(pp>=rand);  % 产生一个随机数,找 pp 中元素大于该随机数的地址,第一个地址作
                           为加边的另外一个端点
    b(n+1,ind(1))=1; b(ind(1),n+1)=1;
end
```

(4) 仿真的主程序。下面仿真时取参数 $m_0=m=2,p=0.6,q=0.1$,总共执行 $t=2000$ 次。仿真的主程序如下:

```
clc, clear
p=0.6; q=0.1; r=0.3;
pf=[p,q,r]; pp=cumsum(pf);
m0=2; m=2; a=zeros(m0);
for i=1:2000
    ind=find(pp>=rand);  % 产生一个随机数,找 pp 中大于该随机数的地址
    if ind(1)==1
        a=addedge(a,m,1);  % 调用自定义函数
    elseif ind(1)==2
```

```
        a=deleteadd(a,m,1);   % 调用自定义函数
    else
        a=addnode(a,m,1);   % 调用自定义函数
    end
end
dp=mydegree(a);  % 求度的频数分布表
subplot(1,2,1), plot(dp(1,:),dp(2,:)/length(a),'-o')
xlabel('度'),ylabel('度的频率'),title('线性坐标')
subplot(1,2,2), loglog(dp(1,:),dp(2,:)/length(a),'-*')
xlabel('度'),ylabel('度的频率'), title('对数坐标')
```

仿真结果的度分布如图 3.16 所示。

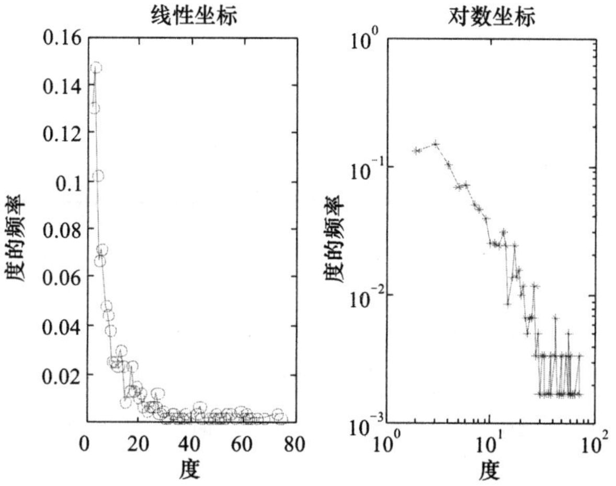

图 3.16　AB 模型的度分布

3.11.2　GLP 模型

现实 Internet 中的节点比 BA 线性优先连接更倾向于连接到高连接度的节点上，广义线性优先(Generalized Linear Preference, GLP)模型正是基于此观察而提出的[4]，其建模步骤如下：

初始网络有 m_0 个节点，m_0-1 条边。然后，在每一步执行下面两个操作中的一个。

(1) 以概率 $p\in[0,1]$ 增加 m 条新边($m\leqslant m_0$)，节点 i 被选作为一条边的端点的概率为

$$\Pi(k_i)=\frac{k_i-\beta}{\sum_j(k_j-\beta)},\tag{3.71}$$

式中：$\beta\in(-\infty,1)$ 是一个可调节参数，它表明新节点或新边更倾向于受欢迎的节点。

(2) 以概率 $1-p$ 增加一个新节点以及和此新节点相连的 m 条新边。系统中已存在的节点 i 被选中的概率 $\Pi(k_i)$ 由式(3.71)确定。

3.12　多局域世界模型

在自治系统(Autonomous System, AS)层面上，可以示意性地将 Internet 的层次分为国际连接、国家主干、区域网络和局域网。区域网内的节点紧密连接使得此网络内具有很高的聚类系

数,而这些高度聚类的区域网由国际连接或国家主干稀疏地相互联系在一起。当一个新节点加入到一个区域网络时,它对其他区域网中的节点影响非常小,而它反过来主要受本区域网中的节点的影响。若将区域网看作一个“局域世界”,那么整个 Internet 可以看作是由很多的局域世界组成的。这个多局域世界(Multi-Local-World,MLW)模型主要刻画了以上特性。

3.12.1 多局域世界模型的构造方法

起始为 m 个孤立的局域世界,在每个局域世界内部均有 m_0 个节点、e_0 条边。每一步随机地进行如下 5 个操作中的一个。

(1) 以概率 p 增加一个拥有 m_0 个节点、e_0 条边的局域世界。

(2) 以概率 q 将一个新节点加入到一个已存在的局域世界中,它与同一个局域世界中的节点建立 m_1 条边。首先随机地选取一个局域世界 Ω,此局域世界中,新节点将要连接的节点由如下概率选取

$$\Pi(k_i) = \frac{k_i + \alpha}{\sum_{j \in \Omega} (k_j + \alpha)}, \tag{3.72}$$

式中:节点 $i \in \Omega$;参数 $\alpha>0$ 表示节点的吸引力,为了保证孤立点能够以一定的概率得到新的连边。重复此过程 m_1 次。

(3) 以概率 r 增加 m_2 条边到一个选定的局域世界。首先随机地选取一个局域世界,边的一端随机选取,另一端根据式(3.72)选定,重复此过程 m_2 次。

(4) 以概率 s 在一个选定的局域世界内去掉 m_3 条边,这是刻画边的消亡。首先随机地选取一个局域世界 Ω,边的一端随机选择,另一端由如下概率选定,即

$$\Pi'(k_i) = \frac{1}{N_\Omega - 1}(1 - \Pi(k_i)), \tag{3.73}$$

式中:N_Ω 为局域世界 Ω 内的节点个数。重复此过程 m_3 次。

(5) 以概率 u 在一个选定的局域世界与其他已存在的局域世界间建立 m_4 条长程边。首先随机选取一个局域世界,在其内部根据式(3.72)选定一个节点,作为边的一端,边的另一端位于另一个随机选取的局域世界内,在其中以式(3.73)选取节点,重复此过程 m_4 次。

上述参数满足 $0<q<1, 0\leqslant p,r,s,u<1, p+q+r+s+u=1$。

例 3.10 仿真多局域世界模型。

解 首先定义 5 个子函数。

(1) 编写生成 m0 个节点,e0 条边的网络的邻接矩阵的 Matlab 函数 generategraph 如下:

```
function a=generategraph(m0,e0); % 生成 m0 个节点,e0 条边的网络的邻接矩阵 a
if e0>m0*(m0-1)/2
   fprintf('输入数据 m0,e0 不匹配\n'); return
end
a=zeros(m0); % 邻接矩阵初始化
ra=rand(m0); % 生成 m0 阶的随机方阵
ra=tril(ra); % 截取下三角部分元素
ra([1:m0+1:end])=0; % 对角线元素置 0
[sra,ind]=sort(nonzeros(ra),'descend'); % 把矩阵 ra 中的非零元素按照从大到小排序
p=sra(e0); % 提取排序后的第 e0 个元素
```

```
a(ra>=p)=1;  % 生成 e0 条边的邻接矩阵的下三角元素
a=a+a';  % 生成完整的邻接矩阵
```

(2) 增加一个新点,且新点以一定的概率连接 m 条边的 Matlab 函数 addnode 见例 3.9。

(3) 向一个网络增加边 m 次操作的 Matlab 函数 addedge 见例 3.9。

(4) 编写在一个网络中删除边 m 次操作的 Matlab 函数 deleteedge 如下:

```
function b=deleteedge(a,m,alpha);  % 输入参数 a 表示原网络邻接矩阵,输入参数 m 表示删除
                                     操作次数;alpha 为式(3.73)中调节因子,输出参数 b
                                     为 m 次操作后新网络邻接矩阵
b=a; n=length(a);  % n 为已知网络的节点数
for i=1:m
    deg=sum(b);  % 计算当前网络各节点的度
    LP=(1-(deg+alpha)/sum(deg+alpha))/(n-1);  % 计算各节点对应边的删除概率
    pp=cumsum(LP);  % 计算累积概率
    rnum=randperm(n);  % 产生 1,2,…,n 的全排列
    flag=1;  % 固定端点编号的地址,默认是第 1 个,下面修正
    while flag<n & deg(rnum(flag))==0  % 当前节点为孤立点,取下一个节点
        flag=flag+1;
    end
    if flag==n & deg(rnum(flag))==0
        continue  % 当前节点为孤立点,循环进入下一个取值
    end
    ind=find(pp>=rand);  % 产生一个随机数,找 pp 中元素大于该随机数的地址,第一个地址作
                           为删除边的另外一个端点
    if b(rnum(flag),ind(1))==1
        b(rnum(flag),ind(1))=0; b(ind(1),rnum(flag))=0;  % 删除原边
    end
end
```

(5) 在局域世界间加 m 条长程边的 Matlab 函数 addlongedge 如下:

```
function [no,uv]=addlongedge(A,m,alpha);
% A 为所有局域世界邻接矩阵的细胞数组,A{1}为第一个邻接矩阵,m 为加边条数;no 为矩阵,每个列对
  应两个局域世界间存在连边,连边编号存放在矩阵 uv 的对应列中
n=length(A);  % 局域世界的个数
no=[];  % 存在连边的局域世界编号的初始化
uv=[];  % 连边的两个节点的编号的初始化
for i=1:m
    rn=randperm(n);  % 产生全排列,rn(1)为连边局域世界的起点编号,rn(2)为终点
    no=[no,rn(1:2)'];  % 每个列为连边局域世界的编号
    a=A{rn(1)}; b=A{rn(2)};  % 两个局域世界的邻接矩阵
    p1=(sum(a)+alpha)/sum(sum(a)+alpha);  % 计算连接概率
    pp1=cumsum(p1);  % 计算累积概率
    p2=(sum(b)+alpha)/sum(sum(b)+alpha);  % 计算连接概率
```

```
    pp2=cumsum(p2);  % 计算累积概率
    ind1=find(pp1>=rand);  % 产生一个随机数,找 pp1 中元素大于该随机数的地址
    ind2=find(pp2>=rand);  % 产生一个随机数,找 pp2 中元素大于该随机数的地址
    uv=[uv,[ind1(1);ind2(1)]];  % 每个列为连接节点的编号(分别在不同局域世界)
end
```

(6) 仿真的主程序。仿真参数的取值为 $m=5, m_0=8, e_0=15, p=0.3, q=0.2, r=0.25, s=0.05, u=0.2, m_1=3, m_2=5, m_3=4, m_4=6, \alpha=0.5$。

对上述 5 步操作总共进行了 2000 次。

仿真的主程序如下:

```
clc, clear
m=5; m0=8; e0=15; p=0.3; q=0.2; r=0.25; s=0.05; u=0.2;
m1=3; m2=5; m3=4; m4=6; alpha=0.5;
p=[p,q,r,s,u]; n=m;  % 局域世界个数的初始化
pp=cumsum(p);  % 求累积概率分布
for i=1:m
    A{i}=generategraph(m0,e0);
end
num(1:m)=m0;  % 各局域世界的节点数
Tno=[]; Tuv=[];  % 步骤(5)全部返回值的初始化
for i=1:2000
    ind=find(pp>=rand);  % 产生一个随机数,找 pp 中大于该随机数的地址
    switch ind(1)
        case 1
            n=n+1; A{n}=generategraph(m0,e0);  % 调用自定义函数
            num(n)=length(A{n});
        case 2
            rn=randperm(n); k=rn(1);  % 选择一个局域世界
            A{k}=addnode(A{k},m1,alpha); num(k)=length(A{k});
        case 3
            rn=randperm(n); k=rn(1);  % 选择一个局域世界
            A{k}=addedge(A{k},m2,alpha);
        case 4
            rn=randperm(n); k=rn(1);  % 选择一个局域世界
            A{k}=deleteedge(A{k},m3,alpha);
        otherwise
            [no,uv]=addlongedge(A,m4,alpha);
            Tno=[Tno,no];  % 长程边的局域世界编号,每列对应一条边
            Tuv=[Tuv,uv];  % 长程边在对应的局域世界的节点编号
    end
end
B=blkdiag(A{:});  % 拼分块对角矩阵,构成一个大的邻接矩阵
num=[0,num];  % 为计算方便,添加一个 0
```

```
cnum=cumsum(num); % 计算邻域节点的累加值
for i=1:length(Tno)
    u=cnum(Tno(1,i))+Tuv(1,i); % 长程边的一个端点在整个大网络中的节点编号
    v=cnum(Tno(2,i))+Tuv(2,i); % 长程边的另一个端点在整个大网络中的节点编号
    B(u,v)=1; B(v,u)=1;
end
dp=mydegree(B); % 求度的频数分布表
d=dp(1,:)'; % 提取度的取值,且转换成列向量
gd=(dp(2,:)/length(B))'; % 求度的频率分布,且转换成列向量
subplot(1,2,1), plot(d,gd,'-o')
xlabel('度'),ylabel('度的频率'),title('线性坐标')
subplot(1,2,2), loglog(d,gd,'-*')
xlabel('度'),ylabel('度的频率'), title('对数坐标')
Matlab_to_Pajek(B); % 把邻接矩阵转化成 Pajek 数据
```

仿真结果的度分布如图 3.17 所示。

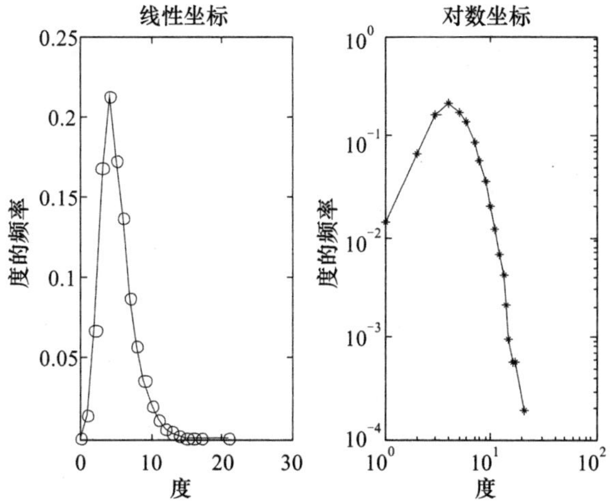

图 3.17 仿真结果的度分布

3.12.2 多局域世界模型的度分布分析

采用平均场理论,可以获得局域世界 Ω 内节点 i 的度分布,其推导如下:

(1) 以概率 p 创建一个新的局域世界。这种情况下,一个已存局域世界内节点 i 的度分布并不随时间变化,因为新产生的局域世界内的节点与其他已存局域世界内的任何节点均无边,所以有

$$\left(\frac{\partial k_i}{\partial t}\right)_{(i)} = 0。 \tag{3.74}$$

(2) 以概率 q 将一个新的节点加入到局域世界 Ω 内,即

$$\left(\frac{\partial k_i}{\partial t}\right)_{(ii)} = \frac{m_1 q}{m + tp} \frac{k_i + \alpha}{\sum\limits_{j\in\Omega}(k_j + \alpha)}。 \tag{3.75}$$

式(3.75)等号右端对应于局域世界的随机选取和节点的优先选取。由于新节点和已存节点间存在 m_1 条边,所以系数为 m_1。

(3) 以概率 r 增加 m_2 条边到局域世界 Ω 内。这时有

$$\left(\frac{\partial k_i}{\partial t}\right)_{(iii)}=\frac{rm_2}{m+tp}\left[\frac{1}{N_\Omega(t)}+\left(1-\frac{1}{N_\Omega(t)}\right)\frac{k_i+\alpha}{\sum\limits_{j\in\Omega}(k_j+\alpha)}\right]。\tag{3.76}$$

式中:中括号内第一项表示一个局域世界内节点 i 的随机选取,第二项表示同一个局域世界内的优先选取。

(4) 以概率 s 在一个随机选取的局域世界 Ω 内去掉 m_3 条边。这时有

$$\left(\frac{\partial k_i}{\partial t}\right)_{(iv)}=-\frac{sm_3}{m+tp}\left[\frac{1}{N_\Omega(t)}+\left(1-\frac{1}{N_\Omega(t)}\right)\frac{1}{N_\Omega(t)-1}\left(1-\frac{k_i+\alpha}{\sum\limits_{j\in\Omega}(k_j+\alpha)}\right)\right]。\tag{3.77}$$

式(3.77)等号右边表明,在局域世界 Ω 内,节点 i 的连接度从两方面减少,所要消亡的边的随机选取的一端,或者以式(3.73)选取所要消亡的边的一端。

(5) 以概率 u 在网络中的两个局域世界间添加 m_4 条边。这时有

$$\left(\frac{\partial k_i}{\partial t}\right)_{(v)}=um_4\left[\frac{2}{m+tp}\frac{k_i+\alpha}{\sum\limits_{j\in\Omega}(k_j+\alpha)}-\frac{1}{m+tp}\frac{1}{m+tp}\frac{k_i+\alpha}{\sum\limits_{j\in\Omega}(k_j+\alpha)}\right]。\tag{3.78}$$

第 t 步,网络中任一个局域世界内的连接度总和平均为

$$\sum_{j\in\Omega}k_j=2t(pe_0+qm_1+rm_2-sm_3+um_4)/(m+tp)。\tag{3.79}$$

局域世界 Ω 内的节点数目平均为

$$N_\Omega(t)=m_0+\frac{qt}{m+tp}。\tag{3.80}$$

对于较大的 t,通过组合式(3.74)~式(3.80),得

$$\frac{\partial k_i}{\partial t}=a\frac{k_i}{t}+b\frac{1}{t},\tag{3.81}$$

式中:a,b 是很复杂的常数,这里就不写出了。

因为 $a\neq 0$,由初始条件 $k_i(t_i)=m_1$,得

$$k_i(t)=-\frac{a}{b}+\left(m_1+\frac{b}{a}\right)\left(\frac{t}{t_i}\right)^a。\tag{3.82}$$

定义 MLW 模型中的单位时间为(一个局域世界产生)+(一个节点增加)+(一条边的消亡)+(一个局域世界内增加一条新边)+(两个局域世界间添加一条新边),那么,t_i 的概率密度为 $P_i(t_i)=1/[3m+t(1+2p)]$,所以

$$P(k_i(t)<k)=P\left[t_i>\left(\frac{m_1+b/a}{k+b/a}\right)^{1/a}t\right]=1-\frac{1}{[3m+t(1+2p)]}\left(\frac{m_1+b/a}{k+b/a}\right)^{1/a}t,\tag{3.83}$$

令

$$P(k)=\frac{\partial\{P[k_i(t)<k]\}}{\partial k},\tag{3.84}$$

得

$$P(k)=\frac{t}{a[3m+t(1+2p)]}(m_1+b/a)^{1/a}(k+b/a)^{-\gamma}, \tag{3.85}$$

其中

$$\gamma=1+1/a。$$

3.12.3 改进的多局域世界模型

基本的多局域世界网络,通过 Pajek 软件进行可视化后,得到的仿真网络如图 3.18 所示,网络中有很多孤立的局域世界。从图 3.17 观察,它的度分布似乎不服从幂律分布或广义幂律分布,度分布似乎服从 Poisson 分布,通过非参数 χ^2 拟合检验法,推断出它的度也不服从 Poisson 分布,即基本算法构造的网络不是一个随机网络。

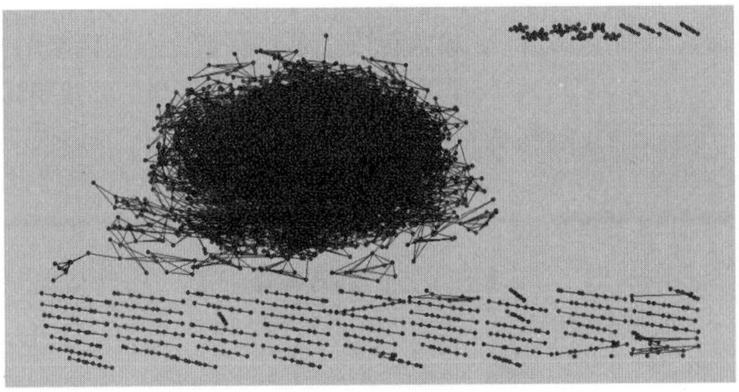

图 3.18 基本算法的仿真网络图

基本的多局域世界演化模型引进边的消亡机制和局域世界之间远程边的增长机制,使网络结构的演化更加符合现实复杂网络,但可能产生以下两个问题:

(1) 边的消亡机制可能导致某一局域世界内的节点成为孤立节点。

(2) 局域世界之间远程边的连接具有随机性,可能会导致一些局域世界与其他局域世界无连接,成为孤立局域世界。

为了提高网络连接的冗余度,可以试着把度小于 2 的节点按照式(3.72)和整个网络中的某个节点之间加一条边,仿真得到的网络仍然不连通。为了提高构造连通网络的速度,可对多局域世界模型的基本算法做出以下改进。

在基本算法构造的不连通网络图基础上:

(1) 对于网络中的孤立节点,按照式(3.72)在整个网络中随机地选择一点,作为加边的另外一个端点。直到整个网络中不存在孤立节点为止。

(2) 对所有的孤立局域世界,逐个相连并首尾相连,即各个连通分支构成一个环形连通网络。所加连边的两个端点在各自局域世界内按照式(3.72)随机选取。

改进的多局域世界模型的仿真图如图 3.19 所示,它的度分布如图 3.20 所示。

利用 Matlab 软件,可对上述改进的多局域世界模型的拓扑属性进行计算。在仿真中基本算法的迭代次数 $t=1000$,由于算法是随机模拟的,所以要把网络修正成一个连通的网络。每次运行的结果都不一样。对于上述给定的参数,得到的仿真网络节点个数为 2400~2600,直径 D 的取值为 20~30,平均路径长度 L 为 6~8,整个网络的聚类系数 C 约为 0.3,度相关系数 r 的取值约为 0.2,即网络是正相关的,网络的核数都是 4。

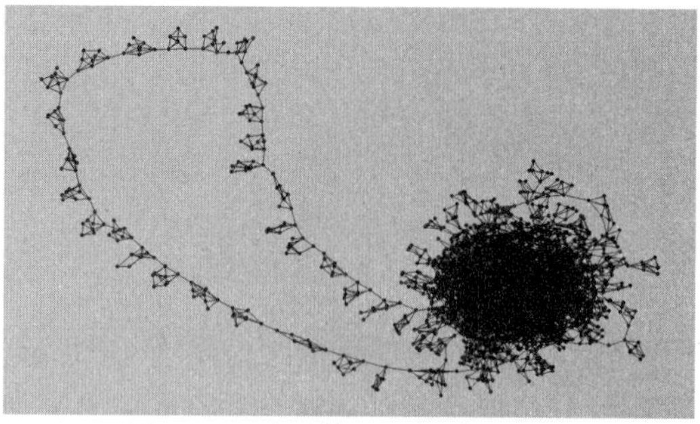

图 3.19 改进算法的仿真网络图

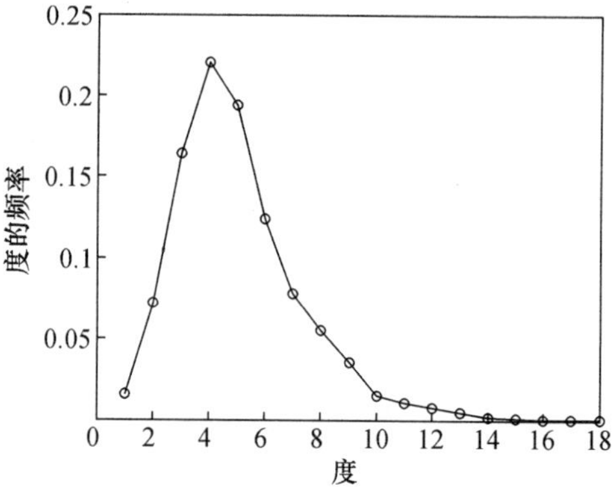

图 3.20 改进算法的仿真网络图的度分布

孤立点加边的 Matlab 函数如下：

```
function B=degreeaddedge(A);  % 输入参数 A 是存在孤立点的网络的邻接矩阵;B 是按照度优
                                 先规则加边后构成的网络的邻接矩阵
B=A;
while any(sum(B)<=1)
    deg=sum(B);  % 求各节点的度
    p=(deg+1)/sum(deg+1);  % 求各节点的加边概率
    pp=cumsum(p);  % 求累积概率
    k=find(deg<=1);
    for i=k
    ind=find(pp>=rand);jj=ind(1);  % jj 为用赌轮法选择的节点地址
      if jj~=i
         B(i,jj)=1; B(jj,i)=1;
      end
    end
end
```

孤立的局域世界间加边的 Matlab 函数如下：

```
function B=Locworldconnect(A);
C=tril(A); C=sparse(C);  % 生成 Matlab 工具箱需要的邻接矩阵下三角元素稀疏矩阵
[num,label]=graphconncomp(C,'directed',0);  % 求连通分支数和每个节点的分支编号
if num==1
    B==A; return  % 一个连通分支时,返回
end
for i=1:num
    n{i}=find(label==i);  % 求第 i 个连通分支中的节点编号
end
B=A; deg=sum(A);  % 计算各节点的度
for i=1:num
    p1=(deg(n{i})+1)/sum(deg(n{i})+1);  % 提取第 i 个分支各节点的度
    pp1=cumsum(p1);  % 求累积概率
    ii=(i+1)*(i+1<=num)+mod(i+1,num)*(i+1>num);  % i+1 分支编号的转换
```

```
    p2=(deg(n{ii})+1)/sum(deg(n{ii})+1);  % 提取第 i+1 分支节点的度
    pp2=cumsum(p2);  % 求累积概率
    ind1=find(pp1>=rand);  % 产生一个随机数,找 pp1 中大于等于该随机数的地址
    ind2=find(pp2>=rand);  % 产生一个随机数,找 pp2 中大于等于该随机数的地址
    B(n{i}(ind1(1)),n{ii}(ind2(1)))=1;  % 两个局域世界之间连边
    B(n{ii}(ind2(1)),n{i}(ind1(1)))=1;
end
```

仿真改进的多局域世界网络的 Matlab 主程序如下:

```
clc, clear
m=5; m0=8; e0=15; p=0.3; q=0.2; r=0.25; s=0.05; u=0.2;
m1=3; m2=5; m3=4; m4=6; alpha=1;
p=[p,q,r,s,u]; n=m;  % n 为局域世界的个数
pp=cumsum(p);  % 求累积概率分布
for i=1:m
    A{i}=generategraph(m0,e0);
end
num(1:m)=m0;  % 各局域世界的节点数
Tno=[]; Tuv=[];  % 步骤(5)全部返回值的初始化
for i=1:1000
    ind=find(pp>=rand);  % 产生一个随机数,找 pp 中大于该随机数的地址
    switch ind(1)
        case 1
            n=n+1; A{n}=generategraph(m0,e0);  % 产生一个新局域世界
            num(n)=length(A{n});
        case 2
            rn=randperm(n); k=rn(1);  % 选择一个局域世界
            A{k}=addnode(A{k},m1,alpha);  % 加节点
num(k)=length(A{k});
        case 3
            rn=randperm(n); k=rn(1);  % 选择一个局域世界
            A{k}=addedge(A{k},m2,alpha);  % 加边
        case 4
            rn=randperm(n); k=rn(1);  % 选择一个局域世界
            A{k}=deleteedge(A{k},m3,alpha);  % 删除边
        otherwise
            [no,uv]=addlongedge(A,m4,alpha);  % 加长程边
            Tno=[Tno,no];  % 长程边的局域世界编号,每列对应一条边
            Tuv=[Tuv,uv];  % 长程边在对应的局域世界的节点编号
    end
end
B=blkdiag(A{:});  % 拼分块对角矩阵,构成一个大的邻接矩阵
num=[0,num];  % 为计算方便,添加一个 0;否则第一个要特殊处理
cnum=cumsum(num);  % 计算邻域节点的累加值
```

```
for i=1:length(Tno)
    u=cnum(Tno(1,i))+Tuv(1,i);  % 长程边的一个端点在整个大网络中的节点编号
    v=cnum(Tno(2,i))+Tuv(2,i);  % 长程边的另一个端点在整个大网络中的节点编号
    B(u,v)=1; B(v,u)=1;
end
dp1=mydegree(B);  % 求度的频数分布表
Matlab_to_Pajek(B);  % 生成 Pajek 需要的数据
B=degreeaddedge(B);  % 对度为 0 或 1 的节点随机加边
dp2=mydegree(B);  % 求度的频数分布表
Matlab_to_Pajek(B,2);  % 生成 Pajek 需要的数据
B=Locworldconnect(B);  % 对孤立的局域世界进行连接
dp3=mydegree(B);  % 求度的频数分布表
Matlab_to_Pajek(B,3);
[h,p,st]=poisstest(dp3)
[D,L]=myAPL(B)  % D 为网络直径,L 为平均路径长度
[TC,c]=mycluster(B)  % TC 为整个网络的聚类系数,c 为各个节点的聚类系数
r=mycorrelations(B)  % 求度相关系数
core=mycoreness(B)  % 求各节点的核数
figure,plot([1:length(B)],sum(B),'-*'),
xlabel('节点编号'), ylabel('节点度的值')
save checkdata2 dp1 dp2 dp3 core
```

习 题 3

3.1 从统计特性方面,阐述 WS 小世界网络和 NW 小世界网络模型之间的异同点。

3.2 什么是无标度网络? 无标度网络具有什么特点?

3.3 用 Matlab 编程设计一个无标度网络,并研究所设计的网络在故意攻击(删除度较大的节点及关联的边)和随机攻击(随机删除一些点及关联的边)下的最大连通分支情况。

3.4 用 Matlab 编程绘制局域世界网络。

3.5 用 Matlab 编程绘制一种分形图案。

3.6 用 Matlab 编程绘制 GLP 网络。

第 4 章 复杂网络上的传播模型和动力学分析

4.1 引 言

复杂网络上的传播动力学问题是复杂网络研究的一个重要方向。它主要研究社会和自然界中各种复杂网络的传播机理与动力学行为以及对这些行为高效可行的控制方法[4,20]。随着复杂网络研究的深入发展,人们开始研究不同事物在实际系统中的传播行为,例如计算机病毒在 Internet 网络上的蔓延,艾滋病、非典型性肺炎等传染病的流行,谣言的传播和扩散等,都可以归结为复杂网络上的某种有规则的传播行为。对复杂网络上传播行为的特性进行研究意义重大,一个好的传播模型能使我们对病毒、谣言等传播行为有更为准确、直观的了解,有助于发现传播行为的薄弱环节,准确预测可能带来的危害程度,并制订相关的控制策略。

复杂网络由于其网络结构和传播机理复杂,其传播动力学与控制策略的研究至今还未形成完备的理论体系。实际上,各种事物在实际系统中的传播过程复杂,受到诸多自然及社会因素的影响和制约,这些影响和制约不仅与传播事物的传播属性有关,还与网络的拓扑结构特征有关。例如,病毒在计算机网络中的传播行为与计算机在线时间的长短、病毒的传播方式、不同计算机对病毒抵抗能力的差异等有着紧密的联系;又如,病毒在社会网络中的传播行为与被感染个体的多少、易感染个体的数目、传染概率的大小、病毒的潜伏期长短以及人口的迁入和迁出等因素有密切关系[4,20]。

实际上,每当一个新的病毒进入 Internet 后,首先会主动寻找系统的脆弱环节,然后对其发动攻击,成功后不仅会对被攻击的系统有影响,而且会接着以此为基点继续向外传播去感染更多的脆弱性系统,期间并不需要计算机用户的任何干预。整个传播过程正好与医学界中病毒的传播过程完全类似,所以一些用于研究病毒传播的模型被移植过来研究网络中病毒的传播。因此,在动力学传播模型的研究中,借鉴了生物学中一些成熟的理论模型。对于这些复杂的传播现象,很多科研工作者曾试图从生物学角度来解释流行病的传播现象,但是结果尚不能令人满意。

基于传染病传播模型,科学家设计了多种网络传播模型,其中最基本的是 SI、SIS 和 SIR 模型。在 SIS 模型下,初始时随机选择网络中的一个或若干节点为染病节点,其余为健康节点。在每一个时间步,如果一个健康节点与一个或多个染病节点相邻,则它依某个事先设定的概率变成染病节点,这一概率称为染病概率。同时每一个染病节点都依某个事先设定的治愈率变成健康节点。在每个时间步,这些演化规则在整个网络中并行地执行。显然,传染概率越大,治愈率越小,疾病就越有可能感染更多的人,这里,定义传染概率和治愈率的比值为传染强度,并用这个参数综合地衡量疾病自身的特征。假设刚开始的时候,网络中只有一个节点染病,可以先直观地想象疾病传播可能的结果。当传染强度非常小时,过了一段有限长的时间后,所有节点都会变成健康节点,这种情况下就认为疾病没有在网络上传播开来,并记该疾病的波及范围为零。反之,当传染强度足够大时,疾病将一直在网络中存在而非完全消失,只是染病节点的数目时多时少,在这种情况下,染病节点数占节点总数的比例在这段时间内的平均值称为该疾病的波及范围。对于每一个传染强度,总可以通过大量相互独立但初始条件相同的实验,求得其对应波及范围的平均值。当波及范围为零时,疾病的危害是较少的,反之则非常可怕。把平均波及范围从零向正实数变化的那个点所对应的传染强度称做传播阈值(Threshold),它是衡量网络上的传播行为最重要的参量之一。

迅速发展的复杂网络理论正有效地增进人们对爆发大规模生物和计算机病毒流行以及谣言传播的传染机制的认识。传统的理论认为只有当有效传播率超过一个正的阈值时,大规模传播才有可能。而很多实际网络中,即便有效传播率非常低,只要网络中存在感染节点,就会泛滥到整个网络,如计算机病毒的全面爆发,这一理论和实际的矛盾困惑了科学家很长一段时间,直到 Pastor-Satorras 和 Vespignani 等[1,46]的研究表明,当网络规模无限增大时,无标度网络的阈值趋于零,这意味着即使是很微小的传染源也足以在庞大的网络中蔓延,这样的例子在网络资讯发达的今天屡见不鲜。至此,人们才认识到早期研究文献无根据地认为网络拓扑结构完全或者基本上不会影响病毒传播特性的假设是没有道理的。本章首先介绍复杂网络的病毒传播模型、流行病阈值理论、免疫策略,然后介绍复杂网络上的舆论传播,最后介绍复杂网络上的数据包传递机制和拥塞控制。

4.2 复杂网络上的病毒传播

计算机病毒在计算机网络上的传播、传染病在人群中的传播、谣言在社会中的扩散等,都可以看成是服从某种规律的网络传播行为,如何去描述这种传播行为,揭示其特性,寻找出对该行为进行有效控制的方法,一直是数学家、物理学家和计算机科学家共同关注的焦点。

在研究网络病毒传播之前,有必要先对传染病模型有所了解。因为生物学中早就开始对病毒传播进行了研究,并且建立了比较完善的流行病学传播的数学模型,时至今日,流行病学模型基本思想仍然是建立计算机病毒传播模型的重要基础。目前研究最为彻底、应用最为广泛的传染病模型是 SI 模型、SIS 模型、SIR 模型、SIRS 模型[20,22,47~50]。

为了更清楚地了解计算机病毒的传播,下面给出生物学上的病毒传播模型,并在此基础上介绍网络病毒在不同环境下的传播数学模型。

4.2.1 基于生物学的经典病毒传播模型

下面针对生物学中 SI、SIS 和 SIR 等模型具体介绍病毒的传播过程。在典型的传播模型中,系统中的个体被分为几类,每一类都处于一个状态。其基本状态主要包括:

S(Susceptible)——易感染状态。此类个体一般为健康个体,但是可以被病毒感染。

I(Infected)——感染状态。此类个体已经被病毒感染,并具备感染其他健康个体的能力。

R(Remove/Recover)——免疫状态。此类个体主要分为两种情况:①个体仍然在系统中,但是已经接受“疫苗”,终生不具备感染其他健康个体的能力,也不能被其他感染个体感染;②个体已经从系统中被移去。

E(Escape)——潜伏状态。此类个体已经被病毒感染,但是处于潜伏期,不具有传染其他个体的能力。

1. SI 模型

在 SI 模型中,系统中的个体被划分为两类:易感染个体 S 和感染个体 I。在病毒爆发的初期,网络中某几个个体被感染病毒,并通过一定的概率将病毒传染给它的邻居个体。一旦 S 类个体被感染,则成为 I 类个体,此时这些个体又成为新的感染源,感染系统中其他的个体。它是病毒传播中最简单的传播模型。对于那些被感染后却不能治愈的疾病或者病毒,往往使用 SI 传播模型,如艾滋病等。该模型有以下的假设条件:

(1) 所有的个体都是脆弱的,即对病毒不具备免疫能力,均有可能被感染。

(2) 如果某个个体被感染,则该个体将处于已感染状态。

(3) 假定系统中的个体总数是恒定不变的。在最初的传染病模型中,由于短时期内新生、死亡、迁移的人数相对于系统总人数的影响可以忽略,故而假定系统中总人数为常数是合理的。

令 $s(t)$ 和 $i(t)$ 分别表示网络在 t 时刻处于 S 状态和 I 状态的个体的密度(占个体总数的比例),λ 为 S 类个体被感染为 I 类个体的概率,N 为系统个体总个数,则每个感染个体会使 $\lambda s(t)$ 个个体被感染,在该网络中已感染个体的个数为 $Ni(t)$,则已感染个体密度随时间的变化率为

$$\frac{\mathrm{d}Ni(t)}{\mathrm{d}t} = Ni(t) \cdot \lambda s(t) \Rightarrow \frac{\mathrm{d}i(t)}{\mathrm{d}t} = \lambda i(t)s(t), \tag{4.1}$$

系统中所有个体只有 S 和 I 两种状态,故易感染个体随时间的变化率为

$$\frac{\mathrm{d}s(t)}{\mathrm{d}t} = -\lambda i(t)s(t), \tag{4.2}$$

于是在 SI 模型中,病毒传播的动力学行为可以用如下的微分方程组描述:

$$\begin{cases} \dfrac{\mathrm{d}s(t)}{\mathrm{d}t} = -\lambda i(t)s(t), \\ \dfrac{\mathrm{d}i(t)}{\mathrm{d}t} = \lambda i(t)s(t)。 \end{cases} \tag{4.3}$$

由于在该系统中所有的个体只有两种状态,即

$$s(t) + i(t) = 1, \tag{4.4}$$

假设初始时刻,感染个体的密度初值 $i(0) = i_0$,则式(4.3)的求解可以转化为如下的微分方程求解问题,即

$$\begin{cases} \dfrac{\mathrm{d}i(t)}{\mathrm{d}t} = \lambda i(t)s(t) = \lambda i(t)(1 - i(t)), \\ i(0) = i_0。 \end{cases} \tag{4.5}$$

式(4.5)分离变量,得

$$\frac{\mathrm{d}i(t)}{i(t)(1 - i(t))} = \lambda \mathrm{d}t \Rightarrow \frac{\mathrm{d}i(t)}{i(t)} + \frac{\mathrm{d}i(t)}{(1 - i(t))} = \lambda \mathrm{d}t, \tag{4.6}$$

两边积分,得

$$\ln \frac{1 - i(t)}{i(t)} = -\lambda t + c, \tag{4.7}$$

带入初值,求解该微分方程,得

$$i(t) = \frac{1}{1 + (1/i_0 - 1)\mathrm{e}^{-\lambda t}}。 \tag{4.8}$$

由解(4.8)可以看出,当时间充分长时,SI 模型的最终状态是系统中的所有个体都被感染为 I 类节点。该模型用于描述传染病的初期的传播过程。

2. SIS 模型

SIS 模型与 SI 模型类似,系统中的节点也只有易感染和感染两种状态,但是在该模型中感染的个体通过一定的概率把病毒传给易感染个体后,自己又以一定的概率被治愈,重新变成 S 类个体。对于像感冒之类治愈后还可能再复发的疾病,往往采用 SIS 模型来描述。

记 α 为 S 类个体被感染为 I 类个体的概率,β 为 I 类个体恢复为 S 类个体的治愈概率,$s(t)$、$i(t)$ 分别表示系统在 t 时刻处于 S 状态和 I 状态的个体的密度。则在 SIS 模型中病毒传播的动力学行为可以用如下的微分方程组描述:

$$\begin{cases}\dfrac{\mathrm{d}s(t)}{\mathrm{d}t} = -\alpha i(t)s(t) + \beta i(t), \\ \dfrac{\mathrm{d}i(t)}{\mathrm{d}t} = \alpha i(t)s(t) - \beta i(t)。\end{cases} \tag{4.9}$$

令有效传染率 $\lambda = \alpha/\beta$,结合式(4.4),上述微分方程组的求解问题可以转化为如下的微分方程求解,即

$$\begin{cases}\dfrac{\mathrm{d}i(t)}{\beta\mathrm{d}t} = i(t)((\lambda - 1) - \lambda i(t)), \\ i(0) = i_0。\end{cases} \tag{4.10}$$

可以解得

$$i(t) = \frac{\lambda - 1}{\lambda + \left(\dfrac{\lambda - 1 - \lambda i_0}{i_0}\right)\mathrm{e}^{-(\lambda-1)\beta t}} = \frac{1 - 1/\lambda}{1 + \left(\dfrac{\lambda - 1 - \lambda i_0}{\lambda i_0}\right)\mathrm{e}^{-\alpha(1-1/\lambda)\beta t}}, \tag{4.11}$$

该方程存在阈值 $\lambda_c = 1$,令 T 代表达到稳态所经历的时间,当 $\lambda < \lambda_c$ 时,稳态解 $i(T) = 0$,这是由于传染期内经有效接触从而使易感染个体变为感染个体的数目不超过初始原有的感染个体的个数;而当 $\lambda \geqslant \lambda_c$ 时,$i(t)$ 的增减取决于 i_0 的大小,其极限值 $i(\infty) = 1 - \dfrac{1}{\lambda}$[51]。随 λ 的增加而增加,其稳态解 $i(T) = c > 0$。

3. SIR

在 SIR 模型中,系统中除了存在易感染个体 S、感染个体 I 以外,还存在免疫个体 R,其中免疫个体是指被治愈后并获得免疫能力的个体,这类节点不具有传染能力,也不会被传染。对于像水痘这类治愈后获得免疫的传染病,往往可以采用 SIR 模型来描述。

记 α 为 S 类个体被感染为 I 类个体的概率,β 为 I 类个体被治愈并获得免疫成为 R 类个体的概率,$s(t)$、$i(t)$、$r(t)$ 分别表示系统在 t 时刻处于 S 状态、I 状态和 R 状态的个体的密度。则在 SIR 模型中病毒传播的动力学行为可以用如下的微分方程组描述:

$$\begin{cases}\dfrac{\mathrm{d}s(t)}{\mathrm{d}t} = -\alpha i(t)s(t), \\ \dfrac{\mathrm{d}i(t)}{\mathrm{d}t} = \alpha i(t)s(t) - \beta i(t), \\ \dfrac{\mathrm{d}r(t)}{\mathrm{d}t} = \beta i(t)。\end{cases} \tag{4.12}$$

随着时间的推移,上述模型中的感染个体将逐渐增加。但是,经过充分长的时间后,因为易感个体的不足使得感染个体也开始减少,直至感染个体数变为0,传染过程结束。SIR 模型也存在一个阈值 λ_c,当 $\lambda<\lambda_c$ 时,感染无法扩散出去;而当 $\lambda>\lambda_c$ 时,传染爆发且是全局的,系统中所有个体都处于移除状态,而感染个体的数目为零。

4. SIRS 模型

在 SIRS 模型中,系统中也存在易感染个体 S、感染个体 I、免疫个体 R 三类个体,与 SIR 模型不同的是,在 SIRS 模型中,处于移除状态的个体 R 会以概率 γ 失去免疫力。SIRS 模型适合于描述免疫期有限或者说免疫能力有限的疾病。

假设 t 时刻系统中处于 S 状态、I 状态和 R 状态的个体的密度分别为 $s(t)$、$i(t)$ 和 $r(t)$。当易感染个体和感染个体充分混合时,SIRS 模型中病毒传播的动力学行为可以用如下的微分方程组描述:

$$\begin{cases}\dfrac{\mathrm{d}s(t)}{\mathrm{d}t}=\gamma r(t)-\alpha i(t)s(t),\\ \dfrac{\mathrm{d}i(t)}{\mathrm{d}t}=\alpha i(t)s(t)-\beta i(t),\\ \dfrac{\mathrm{d}r(t)}{\mathrm{d}t}=\beta i(t)-\gamma r(t)。\end{cases} \tag{4.13}$$

5. SEIR 模型

与 SIR 模型不同的是,系统中的个体有一个新的状态,易感个体 S 与感染个体 I 接触后先以一定概率 α 变为潜伏态 E,然后再以一定概率 β 变为感染态 I。这套状态并不严格地对应任何特定的疾病,而是考虑一大类不同的病毒传递中最相关的特征和参数。SEIR 模型适合于描述具有潜伏态的疾病,如季节性的感冒。

假设 t 时刻系统中处于 S 状态、E 状态、I 状态和 R 状态的个体的密度分别为 $s(t)$、$e(t)$、$i(t)$ 和 $r(t)$,SIRS 模型中病毒传播的动力学行为可以用如下的微分方程组描述:

$$\begin{cases}\dfrac{\mathrm{d}s(t)}{\mathrm{d}t}=-\alpha s(t)i(t)+\mu i(t),\\ \dfrac{\mathrm{d}e(t)}{\mathrm{d}t}=\alpha s(t)i(t)-\beta e(t),\\ \dfrac{\mathrm{d}i(t)}{\mathrm{d}t}=\beta e(t)-(\gamma+\mu)i(t),\\ \dfrac{\mathrm{d}r(t)}{\mathrm{d}t}=\gamma i(t)。\end{cases} \tag{4.14}$$

4.2.2 均匀网络中的病毒传播机制

不同结构的网络有着不同的度分布,按照度分布的不同,复杂网络可以分为均匀网络和非均匀网络。均匀网络的度分布范围不大,集中在 $\langle k\rangle$ 附近,其形状在远离峰值 $\langle k\rangle$ 处呈指数衰减,如随机网络与小世界网络。而非均匀网络的度分布的分布范围一般很大,并且满足幂律分布,分布曲线的下降要缓慢得多,如 BA 无标度网络。

复杂网络的结构对于信息、舆论、病毒等事物的传播和扩散起着决定性的作用。对于均匀网络上病毒的传播,假定每个节点的度都是均等的,在此基础上通常采用平均场理论[1,4,52]

(Mean field theory)方法做解析研究;对于非均匀网络,则不能忽视节点度对网络传播行为的影响。本小节介绍均匀网络中的流行病传播规律,并基于 SIS 模型和 SIR 模型加以讨论。

1. 基于 SIS 模型

假设 α 为易感染节点被感染的概率,β 为已感染节点恢复易感染节点的治愈概率,定义有效传播率 $\lambda=\alpha/\beta$。

定义 t 时刻被感染节点的概率为 $\rho(t)$(即 4.1.1 节模型中的密度 $i(t)$),易感染节点概率为 $1-\rho(t)$(即 4.1.1 节模型中的密度 $s(t)$)。当时间 t 趋于无穷大时,被感染个体的稳态概率记为 ρ,以平均场理论对 SIS 模型作解析研究。首先,对于均匀网络首先给出如下三个假设条件:

(1) 均匀性(Homogeneity)假设,假设网络中每个节点的度 k_i 都近似等于 $\langle k\rangle$。

(2) 均匀混合(Homogeneous mixing)假设,感染强度与感染个体的概率(密度)$\rho(t)$ 成正比,即有效传染率 λ 与 $\rho(t)$ 成正比。

(3) 假设病毒的时间尺度远小于个体的生命周期,从而不考虑个体的出生和自然死亡,即网络的节点总数不发生变化。

在上述假设下,为了研究方便,令 $\beta=1$(该参数只影响疾病传播的时间尺寸[4]),则 $\lambda=\alpha$。利用式(4.10)得被感染节点概率 $\rho(t)$ 的微分方程为

$$\frac{\mathrm{d}\rho(t)}{\mathrm{d}t}=-\rho(t)+\lambda\langle k\rangle\rho(t)(1-\rho(t)), \tag{4.15}$$

式中:$-\rho(t)$ 为被感染节点以 $\beta=1$ 的概率恢复健康(成为易感染节点);$\lambda\langle k\rangle\rho(t)(1-\rho(t))$ 为单个感染节点产生的新感染节点的平均密度,它与有效传播率 λ、节点的平均度,以及感染节点和易感染节点的连接概率 $\rho(t)(1-\rho(t))$ 成正比,其中 $\lambda\rho(t)(1-\rho(t))$ 为单个感染节点使与之相连的一个节点成为新感染节点的概率,$\langle k\rangle$ 为每个节点平均连接的节点数。

令式(4.15)右端等于零,最终可以求得被感染个体的稳态概率 ρ 为

$$\rho=\begin{cases}0, & \lambda<\lambda_c,\\ \dfrac{\lambda-\lambda_c}{\lambda}, & \lambda\geqslant\lambda_c,\end{cases} \tag{4.16}$$

式中:传播阈值(Epidemic threshold)为

$$\lambda_c=\frac{1}{\langle k\rangle}。 \tag{4.17}$$

这说明,在均匀网络中存在一个正有限的传播阈值 λ_c。如果有效传播率 λ 大于阈值 λ_c,感染个体能够将病毒传播扩散,病毒可以持久存在,并使得整个网络感染个体总数最终稳定于某一平衡状态,此时称网络处于激活相态(Active phase);如果有效传播率低于此阈值,则感染个体数呈指数衰减,无法大范围传播,网络此时处于吸收相态(Absorbing phase)。所以在均匀网络中,存在一个正的阈值 λ_c,将激活相态和吸收相态明确地分隔开来。在规则网络中,由于 λ_c 仅与平均度 $\langle k\rangle$ 有关,故降低网络的平均度是控制病毒传播的有效手段。

2. 基于 SIR 模型

对于 SIR 模型来说,令易感染节点、感染节点、和免疫节点的密度 $s(t)$,$i(t)$,$r(t)$ 满足

$$s(t)+i(t)+r(t)=1, \tag{4.18}$$

同样,令 $\beta=1$,则 $\lambda=\alpha$,在与 SIS 模型相同的假设条件下,SIR 的动力学模型为

$$
\begin{cases}
\dfrac{\mathrm{d}s(t)}{\mathrm{d}t} = -\lambda\langle k\rangle s(t)i(t), \\
\dfrac{\mathrm{d}i(t)}{\mathrm{d}t} = \lambda\langle k\rangle s(t)i(t) - i(t), \\
\dfrac{\mathrm{d}r(t)}{\mathrm{d}t} = i(t)。
\end{cases} \tag{4.19}
$$

由式(4.19),得

$$
\frac{1}{s(t)} \cdot \frac{\mathrm{d}s(t)}{\mathrm{d}r(t)} = -\lambda\langle k\rangle。 \tag{4.20}
$$

在初始条件 $r(0)=0$ 与 $s(0)\approx 1$ 下,解式(4.20),得

$$
s(t) = \mathrm{e}^{-\lambda\langle k\rangle r(t)}, \tag{4.21}
$$

结合式(4.18),可以得到最终感染的节点个数,即传染效率 $r_\infty = \lim\limits_{t\to\infty} r(t)$ 的自洽方程如下:

$$
r_\infty = 1 - \mathrm{e}^{-\lambda\langle k\rangle r_\infty}, \tag{4.22}
$$

不同于 SIS 模型,在 SIR 模型中是以最终感染的节点个数 r_∞ 来衡量传染效率的。为了得到非零解,必须满足[4]

$$
\frac{\mathrm{d}}{\mathrm{d}r_\infty}\left(1 - \mathrm{e}^{-\lambda\langle k\rangle r_\infty}\right)\bigg|_{r_\infty=0} \geqslant 1, \tag{4.23}
$$

这个条件等价于限制 $\lambda \geqslant \lambda_c$,其阈值在这个特殊情况下取

$$
\lambda_c = \frac{1}{\langle k\rangle}, \tag{4.24}
$$

在 $\lambda = \lambda_c$ 处进行 Taylor 展开,得传染效率为

$$
r_\infty \propto (\lambda - \lambda_c)。 \tag{4.25}
$$

可见不仅对于 SIS 模型,还是对于 SIR 模型而言,均匀网络都具有大于零传播阈值。当有效传染率大于或等于传播阈值时,病毒可以在网络中传播,并可持久存在,当有效传染率小于传播阈值时,病毒将最终在网络中消亡。

4.2.3 非均匀网络中的病毒传播机制

均匀网络中存在正有限的传播阈值 λ_c,即便是网络规模很大,且有效传播率 λ 大于阈值 λ_c,病毒也会波及网络中的大量节点。但实证研究表明,计算机病毒、麻疹等病毒一般仅波及网络中少数节点(有效传播率很小),也会造成大规模的计算机和生物病毒流行,也就是说影响很微小的传染源也足以在庞大的网络得以肆意蔓延。这一结果的产生正是因为大部分真实网络并不是规则的随机网络,而都是无标度网络。实际上,从随机网络到无标度网络,其结构发生了巨大的变化。这种结构上的改变必须对经典传播模型进行修正,使得这些模型能够更为精确地描述各种事物的传播过程。

目前,理论分析和数值模拟研究的结果都表明,在无标度网络中,无论流行病的传染性多么弱,流行病仍然能够爆发并且持续地存在。在无标度网络中,由于度分布满足幂律分布,一个随机选取的节点倾向于连接关键节点或连接度大的节点,因此度大的节点就容易感染,然后作为种子去感染其他节点,从而导致比均匀网络上更快的流行病传播[4]。为了刻画网络拓扑对流行病传播的影响,通常将节点按照度来分组,相同度的节点成为一组。本小节基于 SIS 模

型和 SIR 模型两种情形介绍非均匀网络中的流行病传播规律。

1. 基于 SIS 模型

用 4.2.2 节的方法研究典型的非均匀网络——无标度网络的传播阈值,要抛开网络均匀性假设,定义相对密度(概率)$\rho_k(t)$表示 t 时刻度为 k 的节点组中感染节点的密度,则它满足微分方程[1,4,52]

$$\frac{d\rho_k(t)}{dt} = -\rho_k(t) + \lambda k(1-\rho_k(t))\Theta(\rho_k(t)), \tag{4.26}$$

式中:λ 为有效传播率;$-\rho_k(t)$为湮灭项,表示感染节点以单位速率恢复健康,即 $\beta=1,\alpha=\lambda$;$\lambda k(1-\rho_k(t))\Theta(\rho_k(t))$为产生项,其中$(1-\rho_k(t))$表示易感染节点的密度,是除了度为 k 的感染节点外,其余节点的密度,$\Theta(\rho_k(t))$表示度为 k 的节点与感染节点相连的概率,可见生产项与 λ、$(1-\rho_k(t))$、k 以及 $\Theta(\rho_k(t))$均成正比。

对于非关联的(Uncorrelated)无标度网络,任何一个节点的度与它的邻居节点的度是相互独立的[1,4],有

$$\Theta(\rho_k(t)) = \sum_{k'} P(k' \mid k)\rho_{k'}(t) = \sum_{k'} \frac{k'P(k')\rho_{k'}(t)}{\sum_k kP(k)}$$

$$= \frac{1}{\langle k \rangle}\sum_{k'} k'P(k')\rho_{k'}(t), \tag{4.27}$$

式中:$P(k'|k)$为度为 k 的节点与度为 k'的节点相连接的概率。

设 ρ_k 为度为 k 的节点组中感染个体的稳态密度。显然 ρ_k 只是 λ 的函数,因而稳态时相应的概率 Θ 也变为 λ 的隐函数。利用稳态条件$\frac{d\rho_k(t)}{dt}=0$,得[1,4,52]

$$\rho_k = \frac{k\lambda\Theta(\lambda)}{1+k\lambda\Theta(\lambda)}, \tag{4.28}$$

由式(4.27)和式(4.28),$\Theta(\lambda)$可以写成

$$\Theta(\lambda) = \sum_{k'} P(k' \mid k)\rho_{k'} = \frac{1}{\langle k \rangle}\sum_{k'} \frac{\lambda k'^2 P(k')\Theta(\lambda)}{1+\lambda k'\Theta(\lambda)}, \tag{4.29}$$

利用式(4.29),容易求得 $\Theta(\lambda)$,再代入式(4.28)可以解得 ρ_k。最终的感染个体稳态密度 ρ 则可由下式估算:

$$\rho = \sum_k P(k)\rho_k。 \tag{4.30}$$

另外,由式(4.29),得

$$\Theta(\lambda)\left(1 - \frac{1}{\langle k \rangle}\sum_{k'} \frac{\lambda k'^2 P(k')}{1+\lambda k'\Theta(\lambda)}\right) = 0。 \tag{4.31}$$

显然,式(4.31)存在一个平凡解 $\Theta(\lambda)=0$。

将 $\Theta(\lambda)$简记为 Θ,令

$$F_1(\Theta) = \Theta, \tag{4.32}$$

$$F_2(\Theta) = \frac{1}{\langle k \rangle}\sum_{k'} \frac{\lambda k'^2 P(k')\Theta}{1+\lambda k'\Theta}, \tag{4.33}$$

则式(4.32)与式(4.33)的交点即为式(4.31)的解。求式(4.33)的一、二阶导数,有

$$\frac{dF_2(\Theta)}{d\Theta} = \frac{1}{\langle k\rangle}\sum_{k'} k'P(k')\,\frac{\lambda k'}{(1+\lambda k'\Theta)^2} > 0, \tag{4.34}$$

$$\frac{d^2F_2(\Theta)}{d\Theta^2} = -\frac{1}{\langle k\rangle}\sum_{k'} k'P(k')\,\frac{2(\lambda k')^2}{(1+\lambda k'\Theta)^3} < 0, \tag{4.35}$$

可知 $F_2(\Theta)$ 在 Θ 的定义域内单调递增且向上凸,当

$$\left.\frac{dF_2(\Theta)}{d\Theta}\right|_{\Theta=0} < 1 \tag{4.36}$$

时,$F_1(\Theta)$ 和 $F_2(\Theta)$ 图像如图 4.1(a)所示,显然 $F_1(\Theta)$ 和 $F_2(\Theta)$ 除了 $\Theta=0$,不会有其他的交点,故而不可能存在非平凡解 $\Theta\neq0$。因此若要式(4.31)存在一个非平凡解 $\Theta\neq0$,则必须满足

$$\left.\frac{dF_2(\Theta)}{d\Theta}\right|_{\Theta=0} = \frac{1}{\langle k\rangle}\sum_{k'} k'P(k')\left.\frac{\lambda k'}{(1+\lambda k'\Theta)^2}\right|_{\Theta=0} \geqslant 1, \tag{4.37}$$

即有

$$\sum_{k'}\frac{\lambda k'^2P(k)}{\langle k\rangle} = \frac{\langle k^2\rangle}{\langle k\rangle}\lambda \geqslant 1, \tag{4.38}$$

此时,$F_1(\Theta)$ 和 $F_2(\Theta)$ 图像如图 4.1(b)所示。于是,可求得非均匀网络上 SIS 传播模型的阈值为

$$\lambda_c = \frac{\langle k\rangle}{\langle k^2\rangle}。 \tag{4.39}$$

对于幂律指数为 $2<\gamma\leqslant3$ 的无标度网络,当网络规模 $N\to\infty$ 时,$\langle k^2\rangle\to\infty$ [1,4,52],从而 $\lambda_c\to0$。由此可见,在无标度网络中,无论传染概率多么小,流行病都能持久存在,这个结果很好地解释了为什么病毒与舆论可以在 Internet 与社会网络中传播得如此快。

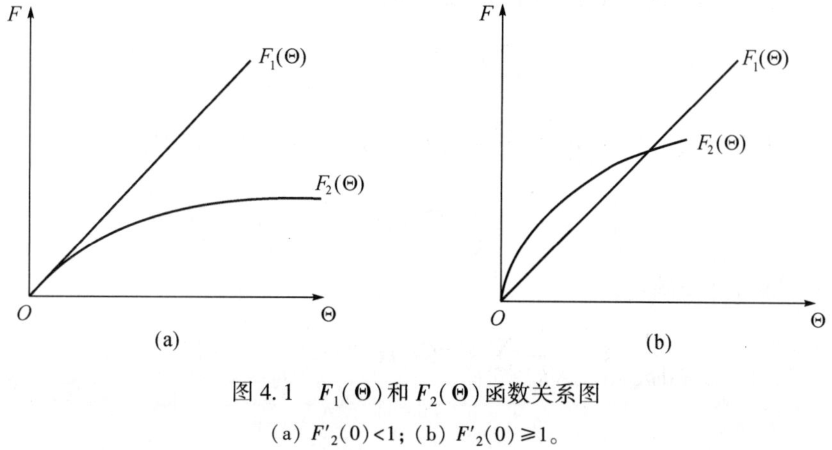

图 4.1 $F_1(\Theta)$ 和 $F_2(\Theta)$ 函数关系图

(a) $F'_2(0)<1$; (b) $F'_2(0)\geqslant1$。

2. 基于 SIR 模型

假设一个度为 k 的节点组处于易感状态、感染状态和移除状态的密度分别为 $s_k(t)$、$i_k(t)$ 和 $r_k(t)$,则它们满足约束关系

$$s_k(t) + i_k(t) + r_k(t) = 1。 \tag{4.40}$$

与 SIS 模型分析类似,令 $\Theta(t) = \sum_{k'} P(k'\mid k)i_{k'}(t) = \frac{k'P(k')}{\langle k\rangle}i_{k'}(t)$,得动力学演化方程[1,4,52]为

$$
\begin{cases}
\dfrac{\mathrm{d}s_k(t)}{\mathrm{d}t} = -\lambda k s_k(t)\Theta(t), \\
\dfrac{\mathrm{d}i_k(t)}{\mathrm{d}t} = \lambda k s_k(t)\Theta(t) - i_k(t), \\
\dfrac{\mathrm{d}r_k(t)}{\mathrm{d}t} = i_k(t)。
\end{cases} \tag{4.41}
$$

上述方程组初始条件为 $r_k(0)=0$、$i_k(0)=i^0$ 和 $s_k(0)=1-i^0$。在极限 $i^0\to 0$ 时,可以取$i_k(0)\approx 0$,$s_k(0)\approx 1$。在该近似条件下,由式(4.41)的第一个方程,得

$$
s_k(t) = \mathrm{e}^{-\lambda k \varphi(t)}, \tag{4.42}
$$

式中:$\varphi(t)$为如下的辅助函数,即

$$
\varphi(t) = \int_0^t \Theta(\tau)\mathrm{d}\tau = \frac{1}{\langle k\rangle}\sum_{k'} k'P(k')\int_0^t i_{k'}(\tau)\mathrm{d}\tau, \tag{4.43}
$$

由(4.41)的第三式以及式(4.43)可知

$$
\varphi(t) = \int_0^t \Theta(\tau)\mathrm{d}\tau = \frac{1}{\langle k\rangle}\sum_{k'} k'P(k')r_{k'}(t), \tag{4.44}
$$

结合式(4.42),式(4.43)的导数可简化为

$$
\begin{aligned}
\frac{\mathrm{d}\varphi}{\mathrm{d}t} &= \frac{1}{\langle k\rangle}\sum_{k'} k'P(k')i_{k'}(t) = \frac{1}{\langle k\rangle}\sum_{k'} k'P(k')(1 - r_k{}'(t) - s_{k'}(t)) \\
&= 1 - \varphi(t) - \frac{1}{\langle k\rangle}\sum_{k'} k'P(k')\mathrm{e}^{-\lambda k'\varphi(t)},
\end{aligned} \tag{4.45}
$$

由此得到关于 $\varphi(t)$的一个自治方程,它在给定的 $P(k)$条件下可以求解。一旦得到 $\varphi(t)$,就可以得到 $\varphi_\infty = \lim\limits_{t\to\infty}\varphi(t)$,从而 $r_k(\infty)=1-s_k(\infty)$,得

$$
r_\infty = \sum_k P(k)(1 - \mathrm{e}^{-\lambda k\varphi_\infty})。 \tag{4.46}
$$

根据式(4.45),由 $i_k(\infty)=0$,得$\lim\limits_{t\to\infty}\dfrac{\mathrm{d}\varphi(t)}{\mathrm{d}t}=0$,从而得关于 φ_∞ 的方程为

$$
\varphi_\infty = 1 - \frac{1}{\langle k\rangle}\sum_{k'} k'P(k')\mathrm{e}^{-\lambda k'\varphi_\infty}。 \tag{4.47}
$$

为了得到非平凡解,必须满足

$$
\frac{\mathrm{d}}{\mathrm{d}\varphi_\infty}\left(1 - \frac{1}{\langle k\rangle}\sum_{k'} k'P(k')\mathrm{e}^{-\lambda k'\varphi_\infty}\right)\bigg|_{\varphi_\infty=0} \geqslant 1, \tag{4.48}
$$

于是

$$
\frac{1}{\langle k\rangle}\sum_{k'} \lambda k'\,2P(k') = \lambda\frac{\langle k^2\rangle}{\langle k\rangle} \geqslant 1, \tag{4.49}
$$

从而得到阈值为

$$
\lambda_c = \frac{\langle k\rangle}{\langle k^2\rangle}。 \tag{4.50}
$$

这个结果与 SIS 模型完全相同。

例 4.1 已知 BA 无标度网络在迭代次数趋向无穷大时的度分布特性 $P(k)=2m^2k^{-3}$,其

中 m 为 BA 网络每次迭代增加的边数。基于 SIS 传播模型,求 BA 网络的感染个体稳态密度 ρ 与有限传染率 λ 的关系,并说明其传播阈值为 0[4]。

解 根据 BA 无标度网络的度分布,可以求得

$$\langle k\rangle = \int_m^\infty kP(k)\mathrm{d}k = \int_m^\infty 2m^2k^{-2}\mathrm{d}k = 2m, \tag{4.51}$$

此时,由式(4.29),得

$$\begin{aligned}\Theta(\lambda) &= \frac{1}{\langle k\rangle}\int_m^\infty \frac{\lambda k^2P(k)\Theta(\lambda)}{1+\lambda k\Theta(\lambda)}\mathrm{d}k = \frac{1}{2m}\int_m^\infty \frac{\lambda k^2P(k)\Theta(\lambda)}{1+\lambda k\Theta(\lambda)}\mathrm{d}k \\ &= m\lambda\Theta(\lambda)\int_m^\infty \frac{\mathrm{d}k}{k(1+k\lambda\Theta(\lambda))} = m\lambda\Theta(\lambda)\ln\left(1+\frac{1}{m\lambda\Theta(\lambda)}\right)。\end{aligned} \tag{4.52}$$

由此求得 $\Theta(\lambda)$的非平凡解为

$$\Theta(\lambda) = \frac{\mathrm{e}^{-1/(m\lambda)}}{m\lambda(1-\mathrm{e}^{-1/(m\lambda)})}。 \tag{4.53}$$

利用式(4.28)和式(4.30),计算得

$$\begin{aligned}\rho &= \int_m^\infty \rho_k 2m^2k^{-3}\mathrm{d}k = 2m^2\lambda\Theta(\lambda)\int_m^\infty \frac{\mathrm{d}k}{k^2(1+\lambda k\Theta(\lambda))} \\ &= 2m^2\lambda\Theta(\lambda)\left[\frac{1}{m}+\lambda\Theta(\lambda)\ln\left(1+\frac{1}{m\lambda\Theta(\lambda)}\right)\right],\end{aligned} \tag{4.54}$$

把式(4.53)代入式(4.54),可求得感染个体的稳态密度 ρ 与有效传染率 λ 的关系

$$\rho = \frac{2\mathrm{e}^{-\frac{1}{m\lambda}}[m\lambda(1-\mathrm{e}^{-\frac{1}{m\lambda}})-\mathrm{e}^{-\frac{1}{m\lambda}}]}{m\lambda\ (1-\mathrm{e}^{-\frac{1}{m\lambda}})^2}, \tag{4.55}$$

式(4.55)右端为非负数,当且仅当 $\lambda=0$ 时,右端为零,这意味着 BA 无标度网络对应的传播阈值 $\lambda_c=0$。

为了进一步形象地理解均匀网络和非均匀网络在流行病传播规律上的规律,基于式(4.16)和式(4.55),在 SIS 传播模型下,比较在相同平均度条件下均匀网络与 BA 无标度网络的传播规律(传染率 λ 和感染个体的稳态密度 ρ 的关系),如图 4.2 所示,BA 无标度网络的参数 $m=3$,其平均度 $2m$ 等于 6,故取均匀网络的参数$\langle k\rangle=6$。由图可见,BA 网络的传染率连续而平滑地过渡到 0,说明无标度网络不存在正传播阈值。

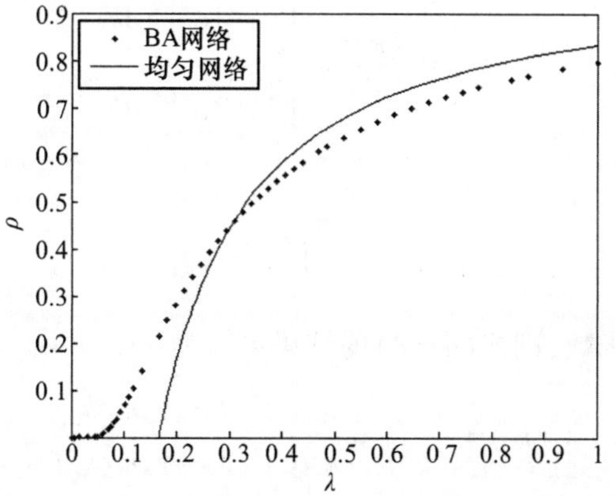

图 4.2　均匀网络和 BA 无标度网络的传播规律比较

图 4.2 的 Matlab 程序如下：

```
clc, clear, m=3; kb=6;
rho1=@ (t) 2*exp(-1./(m*t)).*(m*t.*(1-exp(-1./(m*t)))-...
    exp(-1./(m*t)))./(m*t.*(1-exp(-1./(m*t))).^2);  % 式(4.55)
t = [0: 0.01: 1]; plot(t, rho1(t), '.')
hold on, tc=1/kb;
rho2=@ (t)(t>=tc).*(t-tc)./t; % 式(4.16)
fplot(rho2,[0, 1])
legend('BA 网络','均匀网络','Location','northwest')
xlabel('$ \lambda $','Interpreter','Latex')
ylabel('$ \rho $','Interpreter','Latex')
```

4.2.4 有限规模无标度网络的传播阈值[4]

4.2.3 节研究了典型的非均匀网络——无标度网络的传播阈值，当网络规模无限大时，无标度网络的传播阈值接近于零。但是很多实际网络的规模都是有限的，如果是规模有限的无标度网络，它的传播阈值又会是什么样的呢？这正是本小节要解决的问题。

由式(4.50)可知，无限规模无标度网络的传播阈值为 0 完全是由于$\langle k^2\rangle=\infty$的缘故。而对于有限规模的无标度网络来说，其度的取值范围是有限的，假设其最大度为 $k_{\max}$，根据度分布规律可以求出一个有限的$\langle k^2\rangle$值[1,4]。下面对一个具有指数截止度分布的无标度网络进行分析。假设度分布为

$$P(k)=Ak^{-\gamma}\mathrm{e}^{-k/k_c},\tag{4.56}$$

式中：γ 为指数，$2<\gamma<3$；k_c 为截止度（最大连接度）；A 为归一化因子，满足

$$A=\frac{1}{\int_m^\infty k^{-\gamma}\mathrm{e}^{-k/k_c}\mathrm{d}k},\tag{4.57}$$

式中：m 为网络中的最小度，该度分布能保证$\langle k^2\rangle$有界。

Pastor-Satorras 和 Vespignani 推导了其在 SIS 传播模型下对应的非零传播阈值[58]。根据式(4.50)，得

$$\lambda_c(k_c)=\frac{\langle k\rangle}{\langle k^2\rangle}=\frac{\int_m^\infty k^{1-\gamma}\mathrm{e}^{-k/k_c}\mathrm{d}k}{\int_m^\infty k^{2-\gamma}\mathrm{e}^{-k/k_c}\mathrm{d}k}。\tag{4.58}$$

若令

$$\Gamma(\gamma,m)=\int_m^\infty k^{\gamma-1}\mathrm{e}^{-k}\mathrm{d}k\tag{4.59}$$

为非完整积分的 Gamma 函数，则式(4.58)的结果可写为

$$\lambda_c(k_c)=\frac{\langle k\rangle}{\langle k^2\rangle}=\frac{1}{k_c}\cdot\frac{\Gamma(2-\gamma,m/k_c)}{\Gamma(3-\gamma,m/k_c)},\tag{4.60}$$

而指数截止度分布的平均度为

$$\langle k\rangle=\int_m^{\infty}Ak^{1-\gamma}\mathrm{e}^{-k/k_c}\mathrm{d}k=\frac{\int_m^{\infty}k^{1-\gamma}\mathrm{e}^{-k/k_c}\mathrm{d}k}{\int_m^{\infty}k^{-\gamma}\mathrm{e}^{-k/k_c}\mathrm{d}k}=k_c\cdot\frac{\Gamma(2-\gamma,m/k_c)}{\Gamma(1-\gamma,m/k_c)}。\tag{4.61}$$

为了在相同的平均度条件下比较有限规模无标度网络和均匀网络传播阈值,可得到具有式(4.61)的平均度的均匀网络的传播阈值为

$$\lambda_c^H=\frac{1}{\langle k\rangle}=\frac{1}{k_c}\cdot\frac{\Gamma(1-\gamma,m/k_c)}{\Gamma(2-\gamma,m/k_c)}。\tag{4.62}$$

然后根据式(4.60)和式(4.62),得两种网络的传播阈值比值为

$$\frac{\lambda_c(k_c)}{\lambda_c^H}=\frac{(\langle k\rangle)^2}{\langle k^2\rangle}=\frac{[\Gamma(2-\gamma,m/k_c)]^2}{\Gamma(1-\gamma,m/k_c)\cdot\Gamma(3-\gamma,m/k_c)}。\tag{4.63}$$

下面来看当 k_c 比较大时的近似比值。当 k_c 比较大时,对于 $2<\gamma<3$,对式(4.60)进行Taylor 展开保留主要项,得

$$\lambda_c(k_c)\approx\frac{1}{\Gamma(3-\gamma)\cdot m\cdot(\gamma-2)}\left(\frac{k_c}{m}\right)^{\gamma-3}。\tag{4.64}$$

由式(4.64)可见,随着截止度 k_c 的逐渐增加,传播阈值将趋于0。在 k_c 比较大时,指数截止度分布的平均度($\gamma>2$)基本上固定为

$$\langle k\rangle=\frac{m(\gamma-1)}{\gamma-2},\tag{4.65}$$

于是

$$\lambda_c^H=\frac{1}{\langle k\rangle}=\frac{\gamma-2}{m(\gamma-1)}。\tag{4.66}$$

然后根据式(4.64)和式(4.66),得当 k_c 较大时两种网络的传播阈值近似为

$$\frac{\lambda_c(k_c)}{\lambda_c^H}\approx\frac{(\gamma-1)}{\Gamma(3-\gamma)(\gamma-2)^2}\left(\frac{k_c}{m}\right)^{\gamma-3}。\tag{4.67}$$

为了更形象地对比均匀网络和有限规模无标度网络的传播阈值,图4.3给出在各种指数 γ 条件下传播阈值比值随着截止度 k_c 的变化曲线。从图中可以看出,对于 $\gamma=2.5$ 的情况,即使取相对较小的 k_c,有限规模无标度网络的传播阈值约为均匀网络中的1/10[1]。这说明有限规模无标度网络的传播阈值比均匀网络的传播阈值要小得多,并且当 k_c 增大或者网络规模趋于无穷大,传播阈值仍会趋于0。所以,有限规模无标度网络对流行病传播还是有脆弱性的。最后值得指出的是,那些在SIS模型下得到的传播阈值结论在SIR模型下都是成立的。这两种不同的传染过程并没有影响均匀网络和非均匀网络中的病毒传播阈值特性。

4.2.5 社团网络的病毒传播机制

社团结构(Community structure)是许多网络都具有的特性之一,这方面的研究试图揭示看上去错综复杂的网络怎样由相对独立又互相交错的群(Group)或团(Clustering)构成,每个群内的节点连接相对紧密,群间节点连接相对稀疏。社团网络的结构示意图如图4.4所示。社会网络中的社团结构比较常见。例如,电影演员合作网络中,不同的社团代表不同的流派;科学家合作网中,不团的社团代表不同的研究主题和方法[53-55],社团也可以由同事、朋友、群组

成员组成。而在细胞和基因网中的社团则与某种功能的模块有关[56]。关于复杂网络的社团结构详见第 7 章，由于社团结构的存在必然对网络的拓扑结构产生影响，本节仅讨论社团结构对网络传播机制的影响。

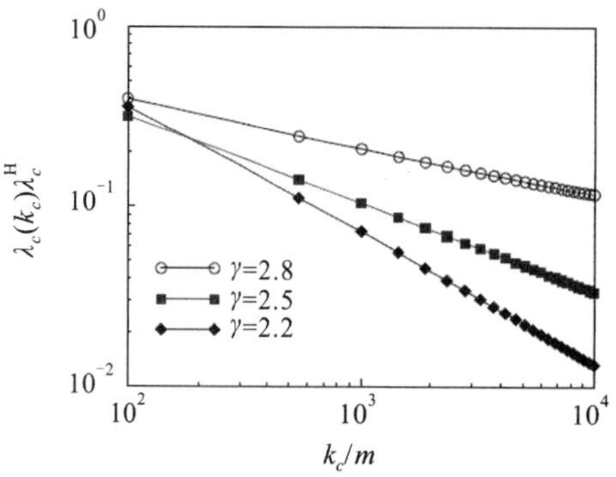

图 4.3　均匀网络和有限规模无标度网络的传播阈值比值的变化曲线[57]

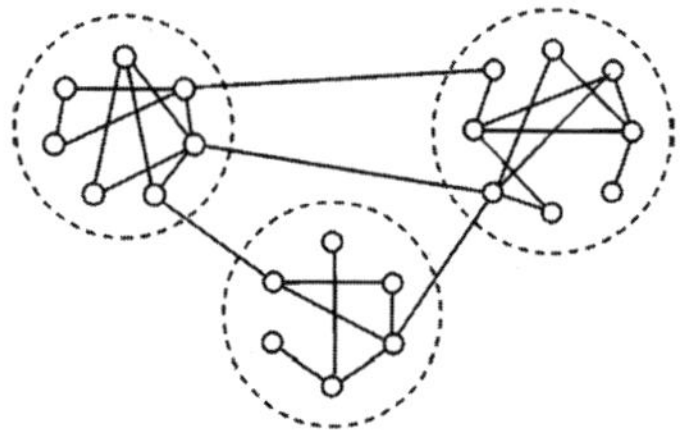

图 4.4　含有三个社团的网络结构示意图[1]

1. 具有社团结构的随机网络模型

由于社团(群)内的节点连接相对紧密，社团间节点连接相对稀疏，所以具有社团结构的网络通常具备较高的聚类系数。文献[4,10]提出了构造一个含有 N 个节点、m 个社团的随机网络：

步骤 1：初始化。将 N 个节点随机分成 m 个组，每组内的节点数为 $n_i(i=1,2,\cdots,m)$，且 $N=\sum_{i=1}^{m} n_i$。

步骤 2：社团内连线。每个组内的节点间以概率 p 连线，从而组 i 内的连线数 $\frac{1}{2}n_i(n_i-1)p$。

步骤 3：社团间连线。任意两个组间的节点间以概率 q 连线，从而组 i 和组 j 间的连线数为 n_in_jq。

通过上述构造方法，最终得到的网络总边数为

$$M=\sum_{i=1}^{m}\left[\frac{1}{2}n_i(n_i-1)p\right]+\sum_{i=1}^{m-1}\sum_{j=i+1}^{m}n_in_jq。\tag{4.68}$$

令序参量 $\sigma=p/q$ 表示社团化的程度，则对于社团网络应该有 $\upsilon\gg 1$。如果 $\sigma=1$，则上述方法得到的网络将退化为一般的随机网络。如果给定总边数 M、总节点数 N 及社团划分方案 m 和序参量 σ，则概率 p 和 q 可由式(4.69)给定：

$$\begin{cases} p=\dfrac{M\sigma}{\sigma\sum\limits_{i=1}^{m}\left[\dfrac{1}{2}n_i(n_i-1)\right]+\sum\limits_{i=1}^{m-1}\sum\limits_{j=i+1}^{m}n_in_j}, \\ q=\dfrac{M}{\sigma\sum\limits_{i=1}^{m}\left[\dfrac{1}{2}n_i(n_i-1)\right]+\sum\limits_{i=1}^{m-1}\sum\limits_{j=i+1}^{m}n_in_j}。\end{cases}\tag{4.69}$$

2. 具有社团结构随机网络的传播机制

依然以 SIS 模型来讨论流行病在具有社团结构的随机网络中的传播机制。假定易感染节点以概率 α 与每个周围的感染节点接触。若节点 v_j 处于易感状态且有 k_j 个邻居，它们中有

$k_j^{\inf}$ 个处于感染状态,则在每个时间步,节点 v_j 将以概率 $(1-(1-\alpha)^{k_j^{\inf}})$ 变为感染状态,同时每个感染节点以概率 β 恢复为易感染状态。同前面的讨论一样,为简单起见,这里令 $\lambda=\alpha/\beta$,$\beta=1$。假定初始时只有一个感染节点作为传染种子,则它的每个邻居将以 λ 的概率被感染,然后再感染它们的邻居。由于该具有社团结构的随机网络是规则网络,一定时间后,感染达到稳态。对于 $\lambda<\lambda_c$,稳态为 0;而对于 $\lambda\geqslant\lambda_c$,稳态大于零。由于社团结构的非均匀结构,最终的状态依赖于选取的种子及网络构型,因此有意义的结果必须为对各种网络构型及各种初始条件的平均。对具有 $\sigma\gg 1$ 的社团网络,当 λ 较小时,传播会限制在种子所在的社团内。从统计意义上看,可以认为种子被均匀选取在每个社团。对于每个特定的社团 i,其阈值 $\lambda_c^{(i)}$ 由其平均连线数(社团内节点的平均度)决定。当社团间的连线远小于社团内的连线时,有[4,11,52]

$$\lambda_c^{(i)} \approx 1/\langle k_i\rangle = 1/[p(n_i-1)] \propto 1/p, \tag{4.70}$$

且此关系对所有的种子成立。整个系统的 λ_c 为不同构型及不同实现的平均,即对不同的种子平均 $\lambda_c=\dfrac{1}{m}\sum\limits_{i=1}^{m}\lambda_c^{(i)}$,因此 λ_c 与 p 间的定量关系为 $\lambda_c\propto 1/p$。将式(4.69)代入,得

$$\lambda_c \propto \frac{1}{M}\left(1+\frac{a}{\sigma}\right), \tag{4.71}$$

式中:$a=\dfrac{\sum\limits_{i=1}^{m-1}\sum\limits_{j=i+1}^{m}n_in_j}{\sum\limits_{i=1}^{m}\left[\dfrac{1}{2}n_i(n_i-1)\right]}$ 为一常数。

因此 λ_c 与 M 成反比。对于给定的 M,式(4.71)可被写为[4]

$$\lambda_c(\sigma)-\lambda_c(\infty) \propto \frac{1}{\sigma}。 \tag{4.72}$$

这就是 λ_c 对社团程度 σ 的依赖关系。文献[10]通过实验验证了该结论。总之,随着社团程度的降低,流行病的传播阈值将增加并在成为随机网络($\sigma=1$)时达到极大值。换句话说,流行病在随机网络上比在社团网络上更不容易爆发。通过前面的讨论,还可以得到一个结论[4]:流行病本身的动力学性质和网络的拓扑结构共同决定了流行病的传染行为和传染过程。

4.2.6 关联网络的传播阈值

前面介绍的传播阈值分析都是针对无关联网络而得到的,然而研究发现,关联性是包括 Internet 在内的许多复杂网络的一个重要特征[1,4,59]。Boguňá 和 Pastor-Satorras 研究了关联网络(Correlated network)的传播阈值特性[1,4,59]。用条件概率 $P(k'|k)$ 表示度为 k 的节点与度为 k' 的节点相连接的概率。如果这一条件概率独立于 k,则退化到节点连接为非关联的情形。假设网络度分布 $P(k)$ 和条件概率 $P(k'|k)$ 满足规范化和平衡条件,即

$$\sum_k P(k)=\sum_{k'}P(k'\mid k)=1, \tag{4.73}$$

$$kP(k'\mid k)P(k)=k'P(k\mid k')P(k')\equiv\langle k\rangle\cdot\frac{P(k,k')}{2-\delta_{kk'}}, \tag{4.74}$$

式中:$P(k,k')$ 为两个度分别为 k 和 k' 的节点相连的联合概率,当 $k=k'$ 时 $\delta_{kk'}=1$,否则 $\delta_{kk'}=0$。

定义矩阵 $\boldsymbol{C}=(c_{kk'})=(kP(k'|k))$,可以求得关联网络的传播阈值为[1,4,59]

$$\lambda_c=\frac{1}{\Lambda_m}, \tag{4.75}$$

式中：Λ_m 为矩阵 $\boldsymbol{C}$ 的最大特征值。而对于无关联网络，$\boldsymbol{C}$ 只有唯一的最大特征值 $\Lambda_m=\langle k^2\rangle/\langle k\rangle$，因此重新得到了前面介绍的非关联无标度网络阈值的结论。

可见，在考虑网络的关联程度时，复杂网络的传播阈值由矩阵 $\boldsymbol{C}$ 的特征值决定。

Moreno 等人基于对 SIR 模型的研究指出，关联网络中的病毒传播范围，比相同的度分布下非关联网络的传播范围小[1,4,60]。虽然传播阈值的有关性质并没有因为关联性的出现而改变，但是在关联网络中传播生命期要比非关联网络中更长。此外，在有限的关联网络中，传播阈值相比非关联网络要更大一些，这说明关联网络表现出比非关联网络更强的抵抗病毒传播的鲁棒性。

4.3 复杂网络上的免疫策略

近几年来，全球每年因传染病致死的人数大约为 1300 万，尤其是发展中国家，年死亡率大约一半和传染病有关。互联网络上爆发的大规模病毒流行，往往在开始的时候只有很少量的病毒种子。复杂网络中病毒的传播动力学有助于人们从微观机制上理解病毒的传播过程，为了有效控制病毒的传播，找到合适的有效的免疫策略也是复杂网络传播动力学重要的研究课题之一。本节主要介绍复杂网络的三种免疫策略，即随机免疫、目标免疫和熟人免疫，以及讨论不同的免疫策略对传播阈值的影响。

4.3.1 随机免疫

随机免疫（Random immunization）也称均匀免疫（Uniform immunization），它是完全随机地选取网络中的一部分节点进行免疫[4,11,65]。各节点被免疫的机会是均等的，并不因为节点被感染风险的高（度较大）、低（度较小）而有所不同。节点一旦进行免疫，将成为免疫节点而不具备传染性。

1. 均匀网络下随机免疫的免疫临界值

对于一个固定的有效传染率 λ，对应的控制参数称为免疫节点密度 δ，它定义为免疫节点数占总节点数的比例。由于免疫的存在，它将传染率从 λ 降低为 $(1-\delta)\lambda$，将 $(1-\delta)\lambda$ 取代 λ 分别代入式（4.15），可以分析得出在均匀网络下的免疫特性。

类似于式（4.15）～式（4.17）的推导容易得出随机免疫的免疫临界值为[1,4]

$$\delta_c = 1 - \frac{\lambda_c}{\lambda}。\tag{4.76}$$

而稳态感染密度 ρ_δ 变为

$$\rho_\delta = \begin{cases} 0, & \delta \geqslant \delta_c, \\ \dfrac{\delta_c - \delta}{1 - \delta}, & \delta < \delta_c。\end{cases}\tag{4.77}$$

根据式（4.15），还可以得到在引入随机免疫的策略后，传播阈值 $\widetilde{\lambda}_c$ 与原来的传播阈值 λ_c 之间的关系为

$$\widetilde{\lambda}_c = \frac{\langle k\rangle}{(1-\delta)\langle k^2\rangle} = \frac{\lambda_c}{(1-\delta)}。\tag{4.78}$$

可以看到，当免疫概率 $\delta=0$ 时，$\widetilde{\lambda}_c=\lambda_c$，正是没有免疫的情况，当 $0<\delta<1$ 时，免疫后的传播

阈值比没有免疫的要高，随机免疫对病毒的传播能起到控制作用，并且随着 δ 的增大，阈值也随之增大。

2. 无标度网络下随机免疫对传播阈值的影响

定义接种免疫概率（密度）为 δ，为免疫节点数占总节点数的比例，且 $0<\delta<1$，取 $\beta=1$，对于一个固定的有效传染率 λ，与感染节点相连的概率 $\Theta(t)=\sum_{k'}P(k'\mid k)i_{k'}(t)=\frac{k'P(k')}{\langle k\rangle}i_{k'}(t)$，则无标度网络下随机免疫的 SIR 模型[11,61]如下：

$$\begin{cases}\frac{\mathrm{d}s_k(t)}{\mathrm{d}t}=-\lambda k(1-\delta)s_k(t)\Theta(t)-\delta s_k(t),\\ \frac{\mathrm{d}i_k(t)}{\mathrm{d}t}=\lambda k(1-\delta)s_k(t)\Theta(t)-i_k(t),\\ \frac{\mathrm{d}r_k(t)}{\mathrm{d}t}=i_k(t)+\delta s_k(t)。\end{cases}\tag{4.79}$$

取初始条件 $i_k(0)\approx 0, s_k(0)\approx 1$，由式（4.79），得

$$s_k(t)=\mathrm{e}^{-\lambda k(1-\delta)\phi(t)-\delta t},\tag{4.80}$$

其中

$$\phi(t)=\int_0^t\Theta(\tau)\mathrm{d}\tau=\frac{1}{\langle k\rangle}\sum_{k'}k'P(k')\int_0^t i_{k'}(\tau)\mathrm{d}\tau,\tag{4.81}$$

由式（4.79）的第三个式子，得

$$\phi(t)=\frac{1}{\langle k\rangle}\sum_{k'}k'P(k')\left(r_{k'}(t)-\delta\int_0^t s_{k'}(\tau)\mathrm{d}\tau\right),\tag{4.82}$$

两边同时对 t 求导，有

$$\begin{aligned}\frac{\mathrm{d}\phi(t)}{\mathrm{d}t}&=\frac{1}{\langle k\rangle}\sum_{k'}k'P(k')i_{k'}(t)=\frac{1}{\langle k\rangle}\sum_{k'}k'P(k')(1-r_{k'}(t)-s_{k'}(t))\\&=1-\phi(t)-\frac{1}{\langle k\rangle}\sum_{k'}k'P(k')(\mathrm{e}^{-\lambda k'(1-\delta)\phi(t)-\delta t}-\delta\int_0^t(\mathrm{e}^{-\lambda k'(1-\delta)\phi(\tau)-\delta\tau})\mathrm{d}\tau),\end{aligned}\tag{4.83}$$

由此得到了关于 $\phi(t)$ 的自治方程（式（4.83）），在给定的 $P(k')$ 条件下求解，一旦得到 $\phi(t)$，就可以得到 $\phi_\infty=\lim_{t\to\infty}\phi(t)$，从而由 $r_k(\infty)=1-s_k(\infty)$，得

$$r_\infty=\sum_k P(k)(1-\mathrm{e}^{-\lambda k(1-\delta)\phi_\infty-\delta t}),\tag{4.84}$$

根据式（4.83），由 $i_k(\infty)=0$，令 $\frac{\mathrm{d}\phi(t)}{\mathrm{d}t}=0$，得关于 ϕ_∞ 的自治方程为

$$\phi_\infty=1-\frac{1}{\langle k\rangle}\sum_{k'}P(k')k'\left(\mathrm{e}^{-\lambda k'(1-\delta)\phi_\infty}-\delta\int_0^\infty\mathrm{e}^{-\lambda k'(1-\delta)\phi(\tau)-\delta t}\mathrm{d}\tau\right),\tag{4.85}$$

为了得到式（4.85）的非零解 $\phi_\infty\neq 0$，只需要满足

$$\frac{\mathrm{d}}{\mathrm{d}\phi_\infty}\left(1-\frac{1}{\langle k\rangle}\sum_{k'}P(k')k'\left(\mathrm{e}^{-\lambda k'(1-\delta)\phi_\infty}-\delta\int_0^\infty\mathrm{e}^{-\lambda k'(1-\delta)\phi(\tau)-\delta t}\mathrm{d}\tau\right)\right)\Bigg|_{\phi_\infty=0}\geqslant 1,\tag{4.86}$$

即

$$\frac{\lambda(1-\delta)}{\langle k\rangle}\sum_{k'}P(k')k'^2\geqslant 1,\tag{4.87}$$

从而得

$$\widetilde{\lambda}_c = \frac{\langle k \rangle}{(1-\delta)\langle k^2 \rangle} = \frac{\lambda_c}{(1-\delta)}。\tag{4.88}$$

可以看到,当免疫概率 $\delta=0$ 时,$\widetilde{\lambda}_c=\lambda_c$,正是没有免疫的情况,当 $0<\delta<1$ 时,免疫后的传播阈值比没有免疫的要高,随机免疫对病毒的传播能起到控制作用,并且随着 δ 的增大,阈值也随之增大。

当网络的有效传播率 λ 给定时,由式(4.87)还可以得到免疫阈值为

$$\delta_c = 1 - \frac{\lambda_c}{\lambda}。\tag{4.89}$$

实际上当有效传染率 λ 给定后,由于免疫的存在,它将传染率从 λ 降低为 $(1-\delta)\lambda$,将 $(1-\delta)\lambda$ 取代 λ 分别代入式(4.15),类似于式(4.15)~式(4.39)的推导,基于 SIS 模型也可以得到此时随机免疫的免疫临界值 δ_c 为

$$\delta_c = 1 - \frac{1}{\lambda} \cdot \frac{\langle k \rangle}{\langle k^2 \rangle} = 1 - \frac{\lambda_c}{\lambda}。$$

显然,随着网络规模的无限增大,无标度网络的 $\langle k^2 \rangle \to \infty$,其传播阈值 λ_c 趋于 0,而免疫临界值 δ_c 趋于 1。这表明,如果对于无标度网络采取随机免疫策略,则需要对网络几乎所有节点都实施免疫才能保证最终消灭病毒传染。

4.3.2 目标免疫

目标免疫(Targeted immunization),也称选择免疫(Selected immunization),是针对无标度网络的不均匀特性所涉及的一种特别的有效的免疫策略。因为对无标度网络有选择地免疫少量度非常大的节点,一旦这些节点被免疫后,就意味着它们所连的边可以从网络中去除,使得病毒传播的可能连接途径大大减少。

首先,定义一个免疫概率为 δ_k,且

$$\delta_k = \begin{cases} 1, & k > \kappa, \\ c, & k = \kappa, \\ 0, & k < \kappa。 \end{cases} \tag{4.90}$$

式中:κ 为免疫的临界值(节点的度大于 κ 进行免疫);$0 < c < 1$;$\bar{\delta} = \sum_{k'} \delta_{k'} P(k')$ 表示免疫的平均概率。那么得到相应的 SIR 系统[61]为

$$\begin{cases} \dfrac{\mathrm{d}s_k(t)}{\mathrm{d}t} = -\lambda k(1-\delta_k)s_k(t)\Theta(t) - \delta_k s_k(t), \\ \dfrac{\mathrm{d}i_k(t)}{\mathrm{d}t} = \lambda k(1-\delta_k)s_k(t)\Theta(t) - i_k(t), \\ \dfrac{\mathrm{d}r_k(t)}{\mathrm{d}t} = i_k(t) + \delta_k s_k(t), \end{cases} \tag{4.91}$$

类似于上节的推导,得

$$\hat{\lambda}_c = \frac{\langle k \rangle}{\langle k^2 \rangle - \sum_{k'} P(k') k'^2 \delta_{k'}}。\tag{4.92}$$

又因为

$$\sum_{k'} P(k')k'^2\delta'_k = \sum_{k'} P(k')(k'^2 - \langle k^2\rangle)\delta_{k'} + \sum_{k'} P(k')\langle k^2\rangle\delta_{k'} = \langle k^2\rangle\bar{\delta} + \sigma, \tag{4.93}$$

其中

$$\sigma = \sum_{k'} P(k')(k'^2 - \langle k^2\rangle)\delta_{k'} < \sum_{k'} P(k')(k'^2 - \langle k^2\rangle) = 0, \tag{4.94}$$

于是

$$\hat{\lambda}_c = \frac{\langle k\rangle}{\langle k^2\rangle - \langle k^2\rangle\bar{\delta} - \sigma} > \frac{\langle k\rangle}{\langle k^2\rangle - \langle k^2\rangle\bar{\delta}} = \frac{\lambda_c}{1-\bar{\delta}} = \frac{1-\delta}{1-\bar{\delta}}\tilde{\lambda}_c。\tag{4.95}$$

从式(4.95)可以看到,当$\bar{\delta}=\delta$时,$\hat{\lambda}_c>\tilde{\lambda}_c$,说明目标免疫后的传播阈值大于随机免疫后的传播阈值,即目标免疫比随机免疫更为有效。

就 BA 无标度网络而言,目标免疫对应的免疫临界值为[11]

$$\delta_c \propto e^{-\frac{2}{m\lambda}}, \tag{4.96}$$

式(4.96)表明,即使传染率 λ 在很大的范围内取不同的值,都可以得到很小的免疫临界值。因此,有选择地对无标度网络进行目标免疫,其临界值要比随机免疫小得多。

图 4.5 是文献[11]给出的 SIS 模型在 BA 无标度网络上的仿真结果,其中横坐标为免疫密度 δ,纵坐标为 ρ_δ/ρ_0,ρ_0 表示网络未加免疫的稳态感染密度。可以看出,随机免疫和目标免疫在无标度网络中存在着明显的临界值差别。在随机免疫情况下,随着免疫密度 δ 的增大,最终的被感染程度下降缓慢,只有当 $\delta=1$ 时,才能使被感染数为零。而在目标免疫的情况下,$\delta_c\approx0.16$,这意味着只要对少量度很大的节点进行免疫,就能消除无标度网络中的病毒扩散。

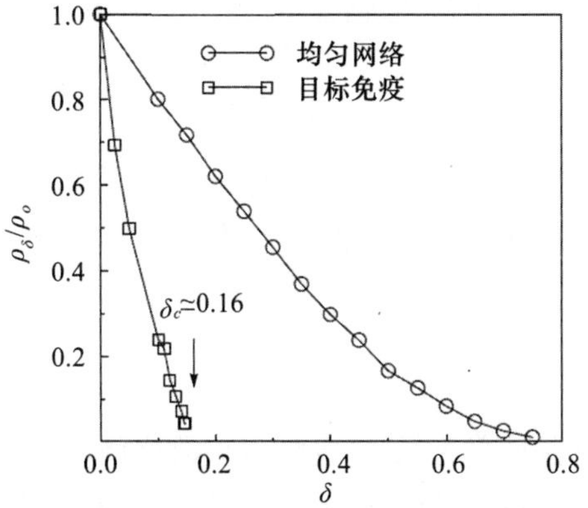

图 4.5 对 BA 无标度网络采取随机免疫和目标免疫的对比[11]

以 Internet 为例,用户会不断地安装一些更新的反病毒软件,但计算机病毒的生命期还是相当长的。原因就在于那些文件扫描和防病毒更新的过程实际上是一种随机免疫过程。毋庸置疑,从个体用户的角度来说,这种措施是非常有效的,至少这是对计算机进行局部保护的有效途径,但从全局范围来看,由于 Internet 的无标度特性,即使随机选取的大量节点都被免疫,仍无法根除计算机病毒的传播。

4.3.3 熟人免疫

目标免疫法虽然比较有效,但该方法需要了解网络的全局信息,至少需要对网络中各节点的度有比较清楚的认识,这样才能找出度大的关键节点进行免疫。对于庞大复杂并且不断发展变化的人类社会网络和 Internet 网络来说，这很难做到。因此，Cohan 以及 Madar 等人提出了一种被称为熟人免疫（Acquaintance immunization）的策略[1,4,62,63]。

熟人免疫就是对随机选出的节点的邻居进行免疫，也称近邻免疫。该策略的基本思想是从 N 个节点的网络中随机选出比例为 s 的节点，再从每一个被选出的节点中随机选择它的某个邻居节点进行免疫。这种策略只需知道被随机选择出来的节点以及与它们直接相连的邻居节点，从而巧妙地回避了目标免疫中需要知道全局信息的问题，由于在无标度网络中，度大的节点意味着有许多节点与之相连；若随机选取一点，再选择其邻居节点时，度大的节点比度小的节点被选中的概率大得多。因此，熟人免疫策略比随机免疫策略的效果好得多。注意到由于几个随机选择的节点有可能具有一个共同的邻居节点，从而使得这个邻居节点有可能被几次选中作为免疫节点。假设被免疫节点占总节点数的比例为 δ。因此，尽管比例 δ 的值不会超过 1，初始随机选择节点比例 s 的值却有可能大于 1。

针对熟人免疫的 SIR 模型，类似于 4.3.2 节的推导过程进行推导，得

$$\widehat{\lambda}_c = \eta\,\hat{\lambda}_c, \tag{4.97}$$

式中：η 是一个正数。

这说明近邻免疫与目标免疫具有一定的可比性。文献[61]通过模拟实验说明近邻免疫的效果要差于目标免疫，当取得 s 值越大，也就是免疫节点数越多，效果越好。

此外，Dezsö 和 Barabási 定义了指标 α 来刻画所免疫对象的选择策略[1,4,64]，设一个被感染节点被治愈的概率和 k^α 成比例。正常数 α 越大，度很大的节点与度很小的节点之间区别对待就越大。α 等于零时退化为随机免疫策略；$\alpha=\infty$ 时对应于目标免疫大于某一给定的度 k_0 的所有的 hub 节点。此时，无标度网络的传播临界值为

$$\widehat{\lambda}_c = \alpha\left(\frac{\langle k\rangle}{2}\right)^{\alpha-1}, \tag{4.98}$$

这说明只要 $\alpha\neq 0$，总存在一个正的有限的传播阈值，当无标度网络中的传播率固定时，目标免疫所针对的节点越多，相应的传播阈值也越增大，使得实际传染率有可能小于免疫后得到的传播阈值，因而病毒会逐渐消灭。

4.3.4 主动免疫

熟人免疫比目标免疫更容易实现，随着免疫节点数比例增加，免疫效果越好。但是熟人免疫中是随机选取节点，并对其邻居随机选择进行免疫，被免疫的节点有可能并不是最重要的邻居。文献[61,65]提出了主动免疫（Active immunization）的策略。该策略在选择邻居节点时，不再是随机选择，而是根据邻居节点的度值进行选择，当邻居节点的度大于 κ 时，对该邻居节点进行免疫。定义免疫概率为 γ_k，则对应的 SIR 模型为

$$\begin{cases}\dfrac{\mathrm{d}s_k(t)}{\mathrm{d}t} = -\lambda k s_k(t)\Theta(t),\\[2mm] \dfrac{\mathrm{d}i_k(t)}{\mathrm{d}t} = \lambda k s_k(t)\Theta(t) - (1+\gamma_k)i_k(t),\\[2mm] \dfrac{\mathrm{d}r_k(t)}{\mathrm{d}t} = (1+\gamma_k)i_k(t),\end{cases} \tag{4.99}$$

其中

$$\gamma_k = \frac{1}{2}\sum_{k'} k'P(k')\delta_{k'} = \frac{\langle k\delta_k \rangle}{2}, \tag{4.100}$$

δ_k 同式(4.90),类似于 4.3.2 节的推导过程进行推导,得

$$\breve{\lambda}_c = \frac{\langle k \rangle + \langle k\delta_k \rangle}{\langle k^2 \rangle} = \lambda_c + \frac{\langle k\delta_k \rangle}{\langle k^2 \rangle} > \lambda_c。 \tag{4.101}$$

很明显,主动免疫能提高传播阈值,且 κ 值越低,传播阈值越高,免疫效果越明显。

4.4 复杂网络上的舆论传播

实际上,舆论(谣言)传播的动力学行为也服从 SIR 模型,本节正是在 SIR 模型的基础上进行讨论的。网络节点(人群)也被分成三种状态:

S 态——没有听过舆论的节点(Igorants),类似于病毒传播模型中易感染节点(Susceptile),对应于不知道舆论的个体。

I 态——舆论传播节点(Spreaders),类似于病毒传播模型中的感染节点(Infected),对应于知道舆论并有能力继续传播舆论的个体。

R 态——听到舆论但并不传播舆论的节点(Stiflers),类似于病毒传播模型中的免疫节点(Remove),对应于知道舆论但已经失去传播能力或兴趣的个体。由于舆论传播的特点,它的三种状态代表的意义与病毒传播的情形略微有些不同。

假设网络上有 N 个节点,每个节点代表一个可传播消息的个体,它们传播消息的行为方式如下[52]:如果得到了一个消息,那么他就有兴趣把这个消息传播出去(I 态),在传播过程中,他将随机地从邻居中选取一人并将消息传给他,如果这个邻居不知道这个消息(S 态),则该邻居就得到此消息(I 态),并进行下一轮的传播。但如果他的邻居已经知道了这个消息,那么传播消息的人会认为该消息失去了继续传播的价值,并失去传播该消息的兴趣(R 态)。不同个体间传播谣言的概率有差异,不同拓扑结构的社会网络中传播规律也不相同,复杂网络为进一步解决这些问题提供了基础,使得谣言传播的研究有了新的进展。

Sudbury 提出一个基于随机网络的 SIR 模型:在一个村庄中随机选取两个人,并让他们进行一次电话通话来传递消息,Sudbury 发现舆论最多只能传递到 80%的人群[4,52]。Zanette D H 首先将复杂网络理论应用于谣言传播的研究,借助于平均场理论研究了舆论在小世界网络上的传播[66,67],发现获知舆论的人少于 80%,同时得出一些包括谣言传播临界值在内的结论。Moreno Y 等又在无标度网络上建立了谣言传播模型,同时把由计算机仿真和通过随机分析方法得出的结论进行了比较[68]。国内汪小帆等人的研究关注网络的聚类系数,并发现可以通过增大网络聚类系数来有效地抑制谣言的传播[69-70]。刘宗华等则研究了舆论在一般网络上的传播情形,发现随机网最易传播舆论[4,71]。

4.4.1 刘宗华的一般网络舆论传播模型

现假设在一个有限网络中所有的节点都处于 S 态,在某一时刻突然有一个节点得到了一个新的消息,它将成为 I 态。那么按照上面定义的规则,这个消息将开始传播,直到最终网络中没有 I 态的节点为止,这个状态称为终态。考虑两个相邻节点 A 和 B,它们由一条边联系。假定节点 A 知道消息并于时间 t 将消息传给节点 B,则在时刻 $t+1$,节点 B 将选取一个邻居作为目标来传递消息。由于 A 为 B 的“父”点,A 与 B 的其他邻居所处的地位就将不一样。一旦

A 被选取为 B 传递消息的邻居,按照传播规则,B 将肯定变为 R 态;而当 B 的其他邻居被选取时,B 将依据当时的情形来决定是保留在 I 态还是变为 R 态,即 B 变为 R 态的概率小于 1。如果 B 的度为 k,则选择 A 的概率为 $1/k$,而选择其他邻居的概率为 $1-1/k$。将这个分析与均匀混合假设结合起来,得到关于各态的数目 $n_{k,S}$、$n_{k,I}$、$n_{k,R}$的演化方程为

$$\begin{cases} n_{k,S}(t+1)=n_{k,S}(t)-\sum\limits_{k'\neq k} n_{k',I}(t)\left(1-\dfrac{1}{k'}\right)P(k'\mid k)\dfrac{n_{k,S}(t)}{N_k}, \\ n_{k,R}(t+1)=n_{k,S}(t)+n_{k,I}(t)\left[\dfrac{1}{k}+\left(1-\dfrac{1}{k}\right)\sum\limits_{k'\neq k}P(k'\mid k)\dfrac{n_{k',I}(t)+n_{k',R}(t)}{N_{k'}}\right], \end{cases} \tag{4.102}$$

式中:N_k 为度为 k 的节点数;$n_{k,S}(t)$、$n_{k,I}(t)$、$n_{k,R}(t)$分别为 t 时刻度为 k 的节点中处于 S 态、I 态和 R 态的节点数,而 $n_{k,S}(t)/N_k$ 与$(n_{k',I}(t)+n_{k',R}(t))/N_{k'}$则来自于均匀混合假设。$n_{k,I}(t+1)$可从守恒条件 $N_k=n_{k,S}(t)+n_{k,I}(t)+n_{k,R}(t)$中获得。假定所研究的网络是非度关联的,即 $P(k'|k)=k'P(k')/\langle k\rangle$。

式(4.102)是一个离散迭代映射,改写成连续形式为

$$\begin{cases} \dot{n}_{k,S}(t)=-\sum\limits_{k'\neq k} n_{k',I}(t)\left(1-\dfrac{1}{k'}\right)P(k'\mid k)\dfrac{n_{k,S}(t)}{N_k}, \\ \dot{n}_{k,R}(t)=n_{k,I}(t)\left[\dfrac{1}{k}+\left(1-\dfrac{1}{k}\right)\sum\limits_{k'\neq k}P(k'\mid k)\dfrac{n_{k',I}(t)+n_{k',R}(t)}{N_{k'}}\right], \end{cases} \tag{4.103}$$

下面重点关注"最终有机会听到消息"的人口密度。令 T 代表舆论传播结束时的时间,即 $\sum\limits_k n_{k,I}(T)=0$。为得到式(4.103)在时间 $t=T$的解,引入辅助变量 $s_k\equiv\int_0^T n_{k,I}(t)\mathrm{d}t$。如果初始的感染种子(在 $t=0$时)具有度 k_0,有初始条件:对 $k\neq k_0$ 有 $n_{k,S}=N_k$,$n_{k,I}=0$ 及 $n_{k,R}=0$,对 $k=k_0$ 有 $n_{k,S}=N_k-1$,$n_{k,I}=1$ 及 $n_{k,R}=0$,于是式(4.103)的解为

$$\begin{cases} n_{k,S}(T)=N_k\exp\left[-\dfrac{k}{\langle k\rangle N}\sum\limits_{k'\neq k}s_{k'}\left(1-\dfrac{1}{k'}\right)\right], \\ n_{k,R}(T)=N_k\left\{1-\exp\left[-\dfrac{k}{\langle k\rangle N}\sum\limits_{k'\neq k}s_{k'}\left(1-\dfrac{1}{k'}\right)\right]\right\}, \\ n_{k,I}(T)=0。 \end{cases} \tag{4.104}$$

由不同 k 的 $n_{k,I}(T)=0$,可得到一套关于 s_k 的超越方程,可用精确的数值求解。于是可得终态时度为 k 的节点处于 R 态的节点密度为

$$\rho_k\equiv\frac{n_{k,R}(T)}{N_k}=1-\mathrm{e}^{-\alpha k}, \tag{4.105}$$

其中,$\alpha=\dfrac{1}{\langle k\rangle N}\sum\limits_{k'\neq k}s_{k'}\left(1-\dfrac{1}{k'}\right)$ 依赖于网络结构。显然,ρ_k 将随 k 单调增加,并对大的 k 趋于 1。传播过程中总感染的节点数为

$$N_R(T)\equiv\sum_k n_{k,R}(T)=N-\sum_k N_k\mathrm{e}^{-\alpha k}, \tag{4.106}$$

总感染的节点密度为

$$\rho_R = \frac{N_R(T)}{N} = 1 - \sum_k P(k)\mathrm{e}^{-\alpha k} = \sum_k P(k)\rho_k。 \tag{4.107}$$

由此可见,总感染密度依赖于度分布 $P(k)$。

对于相同平均度的网络,无标度网络比随机网络具有更多度大的节点,因此无标度网络中的消息可较容易地传递给度大节点,然后再到其他节点。一旦度大节点处于 I 态或 R 态,其他节点因为以较大概率连接到它们,从而更容易变成 R 态;而随机网络则没有这个特点。因此,舆论在无标度网络上的传播要比在随机网络上结束得快,从而导致无标度网络的总感染密度比随机网络的小。

4.4.2 Zanette 的小世界网络舆论传播模型

Zanette D H 采用 SIR 模型研究了舆论在小世界网络中的传播情况[66,67],他用 n_S,n_I,n_R 分别对应处于 S 态、I 态、R 态节点的数量,并简化了舆论传播的复杂机制,认为 S 态节点一旦和 I 态节点接触就被感染(变为 I 态),而 I 态节点与 R 态节点或 I 态节点接触就变为 R 态节点,并建立了基于 SIR 模型的平均场方程:

$$\begin{cases} \dot{n}_S = -n_S \dfrac{n_I}{N}, \\ \dot{n}_I = n_S \dfrac{n_I}{N} - n_I \dfrac{n_I + n_R}{N}, \\ \dot{n}_R = n_I \dfrac{n_I + n_R}{N}。 \end{cases} \tag{4.108}$$

其研究结果表明,随着舆论在人群中的传播,人群最后分化成两部分,听过舆论而后免疫的人群(R 态节点)和从未听过舆论的易感染人群(S 态节点)。当整个人群中个体的数量 N 趋向于无穷大时,免疫者在人群中所占的比例 $r=\dfrac{n_R}{N}$最后稳定在均态,约为 0.798,这意味着有将近 20%的人从来没有听说过舆论。研究结果还表明,当 n_R 处于比较小的数值区域时,n_R 与 n_I、n_R 以及灭绝时间 T 的相关性是服从幂律分布的;当 n_R 处于比较大的数值区域内时,如果重连概率 p 增大,T 减少,n_R 与 n_I 都增大,说明整个网络的传播过程变得非常有效率。这个结论在动态小世界模型中也同样存在。

4.4.3 Moreno 的无标度网络舆论传播模型

Moreno Y 等人发展了 Daley 等人在 1964 年提出的舆论传播模型,首先在小世界网络上对舆论传播进行了研究[68]。Moreno 提出的模型也是基于 SIR 模型的,他用 $s(t)$,$i(t)$,$r(t)$分别代表着 t 时刻 S 态、I 态、R 态节点在网络中的密度,并定义了两个参数 α 和 λ。α 是一个 I 态节点在变成 R 态节点之前所连接的 I 态节点或 R 态节点的平均次数,α 反映了 I 态节点对于传播舆论的兴趣和欲望程度,表示他可以连接到的已经知道舆论(I 态以及 R 态)的邻居的平均个数。舆论在 I 态节点和 S 态节点之间传播,每一步都由 I 态节点向它的一个(或者几个)邻居节点发布信息。当接到舆论的节点是一个 S 态节点时,后者以概率 λ 变成一个 I 态节点,参数 λ 涵盖了信息传递过程中数据包丢失的情况,即并不是每次连接都会成功。而如果舆论传给了一个 I 态节点或者 R 态节点,则前者以概率 $1-\alpha$ 变成 R 态节点。

对于小世界模型等指数型均匀网络,基于 SIR 模型,Moreno Y 等引入了平均场方程:

$$\begin{cases}\dfrac{ds(t)}{dt}=-\lambda\langle k\rangle i(t)s(t),\\ \dfrac{di(t)}{dt}=\lambda\langle k\rangle i(t)s(t)-\alpha\langle k\rangle i(t)[i(t)+r(t)],\\ \dfrac{dr(t)}{dt}=\alpha\langle k\rangle i(t)[i(t)+r(t)]。\end{cases}\tag{4.109}$$

结果显示:舆论在均匀网络中的传播并不存在非零临界值。

把均匀网络的舆论传播方程扩展到幂律分布的非均匀网络,得到相应的平均场方程后,Moreno Y 等研究了非均匀网络的舆论传播,以可靠性(最终不传播节点(R 态)的密度)和时间代价作为衡量传播效率的指标,指出舆论在非均匀网络传播过程中,最终不传播的节点数与感染概率有着紧密关系,而与传播源节点的度无关。

Moreno Y 等的实验结果还表明,背景网络的拓扑结构和参数的设置对于舆论的传播都有影响。小世界网络比无标度网络的传播可靠度要大,也就是说,均匀的背景网络拓扑结构要比拥有 HUB 节点的背景网络结构拥有更强的传播可靠度。因为 HUB 节点不止有很强的传播能力,而且还有很强的不稳定性,拥有这种结构的小世界网络传播可靠度比较小。随着 α 的增加,BA 网络和小世界网络的传播可靠度 R 也在增加。

无标度网络模型的传播效率要比小世界网络模型的传播效率大,因为 HUB 节点可以直通更多的邻点,因此,它的传播能力更大、更有效。随着 α 的增加,无论是无标度网络还是小世界网络的传播效率都在减少。这是由于 α 的增加会带来更多的"无效"连接,导致了效率的减少。

为了解决上述矛盾,全面挖掘 HUB 节点的潜力,许鹏远在此模型上进行了改进[68]:根据节点度数的大小,赋予不同的 α 值,对于 HUB 节点,给予更大的 α 值,使得它的大度数所具有的潜力能更有效地被挖掘,而对于那些"平庸"的节点,因为它们的潜力小,如果赋予它们大的 α 值,也是一种"浪费"。因此,可以只选择 HUB 节点增加它的 α 值。他们不仅通过大量的实验证明策略是有效的,并且通过数学推导证明了理论的正确,并提出了一个方程进行定量刻画,解得参数 α 的具体大小,但是解方程的计算量很大,而且其应用还有待进一步研究。

4.4.4 汪小帆的可变聚类系数无标度网络舆论传播模型

汪小帆等人的模型基于 Moreno Y 等的无标度网络谣言传播模型,只是引入了两个新的衡量舆论传播效果的指标:传播节点(I 态)所占比例的峰值和传播结束后知道舆论但不传播节点(R 态,简称免疫节点)的比例[69,70]。传播节点所占比例的峰值表示在整个舆论传播的过程中出现传播节点的最大数目,它在一定程度上反映了舆论传播所造成的最大影响。传播结束后免疫节点的比例则表示舆论传播所造成的影响,由于舆论传播到了最后就只剩下免疫节点者和未知舆论的(S 态)节点了,所以免疫节点的比例越大就说明谣言传播所造成的影响越大,受影响的人也就越多,反之则造成的影响越小。

他们在有 N 个节点的可变聚类系数的无标度网络上研究了网络聚类系数的大小对舆论传播的影响。研究结果表明:聚类系数越大,传播节点所占比例的峰值在整个演化过程中越小,传播结束后免疫节点的比例也越小,即聚类系数越大,舆论传播所造成的影响反而越小;而聚类系数越小,舆论传播所造成的影响反而越大。换句话说,聚类系数越大,网络中信息的透明度越强,人与人加强了了解和信任,从而使舆论被限制在一定范围内,解释了为什么信息的透明有利于抑制舆论等的传播。所以,可以通过增大网络聚类系数来有效地抑制舆论的传播。

4.4.5 舆论传播建模中应注意的问题[69]

在研究舆论传播模型,尤其是谣言传播模型时,由于各方面的原因,众多研究者都对谣言传播的演化过程进行了必要的简化,而正是这种简化,使得各个传播模型缺失了谣言传播特有的一些性质。因此,谣言传播建模中应该注意如下几个问题:

1. 重视谣言传播的复杂性

谣言传播具有3个环节:传播者(制谣者)、环境中介和接受者。事件发生后,由于社会的暂时不稳定而滋生谣言。谣言的传播者/制谣者将谣言传送给环境中介,然后通过环境中介传送给接受者。而接受者接收到谣言后,经过自身的加工、处理后,自己又变为谣言的传播者/制谣者,然后又将谣言信息传送到环境中介中,这样循环往复。环境中介包括人际网络、通信网络、互联网、传统媒体等。

谣言的形成和传播过程中必然存在大量不确定因素,如个体心理、个体信息认知和理解能力、政府行为、公共媒体行为等,都体现了从细节复杂性、结构复杂性到适应复杂性的不同层次的复杂性。此外,谣言的形成和传播还存在某些不良信息制造源,为了达到某种特定的目的,借机造谣惑众,混淆视听,制造恐慌,这些因素更加剧了谣言形成和传播的复杂性。可以说,从混乱、无序局部谣言到具有明显倾向的大众谣言的形成,是一个典型的社会复杂系统的演化过程。对这一复杂系统进行分析,难以运用传统的微分方程传播模型进行研究。而复杂适应系统理论(CAS)为此提供了超越还原论思想的建模方法:将系统成员视为具有适应性的主体(Agent),通过设计主体间不同的交互规则,以研究系统演化过程中涌现的各种性质。随着复杂系统理论与计算机技术的发展,基于多主体的建模仿真方法成为研究复杂系统整体行为的有效手段,并已经在传染病、计算机病毒等传播研究中取得了一定成果。

2. 表现谣言传播的心理特征

谣言是一种社会现象,更是一种典型的社会群体心理行为。社会心理学的研究告诉我们,凡是符合或迎合人们主观愿望、主观印象或主观偏见的谣言,最容易使人相信,并乐于被人传播,而且还有可能依据传播者特定的心理倾向被随意进行加工。即无论是在传播中产生的谣言,还是某人出于某种动机而故意捏造的谣言,都具有一个连续流动的波动过程,因此谣言传播建模与仿真中要充分考虑和表现社会群体的心理特性。群体心理学研究为此提供了理论基础。但是目前群体心理行为的研究方法,仍依赖于传统的观察法、问卷调查法以及面试法。虽然很多心理学概念,如感知、情绪、注意、记忆、认知、意识、决策等早被确立,并有大量定性或定量的分析研究,但如何整合这些概念,建立一个统一有效的数学模型,进而模拟出可信的心理行为,仍然是一个巨大难题。

3. 体现谣言传播的蝴蝶效应

蝴蝶效应由美国气象学家 Edward Lorenz 在1963年提交给纽约科学院的一篇论文中提出,是指在一个动力系统中,初始条件下微小的变化能带动整个系统的长期的巨大的连锁反应,是一种混沌现象。此效应说明,事物发展的结果对初始条件具有极为敏感的依赖性,初始条件的极小偏差将会引起结果的极大差异。初始条件的误差是蝴蝶效应产生的基本条件,由于事物之间有相互依赖性,使得一个小小的误差有可能通过一条条相关链传送放大,最后导致不堪设想的后果。而不可预测的非线性因素介入,扰乱了原有线性系统内的正常秩序,事物间可确定的关系被不可确定所替代,使得由初始条件误差引起的一系列后发事件发生在混沌与秩序的边缘,从而产生不可测度的多样性后果。

在谣言形成与传播中,谣言借以传播的开放性网络也有类似的功能,信息传播过程中出现的一丝小小的扰动有可能借助某一便利演变成轩然大波,即:谣言产生—通过一定方式传播—传播过程中变异扭曲—群体效果—控制方式的仓促或误差—恶性循环。这在互联网谣言传播中更为明显,而网络谣言更容易形成蝴蝶效应,不仅与网络本身的特殊性质有关,还有赖于谣言在网络中所呈现的特殊的传播逻辑,以及大部分人群的心理认同。

4. 反映谣言传播从无序到有序演化的主要规律

由联邦德国斯图加特大学教授、著名物理学家 Haken 创立的协同学理论建立在多学科联系的基础上(如动力系统理论和统计物理学之间的联系),是在研究事物从旧结构转变为新结构机理的共同规律上形成和发展的,它的主要特点是通过类比对从无序到有序的现象建立了一整套数学模型和处理方案,并推广到广泛的领域。Haken 在协同论中,描述了临界点附近的行为,阐述了慢变量支配原则和序参量概念:慢变量是数目较少、随时间变化缓慢、对相变起决定作用的变量,与此对应,数目较多、随时间变化很快、对相变不起决定作用的变量为快变量;对相变过程起决定作用的慢变量也称为序参量。协同学认为事物的演化受序参量的控制,演化的最终结构和有序程度决定于序参量。不同的系统序参量的物理意义也不同。

协同论强调不同系统之间的类似,因此它试图以远离热动平衡的物理系统或化学系统来类比和处理生物系统和社会系统,所以协同论除设计了许多物理、化学的模型外,还设计了许多生态群体网络和社会现象模型,如"社会舆论模型"等,这为谣言模型的研究提供了良好的借鉴和有力的支持。

5. 借鉴舆论传播模型的研究成果

谣言是一种畸变的信息传播过程,它与舆论传播有着一定的关系。所以,谣言传播模型研究中可以借鉴一般的舆论传播研究的方法。如 Axelrod R[72] 和 Kasperski K[73] 利用元胞自动机和 Agent 理论来建立舆论传播模型,但个体状态与交互规则都非常简单。而 Krause U[74] 提出的 BC 模型将个体意见用离散整数值表示,当两个个体意见之差小于某个阈值时,个体意见会按照一定规则相互吸引。而 Jager W[75] 将 BC 模型推广,当两个个体意见之差小于某个阈值时,个体意见按照一定规则相互吸引,而当两个个体意见之差大于该阈值时,个体意见则按照一定规则相互排斥,体现了"近的更近,远的更远"。此外,Salzarulo L 提出的"偏对比"舆论传播模型[76] 以及 Stauffer D 等人将复杂网络中的 BA 模型、WS 模型分别与舆论传播中的 BC 模型结合起来所做的工作[77,78],广西师范大学的刘慕仁教授等[79,80] 对舆论传播进行的研究,国防大学[81] 的虚拟全球战争空间课题组将复杂性理论、复杂网络理论与计算机仿真结合起来进行舆论涌现过程的研究,都为谣言传播提供了有益的借鉴。

4.5 复杂网络的拥塞控制策略

4.5.1 拥塞现象及其产生原因

网络拥塞(Congestion)指的是在分组交换网络中传送分组的数目太多时,由于存储转发节点的资源有限而造成网络传输性能下降的情况[83]。当网络出现拥塞现象时,通常会发生数据丢失、延时增大、吞吐量下降等情况。

自从互联网诞生以来,网络资源和网络流量分布的不均衡使得拥塞问题一直困扰着其发展。伴随着网络规模的日益扩大和应用类型的丰富,网络拥塞也变得越来越严重。为易于扩展,网络端节点要求尽可能简单,其不对数据流的状态进行记录和管理,导致网络无法对用户的发送行为进行约束。当不存在一种对数据流进行隔离的机制并且用户又不对自身的发送行为进行约束时,网络的运行就面临着瘫痪的危险。如果不及时采用适当的方法来控制网络拥塞,网络的稳定性将无法得到保障。实际上,这个现象在 20 世纪 80 年代初就已经出现,并被称为“拥塞崩溃”(Congestion collapse)。Floyd 总结了拥塞崩溃的主要几种情况,即传统的崩溃、未传送数据包导致的崩溃、由于数据包分段造成的崩溃以及日益增长的控制信息流造成的崩溃等。一般拥塞都发生在网络负载增加而导致网络传输效率下降的时候。

关于网络的拥塞现象,可以进一步用图 4.6 描述。当网络负载较小时,吞吐量随着负载的增加而增长,呈现出线性关系,响应时间也会较快。但当负载达到网络容量时,吞吐量会呈现出缓慢增长,响应时间也会急剧增加,这一点被称为“膝点(Knee)”。如果负载继续增加,路由器开始丢包,当负载超过一定量时,吞吐量急剧下降,这一点被称为“崖点(Cliff)”。从图 4.6 中可以看出,负载在 Knee 点时网络的使用效率最高,而当负载在 Cliff 点时,网络将出现拥塞崩溃现象。因而网络拥塞控制的目的就是保持网络节点的负载在 Knee 点附近,这一区域也叫拥塞避免区间。当负载在介于 Knee 点和 Cliff 点之间的区域时,拥塞已经发生,并且影响到了网络传输,需要采取拥塞控制策略,这一区域也称为拥塞恢复区间。Cliff 点之外的区域称为拥塞崩溃区。

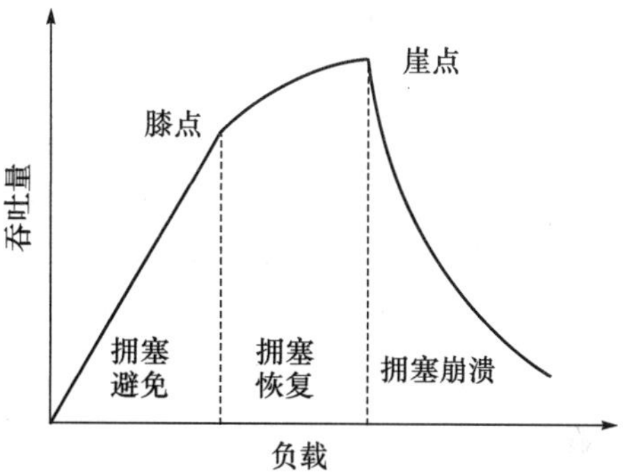

图 4.6　吞吐量随负载的变化

综上,拥塞控制就是对网络节点采取措施来避免拥塞的发生或者对拥塞的发生做出反应。

拥塞产生的直接原因主要表现在如下四点:

(1) 存储空间不足。几个输入数据流共同需要同一个输出端口,在这个端口就会建立排队。如果没有足够的存储空间存储,数据包就会丢弃。对突发数据流更是如此。增加存储空间在某种程度上可以缓解这一矛盾,但如果路由器有无限存储量时,拥塞只是会变得更坏,而不是更好,因为在网络数据包经过长时间排队完成转发时,它们早已超时,发送端认为它们已经被丢弃,而这些数据包还会继续向下一个路由器转发,从而浪费网络资源且加重网络拥塞。

(2) 带宽容量不足。速率很高的数据流通过低速链路时也会产生拥塞。根据香农信息理论,任何信道带宽最大值即信道容量 $C=B\log_2(1+S/N)$,因此节点接收数据流的速率必须小于或等于信道容量,才有可能避免拥塞。否则,接收的报文数据在缓冲区中排队,占满缓冲区时,报文将被丢弃,发生网络拥塞。故网络中的低速链路将成为带宽的瓶颈和拥塞产生的主要原因之一。

(3) CPU 处理器速度慢。如果节点在执行缓存区中排队、选择路由时,CPU 处理速度跟不上链路速度,也会导致拥塞。

(4) 不合理的网络拓扑结构以及路由选择,这也可能导致网络拥塞。

拥塞发生的主要原因是网络提供的资源不足以满足用户的需求,这些资源包括缓存空间、链路带宽容量和中间节点的处理能力等。互联网的设计机制决定了在网络资源不足时也不能限制上线的用户数量,所以只能通过降低服务质量继续为用户服务,这被称为“尽力而为”服务。资源的相对不足是引发拥塞的根本原因。这些资源包括链路带宽、可分配的处理器时间、缓冲区、内存等。对于一个具体的数据流，当其在某个时间段内网络节点对所到达的流量控制不足，使之超出了网络实际可分配的资源时，网络拥塞便发生了。拥塞一般都是发生在网络中某个资源相对不足的时候，拥塞发生位置的不均衡反映了 Internet 的不均衡性，如图 4.7 所示。

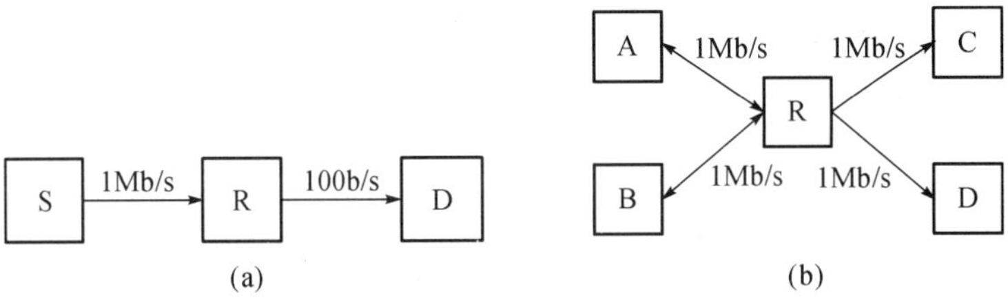

图 4.7　互联网的不均衡性

Internet 的不均衡性主要表现在两个方面，一是资源分布的不均衡，图 4.7(a) 显示的是带宽分布不均衡，当数据源端 S 以 1Mb/s 的速率向数据接收端 D 发送数据时，由于网关 R 到 D 的带宽仅有 100b/s，势必会在 R 处发生拥塞。另一是流量分布的不均衡，图 4.7(b) 中，带宽的分布是均衡的，当 A 和 B 都以 1Mb/s 的速率向 C 发送数据时，在 R 处也会发生拥塞。Internet 中资源和流量的分布不均衡是比较普遍的，而由这种原因导致的拥塞不能通过增加资源的方法解决。

4.5.2　复杂网络中拥塞控制的路由策略

路由选择策略主要用来为所收到的数据包确定递送的外出路线，虽然路由策略从本质上并不导致拥塞的产生，但是路由策略设计的好坏却对网络性能有显著影响。特别是在网络进入拥塞状态的时候，有效的路由策略能利用网络的局部拥塞信息，通过将数据包分散到其他链路或者路由器上来阻止拥塞加剧，从而改善网络的性能，而差的路由策略则会进一步加剧网络拥塞，甚至导致网络崩溃。因而，理解并研究复杂网络上的路由策略，控制网络拥塞，是急需处理的一个重要问题。下面介绍目前研究中常见几种路由选择方法。

1. 广度优先路由策略

一般假设每一个节点既是产生和接收数据的服务器终端，又是中介递送数据的路由器。模型可以描述如下[84]：

(1) 整个网络在单位时间内有 R 个数据包产生，并需要从其源节点递送到目标节点，源节点和目标节点都是随机选取的，但是一经选定，即不再改变。一旦数据包生成，就把它放到产生这个数据包的节点的队尾。只要数据包未到达目标节点，就始终在网络内游荡。

(2) 依据路由策略，单位时间内每一个节点最多可以往其目标节点递送 C_i 个数据包。

(3) 数据包一旦到达目标节点则被移除系统。

最简单的路由选择策略采用广度优先的方式传递数据包。假设需要将数据包由节点 v_s 传递到节点 v_t，节点 v_s 首先查询其所有的邻居节点中是否包含节点 v_t，如果 v_s 的邻居中恰好有节点 v_t，则路由完成。如果节点 v_t 并不在节点 v_s 的邻居节点中，则将数据包传递到所有邻居节点，然后所有的邻居节点再继续查询各自的邻居节点，一直到找到节点 v_t 为止。该路由策略产生的有效范围以几何级数的方式增长，因此增长速度相当快，特别是对于小世界网络来说，几步之内就可以遍布整个网络。但是，随着网络规模的扩大，这样的处理方式会在网络中产生大量重复数据包，造成网络流量急剧增加，从而导致网络拥塞。因此，尽管该算法在搜索效率的理论分析中被广泛采用，却难以在实际中得到应用。

2. 随机游走路由策略

随机游走也是一种基本的动态路由方式，无论是在复杂网络结构的研究还是网络拥塞等动态特性的研究中都经常采用[85]。随机游走主要有如下三种形式。

(1) 无限制随机游走(Unrestricted Random Walk, URW)。每一步，节点不加任何限制地随机选择邻居节点进行路由。

(2) 无回访随机游走(No-Retracing Random Walk, NRRW)。每一步，排除当前节点的邻居节点中数据包的源路由节点，其他规则和 URW 一致。

(3) 无重复随机游走(Self-Avoiding Random Walk, SARW)。每一步，之前已经路由过的节点将不再被考虑，当前节点在其所有路由未经过的邻居中随机选择一个节点进行路由。

规则网络和 ER 随机图网络以及小世界网络中的随机游走已被广泛研究。最近还有文献研究了无标度网络中的随机游走。这些研究发现在不同的网络拓扑结构下，不同的随机游走路由策略的效率也有很大区别。如果不考虑网络的拥塞，而仅从平均搜索步数这一指标来看，规则网络中路由效率最高的是 SARW 路由策略，其次是 NRRW 路由策略，而 URW 路由策略效率最低。对 ER 随机图网络的仿真结果表明 URW 路由策略效率最低，而 SARW 路由策略效率最高，这一结论与规则网络中的结果类似。

然而无论是基于广度优先还是随机游走的路由策略，它们都没有利用网络拓扑的结构特性，并且这几种路由策略可能在网络中产生大量的重复数据包，或者导致数据包迂回传递以至超时，因此很容易导致网络拥塞。在实际应用中，需要设计更为优化的路由策略。

3. 最短路径路由策略

如果将复杂网络看作一个大系统，通过定义一些网络通信的性能指标，如网络信息的吞吐量、网络传输的平均延时等，可以研究如何通过优化路由选择策略来优化网络性能。目前，现实网络中无标度网络的路由策略多数是基于最短路径路由策略[86]。网络中任意节点对之间存在很多路径，其中最短的一条称为该节点对之间的最短路径。在网络的通信过程中，选择处于最短路径上的节点作为数据传输路由节点的路由策略称为最短路径路由。

无标度网络中某些度大的中心节点(HUB)可能处在很多节点对的最短路径上，这些节点通常介数都比较大。对于现实中的网络，介数中心度与节点的度具有极大的关联性。其中介数中心度指的是节点的介数的大小。通常来说，节点的度越大，介数中心度越大。对于许多无标度网络来说，可证明介数中心度 $B(k)$ 大体服从 $B(k):k^{\mu}$ 的分布，$B(k)$ 表示对于整个网络平均的所有度为 k 的节点的平均介数中心度。因而，在非均匀的网络中，存在很少的几个节点，它们具有极高的介数中心度，这样的节点被成为中枢节点。这种节点极易产生拥塞。这正好是无标度网络吞吐量低的原因。

为了加强网络的通信能力，Zhao 等提出了两个网络通信模型[86]。节点 v_i 的传递能力分别为 $C_i=1+\beta k_i$(模型Ⅰ)和 $C_i=1+\beta B_i$(模型Ⅱ)。$0<\beta<1$ 在这里是一个控制参数。显而易见，在网络的总递送能力 $\sum_i C_i$ 不变的情况下，提高中枢节点的递送能力将会增加整个网络的吞吐量。这提供了一种降低非均匀网络交通拥塞的方法：使得具有高介数中心度的节点具有尽可能高的信息递送能力和高的递送效率。

Yang 等认为多数网络中节点的介数与节点度正相关[86]，即网络中度较大的节点其介数通常也比较大，这些点在采取最短路径的路由策略中负载很大，而其他大部分节点则处于空闲状态,因而不利于数据的传输效率以及网络整体通信性能的提高。为了解决这一问题,文献[84]提出了一种改进的路由策略,对于任意节点 v_i 和 v_j 间的路径

$$P(v_i \to v_j): v_i \to v_0 \to v_1 \to v_2 \to \cdots \to v_n \to v_j,$$

定义

$$R_c = CN(N-1)/B_{\max}, \tag{4.110}$$

式中:$B_{\max}$ 为网络中最大的介数中心度;$C = \sum_{i=1}^{N} C_i$ 为网络的总递送能力,$C_i = 1+\beta B_i$ 表示节点 v_i 的递送能力;β 为可调参数。

给定的 β 使式(4.110)中 $L(P(v_i \to v_j):\beta)$ 最小的路径定义为有效路径,显然,当 $\beta=0$ 时,该路由策略就退化为传统的最短路径路由策略。这种算法对度小的节点引入一定的优先路由性,从而在度大节点与度小节点之间的路由选择进行了权衡。Yang 等认为存在一个 $\beta>0$,能够提高网络的传输效率,避免拥塞的产生。假设网络中的节点一次可以处理 C 个数据包,定义 R 为数据产生率,通过调节 β 观察相变时临界数据产生率的变化。通过仿真实验表明,随着 β 逐渐增大,临界的数据产生率也逐渐增大,当 $\beta=0.9$ 左右时临界的数据产生率达到最大值,此后又逐渐变小。可见,$\beta=0.9$ 是一个优化参数,可以提高网络的传输性能。另外,β 参数对实际路由也有影响,β 越大实际路由路径就越长。也就是说,数据包的实际路由路径偏离了 $\beta=0$ 的最短路径,因此尽管该路由策略可以增大拥塞的临界值,从而在一定程度上降低了网络的拥塞,但这是以牺牲最短路径为代价的。

4. 综合最短路径和负载的路由策略

无论是最短路径路由,还是最小化路径度的策略,都只考虑了网络的结构特征,而忽略了网络中负载实际的动态。Echenique 在文献[87]中提出综合考虑最短路径和负载动态的路由策略,并采用参数 h 平衡了两者之间的关系,即

$$\delta_i = hd_i + (1-h)c_i, \tag{4.111}$$

式中:d_i 为节点 v_i 距离目标位置的最短路径长度;c_i 为节点 v_i 的负载队列长度。

选取当前节点的邻居中具有最小的 δ_i 的算法,综合考虑了静态路径和动态数据传输,从而可以找到一条有效的实际路径来提高数据传输的效率。当 $h=1$ 时,该算法等同于传统的最短路径路由。为了表征网络从自由传输状态向拥塞转变的过程,Echenique 引入了参数 ρ,即

$$\rho = \lim_{t\to\infty} \frac{A(t+\tau) - A(t)}{\tau R}, \tag{4.112}$$

式中:R 为单位时间内产生的数据包个数;$A(t)$ 为网络中没有到达目标节点的数据包的个数;ρ 为网络实际积累的数据包个数。

当 ρ 的值近似为零时,网络处于通畅状态;而当 $0<\rho\leqslant 1$ 时,网络则处于拥塞状态。所以 ρ 由零向非零转变是一个临界点,将网络的通畅状态和拥塞状态分开。在仿真实验中,研究了不同的参数 h 对网络拥塞的影响。仿真结果表明,与传统的最短路径路由策略($h=1$)相比,采用综合算法 $h\neq 1$ 时,拥塞临界点的 ρ 值得到了较大的提高,即网络不容易产生拥塞。但是在拥塞临界点时,综合算法的拥塞状况会有一个突变,且比采取最短路径的算法更为严重。因此,采取何种路由策略,应当根据网络可能造成的实际拥塞程度分别加以考虑。

5. 局部可见度路由策略

上述路由策略都要用到节点对之间的最短路径，也就是说，每个节点都需要知道整个网络的最短路径路由信息。这在网络规模较小时可以实现，但是随着网络规模的逐渐增大，很难通晓网络的全局信息。因而能否根据节点局部信息设计出高效的路由策略成为一个具有挑战性的课题。Valverde 在文献[88]中提出了一种局部最短路径的策略，他定义了节点的可见度范围 m，当数据距离目标节点的距离小于 m 时，就按照最短路径路由策略；相反地，当距离大于 m 时，则按照随机扩散的方式。如节点 v_i 向 v_j 发送数据包，当数据包在 v_i 的可见度范围之外时，根据节点队列长度采取随机扩散的策略；而当数据包到达 v_j 的 m 步范围之内后，就采取确定性的最短路径路由策略。当 m 取网络直径 D 时，该算法就是传统的整体最短路径路由策略。因此，问题关键是能否找到一个优化参数 $m(0<m<D)$，从而降低网络拥塞、提高数据传输效率。Valverde 采用了 250 个节点、平均度为 4、$D=1.5$ 的网络模型。在该模型中，节点之间连接的概率取决于度以及它们之间的距离，即

$$\prod(k_i, d_{ij}) \approx \frac{k_j^{\alpha}}{d_{ij}^{\sigma}}。\tag{4.113}$$

网络模型中 α 的值取为 1，改变 m 的取值，观察网络的平均延时、传输效率、数据产生概率以及网络负载等参数的变化。仿真结果表明，随着 m 的增大，平均延时和网络负载首先会逐渐减小，当 m 增大到一定值后保持不变。而传输效率与平均数据产生率随 m 的增大先增大后保持不变。总而言之，当 m 达到一定值后，这四个网络性能参数均跟全局最短路径策略相近，由此验证了优化参数 m 的存在。

为了比较实际路径与最短路径，Valverde 引入了参数 s，它定义为实际路径与最短路径的比值 $s=h/d$，其中 h 表示实际路径，d 表示最短路径。仿真结果表明，无论是均匀网络还是类 Internet 网络，当路由可见度参数 $m<4$ 时，实际路由路径与最短路径的比值大于 1。随着 m 值不断增大，该比值逐渐减小。到 $m\approx4$ 时，实际路径与最短路径的比值 $s\approx1$。也就是说，此时的实际路径长度基本接近最短路径长度。

6. 基于局部信息的路由策略

文献[89]提出了一种基于局部信息的路由策略。该算法非常简单，仅需知道当前节点邻居的度。当数据到达当前节点 v_s 时，根据一定的概率选择对应的邻居，即

$$\prod_i = \frac{k_i^{\alpha}}{\sum_j k_j^{\alpha}},\tag{4.114}$$

式中：α 为可调参数；k_j 为当前节点 v_i 的邻居节点 v_j 的度。

当 $\alpha=0$ 时，所有邻居的选择概率相同，此时即对应了随机游走的路由策略；当 $\alpha>0$ 时，数据优先选择度较大的邻居节点，因而使得这些节点容易造成拥塞；当 $\alpha<0$ 时，数据则优先选择度较小的邻居节点，从而一定程度上缓解了度大节点拥塞。节点的队列实行先进先出的原则。还有一条重要的规则，即路径重复避免规则（Path Iteration Avoidance，PIA），即任何一对节点之间的连边不能够被同一个数据包访问两次或两次以上。如果没有这一路径重复避免规则，则将由于同一数据包在同一连边上毫无必要地反复访问多次而使得网络的通讯能力变得极低，这种现象在真实的通信系统中是不存在的。

设网络的数据产生率为 R，每个节点一次可以处理 C 个数据包，整个网络的通信能力则用

临界数据产生率 R_c 来度量,在临界数据产生率 R_c 处,发生由通信畅通态到拥塞态的连续相变。当 $R<R_c$ 即数据包产生率 R 低于临界值 R_c 时,单位时间内所产生的数据包数目可以与被去除的数据包数目相抵消,系统处于通畅状态。当 $R>R_c$ 时,系统进入拥塞态仅有一小部分数据包可以到达各自的目标节点而从系统中去除,大部分数据包将不断地滞留积累于系统中,最终导致系统的全局交通堵塞瘫痪。为了精确地描述相变临界点,定义网络的拥塞状况为

$$\eta(R)=\lim_{t\to\infty}\frac{C}{R}\frac{\Delta N_p}{\Delta t}, \tag{4.115}$$

式中:$N_p(t)$ 为 t 时刻网络中的数据包总数,$\Delta N_p=N_p(t+\Delta t)-N_p(t)$。

显然,在通畅状态下 $\eta=0$,而在拥塞态下 η 是一个正数。取网络节点数为 1000,$C=10$ 针对不同 R 以及参数 α 得到仿真结果。仿真结果表明,当 $\alpha=-1$ 时,临界产生数据的数目 R_c 最大,网络中数据传输的效率最高。为探究网络在 $\alpha=-1$ 时出现最优值的原因,文献[89]研究了节点平均负载与度的相关性。设 $n_i(t)$ 为节点 v_i 在 t 时刻的数据队列长度,k_i 为节点 v_i 的度,则在非拥塞状态下,$n_i(t)$ 的演化如下:

$$\frac{\mathrm{d}n_i(t)}{\mathrm{d}t}=-n_i(t)+\sum_{j=1}^{N}a_{ij}n_j(t)\prod_i=-n_i(t)+\sum_{j=1}^{N}a_{ij}n_j(t)\frac{k_i^{\alpha}}{\sum_{l=1}^{N}a_{il}k_l^{\alpha}}, \tag{4.116}$$

式中:$\boldsymbol{A}=(a_{ij})_{N\times N}$为网络的邻接矩阵。

假设 $n_i=Ck_i^{\theta}$,通过比较可得 $n(k):k^{\theta}$,且 $\theta=1+\alpha$。通过仿真实验表明随着 α 由正向负转变,斜率逐渐变小,且当 $\alpha=-1$ 时斜率为零。此时,网络中路由不会拥塞在度大节点上,而是平均分布在各个节点。因此,这样的路由策略可以有效控制拥塞的产生。

文献[89]提出了一种基于局部信息的优化路由策略,每个节点根据局部拥塞状态来选择路由,通过调节一个感知拥塞度的参数使路由策略从随机路由向拥塞梯度(Congestion-gradient Routing)路由方向转变,从而在优化路由仿真结果和梯度网络的解析分析结果之间架起了一座桥梁。通过仿真,Park 等人进一步得到了如下结论:当 $k<k_c$ 时,BA 无标度网络比同等规模的 ER 随机图更易于拥塞;而当 $k>k_c$ 时,ER 随机图比 BA 无标度网络更易于拥塞。文中规定数据包从节点 v_i 传递到节点 v_j 的概率满足

$$P_{ij}=\frac{a_{ij}(q_j+1)^{-\beta}}{\sum_{k=1}^{N}a_{ki}(q_k+1)^{-\beta}}, \tag{4.117}$$

式中:q_k:为节点 v_k 的队列长度;β 为可感知拥塞度的参数,通过调节 β 可以使得数据包从随机路由方式向沿着梯度方向传递转变,此时梯度方向是通过将节点的队列长度作为其权值。

研究表明,较小的拥塞感知参数可以使传输性能得到较大改善,然而当该参数过大时,传输性能下降。当感知参数值小于 β 时,传输能力随 β 的增加而增强,而超过该临界值后,传输能力将随 β 的增加而减弱。

习题 4

4.1 流行病传播的基本模型有哪些,相应的动力学微分方程是什么?

4.2 均匀网络和非均匀网络的传播阈值与度分布各有什么样的关系?

4.3 复杂网络的三种主要免疫策略是什么？各有什么特点？

4.4 假设针对均匀网络的舆论传播模型可由平均场方程表示如下：

$$\begin{cases}\dot{n}_S = -n_S n_I/N, \\ \dot{n}_I = -n_S n_I/N - n_I(n_I + n_R)/N, \\ \dot{n}_R = n_I(n_I + n_R)/N,\end{cases}$$

式中：N 为网络规模；$n_S(t)$，$n_I(t)$ 和 $n_R(t)$ 分别为处于 S 态、I 态和 R 态的节点数。

试证明该舆论模型的总感染密度 ρ_R 满足方程

$$\rho_R = 1 - e^{-2\rho_R}。$$

4.5 复杂网络上的谣言传播模型有哪些？它们的基本思想分别是什么？

第5章 复杂网络中的同步

同步是自然界和人类社会中的一种常见现象。1665年，物理学家 Huygens 躺在病床上，发现挂在同一个横梁上的两个钟摆在一段时间以后会出现同步摆动的现象。这种现象发生的原因是它们通过悬挂其上的横梁相互作用。除了这种两个个体相互作用产生的同步现象之外，很多重要的同步现象也出现在多个体系统中。1680年，荷兰旅行家 Kempf 发现夏天的萤火虫会有规律地同时发光或者同时不发光，直到1968年 Buck 通过实验证明萤火虫闪烁的频率会受到周围发光体闪烁频率的影响，对于自组织形成同步现象的研究才开始步入正途，这也同时开创了网络同步研究的先河。此外，夏日夜晚青蛙的齐鸣，窗外蟋蟀叫一段时间后就会同时叫或同时不叫，剧场中观众鼓掌频率的逐渐趋于一致，心肌细胞和大脑神经网络的同步等，都是现实生活中一些常见的同步现象。

科学研究发现，这些大量的看似巧合的同步行为可以用数学给出理论解释：假定一个集体中的所有成员的状态都是周期变化的，例如从发光到不发光，那么这种现象完全可以用数学语言来描述。在这里，每个个体是一个动力学系统，而诸多的动力学个体之间存在着某种特定的耦合关系。实际上，在物理学、数学和理论生物学等领域，耦合动力学系统中的同步现象已经研究了很多年。早期的开创性工作要归功于 Winfree，他假设每个振子只与它周围有限个振子之间存在强力作用，这样振子的幅值变化可以忽略，从而将同步问题简化成研究相位变化的问题[90]。在此基础上，Kuramoto 指出，一个具有有限个恒等振子的耦合系统，无论系统内部各个振子之间的耦合强度多么微弱，它的动力学特性都可以由一个简单的相位方程来表示[91]。此外，有关耦合系统的网络同步化现象引起了人们的极大兴趣。但20世纪的工作大多集中在具有规则拓扑形状的网络结构上。

网络的拓扑结构在决定网络动态特性方面起很重要的作用。近来，人们将同步化现象的产生与复杂网络拓扑结构结合起来。如果在复杂网络中任何两个节点之间都直接相连，那么只要这个网络的规模足够大，这个网络的各个节点必然会产生同步化现象。本章重点讨论复杂网络的混沌同步原理。首先简要介绍混沌理论，然后概述混沌同步的概念和方法，接着引出一般意义上的复杂网络完全同步问题及其稳定性分析方法，最后讨论典型复杂动态网络在线性耗散耦合条件下的混沌同步问题。

5.1 混 沌

混沌作为非线性动力系统中的特例，是确定性系统中出现的看似无规则、随机的复杂现象，它揭示了自然界及人类社会中普遍存在的复杂性。19世纪，法国数学家 Poincare 在研究太阳系三个天体之间的引力作用时，发现不同的初始条件下，确定性动力学方程存在相当复杂的不确定性和不可预测性，首次发现了混沌现象，Poincare 也被公认为是混沌理论的开创者，他结合动力系统和拓扑学两大领域提出了著名的 Poincare 猜想，揭示了混沌存在的可能性。1963年，美国气象学家 Lorenz 在研究描述大气对流的三阶常微分方程组时，发现在参数取适当值时,系统的长期运动行为对初值的微小变化非常敏感,产生所谓的“蝴蝶效应”——一只蝴蝶轻轻地扇动翅膀,就可能引起大洋彼岸的一场暴风雨。Lorenz 的这一结果揭示了长期天气预报不能成功的原因。控制论的创始人 Wiener 曾引入一首民谣对这一效应加以阐述:钉子缺,蹄铁卸,蹄铁卸,战马蹶,战马蹶,骑士绝,骑士绝,战事折,战事折,国家灭。马蹄铁上一个钉子是否会丢失,本是初始条件十分微小的变化,但其“长期”效应却是一个帝国存与亡的根本差别。这就是军事和政治领域中的“蝴蝶效应”。同一时期,美国数学家 Smale 发现某些物体的行径经过某种规则性变化之后,随后的发展并无一定的轨迹可循,呈现失序的混沌状态。混沌现象起因于物体不断以某种规则复制前一阶段的运动状态,而产生无法预测的随机效果,这就是所谓的“失之毫厘,谬以千里”。从此混沌理论开始迅速发展起来。

中国古代所说的“混沌”,原是指天地合一、阴阳未分、氤氲渺蒙、万物相混的整体状态。1975 年,李天岩和他的导师 Yorke 发表论文 *Poriod Three Implies Chaos*,揭示了从有序到无序的演变过程,首次给出了混沌的数学定义,同时“混沌”一词也首次作为科学名词出现,并被广泛接受。1976 年,May 首次揭示了描述动物种群繁衍的 Logistic 映像中通过倍周期分岔达到混沌的方式,受到普遍的关注,这些研究奠定了混沌学科的建立。在现代科学技术中,尤其在复杂系统研究中,混沌占据重要地位,与相对论及量子力学并称为 20 世纪物理学三大重要发现。自 1990 年美国海军实验室发现电路中的混沌自同步现象以后,国际上掀起了混沌控制的研究热潮,特别是混沌在保密通信中的应用研究。混沌控制及混沌同步的突破性进展激发了理论与实验应用研究的蓬勃发展,以至于各国的军事研究部门及大学机构均有学者竞相参与研究,许多新的控制及同步方法和新的保密通信方案不断被提出。

本节首先介绍混沌的概念,然后介绍几种典型的混沌模型,最后介绍刻画混沌的几种重要指标以及复杂网络混沌同步的判据。

5.1.1 混沌的概念

虽然自 Lorenz 发现混沌现象以来,混沌理论得到了迅速发展,但时至今日,科学上仍没有给混沌下一个完全统一的定义,而是在各领域中产生了各种意义下的混沌。这里只介绍常见的两种定义。

Li-Yorke 混沌定义是在数学界、物理学界被普遍接受的混沌系统定义。

定义 5.1 设 $f: X \to X$ 是集合 X 到自身的一个映射,记

$$\begin{aligned} f^{(0)}(x) &= x, \\ f^{(1)}(x) &= f(x), \\ f^{(2)}(x) &= f(f^{(1)}(x)), \\ &\vdots \\ f^{(n)}(x) &= f(f^{(n-1)}(x)), \end{aligned} \tag{5.1}$$

称 $f^{(n)}(x)$ 为一元函数 $f(x)$ 的 n 次迭代。

定义 5.2 周期点。如果对某个 $x_0 \in I$,有 $g^{(n)}(x_0) = x_0$,但对于小于 n 的自然数 k,有 $g^{(k)}(x_0) \neq x_0$,则称 x_0 是 $g(x)$ 的一个 n 周期点。

定义 5.3 映射 $f(x)$ 为区间 I 上的连续自映射,I 是 $\mathbf{R}$ 上的一个闭区间,如果满足

(1) $f(x)$ 存在一切周期的周期点,即周期点的周期无上界。

(2) 存在区间 I 上的不可数子集 $S \subset I$,S 不含周期点,使得

① $\forall x,y\in S,x\neq y,\liminf_{n\to\infty}|f^{(n)}(x)-f^{(n)}(y)|=0$；

② $\forall x,y\in S,x\neq y,\limsup_{n\to\infty}|f^{(n)}(x)-f^{(n)}(y)|>0$；

③ $\forall x\in S$，p 为任意周期点，$\limsup_{n\to\infty}|f^{(n)}(x)-f^{(n)}(p)|>0$。

则称 $f(x)$ 在区间 S 上是混沌的。

Li-Yorke 定义体现了混沌的三个本质特征：有界的、非周期的以及对初始条件的高度敏感[4]。Li-Yorke 定义同时表明区间映射 $f(x)$ 具有如下三种性质：第一，存在所有周期的轨道；第二，存在一个不可数集合，该集合只含有混沌轨道，从这个集合任意两点出发的两条轨道既不趋向远离也不趋向接近，而是两种状态交替出现，同时任一轨道不趋向于任一周期轨道；第三，所有周期轨道都不稳定。尽管 Li-Yorke 第一次给出了混沌严格的数学定义，但是该定义存在缺陷，当集合 S 的 Lebesgue 测度有可能为 0 时，混沌便是不可观测的，而研究上往往关心的是可测集的情形[4,92]。

1989 年，美国数学家 Robert. L. Devney 从拓扑学角度给出了在度量空间中混沌的定义，这个定义更加全面。

定义 5.4 设 X 是一个度量空间，$f:X\to X$ 是一个连续映射。如果满足以下条件称 f 在 X 上是混沌的。

(1) f 对初始条件敏感依赖，即 $\exists\delta>0$，$\forall x\in X$ 与 x 的一个邻域 B，$\exists y\in B$ 和自然数 k，使得距离 $\rho(f^k(x),f^k(y))>\delta$。

(2) f 是拓扑传递的，即对任何两个开集 $U,V\in X$，存在自然数 k，使得 $f^k(U)\cap V\neq\varnothing$。

(3) 周期点在 X 中是稠密的。

Devney 混沌定义表明了混沌映射的三要素，即不可预测性、不可分解性（拓扑传递）、包含一定的规律性（有稠密的周期点）。

除了上述两种混沌定义之外，还有诸如 Marotto 混沌、Wiggins 混沌、Smale 马蹄、横截同宿点、拓扑混沌以及符号动力系统定义等，这里不再详述。

5.1.2 混沌模型

尽管不同意义下的混沌定义从不同的角度反映了混沌的运动行为，但是普遍都具有如下独特的性质[93,94]：

(1) 对初始条件的高度敏感性。混沌系统对初始条件的微小变化高度敏感且非常不稳定，即“蝴蝶效应”“失之毫厘，谬以千里”。这是混沌最本质的特征，正是这一特征导致了混沌长期行为的不可预测性。因此当确定性系统的行为敏感依赖于初始条件时，这个系统就是混沌的。

(2) 有界性及系统的整体稳定性。混沌是有界的，其运动轨道始终局限在一个确定的区域，该区域称为混沌吸引子（奇怪吸引子），使其显现出多种状似混乱无序又颇具规则的自相似图像。无论混沌系统内部多么不稳定，系统轨道都不会走出吸引子，所以从整体上来说混沌系统又是稳定的。

(3) 随机性。混沌是由确定性系统产生的不确定性行为，具有内在随机性，与外部因素无关。尽管系统的规律是确定性的，但它的动态行为难以确定，在它的吸引域中任意区域概率分布密度函数都不为零，这就是确定系统产生的随机性。实际上，混沌的不可预测性和对初值的高度敏感性导致了混沌的内在随机性，同时也说明混沌系统是局部不稳定的。

（4）遍历性。在混沌系统的时间演化过程中，系统可以达到嵌入在混沌吸引子内部的任何不稳定周期轨道的任何邻域，而且不会自我重复和自我交叉。

（5）普适性。普适性是指某些类型的动力系统在趋向混沌态时所表现出来的不依赖具体的系统方程或参数的某些共同特征。具体表现为几个混沌普适常数，如单峰映射的 Feigenbaum 常数。普适性是混沌内在规律性的一种体现。

（6）正的 Lyapunov 指数。Lyapunov 指数是指在相空间中相邻的两条轨道随时间的推移，按指数速度分离或聚合的平均变化率。Lyapunov 指数定量地刻画了非线性系统产生的运动轨道间趋近或分离的整体性质。正的 Lyapunov 指数表明轨道在每个局部都是不稳定的，相邻轨道按指数速度分离。一般而言，系统只要有一个正的 Lyapunov 指数，就称为混沌系统。有两个或两个以上正的 Lyapunov 指数的混沌系统，则称为超混沌系统。混沌系统的这种性质，严格地讲同性质(1)有密切关系。

下面通过介绍三个比较著名的混沌现象以及它们各自的模型，说明混沌运动的一些基本规律。

1. Logistic 映射

在客观实际问题中，存在一些动力学系统，其状态变量随时间的变化是离散的，这种系统称为离散动力学系统。Logistic 映射就是一种简单的离散动力学系统，其定义[4,103,104]为

$$x_{n+1} = \alpha x_n(1 - x_n), \tag{5.2}$$

式中：α 为系统的参数，且 $0<\alpha<4$。

Logistic 映射也称虫口模型，因为这个模型最初用来描绘昆虫的数量随时间的变化。由于资源的限制性，昆虫的数量不可能无限制的增加，当到达一个数量后，它们之间就会因为食物的缺少而竞争。因此，这个模型描述的就是繁殖和竞争同时存在时昆虫的数量随时间的变化情况。对于这样一个简单的映射，人们关心的是其最终状态是什么。图 5.1 给出了 Logistic 模型状态变量 x_n 随参数 α 变化的分岔图，图中横坐标是参数 α，取值范围是 0~4，取样步长为 0.001；初值皆为 $x_0=0.2$，纵轴为序列 $X=\{x_n\}$ 的取值（每个 α 迭代 100 次，取后 30 次），范围为 0~1。

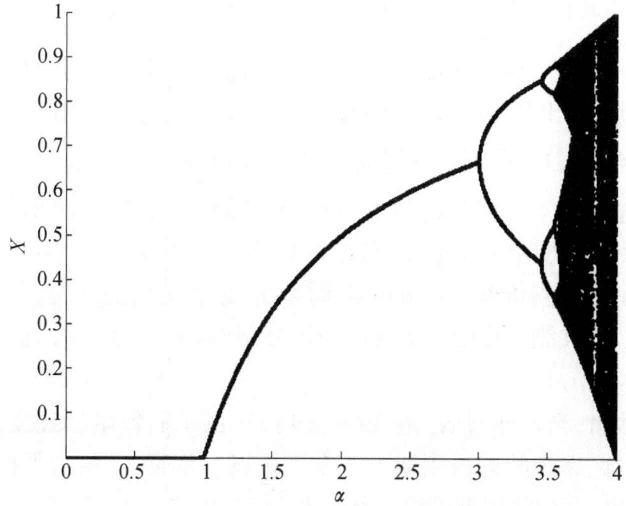

图 5.1　Logistic 模型的分岔图

画图的 Matlab 程序如下：

```
clc,clear,
hold on
for a=0:0.001:4
    x1=0.2;
    for i=1:100
        x2=a*x1*(1-x1);
        x1=x2;
        if i>70,plot(a,x1,'.'),end
    end
end
xlabel('\alpha'),ylabel('\it x','rotation',0)
```

对于一维动力系统 $f(x)$ 而言，满足 $f(x)=x$ 的点 x^*，称为系统的不动点。下面简单讨论参数 α 变化时系统的演化情况。

1) $0<\alpha\leqslant 1$

令 $f(x)=\alpha x(1-x)$，由 $\alpha x(1-x)=x$ 知，该系统除了不动点 $x^*=0$ 外，再也没有其他的周期点，且 $x^*=0$ 是稳定的不动点。此时虫子不可避免地要成为“物竞天择”的牺牲品（随时间增加，映射迭代的极限为 0）。

2) $1<\alpha<3$

系统存在两个不动点：0 和 $1-1/\alpha$。其中 0 是不稳定不动点，$1-1/\alpha$ 是稳定不动点（周期点），当初值 $x_0\in(0,1)$ 时，虫子的数量将一直维持在一定量 $1-1/\alpha$ 附近。一般地，将某一范围内稳定的周期解称为周期窗口，故 $1<\alpha<3$ 是稳定的 1-周期窗口。

3) 从 $\alpha=3$ 到 $\alpha=4$

由图 5.1 可以看到，在 $\alpha=3$ 时单线开始一分为二，这表明出现了 2-周期点。实际上当 $\alpha>3$ 时，$f^2(x)=x$ 除去 0 和 $1-1/\alpha$ 两个根外，又出现了两个根 $\frac{1}{2\alpha}\left((1+\alpha)\pm\sqrt{(\alpha+1)(\alpha-3)}\right)$，这两个根不是不动点，而是 $f(x)$ 的 2-周期点。由于 $\alpha>3$ 时，1-周期点失稳，2-周期点产生，故 $\alpha=3$ 是倍周期分支点。从实际意义来讲，2-周期的出现表明虫子数目以 2 年为周期，呈现高低交错。

当 α 继续增加到 $\alpha=1+\sqrt{6}$ 时，2-周期点开始失稳，$f^4(x)=x$ 除了上述 4 个根外，又要产生新的 4 个根，这就是 4-周期点，故在 $\alpha=1+\sqrt{6}$ 处，发生第二次倍周期分支，同时诞生了稳定的 4-周期解，4-周期窗口比 2-周期窗口要窄。当 $\alpha\approx3.544$ 时，产生了第三次倍周期分支，这个过程将一直继续，大量的倍周期分支出现在越来越窄的 α 间隔里。尽管倍周期化的过程没有限制，但是 α 却有一个极限值 $\alpha_\infty\approx3.57$，这是有序到无序的分水岭[105]。

从图 5.1 可以看出，当 α 越过 α_∞ 进入 $(\alpha_\infty,4)$ 时，虫子的数量已经变得混乱，系统进入了混沌，即随着 α 的增加，系统状态由周期 1（1 个平衡点）、周期 2（两个平衡点），通过倍周期分岔向周期 2^n 逐渐演化，直至非周期的混沌解。相反地，图中从右向左，随着 α 的减少，系统由一个混沌带、两个混沌带向 2^n 个混沌带变化。最终，这两个变化趋势（向右的倍周期分岔和向左的混沌带倍周期分岔）将交互于某一个参数值。许多动力学系统都是通过这种倍周期分岔的方式进入混沌态的。

虽然 Logistic 模型特别简单，但对揭示混沌运动的特点有其普适性，另外比较典型的离散混沌映射模型还有 Hénon 映射

$$\begin{cases}x_{n+1} = 1 - ax_n^2 + y_n, \\ y_{n+1} = bx_n,\end{cases} \quad 或 \quad \begin{cases}x_{n+1} = 1 - ax_n^2 + by_n, \\ y_{n+1} = x_n。\end{cases} \tag{5.3}$$

式中：a，b 为参数，$0<b\leqslant1$，例如 $a=1.4$，$b=0.3$；$a=1$，$b=0.54$ 出现混沌。

2. Lorenz 模型

Lorenz 模型是由美国气象学家 Lorenz 在研究大气运动时，通过对对流模型简化，只保留 3 个变量提出的一个完全确定性的三阶自治常微分方程组（不显含时间变量），其方程为[4,103,104]

$$\begin{cases}\dot{x} = \sigma(y - x), \\ \dot{y} = \rho x - y - xz, \\ \dot{z} = xy - \beta z,\end{cases} \tag{5.4}$$

式中：σ 为 Prandtl 数；ρ 为 Rayleigh 数；β 为方向比。

Lorenz 模型如今已经成为混沌领域的经典模型，第一个混沌吸引子——Lorenz 吸引子也是在这个系统中被发现的。系统中三个参数的选择对系统会不会进入混沌状态起着重要的作用。图 5.2 给出了 Lorenz 模型在 $\sigma=10$，$\rho=28$，$\beta=8/3$ 时系统的三维演化轨迹。由图可见，经过长时间运行后，系统只在三维空间的一个有限区域内运动，即在三维相空间里的测度为零。图 5.2 直观地给出了 Lorenz 吸引子。图 5.3 给出了系统从两个靠得很近的初值出发（相差仅 0.00001）后，$x(t)$ 的偏差演化曲线。随着时间的增大，原本靠得很近的轨道迅速地分开，最后两条轨道变得毫无关联，这正是动力学系统对初值敏感性的直观表现，由此可断定此系统的这种状态为混沌态。图 5.3 显示出了“蝴蝶效应”。混沌运动是确定性系统中存在随机性，它的运动轨道对初始条件极端敏感。

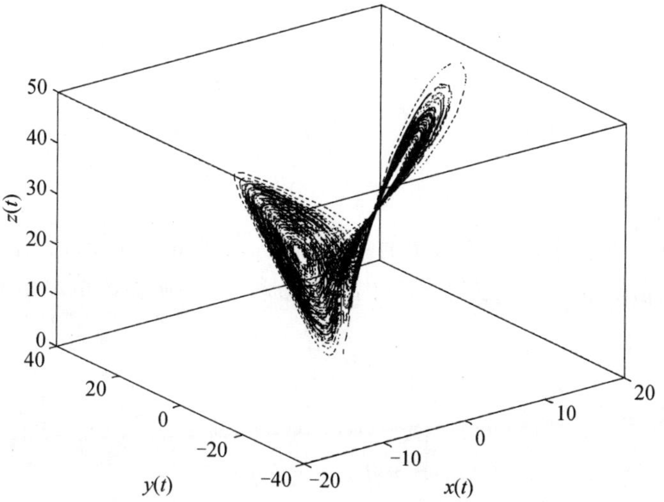

图 5.2 典型的 Lorenz 相轨线

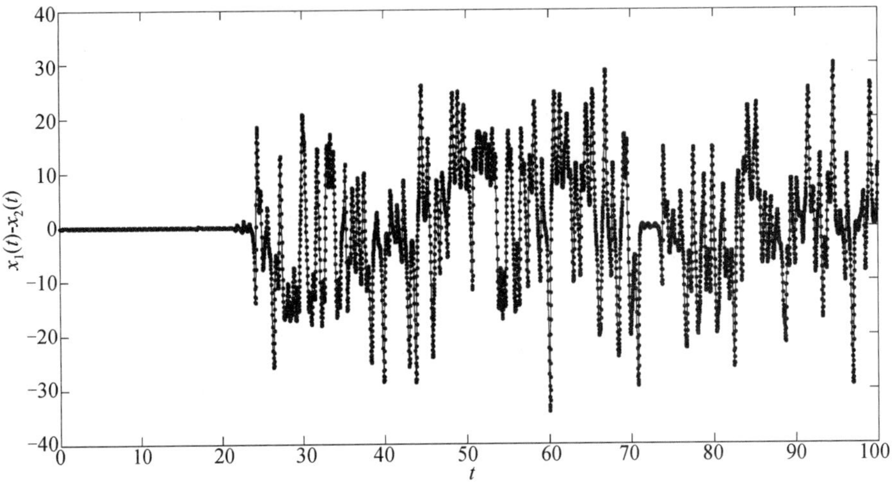

图 5.3　仅差 0.00001 的两个初值的 $x(t)$ 偏差演化曲线

画图的 Matlab 程序如下：

```
clc,clear
sigma=10; rho=28; beta=8/3;
g=@ (t,f)[sigma*(f(2)-f(1)); rho*f(1)-f(2)-f(1)*f(3); f(1)*f(2)-beta*f
(3)];  %定义微分方程组的右端项
chuzhi=rand(3,1);  %初始值
[t,xyz]=ode45(g,[0,100],chuzhi);  %求数值解
plot3(xyz(:,1),xyz(:,2),xyz(:,3))  %画图 5.2
xlabel('\it x(t)'),ylabel('\it y(t)'),zlabel('\it z(t)')
box on  %加盒子线,以突出立体感
so=ode45(g,[0,100],chuzhi+0.00001)  %初值变化后,再求数值解
xyz2=deval(so,t);  %计算对应的 x,y,z 的值
figure(2),plot(t,xyz(:,1)-xyz2(1,:)','.-')  %求 x 的差,画图 5.3。注意 xyz 逐列对应 x,
                                              y,z 的数值解,xyz2 逐行对应 x,y,z 的数
                                              值解
xlabel('\it t'),ylabel('\it x_1(t)-x_2(t)')
```

3. Rossler 模型

Rossler 给出了一个比 Lorenz 模型更简单的模型,表现在常微分方程组里只存在一个非线性项,其余都是线性项,它是一个人为构造出来的方程,没有明显的可以对应的物理意义,其具体形式为[4,103,104]

$$\begin{cases}\dot{x}=-\omega y-z,\\ \dot{y}=\omega x+\alpha y,\\ \dot{z}=\beta+z(x-y),\end{cases}\tag{5.5}$$

式中:α,β,γ 为系统的参数;ω 为自然频率,是表征系统在没有外界干扰时转动快慢的量。

与 Lorenz 系统一样,合适的参数才能使系统产生混沌运动。取 $\omega=1.0,\alpha=0.165,\beta=0.2,\gamma=10$,图 5.4 给出了 Rossler 系统混沌吸引子三维图形。从图中可以看到,系统有很好的旋转单心结构并且结构简单,这样简化了混沌系统的同步情况讨论。特别在讨论混沌相同步时,它的单心结构大大简化了关于系统相位的处理,极大地方便了相同步问题的研究,所以 Rossler 系统在混沌动力学中也是研究比较多的一个模型。

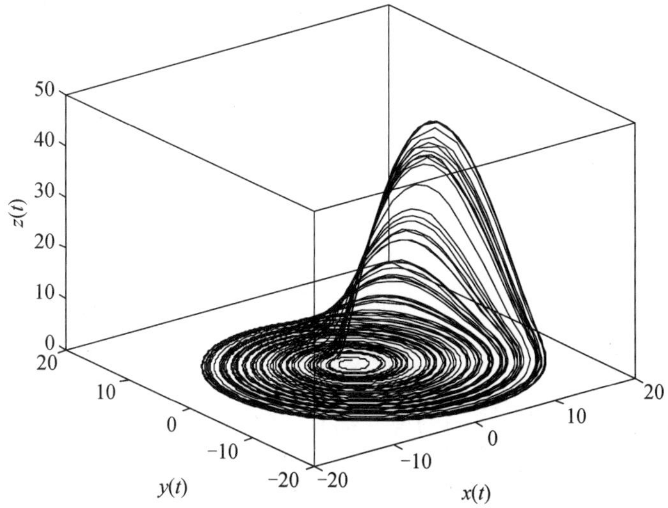

图 5.4 典型的 Rossler 吸引子

画图 5.4 的 Matlab 程序如下:

```
clc,clear
w=1;alpha=0.165; beta=0.2;gama=10;
g=@(t,f)[-w*f(2)-f(3);w*f(1)+alpha*f(2);beta+f(3)*(f(1)-gama)];
chuzhi=rand(3,1);  %初始值
[t,xyz]=ode45(g,[0,500],chuzhi);  %求数值解
plot3(xyz(:,1),xyz(:,2),xyz(:,3))  %画轨线图
xlabel('\it x(t)'),ylabel('\it y(t)'),zlabel('\it z(t)')
box on  %加盒子线,以突出立体感
```

比较典型的时间连续的非线性系统除了上述 Lorenz 模型和 Rossler 模型外,常见的还有 Chua 电路、神经元 Hindmarsh-Rose 模型等。

5.1.3 混沌系统的刻画指标

混沌运动的描述方式有很多种。如何判断一个给定的系统是否处于混沌运动状态以及混沌的程度是混沌研究的重要问题。最直接的方法是观察动力学系统的时间演化。为了对运动的定性有确切的结论,还需要有比较可靠的分析方法。其中,Lyapunov 指数、测度熵、分数维、功率谱和 Poincare 截面是几个最常用的手段[4]。这些手段提供了判断系统是否处于混沌态的定量研究方法,并从多方面对混沌系统的吸引子的性质进行了刻画。

1. Lyapunov 指数

混沌的一个重要特点是初始状态的微小不确定性将会迅速按指数倍数扩大,在非混沌系统中,相互靠近的轨迹要么以指数速度迅速收敛,要么慢于指数速度发散。这种轨迹收敛或发散的比率,可以用 Lyapunov 指数(Lyapunov exponent)来刻画[105]。

首先对一维情形进行讨论。在一维动力系统 $x_{n+1}=F(x_n)$ 中,初始两点在迭代一次后,如果 $\left|\frac{\mathrm{d}F}{\mathrm{d}x}\right|>1$,迭代使两点分开。如果 $\left|\frac{\mathrm{d}F}{\mathrm{d}x}\right|<1$,迭代使两点靠拢,如图 5.5 所示。

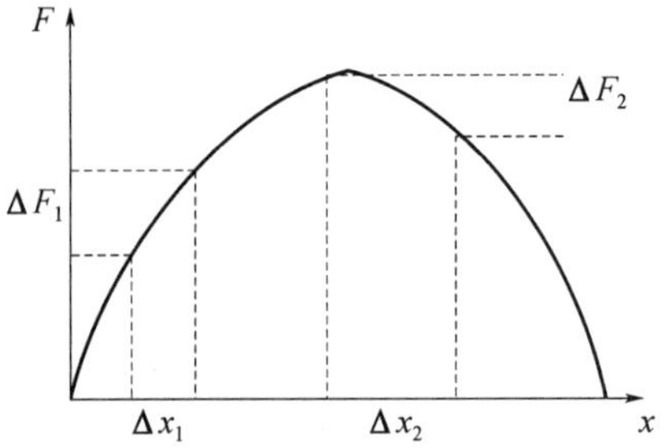

图 5.5　示意图

但是,在不断的迭代过程中,$\left|\frac{\mathrm{d}F}{\mathrm{d}x}\right|$ 的值要随时变化,时而分离,时而靠拢,为了表示从整体看相邻两状态分离的情况,必须对时间(或迭代次数)取平均。为此,设平均每次迭代所引起的指数分离中的指数为 σ,则

$$\begin{array}{ccc} \overset{\varepsilon}{\overline{x_0 \qquad x_0+\varepsilon}} & \underset{\text{一次迭代}}{\Rightarrow} & \overset{\varepsilon \mathrm{e}^{\sigma(x_0)}}{\overline{F(x_0) \qquad F(x_0+\varepsilon)}} \\ & \vdots & \vdots \\ & \underset{n\text{ 次迭代}}{\Rightarrow} & \overset{\varepsilon \mathrm{e}^{n\sigma(x_0)}}{\overline{F^n(x_0) \qquad F^n(x_0+\varepsilon)}}, \end{array}$$

于是原来相距为 ε 的两点,经过 n 次迭代后距离为

$$\varepsilon \mathrm{e}^{n\sigma(x_0)}=\left|F^n(x_0+\varepsilon)-F^n(x_0)\right|, \tag{5.6}$$

取极限 $\varepsilon\to 0, n\to\infty$,式(5.6)变为

$$\begin{aligned} \sigma(x_0) &= \lim_{n\to\infty}\lim_{\varepsilon\to 0}\frac{1}{n}\ln\left|\frac{F^n(x_0+\varepsilon)-F^n(x_0)}{\varepsilon}\right| \\ &= \lim_{n\to\infty}\frac{1}{n}\ln\left|\frac{\mathrm{d}F^n(x)}{\mathrm{d}x}\right|_{x=x_0}。 \end{aligned} \tag{5.7}$$

由

$$\begin{aligned} \left.\frac{\mathrm{d}F^n(x)}{\mathrm{d}x}\right|_{x=x_0} &= \frac{\mathrm{d}F(F^{n-1}(x))}{\mathrm{d}F^{n-1}(x)}\cdot\frac{\mathrm{d}F(F^{n-2}(x))}{\mathrm{d}F^{n-2}(x)}\cdot\cdots\cdot\left.\frac{\mathrm{d}F(x)}{\mathrm{d}x}\right|_{x=x_0} \\ &= \left.\frac{\mathrm{d}F(x)}{\mathrm{d}x}\right|_{x=x_{n-1}}\cdot\left.\frac{\mathrm{d}F(x)}{\mathrm{d}x}\right|_{x=x_{n-2}}\cdot\cdots\cdot\left.\frac{\mathrm{d}F(x)}{\mathrm{d}x}\right|_{x=x_0}, \end{aligned} \tag{5.8}$$

得

$$\sigma=\lim_{n\to\infty}\frac{1}{n}\sum_{i=1}^{n}\ln\left|\frac{\mathrm{d}F(x)}{\mathrm{d}x}\right|_{x=x_{i-1}}。$$

上式中的 σ 即为 Lyapunov 指数,它表示在多次迭代中平均每次迭代所引起的指数分离中的指数。当 $\sigma<0$ 时,相邻点终归要靠拢合并成一点,这对应于稳定的不动点或周期点,如果 $\sigma>0$,则意味着运动轨道的局部不稳定,相邻点的轨道最终按指数方式分离,如果轨道有整体的稳定因素(例如捕捉区域、耗散等),则在此作用下反复折叠,形成混沌吸引子。因此 $\sigma>0$ 可以作为混沌行为的判据。σ 由负变正表明运动向混沌机制转变,$\sigma=0$ 是分支点。

对于 m 维离散动力学系统也可以类似地定义 Lyapunov 指数,设 F 是 $R^m \to R^m$ 的映射,定义为[4,105]

$$\boldsymbol{X}_{n+1} = F(\boldsymbol{X}_n), \tag{5.9}$$

该系统的初始条件取为一个无穷小的 m 维球面,随着长时间演化,由于流的局部变形特性,球面将变为椭球面。将椭球的所有主轴按长度顺序排列,则第 i 个 Lyapunov 指数 σ_i 按椭球第 i 个主轴长度 $p_i(n)$ 的增加速率定义为

$$\sigma_i = \lim_{n\to\infty} \frac{1}{n}\ln\frac{p_i(n)}{p_i(0)}, \quad i = 1,\cdots,m。 \tag{5.10}$$

从 m 维离散动力学 Lyapunov 指数的定义可以看出,该指数与相空间中各方向上半轴长的变化程度相联系,它的大小表明相空间中相近轨道的平均收敛或发散的指数率。在 Lyapunov 指数小于零的方向上,半轴长缩短,从而轨道沿着该方向收缩,运动稳定,对于初始条件不敏感,而在 Lyapunov 指数大于零的方向上,半轴长伸长,轨道沿着该方向迅速分离,对初始条件反应敏感。这两种因素对抗的结果就是伸缩与折叠操作,这就形成了吸引子奇怪的空间几何形状。m 维系统有 m 个 Lyapunov 实指数,将 Lyapunov 指数的集合称为 Lyapunov 指数谱。在 Lyapunov 指数谱中,最小的 Lyapunov 指数决定着两临近轨道收缩的快慢,最大的 Lyapunov 指数决定着轨道发散集合覆盖整个吸引子的快慢,起到支撑吸引子的作用,所有 Lyapunov 指数之和则从大体上表征着两临近轨道总平均发散的快慢。由于上述 Lyapunov 指数是基于无穷小状态下球面的演变来计算的,计算机上很难实现,为此不会采用这个定义来计算 Lyapunov 指数[105]。

定义 5.5 设 $\mathbf{R}^m$ 空间上离散动力系统 $\boldsymbol{X}_{n+1}=\boldsymbol{F}(\boldsymbol{X}_n)$,$\boldsymbol{F}$ 为 $\mathbf{R}^m$ 上的连续可微映射。设 $\boldsymbol{F}'(\boldsymbol{X})$ 表示 $\boldsymbol{F}$ 的 Jacobi 矩阵,即

$$\boldsymbol{F}'(\boldsymbol{X}) = \frac{\partial \boldsymbol{F}}{\partial \boldsymbol{X}} = \begin{bmatrix} \dfrac{\partial f_1}{\partial x_1} & \cdots & \dfrac{\partial f_1}{\partial x_m} \\ \vdots & \ddots & \vdots \\ \dfrac{\partial f_m}{\partial x_1} & \cdots & \dfrac{\partial f_m}{\partial x_m} \end{bmatrix}, \tag{5.11}$$

其中

$$\boldsymbol{F} = (f_1,\cdots f_m)^{\mathrm{T}}, \boldsymbol{X} = (x_1,\cdots,x_m)^{\mathrm{T}}。$$

令

$$J_k = \boldsymbol{F}'(\boldsymbol{X}_0)\boldsymbol{F}'(\boldsymbol{X}_1)\cdots\boldsymbol{F}'(\boldsymbol{X}_{k-1}), \tag{5.12}$$

将 J_k 的 m 个复特征值取模后,依从大到小的顺序排列为

$$|\lambda_1^{(k)}| \geqslant |\lambda_2^{(k)}| \geqslant \cdots \geqslant |\lambda_m^{(k)}|, \tag{5.13}$$

那么离散动力系统第 i 个 Lyapunov 指数定义为

$$\gamma_i = \lim_{k\to\infty}\frac{1}{k}\ln|\lambda_i^{(k)}|, i = 1,2,\cdots,m。 \tag{5.14}$$

定义 5.6 设 m 维自治系统为[4]

$$\dot{\boldsymbol{X}} = F(\boldsymbol{X}), \tag{5.15}$$

其中,各个时刻 t 的取值 $\boldsymbol{X}(t) \in \mathbf{R}^m$ 构成了 m 维相空间,映射 $F: \mathbf{R}^m \to \mathbf{R}^m$。式(5.15)的解从初始值 $\boldsymbol{X}(0)$ 出发在相空间形成轨道 $\boldsymbol{X}(t)$;若初始值 $\boldsymbol{X}(0)$ 有偏差 $\boldsymbol{W}(0)$,则由 $\boldsymbol{X}(0)+\boldsymbol{W}(0)$ 出发在相空间形成另一个轨道 $\boldsymbol{X}(t)+\boldsymbol{W}(t)$。各个时刻 t 的取值 $\boldsymbol{W}(t) \in \mathbf{R}^m$ 构成 m 维切空间。只要 $\boldsymbol{W}(t)$ 各分量足够小且系统是耗散系统,则 $\boldsymbol{W}(t)$ 应满足如下线性微分方程:

$$\dot{\boldsymbol{W}} = \boldsymbol{J}\boldsymbol{W}, \tag{5.16}$$

式中:J 为系统的 Jacobi 矩阵。

在切空间上,初始时刻偏差 $\boldsymbol{W}(0)$ 的长度为 $\|\boldsymbol{W}(0)\|$,t 时刻的长度为 $\|\boldsymbol{W}(t)\|$,由于对初始条件的高度敏感,Jacobi 矩阵的特征值给出了确定时刻 t,其长度在该特征方向上的指数变化率,因此设

$$\|\boldsymbol{W}(t)\| = \mathrm{e}^{\gamma t}\|\boldsymbol{W}(0)\|, \tag{5.17}$$

则 m 维自治系统的 Lyapunov 指数可以定义为

$$\Gamma = \lim_{t\to\infty}\frac{1}{t}\ln\frac{\|\boldsymbol{W}(t)\|}{\|\boldsymbol{W}(0)\|}, \tag{5.18}$$

由于在 m 维切空间中,$\boldsymbol{W}(t)$ 在每个坐标轴上都有分量 $w_1(t),\cdots,w_m(t)$,而 Lyapunov 指数是针对系统的运动轨道而言的,所以对应于切空间的每一个坐标轴都有一个 Lyapunov 指数(每个方向的收敛和扩张程度不一样,所以每个分量应该分开考虑),即

$$\gamma_i = \lim_{t\to\infty}\frac{1}{t}\ln\frac{|w_i(t)|}{|w_i(0)|}, i = 1,\cdots,m。 \tag{5.19}$$

按式(5.19)求出的 m 个 Lyapunov 指数,并将它们按大小顺序排列起来,即 $\gamma_{(1)} \geqslant \gamma_{(2)} \geqslant \cdots \geqslant \gamma_{(m)}$。集合$\{\gamma_{(1)},\gamma_{(2)},\cdots,\gamma_{(m)}\}$构成了 Lyapunov 指数谱,其中 $\gamma_{(1)}$ 称为最大 Lyapunov 指数。

由上述定义可见,一维系统只有一个 Lyapunov 指数 γ,若 $\gamma>0$,相邻轨道指数分离,但轨道在整体性稳定因素(有界、耗散)作用下反复折叠,形成混沌吸引子,系统为混沌系统;若$\gamma<0$,相邻轨道的距离随时间的增大而缩小,对应一个稳定的周期轨道,系统是周期的。一维系统只有不可逆的离散映射时才可能产生混沌运动(也就是说一维微分自治系统只能是稳定系统,其 Lyapunov 指数肯定小于 0)。对于 m 维系统而言,有 m 个 Lyapunov 指数$\{\gamma_1,\gamma_2,\cdots,\gamma_m\}$。在 $\gamma_i<0$ 的方向,相体积收缩,运动稳定且对初值不敏感;在 $\gamma_i>0$ 的方向相邻轨道迅速分离,长时间行为对初始条件敏感,运动呈混沌状态;$\gamma_i=0$ 对应稳定边界,初始误差不放大也不缩小。因此 Lyapunov 指数谱的类型有助于动力学系统的定性分析。例如,当指数谱$\{\gamma_1,\gamma_2,\cdots,\gamma_m\}$都小于 0 时为不动点;当指数谱中第一个为 0、其余小于 0 时为极限环;当指数谱中前两个为 0、其余小于 0 时为二维环面;当指数谱中第一个大于 0、第二个等于 0、其余小于 0 时为混沌系统;当指数谱中前两个大于 0、第三个等于 0、其余小于 0 时为超混沌系统。Lyapunov 指数是对平衡点处特征值概念的推广,用来表示相空间中相邻轨道相互分离或汇聚的平均指数率。平衡点处的特征值是局部的、微观的,而 Lyapunov 指数是全局的、宏观的。

例 5.1 用 Matlab 程序绘制 Logistic 模型的 Lyapunov 指数随着参数 α 的变化曲线。

解 利用式(5.11)构造 Jacobi 矩阵 $f'(x_n)=\alpha(1-2x_n)$,Lyapunov 指数

$$\gamma = \lim_{n\to\infty}\frac{1}{n}\sum_{i=1}^{n}\ln|f'(x_i)| = \ln\alpha + \lim_{n\to\infty}\frac{1}{n}\sum_{i=1}^{n}\ln|1-2x_i|。$$

使用 Matlab 绘制的 Lyapunov 指数随着参数 α 的变化曲线如图 5.6 所示。计算及画图的 Matlab 程序如下：

```
clc,clear
alpha=0.01:0.01:4; n=400;  % n 为迭代次数
for i=1:length(alpha)
   x=0.5; y=0;
   for j=1:n
     x=alpha(i)*x*(1-x); y=y+log(abs(1-2*x));
   end
gamma(i)=log(alpha(i))+y/n;  % 计算 Lyapunov 指数
end
plot(alpha,gamma,'k'); hold on,plot([alpha(1),alpha(end)],[0,0],'k')
xlabel('\it\alpha','FontSize',14)
ylabel('\it\gamma','FontSize',14)
```

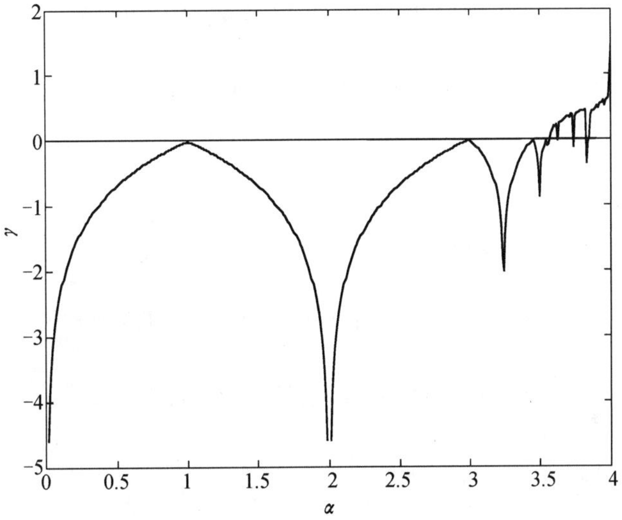

图 5.6 Logistic 模型的 Lyapunov 指数

例 5.2 求 $b=0.3$ 时 Hénon 映射

$$\begin{cases} x_{n+1} = 1 - ax_n^2 + y_n, \\ y_{n+1} = 0.3x_n \end{cases}$$

的 Lyapunov 指数。

解 利用式(5.11)构造 Jacobi 矩阵：

$$\boldsymbol{F}'(\boldsymbol{X}_n) = \begin{bmatrix} -2ax_n & 1 \\ 0.3 & 0 \end{bmatrix},$$

其中

$$\boldsymbol{F}(\boldsymbol{X}) = (f_1(\boldsymbol{X}), f_2(\boldsymbol{X}))^{\mathrm{T}}, \boldsymbol{X} = (x, y)^{\mathrm{T}}, f_1(\boldsymbol{X}) = 1 - ax^2 + by, f_2(\boldsymbol{X}) = 0.3x。$$

可根据 $\boldsymbol{X}_i = (x_i, y_i)^{\mathrm{T}}$ 逐步计算出 $J_i(i=1,2,\cdots,n)$，从而计算出 Hénon 映射的 Lyapunov 指数。对应于不同 a 值的最大 Lyapunov 指数值的变化如图 5.7 所示。

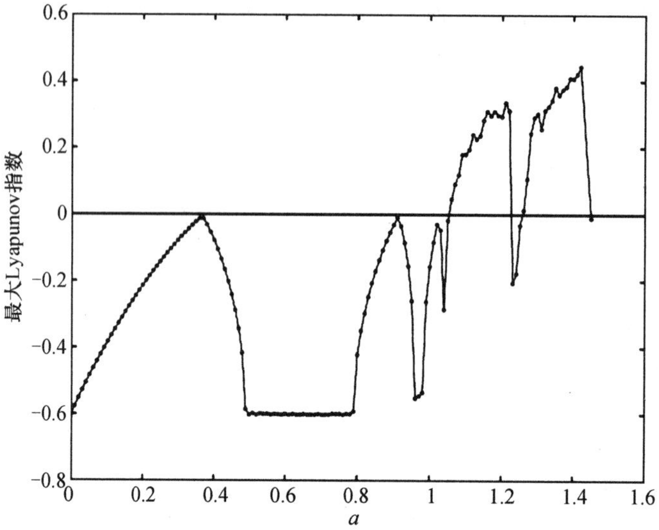

图 5.7 最大 Lyapunov 指数随参数 a 的变化图形

计算 Hénon 映射的 Lyapunov 指数的 Matlab 程序如下：

```
clc,clear
a=0:0.01:1.6; n=500; S=[];
for j=1:length(a)
    x=0.2; y=0.3; % x,y 的初值
    for i=1:n
        x2=1-a(j)*x^2+y; y=0.3*x; x=x2;  % 首先进行序列迭代
    end
    if x(end)>-100 & x(end)<100  % 若不发散,再计算指数
        x=0.2; y=0.3;
        JJ=eye(2);
        for i=1:n
            x2=1-a(j)*x^2+y; y=0.3*x; x=x2;
            J=[-2*a(j)*x,1; 0.3,0];
            JJ-JJ*J;
        end
        L=eigs(JJ,1);  % 求模最大的特征值
        S=[S,[a(j);log(abs(L))/n]];  % 把 a 值及指数值保存
    end
end
plot(S(1,:),S(2,:),'.-')  % 画出 a 对应的最大 Lyapunov 指数
hold on,plot([a(1),a(end)],[0,0],'k')
xlabel('\it a'),ylabel('最大 Lyapunov 指数')
```

2. 测度熵

混沌轨道的局部不稳定性,使得相邻轨道以指数速率分离。如果两个初始点靠得很近,以致于在一段时间里不能考虑区分 2 条轨道,那么只有在它们充分分离后才能加以区分。实际

上当轨道的初始值不能精确地获得时,随着轨道的演化,解的发散意味着信息的丢失。在混沌系统中,为了度量系统的混沌程度,Kolmogorov 等人引进了测度熵的概念,又称 K 熵[4,92,95,96]。这个概念是从熟悉的热力学熵概念引申而来的,它反映了信息损失的平均速率。

定义 5.7 设 m 维动力学系统 $\dot{\boldsymbol{X}}=F(\boldsymbol{X})$ 的相空间具有有限体积(测度),考虑奇怪吸引子上动力系统轨道 $\boldsymbol{X}(t)=\{x_1(t),x_2(t),\cdots,x_m(t)\}$,假定 m 维相空间被划分为尺寸为 α 的盒子,即相空间被有限分隔为 L_α 个符号空间。每隔单位时间对系统的状态取样,若 k 时刻状态点 $\boldsymbol{X}(k)$ 落在第 j 个符号区间,定义符号 $s(k)=j,j\in\{1,\cdots,L_\alpha\}$,则从 0 时刻出发的轨道可由长度为 n 的符号向量 $\boldsymbol{S}=\{s(0),s(1),\cdots,s(n-1)\}$ 完全描述,令 $N(n)$ 是长度为 n 的符号向量的个数。令 P_i 表示第 i 个长度为 n 的符号向量出现的概率,即

$$P_i=P\{s_i(0)=j_0,s_i(1)=j_1,\cdots,s_i(n-1)=j_{n-1}\}, \tag{5.20}$$

式中:$i=1,2,\cdots,N(n)$,正比于符号字段所具有的相体积,且 $\sum_{i=1}^{N(n)}P_i=1$。令 $H(n)=-\sum_{i=1}^{N(n)}P_i\log_2 P_i$,系统的测度熵定义为

$$K=\sup_{\alpha}\lim_{n\to\infty}\frac{H(n)}{n}。 \tag{5.21}$$

测度熵 K 是运动性质的重要判据:$K=0$ 对应于规则运动,$K\to\infty$ 对应于随机运动,$0<K<\infty$ 对应于混沌运动。对于 m 维可微映射,可以证明测度熵的上限就是 Lyapunov 指数谱中所有正 Lyapunov 指数之和[97]。

3. 分形维

在经典 Euclid 几何中,可以用直线、圆锥、球等规则的形状描述建筑、道路等人造物体,但是自然界中存在许多及其复杂的形状,是经典几何所不能描述的,它们不再具有连续、光滑的基本性质。1975 年,美国 IBM 公司的数学家 B. Mandelbrot 首次提出了分形的概念,现今已成为一门描述许多不规则事物规律性的科学。当出现混沌时,奇怪吸引子是一些复杂图形,维数就是分数,具有分数维数的几何图形称为分形,分形具有自相似的特性。为了定量表达奇怪吸引子的自相似分形结构特征,人们引进分形维的概念,这也是分析混沌系统的常用工具。第一种常用的分形维计算方法为 Hausdoff 维数,定义如下[4,103]。

定义 5.8 考虑由点集 $\{\boldsymbol{X}_1,\boldsymbol{X}_2,\cdots,\boldsymbol{X}_N\}$ 组成的 m 维空间中的一个奇怪吸引子。以边长为 ε 的 m 维小格子覆盖整个吸引子。设所需的格子数为 $M(\varepsilon)$,第 k 个格子中有 N_k 个点,令 $P_k=N_k/N$,定义 Hausdoff 维数如下:

$$D_H=-\lim_{\varepsilon\to 0}\lim_{N\to\infty}\frac{\log_2 M(\varepsilon)}{\log_2\varepsilon}。 \tag{5.22}$$

Hausdoff 维数有两个缺点:其一是当奇怪吸引子的维数较高时,计算量十分巨大;其二是没有反映几何对象的不均匀性,含有一个元素的格子和含有众多元素的格子在式(5.22)中均具有相同权重。为了改进第二个缺点,引进了如下的信息维数定义[4]。

定义 5.9 设 $I(\varepsilon)=-\sum_{k=1}^{M(\varepsilon)}P_k\log_2 P_k$,则信息维数定义如下:

$$D_I=-\lim_{\varepsilon\to 0}\lim_{N\to\infty}\frac{\log_2 I(\varepsilon)}{\log_2\varepsilon}。 \tag{5.23}$$

不难看出,当各个格子具有相同的权重,即 $P_k=1/N$ 时,信息维数等于 Hausdoff 维数。同

样，信息维数在空间维数较大时，也存在计算量大的问题。目前使用最广泛的是简便易算的关联维数，其定义如下[4]。

定义 5.10 设关联积分

$$C(\varepsilon)=\frac{2}{N(N-1)}\sum_{i=1}^{N-1}\sum_{j=i+1}^{N}\operatorname{sgn}(\varepsilon-\|\boldsymbol{X}_i-\boldsymbol{X}_j\|),$$

式中：sgn(·)为符号函数，则关联维数定义为

$$D_R=\lim_{\varepsilon\to 0}\lim_{N\to\infty}\frac{\ln C(\varepsilon)}{\ln\varepsilon},\tag{5.24}$$

式中：关联积分的含义是相空间中距离小于 ε 的相点对数占总相点对数的比例。

对于通常的规则图形，这三个维数都是相同的，并且等于空间的维数。对于一般的奇怪吸引子，即混沌，这三个维数是互不相同的，并且都是分数。

5.2 混沌同步理论

由于混沌运动对初值的敏感依赖性，长期以来，人们都认为混沌运动是不能同步的。直到1990 年，美国海军实验室的 Pecora 和 Carroll 首次提出驱动—响应的混沌同步(Chaos synchronization)方案，并在电子线路上首次观察到混沌同步的现象以后，混沌同步的研究才成为近年来非线性科学中一个研究热点。近些年来，混沌同步的方法不断涌现，其应用领域也从物理学迅速扩展到生物学、化学、医学、电子学、信息科学和保密通信等领域[4]。由于混沌同步在工程技术上的重要价值和广阔的应用前景，它一直是非线性科学领域的研究热点之一。本节首先介绍多种不同混沌同步方式的定义，包括完全同步(Complete synchronization)、广义同步(Generalized synchronization)、相位同步(Phase synchronization)和滞后同步(Delayed synchronization)等，然后介绍混沌同步的判定方法，最后介绍混沌同步的一些典型实现方法。

5.2.1 混沌同步的定义

通俗地讲，同步是指两个或多个系统，在外部驱动或者相互耦合的作用下。调整它们的某个动态性质以达到具有相同性质的过程。所谓混沌同步，指的是对于从不同的初始条件出发的两个混沌系统，随着时间的推移，它们的轨迹逐渐一致。从总体上讲，混沌同步属于混沌控制范畴。Brown 和 Kocarev[98] 以时间混沌系统为例给出了混沌同步的统一数学定义。

定义 5.11 对于系统

$$\begin{cases}\dot{\boldsymbol{X}}=F(\boldsymbol{X},\boldsymbol{Y},t),\\ \dot{\boldsymbol{Y}}=G(\boldsymbol{X},\boldsymbol{Y},t),\end{cases}\tag{5.25}$$

其中

$$\boldsymbol{X}=(x_1,x_2,\cdots,x_n)^{\mathrm{T}}\in\mathbf{R}^n,\boldsymbol{Y}=(y_1,y_2,\cdots,y_m)^{\mathrm{T}}\in\mathbf{R}^m。$$

令 $\boldsymbol{Z}=(\boldsymbol{X},\boldsymbol{Y})^{\mathrm{T}}$，如存在与时间无关映射 $H:\mathbf{R}^n\times\mathbf{R}^m\to\mathbf{R}^k$，使得

$$\lim_{t\to+\infty}\|H(\phi_X,\phi_Y)\|=0,\tag{5.26}$$

则式(5.25)的轨道 $\Phi(\boldsymbol{Z},t)$ 关于性质 ϕ_X 和 ϕ_Y 同步。

对于上述的统一定义，根据 $\boldsymbol{X}$、$\boldsymbol{Y}$ 以及 H、ϕ_X、ϕ_Y 的不同情况，可以给出四种不同同步的相

应定义:完全同步、相位同步、滞后同步和广义同步。下面分别按照这四种不同类型介绍混沌同步的定义。

1. 完全同步

混沌现象本身对初值的敏感性会抵制同步现象的发生。即使两个完全相同的系统但是只要系统的初值存在微小的差异,随着时间的演化两个轨道也会变得毫无关联。因而,在自由的混沌系统中,不可能得到完全同步,但是有相互作用的混沌系统是可能实现同步的。1990 年,Pecora 和 Carroll[99-100]首次提出了一个实现混沌同步的方法:驱动—响应同步法,随后研究者又发现了很多种其他实现混沌同步的方法。对于两个耦合的相同系统,随着时间的演化,若同步表现为两个系统的状态变量完全相等,则称为完全同步,其定义如下[4,94,103,104,106]。

定义 5.12 对于系统(5.25),$\boldsymbol{X}(t)$ 和 $\boldsymbol{Y}(t)$ 是两个子系统的解,称其两个子系统达到完全同步,需要满足 $m=n$,且有

$$\lim_{t\to+\infty}\|\boldsymbol{X}(t)-\boldsymbol{Y}(t)\|=0。\tag{5.27}$$

当两个系统完全同步时,沿同步流形上所有条件 Lyapunov 指数全部小于 0。这里需要解释两个概念。第一个概念是流形(Manifold),它是指局部具有 Euclid 空间性质的空间,实际上 Euclid 空间就是流形最简单的实例,像地球表面这样的球面是一个稍微复杂的例子。这里的同步流形是指状态变量$(\boldsymbol{X}^{\mathrm{T}},\boldsymbol{Y}^{\mathrm{T}})^{\mathrm{T}}\in\mathbf{R}^{2m}$构成的状态空间中的一个低维流形 $S=\{(\boldsymbol{X},\boldsymbol{Y}):\boldsymbol{Y}=\boldsymbol{X}\}$。另一个概念是条件 Lyapunov 指数(Conditional lyapunov exponent),在这里是指在沿着同步流形的条件下得到的 Lyapunov 指数。

对于耦合系统,可分成两种情况讨论,当耦合作用只能影响两个系统中的一个时,称为单向驱动或者驱动响应耦合;如果耦合作用影响的是两个系统彼此的行为,则称为双向耦合。

2. 相位同步

上面已经提到混沌运动在相空间里的体积是有限的,也就是混沌运动是被限制在某一局域的振荡运动。对于这种运动,人们可以从相位和振幅两个侧面描述系统的状态。1996 年,Rosenblum[101,102]等发现了一种相位同步,即耦合的混沌振子在一定的条件下,其相位会达到同步,但其振幅几乎没有关联。相位同步定义如下[4,101-104]。

定义 5.13 若式(5.25)的解 $\boldsymbol{X}(t)$ 和 $\boldsymbol{Y}(t)$ 为振荡型的,它们具有相位 φ_X 和 φ_Y,如果存在两个正整数 p,q,使得

$$|p\varphi_X-q\varphi_Y|<\varepsilon,\tag{5.28}$$

则称两个子系统达到相位同步。

式(5.28)中:ε 是一个很小的正数。

研究混沌系统的相位同步现象,第一个问题就是对混沌系统的相位和振幅的定义。而相位本身的定义问题长期以来由于混沌轨道的复杂性一直没有讨论得非常清楚,尤其在高维的混沌系统中。下面讨论目前混沌系统相位定义的两种不同方法[4]。

第一种定义是轨道投影法。对低维的情况,如对三维的混沌系统 $\boldsymbol{X}(t)=(x_1(t),x_2(t),x_3(t))^{\mathrm{T}}$,可以将其投影到一个二维平面上。如果在二维平面上看到的投影吸引子有很好的旋转性(有一个很好的旋转中心),则可以借鉴周期振子中关于相位的定义方法引入

$$\begin{cases}\varphi(t)=\arctan[x_2(t)/x_1(t)],\\A(t)=\sqrt{x_1^2(t)+x_2^2(t)},\end{cases}\tag{5.29}$$

式中：$\varphi(t)$为相位；$A(t)$为振幅。

还有一些系统，它们在相空间的吸引子有多个旋转中心，但有很明显的对称性，这些系统可以通过适当地做一些坐标变换，仍然用式(5.29)的相位定义。

第二种定义方法是振荡极限法。跟踪系统某一变量的时间序列 $x_i(t)$，记录 $x_i(t)$ 每次达到极大值的不同的时间点，设为 $t_1, t_2, \cdots, t_n, \cdots$，可以定义混沌轨道的相位为

$$\varphi(t) = \frac{2\pi(t - t_n)}{t_{n+1} - t_n} + 2\pi n, \tag{5.30}$$

这里 $t_n<t<t_{n+1}$，即使用线性内插法定义出相位，$2\pi n$ 为相位在 $t<t_n$ 间隔内转过的总圈数。这种定义的相位是分段线性的，它不考虑相邻极大值之间的涨落。对相位的定义还有 Hilbert 变换法和主模分解法等。

3. 滞后同步

在相位同步的概念提出后不久，Pikovsky 等继续研究了更大耦合强度下的两个混沌 Rossler 振子的关系，发现了较混沌相位同步更强的一种同步方式，称为混沌滞后同步或延时同步，定义如下[4,93,103,104]。

定义 5.14 对式(5.25)，$\boldsymbol{X}(t)$ 和 $\boldsymbol{Y}(t)$ 是两个子系统的解，称其两个子系统达到滞后同步（延时同步），需要满足 $m=n$，且存在与时间无关的常数 τ，使得

$$\lim_{t\to+\infty} \| \boldsymbol{X}(t) - \boldsymbol{Y}(t-\tau) \| = 0。 \tag{5.31}$$

4. 广义同步

在混沌同步中，通常将两个耦合系统中的一个称为驱动系统，另一个称为响应系统。完全同步的结果是驱动系统和响应系统的所有变量都相等，那么对于不全同步的系统在一定的条件下驱动系统和响应系统间是否存在一定的关系呢？这就是广义同步问题，定义如下[4]。

定义 5.15 对于式(5.25)，$\boldsymbol{X}(t)$ 和 $\boldsymbol{Y}(t)$ 是两个子系统的解，如果存在连续映射 $H: \boldsymbol{R}^n \to \boldsymbol{R}^m$，使得

$$\lim_{t\to+\infty} \| H(\boldsymbol{X}(t)) - \boldsymbol{Y}(t) \| = 0, \tag{5.32}$$

则称其两个子系统达到关于性质 H 广义同步。

混沌耦合系统实现广义同步后，耦合系统便退化到系统相空间的一个子空间上，这个和完全同步是一样的，但此时不像完全同步那样局限在驱动系统上的同步流形。和完全同步一样，由于响应系统的性质已经由驱动系统决定，即响应系统已经失去了对初值敏感的混沌特性，所以要求响应系统的所有条件 Lyapunov 指数小于 0。判断系统是否到达广义同步的方法有辅助系统法、相互伪近邻法和条件熵法等。

5. 各种同步方式间的关系

除了上面提到的完全同步、相位同步、滞后同步和广义同步外，人们还发现了多种其他不同的同步方式，如部分同步、间歇滞后同步和 Hamiltonian 系统的测度同步等。在寻找新同步方式的同时，各种同步之间的关系也是一个非常重要的问题。对耦合混沌系统来说，其同步行为由于系统动力学的复杂性而有不同程度的表现。通常认为完全同步是最强的一种同步方式，它要求振子之间的轨道在演化长时间后完全相同。广义同步为稍弱的一种，它是针对非全同振子而言。因为振子不同，自然无法达到轨道完全相同，但可以要求两轨道演化之间形成某种泛函关系。从这个意义上讲，完全同步是广义同步的特殊形式。相位同步是指两振子之间的相位锁定，但其振幅可以无关联。通常认为广义同步为稍强的同步，相位同步稍弱。但这两

者之间的强弱关系是依赖具体情况的，有时系统会先达到相位同步而未达到广义同步。换句话说这两者不是固定的强弱关系，当驱动振子与响应振子有很大的差异时，相位则成为较难以同步的自由度，而轨道之间形成某种泛函关系则相对容易。只有驱动与响应系统的差异很小时，才会有相位同步先于广义同步的情况发生。本章主要研究完全同步。

5.2.2 混沌同步的判定

由前面的混沌同步定义可见，判断两个非线性系统的混沌同步问题，通常用的方法之一是将其转化为两个系统间的误差系统的零点的稳定性问题来考虑，也即考虑微分方程组零解的稳定性问题。下面介绍判断混沌同步的几个重要定理。

1. 基于条件 Lyapunov 指数

Lyapunov 对稳定性研究的贡献突出地表现在他提出了判断稳定性的两种方法。对于两个同维混沌系统变量 $\boldsymbol{X}$ 和 $\boldsymbol{Y}$ 的同步，可以根据其误差变量 $\boldsymbol{Z}=\boldsymbol{X}-\boldsymbol{Y}$ 构成的误差系统(通常是非线性方程)在零点的稳定性来判断。由此考虑非线性系统

$$\dot{\boldsymbol{Z}} = F(\boldsymbol{Z}), \tag{5.33}$$

其中

$$\boldsymbol{Z} = (z_1, z_2, \cdots, z_m)^{\mathrm{T}} \in \mathbf{R}^m, F(\boldsymbol{Z}) = (f_1(\boldsymbol{Z}), f_2(\boldsymbol{Z}), \cdots, f_m(\boldsymbol{Z}))^{\mathrm{T}}。$$

假设 $F(0)=0$(即 0 是此系统平衡点)，且 $F(\boldsymbol{Z})$ 在区域 $G=\{\boldsymbol{Z} \mid \|\boldsymbol{Z}\| \leqslant a\}$，$a>0$ 内有连续的偏导数。

Lyapunov 第一方法又称 Lyapunov 间接法，是先把非线性方程在奇点(定点)的邻域线性化，然后用线性化方程来判断定点的稳定性。Lyapunov 第二方法又称 Lyapunov 直接法，仿照力学中用能量判断平衡点的稳定性的方法，不求解方程，而用类似能量的函数直接做判断。这里给出第一方法。

式(5.33)的线性化扰动方程为

$$\frac{\mathrm{d}}{\mathrm{d}t}\delta\boldsymbol{Z}(t) = \boldsymbol{L}\delta\boldsymbol{Z}(t)。\tag{5.34}$$

式中：$\delta\boldsymbol{Z}(t)$ 为 $\boldsymbol{Z}(t)$ 的微小扰动量；$\boldsymbol{L}$ 为线性化矩阵，它为 $F(\boldsymbol{Z})$ 在 $\boldsymbol{Z}=0$ 处的 Jacobi 矩阵，定义为

$$\boldsymbol{L} = \left.\begin{bmatrix} \dfrac{\partial f_1}{\partial z_1} & \dfrac{\partial f_1}{\partial z_2} & \cdots & \dfrac{\partial f_1}{\partial z_m} \\ \dfrac{\partial f_2}{\partial z_1} & \dfrac{\partial f_2}{\partial z_2} & \cdots & \dfrac{\partial f_2}{\partial z_m} \\ \vdots & \vdots & \ddots & \vdots \\ \dfrac{\partial f_m}{\partial z_1} & \dfrac{\partial f_m}{\partial z_2} & \cdots & \dfrac{\partial f_m}{\partial z_m} \end{bmatrix}\right|_{Z=0}, \tag{5.35}$$

定义 Lyapunov 指数

$$\gamma_i = \lim_{t\to\infty}\frac{1}{t}\ln\left|\frac{\delta z_i(t)}{\delta z_i(0)}\right|, i = 1,2,\cdots,m。\tag{5.36}$$

式(5.36)得到的指数称为条件 Lyapunov 指数，显然条件 Lyapunov 指数一共有 m 个。对于混

沌系统，必有一个条件 Lyapunov 指数是正的，因此要判定式(5.33)是否趋于稳定，只需判定其最大的条件 Lyapunov 指数是否小于零，如果小于零，则系统趋于稳定[4,93]。

将通常检验稳定性的 Jacobi 矩阵特征值方法推广到任意驱动都能用的 Lyapunov 指数方法，可以得到如下定理。

定理 5.1 设有非线性系统

$$\dot{\boldsymbol{Z}} = \boldsymbol{A}(t)\boldsymbol{Z} + O(\boldsymbol{Z},t), \tag{5.37}$$

对所有的 t，有 $O(0,t)=0$，如果满足：

(1) $\lim\limits_{\|Z\|\to 0} \dfrac{\|O(\boldsymbol{Z},t)\|}{\|\boldsymbol{Z}\|}=0$ 对所有的 t 都一致成立。

(2) 对于所有的 t，$\boldsymbol{A}(t)$ 都是有界的。

(3) 线性系统 $\dot{\boldsymbol{Z}}=\boldsymbol{A}(t)\boldsymbol{Z}$ 的零解是一致渐近稳定的。

则式(5.37)的零解是一致渐近稳定的。

2. 基于 Lyapunov 函数

Lyapunov 第二方法的核心思想是[4,106-108]：构造一个特殊的正定标量函数 $V(Z)$ 作为系统的虚拟广义能量函数，并利用导数 $\mathrm{d}V(\boldsymbol{Z})/\mathrm{d}t$ 的符号来确定系统状态的稳定性。考虑非线性系统(式(5.33))，基于能量函数的概念，Lyapunov 函数的定义如下。

定义 5.16 $V(\boldsymbol{Z})$ 为区域 $\|\boldsymbol{Z}\|\leqslant a$ 内定义的一个实连续标量函数，$V(0)=0$ 且对区域内一切 $\boldsymbol{Z}\neq 0$ 有 $V(\boldsymbol{Z})>0$(即 $V(\boldsymbol{Z})$ 为正定的)。假设函数 $V(\boldsymbol{Z})$ 关于所有变元的偏导数存在且连续，以式(5.33)的解代入，然后对时间变量 t 求导：

$$\left.\frac{\mathrm{d}V(\boldsymbol{Z})}{\mathrm{d}t}\right|_{Z^{\cdot}=F(Z)} = \sum_{i=1}^{m}\left[\frac{\partial V(\boldsymbol{Z})}{\partial z_i}\cdot\frac{\mathrm{d}z_i}{\mathrm{d}t}\right] = \sum_{i=1}^{m}\left[\frac{\partial V(\boldsymbol{Z})}{\partial z_i}\cdot f_i(\boldsymbol{Z})\right]。 \tag{5.38}$$

这样求得的导数称为 $V(\boldsymbol{Z})$ 关于式(5.33)的全导数。基于 Lyapunov 函数的定义，有如下几个稳定性判定定理。

定理 5.2 若存在正定函数 $V(\boldsymbol{Z})$，其关于式(5.33)的全导数为半负定的(即恒小于等于零)或恒等于零，则式(5.33)的零解是稳定的。

定理 5.3 若存在正定函数 $V(\boldsymbol{Z})$，其关于式(5.33)的全导数是负定的(即恒小于零)，则式(5.33)的零解是渐近稳定的。

定理 5.4 若存在正定函数 $V(\boldsymbol{Z})$，其关于式(5.33)的全导数为半负定的(即恒小于等于零)，但使全导数为 0 的点 $\boldsymbol{Z}$ 的集合中，除零解 $\boldsymbol{Z}=0$ 外，并不包含式(5.33)的其他解，则式(5.33)的零解是渐近稳定的。

Lyapunov 第二方法将稳定性的问题转化为 Lyapunov 函数的构造问题，寻找和建立满足上述诸定理的函数 $V(\boldsymbol{Z})$，实质上需要高度的技巧。Lyapunov 和他的后继者已经提供了某些建立 Lyapunov 函数的方法，如类比法、能量函数法、变量分离法、变梯度法、广义能量法、首次积分线性组合与加权法等。

5.2.3 混沌同步的方法

混沌同步是将系统控制到人们要求的混沌轨道上去。目前，人们已提出了许多种混沌同步方法。根据同步信号作用的机制不同，可以将混沌系统的同步分为连续式同步和脉冲式同步。连续式同步的方法一般是建立在微分方程稳定性理论的基础上，通过系统间同步信号的连续作用实现混沌系统的同步，主要包括 P-C 同步法、主动—被动同步法、相互耦合同步法、自适应同步法、连续微扰反馈法、噪声驱动法等。P-C 同步法就是 Pecora 和 Carroll 提出的驱动—响应同步方法,该同步思想已拓展到非混沌同步(周期、准周期等)及高阶级联同步。随后 Kocarev 和 Parlitoz 等又提出了改进方法,即主动-被动分解同步法。基于相互耦合的同步方法由 20 世纪 80 年代 Gaponov-Grekhov 及其合作者在研究流体湍流时提出来的。1994 年,美国学者 Roy,Thornburg 和日本学者 Sugawara 等通过激光光强相互耦合,分别独立地从实验上观察到两个混沌激光系统达到完全同步[4]。连续微扰反馈法首先由 Pyragas 提出,而由 Yu 等人在电子线路上实现。此外,利用噪声感应也可以导致同步,只要噪声强度足够大,就可能实现两个混沌系统的同步。脉冲式同步一般统称为脉冲控制同步法,它通过系统间同步信号间歇性的作用(同步脉冲)实现混沌系统的同步。下面对几种典型的混沌同步方法加以介绍。

1. 驱动—响应同步方法

这是美国学者 Pecora 和 Carroll 在 1990 年提出的一种混沌同步方法。该方法的最大特点是两个系统存在驱动与响应(被驱动)(Drive-response)关系,或称为主从(Master-slave)关系[4,103,104,106],响应系统的行为取决于驱动系统,而驱动系统的行为与响应系统无关。驱动—响应同步法的原理是将驱动系统分解为两个子系统:一个是 Lyapunov 指数都为负值的稳定的子系统,另一个是至少有一个 Lyapunov 指数为正值的不稳定的子系统,将其中不稳定的子系统复制为响应系统。用其中一个系统的输出混沌信号作为另一个系统的驱动变量,来实现两个混沌系统的同步。这两个同步的混沌系统是驱动与响应的关系,驱动系统的状态决定着响应系统,但是驱动系统的状态并不受响应系统的影响。

考虑 n 维自治动力学系统

$$\dot{\boldsymbol{U}} = F(\boldsymbol{U}), \tag{5.39}$$

该系统可以分解为 V 和 W 两个子系统,表示为

$$\begin{cases}\dot{\boldsymbol{V}} = \boldsymbol{G}(\boldsymbol{V},\boldsymbol{W}),\\ \dot{\boldsymbol{W}} = \boldsymbol{H}(\boldsymbol{V},\boldsymbol{W}),\end{cases} \tag{5.40}$$

其中,$\boldsymbol{U}=(u_1,u_2,\cdots,u_n)^{\mathrm{T}}$,$\boldsymbol{V}=(u_1,u_2,\cdots,u_{n_1})^{\mathrm{T}}$,$\boldsymbol{W}=(u_{n_1+1},u_{n_1+2},\cdots,u_n)^{\mathrm{T}}$,$\boldsymbol{F}=(f_1,f_2,\cdots,f_n)^{\mathrm{T}}$,$\boldsymbol{G}=(f_1,f_2,\cdots,f_{n_1})^{\mathrm{T}}$,$\boldsymbol{H}=(f_{n_1+1},f_{n_1+2},\cdots,f_n)^{\mathrm{T}}$,式(5.40)即为驱动系统,按照子系统 $\boldsymbol{W}$ 的形式复制另一个子系统 $\boldsymbol{W}'$,$\boldsymbol{W}'$即为响应系统:

$$\dot{\boldsymbol{W}}' = \boldsymbol{H}(\boldsymbol{V},\boldsymbol{W}'), \tag{5.41}$$

式中,$\boldsymbol{V}$ 由式(5.40)产生,作为驱动变量输入相应系统中。式(5.40)和式(5.41)组成整体系统:

$$\begin{cases}\dot{\boldsymbol{V}} = \boldsymbol{G}(\boldsymbol{V},\boldsymbol{W}),\\ \dot{\boldsymbol{W}} = \boldsymbol{H}(\boldsymbol{V},\boldsymbol{W}),\\ \dot{\boldsymbol{W}}' = \boldsymbol{H}(\boldsymbol{V},\boldsymbol{W}'),\end{cases} \tag{5.42}$$

$\boldsymbol{W}'$和 $\boldsymbol{W}$ 受相同驱动变量 $\boldsymbol{V}$ 驱动。令 $\boldsymbol{Z}=\boldsymbol{W}-\boldsymbol{W}'$,混沌同步误差系统为

$$\dot{\boldsymbol{Z}} = \boldsymbol{H}(\boldsymbol{V},\boldsymbol{W}) - \boldsymbol{H}(\boldsymbol{V},\boldsymbol{Z}-\boldsymbol{W}), \tag{5.43}$$

显然,$\boldsymbol{W}'$和 $\boldsymbol{W}$ 同步的条件是:对于同一个驱动信号 $\boldsymbol{V}$ 和任意不同的响应初值 $\boldsymbol{W}_0$ 和 $\boldsymbol{W}'_0$,有

$\lim\limits_{t\to\infty}\|\boldsymbol{Z}\|=\lim\limits_{t\to\infty}\|\boldsymbol{W}'-\boldsymbol{W}\|=0$。式(5.43)的线性化方程为

$$\dot{\boldsymbol{Z}}=\boldsymbol{J}_{H,W}\boldsymbol{Z},\tag{5.44}$$

式中:$\boldsymbol{J}_{H,W}$是式(5.43)在$\boldsymbol{Z}=0$处的 Jacobi 矩阵,实际上相当于系统$\dot{\boldsymbol{W}}=\boldsymbol{H}(\boldsymbol{V},\boldsymbol{W})$关于响应变量$\boldsymbol{W}$的 Jacobi 矩阵,在混沌同步中,因为$\boldsymbol{W}$受混沌信号$\boldsymbol{V}$驱动,因此$\boldsymbol{J}_{H,W}$与$\boldsymbol{V}$相关,故不能做简单稳定性分析,也就是说不能简单地通过判断 Jacobi 矩阵$\boldsymbol{J}_{H,W}$的特征值是否都具有负实部来判断$\boldsymbol{W}'$和$\boldsymbol{W}$的同步稳定性,但可以利用条件 Lyapunov 指数来进行判定。Pecora 和 Carroll 给出了如下的同步定理:如果响应系统式(5.41)的所有条件 Lyapunov 指数都是负数,则可以证明响应系统和驱动系统达到同步。

Pecora 和 Carroll 以马里兰大学的 Robert Newcomb 的实际电路为基础,运用驱动—响应同步方法,首次实现了两个混沌系统的同步,然后从理论上阐明了该类型混沌同步的原理,并进一步推广到高阶级联混沌系统,随后开展了把混沌同步应用于保密通信等的研究。后来,Cuomo 和 Oppenheim 采用驱动—响应同步方法也成功地用电子线路模拟了 Lorenz 系统的混沌同步。需要指出的是,对于某些实际的非线性系统,由于物理的、生物的或内在的原因,系统无法分解为两个部分,这时就无法构造响应系统,例如,激光系统内部就无法作类似的分解,驱动—响应同步方法也就无能为力了。

2. 主动—被动分解同步法

由于驱动—响应同步方法需要将系统进行特定的分解,在实际应用中往往受到很大的限制。1995 年,Kocarev 和 Parlitz[4,93,109]提出了改进的方法,即主动—被动分解同步法,该方法的主要思想可描述如下:

对于一个自治的动力学系统

$$\dot{\boldsymbol{X}}=\boldsymbol{F}(\boldsymbol{X}),\tag{5.45}$$

总可以将它改写成非自治系统形式

$$\dot{\boldsymbol{X}}=\boldsymbol{G}(\boldsymbol{X},\boldsymbol{D}),\tag{5.46}$$

式中:$\boldsymbol{D}(t)$为所选的驱动信号,即

$$\boldsymbol{D}=\boldsymbol{H}(\boldsymbol{X})\ \text{或}\ \dot{\boldsymbol{D}}=\boldsymbol{H}(\boldsymbol{X},\boldsymbol{D})。\tag{5.47}$$

复制一个受相同信号$\boldsymbol{D}(t)$驱动的系统

$$\dot{\boldsymbol{Y}}=\boldsymbol{G}(\boldsymbol{Y},\boldsymbol{D})。\tag{5.48}$$

由式(5.46)和式(5.48)可导出两系统变量之差$\boldsymbol{E}=\boldsymbol{X}-\boldsymbol{Y}$的微分方程

$$\dot{\boldsymbol{E}}=\boldsymbol{G}(\boldsymbol{X},\boldsymbol{D})-\boldsymbol{G}(\boldsymbol{X}-\boldsymbol{E},\boldsymbol{D})。\tag{5.49}$$

显然,式(5.49)在$\boldsymbol{E}=0$处有一个稳定的不动点,因此响应系统(式(5.48))与驱动系统(式(5.46))之间存在一个稳定的同步态$\boldsymbol{X}=\boldsymbol{Y}$,这意味着两者可以达到完全同步。应用线性化稳定性分析方法(在$\boldsymbol{E}$为小值情况下)或构造 Lyapunov 函数的方法可以证明:只要系统(式(5.49))所有的条件 Lyapunov 指数都为负,则响应系统(式(5.48))就能与驱动系统(式(5.46))实现混沌同步。由于系统(式(5.48))不被驱动时是一个趋向不动点的被动系统(或无源系统),因此称这里所给出的分解$\boldsymbol{H}$和$\boldsymbol{G}$为主动—被动分解法(或有源—无源分解法)。

主动—被动分解同步法的最大优点和关键所在就是可以不受任何限制地选择驱动信号，因此具有更大的灵活性和普适性。事实上，驱动—响应同步方法是主动—被动分解同步法的一种特例。在很多情形下，$\boldsymbol{D}(t)$可为一般函数，它不仅依赖于系统的状态，而且可以与信息信号$\boldsymbol{I}(t)$有关，它通常是信息信号与混沌信号的函数，即$\boldsymbol{D}(t)=\boldsymbol{H}(\boldsymbol{X},\boldsymbol{I})$或$\dot{\boldsymbol{D}}=\boldsymbol{H}(\boldsymbol{X},\boldsymbol{I},\boldsymbol{D})$。这个特点使主动—被动分解同步方法特别适合于保密通信方面的应用。值得指出的是，主动—被动分解同步法实现的是准确同步而不是近似同步，而且可用于某些超混沌系统的同步。

3. 基于相互耦合的同步方法

对于一些广泛存在而本质上又无法分解的系统，能否通过耦合实现非线性混沌系统之间的同步？20 世纪 80 年代末，由于在中央神经系统中发现了被同步的神经激发活性，从而极大地促进了耦合同步的数学物理机制研究。许多研究也证明，相互耦合的混沌系统在一定条件下同样能达到混沌同步。相互耦合的非线性系统广泛存在于众多学科中，如物理、化学、生物等，而且它具有非常丰富和令人感兴趣的动力学行为。深入研究各种相互耦合系统的同步，必将促进混沌同步的各种实际应用。

耦合混沌系统的完全同步，实质上是要把耦合系统稳定到状态空间$(\boldsymbol{X}^{\mathrm{T}},\boldsymbol{Y}^{\mathrm{T}})^{\mathrm{T}}\in\mathbf{R}^{2m}$中的一个低维流形$\boldsymbol{S}=\{(\boldsymbol{X},\boldsymbol{Y})\mid\boldsymbol{Y}=\boldsymbol{X}\}$上，流形$\boldsymbol{S}$称为同步流形或吸引域。耦合系统之间的同步是通过两个系统之间的信号差来实现的。

m 维自治系统[4]

$$\dot{\boldsymbol{X}}=\boldsymbol{F}(\boldsymbol{X}), \tag{5.50}$$

式中：$\boldsymbol{X}\in\mathbf{R}^m$ 为状态变量。

设一个与式(5.50)所述系统结构及参数均相同的系统为

$$\dot{\boldsymbol{Y}}=\boldsymbol{F}(\boldsymbol{Y}), \tag{5.51}$$

式中：$\boldsymbol{Y}\in\mathbf{R}^m$ 为状态变量。

假设耦合项分别用 $\boldsymbol{U},\boldsymbol{V}\in\mathbf{R}^k$ 表示，其中

$$\begin{cases}u_i=c_i(y_i-x_i), \\ v_i=c_i(x_i-y_i),\end{cases}(i=1,2,\cdots,k,k\leqslant m) \tag{5.52}$$

式中：c_i 为耦合强度，则相互耦合的系统可表述为

$$\begin{cases}\dot{\boldsymbol{X}}=\boldsymbol{F}(\boldsymbol{X},\boldsymbol{U}), \\ \dot{\boldsymbol{Y}}=\boldsymbol{F}(\boldsymbol{Y},\boldsymbol{V})。\end{cases} \tag{5.53}$$

当$t\to\infty$时，若$\|\boldsymbol{X}-\boldsymbol{Y}\|\to0$成立，则表明耦合系统已实现了完全同步。此时耦合项$\boldsymbol{U},\boldsymbol{V}$均趋于零。因此通过耦合实现混沌或超混沌系统之间的同步，并不改变原来非线性系统的动力学特性。相互耦合的非线性系统，具有十分复杂的动力学行为。虽然对这类系统的同步现象进行了不少研究，但还是没有一个普适性的理论，选择合适的耦合系数 c 是实现耦合同步的关键。

例 5.3[4]　考虑下列两个线性双向耦合的 Rossler 混沌系统：

$$
\begin{cases}
\dot{x} = -y - z + c_1(\tilde{x} - x), \\
\dot{y} = x + \alpha y + c_2(\tilde{y} - y), \\
\dot{z} = \beta + z(x - \gamma) + c_3(\tilde{z} - z),
\end{cases}
\tag{5.54}
$$

$$
\begin{cases}
\dot{\tilde{x}} = -\tilde{y} - \tilde{z} + c_1(x - \tilde{x}), \\
\dot{\tilde{y}} = \tilde{x} + \alpha\tilde{y} + c_2(y - \tilde{y}), \\
\dot{\tilde{z}} = \beta + \tilde{z}(\tilde{x} - \gamma) + c_3(z - \tilde{z}),
\end{cases}
\tag{5.55}
$$

式中：$\alpha=0.165$；$\beta=0.2$；$\gamma=10$；c_1,c_2,c_3 为耦合系数。

试证明系统（式(5.54)）和（式5.55）达到完全同步的一个充分条件是 $c_1>0.5$，$c_2>0.0825$ 且 c_3 大于某个特定的数。

证明 相互耦合的 Rossler 系统达到混沌同步的关键是耦合系数 c_1,c_2,c_3 的取值问题，令

$$
\begin{cases}
u = x - \tilde{x}, \\
v = y - \tilde{y}, \\
w = z - \tilde{z},
\end{cases}
$$

代入参数，可得误差系统的方程组

$$
\begin{cases}
\dot{u} = -2c_1 u - v - w, \\
\dot{v} = u + (0.165 - 2c_2)v, \\
\dot{w} = zu + (\tilde{x} - 10 - 2c_3)w。
\end{cases}
$$

令 $\boldsymbol{Z}=(u,v,w)^{\mathrm{T}}$，写成矩阵形式为$\dot{\boldsymbol{Z}}=\boldsymbol{LZ}$，系数矩阵 $\boldsymbol{L}$ 为

$$
\boldsymbol{L} = \begin{bmatrix} -2c_1 & -1 & -1 \\ 1 & 0.165 - 2c_2 & 0 \\ z & 0 & \tilde{x} - 10 - 2c_3 \end{bmatrix},
$$

显然 $\boldsymbol{L}$ 是时变的。构造正定的 Lyapunov 函数 $\boldsymbol{V}(u,v,w)=0.5(u^2+v^2+w^2)$，则

$$
\begin{aligned}
\dot{\boldsymbol{V}}(u,v,w) &= u\cdot\dot{u} + v\cdot\dot{v} + w\cdot\dot{w} \\
&= -2c_1u^2 + (0.165 - 2c_2)v^2 + (z-1)uw + (\tilde{x} - 10 - 2c_3)w^2 \\
&= -[u - 0.5(z-1)w]^2 + (1 - 2c_1)u^2 + [0.25(z-1)^2 + \\
&\quad \tilde{x} - 10 - 2c_3]w^2 + (0.165 - 2c_2)v^2,
\end{aligned}
$$

要使$\dot{\boldsymbol{V}}(u,v,w)\leqslant 0$，可以令

$$
1 - 2c_1 < 0, 0.25(z-1)^2 + \tilde{x} - 10 - 2c_3 < 0, 0.165 - 2c_2 < 0,
$$

即

$$
c_1 > 0.5, c_2 > 0.0825, c_3 > 0.125(z-1)^2 + 0.5\tilde{x} - 5。
$$

4. 连续微扰反馈同步法

1993 年，德国学者 Pyragas 提出了对非线性连续混沌系统实行连续变量微扰反馈的控制

方法[4,106]，后来这一思想被用来研究两个混沌系统的同步。假设

$$\begin{cases}\dot{\boldsymbol{X}} = \boldsymbol{F}(\boldsymbol{X}),\\ \dot{\boldsymbol{Y}} = \boldsymbol{G}(\boldsymbol{Y}) + \boldsymbol{K}(\boldsymbol{X} - \boldsymbol{Y}),\end{cases} \tag{5.56}$$

式中：$\boldsymbol{X},\boldsymbol{Y} \in \mathbf{R}^n$，$\boldsymbol{K}=\text{diag}(k_1,k_2,\cdots,k_n)$。调整反馈权系数 k_i 的大小可以达到两个混沌系统的完全同步，即当 $t\to\infty$ 时，若 $\boldsymbol{Y}(t)-\boldsymbol{X}(t)\to 0$，则两系统达到同步。

值得注意的是，为了保证两系统的同步，初始条件的选择是非常重要的。如果启动时刻两者状态之间的距离太大，系统将不能达到同步或达到同步的时间太长。但总的来说这种反馈同步法简单有效，易于实现，具有一定的实用价值。另外，根据具体的系统，可以灵活地采用单变量、多变量甚至所有系统变量反馈微扰来实现同步。应用变量反馈微扰使得两个系统达到混沌同步的实例已有不少，例如：两个 Chua 氏混沌电路；用 Maxwell-Bloch 方程描述的两个激光系统；两个 Duffing 振荡器；两个 Van De Pol 振荡系统等。

5.3 复杂网络的完全同步判据

目前，复杂网络同步的研究已经引起国内外学者的广泛关注。复杂网络同步的现象更是比比皆是，而在大量的同步现象中，每个个体是一个动力学系统，而诸多的动力学个体之间存在着某种特定的耦合关系。有些同步是有益的，如保密通信、语言涌现及其发展（谈话的同步）、组织管理的协调及高效运行（代理同步）等，我们需要这种同步；有些同步是有害的，如传输控制协议窗口的增加、Internet 或通信网络中的信息拥塞、周期路由信息的同步等，应尽量避免这种同步。因此，复杂网络的同步研究具有重要的实际应用价值。研究并分析复杂网络的一个重要目的就是要理解建立在网络基础上的动力学行为和网络的关系，并进而改善网络上的动力学行为和性能。近来，人们将同步现象的产生与复杂网络拓扑结构结合起来。如果在复杂网络中任何两个节点之间都直接相连，那么只要这个网络的规模足够大，这个网络的各个节点之间必然会产生同步化现象。随着科学技术的发展，复杂网络同步的研究也会进一步趋于成熟。本节首先从一般的意义上引出复杂动态网络的完全同步概念，然后对其稳定性进行一般性的分析，最后分别介绍一些特殊耦合方式下复杂网络的完全同步判据。

5.3.1 复杂动态网络的完全同步

考虑一个以 N 个相同的动力学系统 $\dot{\boldsymbol{X}}_i = F(\boldsymbol{X}_i)$ 作为节点所构成的连续时间耗散耦合动态网络（Diffusively coupled dynamical network），其状态方程[1,4,93,107,108]可以描述如下

$$\dot{\boldsymbol{X}}_i = F(\boldsymbol{X}_i) + c\sum_{j=1}^{N} l_{ij}\boldsymbol{H}(\boldsymbol{X}_j),\ i = 1,2,\cdots,N, \tag{5.57}$$

式中：$\boldsymbol{X}_i = (x_i^{(1)}, x_i^{(2)}, \cdots, x_i^{(m)})^{\mathrm{T}} \in \mathbf{R}^m$ 为节点 i 的状态变量；$\boldsymbol{F}: \mathbf{R}^m \to \mathbf{R}^m$ 是一个动力学函数（通常是非线性函数），常数 $c>0$ 为网络的耦合强度；$\boldsymbol{H}: \mathbf{R}^m \to \mathbf{R}^m$ 为各个节点状态变量之间的内部耦合函数，也称为各节点的输出函数，这里假设每个节点的输出函数是完全相同的，通常取 $\boldsymbol{H}(\boldsymbol{X}) = \boldsymbol{H}\boldsymbol{X}$，其中矩阵 $\boldsymbol{H}$ 为对角阵 $\boldsymbol{H} = \text{diag}(r_1, r_2, \cdots, r_m) \in \mathbf{R}^{m\times m}$，例如 $r_1 = 1, r_2 = r_3 = \cdots = r_m = 0$ 表示两个耦合节点之间通过第 1 个状态变量进行耦合；矩阵 $\boldsymbol{L} = (l_{ij}) \in \mathbf{R}^{N\times N}$ 表示网络的拓扑结

构，它满足耗散耦合条件 $\sum_{j=1}^{N} l_{ij}=0, i=1,2,\cdots,N$ 称为外耦合矩阵。当所有节点状态都相同时，式(5.57)右端的耦合项自动消失。

当外耦合矩阵 $\boldsymbol{L}$ 描述一个无权无向简单图的拓扑结构时，具体定义如下：若节点 i 和节点 $j(i\neq j)$ 之间有连接，则 $l_{ij}=l_{ji}=1$；否则 $l_{ij}=l_{ji}=0(i\neq j)$。对角元为

$$l_{ii}=-\sum_{\substack{j=1\\ j\neq i}}^{N} l_{ij}=-\sum_{\substack{j=1\\ j\neq i}}^{N} l_{ji}=-k_i, i=1,2,\cdots,N, \tag{5.58}$$

式中：k_i 为节点 i 的度数。

此时，$\boldsymbol{L}$ 显然是对称矩阵。在图论中，$-\boldsymbol{L}$ 称为图的 Laplace 矩阵。假设网络是连通的，那么 $\boldsymbol{L}$ 是一个不可约矩阵（见定义 1.27）。由引理 1.1 可知，外耦合矩阵 $\boldsymbol{L}$ 有且仅有一个重数为 1 的零特征值，且其对应的特征向量为 $(1,1,\cdots,1)^{\mathrm{T}}$，它对应于网络的不变同步流形（Invariant synchronization manifold）。而 $\boldsymbol{L}$ 其余的特征值均为负实数。由于矩阵 $\boldsymbol{L}$ 为对称矩阵，除零特征值以外的所有特征值对应的特征向量构成的 $N-1$ 维子空间正交于特征向量 $(1,1,\cdots,1)^{\mathrm{T}}$。

例 5.4[4] 结合第 3 章的规则网络定义，求含有 N 个节点的最近邻耦合动态网络（$K=2$）、星形耦合动态网络和全局耦合动态网络的外耦合矩阵 $\boldsymbol{L}_{\mathrm{NC}}$，$\boldsymbol{L}_{\mathrm{SC}}$ 和 $\boldsymbol{L}_{\mathrm{GC}}$。

解 结合各种规则网络的定义，可以得到三个 $N\times N$ 矩阵

$$\boldsymbol{L}_{\mathrm{NC}}=\begin{bmatrix} -2 & 1 & 0 & \cdots & 1\\ 1 & -2 & 1 & \cdots & 0\\ 0 & 1 & -2 & \cdots & 0\\ \vdots & \vdots & \vdots & \ddots & \vdots\\ 1 & 0 & 0 & \cdots & -2 \end{bmatrix}, \boldsymbol{L}_{\mathrm{SC}}=\begin{bmatrix} 1-N & 1 & 1 & \cdots & 1\\ 1 & -1 & 0 & \cdots & 0\\ 1 & 0 & -1 & \cdots & 0\\ \vdots & \vdots & \vdots & \ddots & \vdots\\ 1 & 0 & 0 & \cdots & -1 \end{bmatrix},$$

$$\boldsymbol{L}_{\mathrm{GC}}=\begin{bmatrix} 1-N & 1 & 1 & \cdots & 1\\ 1 & 1-N & 1 & \cdots & 1\\ 1 & 1 & 1-N & \cdots & 1\\ \vdots & \vdots & \vdots & \ddots & \vdots\\ 1 & 1 & 1 & \cdots & 1-N \end{bmatrix}。 \tag{5.59}$$

如果在动态网络（式(5.57)）中，当 $t\to\infty$ 时有

$$\lim_{t\to\infty}\boldsymbol{X}_i(t)=\boldsymbol{S}(t), \tag{5.60}$$

就称动态网络达到完全同步（Complete synchronization）。由于耗散耦合条件，同步状态 $\boldsymbol{S}(t)\in\mathbf{R}^m$ 必为单个孤立节点的解，即满足 $\dot{\boldsymbol{S}}(t)=f(\boldsymbol{S}(t))$。这里 $\boldsymbol{S}(t)$ 可以是孤立节点的平衡点、周期轨道，甚至是混沌轨道。

对于离散情形，式(5.57)相对应的离散时间耗散耦合动态网络如下：

$$\boldsymbol{X}_i^{(n+1)}=f(\boldsymbol{X}_i^{(n)})+c\sum_{j=1}^{N} l_{ij}\boldsymbol{H}(\boldsymbol{X}_j^{(n)}), i=1,2,\cdots,N, \tag{5.61}$$

式中：$\boldsymbol{X}_j^{(n)}$ 为第 j 个节点在第 n 时刻的状态。

同样地，若在动态网络（式(5.61)）中，当 $n\to\infty$ 时有 $\lim_{n\to\infty}\boldsymbol{X}_i^{(n)}=\boldsymbol{S}(i=1,2,\cdots,N)$，则称动态网络达到完全同步。

对于加权网络来说,完全同步问题的数学模型的不同主要体现在外耦合矩阵 $\boldsymbol{L}$ 的定义上。若用节点的点权 S_i 表示节点 i 的权重,就有如下外耦合矩阵表达式:

$$\begin{cases} l_{ij} = S_j/P_i^{\beta}, \text{节点 } v_i \text{ 和节点 } v_j(i \neq j) \text{ 之间有连接}, \\ l_{ij} = 0, \text{节点 } v_i \text{ 和节点 } v_j(i \neq j) \text{ 之间无连接}, \\ l_{ii} = -P_i^{1-\beta}, \end{cases} \tag{5.62}$$

式中:$S_i = \sum_{j \in N_i} w_{ij}$;$P_i = \sum_{j \in N_i} S_j$;$N_i$ 为与节点 v_i 有连接的节点集合。

注意:这里用 S_j 表示节点 v_j 的权重大小并不认为它对周围节点的影响力就是这么大。事实上,网络中的互相影响还与网络中节点接收信号的能力有关,网络中的节点越容易接收传过来的信号,这个网络就越容易同步,这就好比人们越愿意接受对方的观点想法越容易互相了解,从而就越容易达到同步。这里,β 值就是用于调节这种信号接受能力的。S_j/P_i^{β} 代表节点 v_j 对节点 v_i 的实际作用强度。可见当节点 v_i 周围存在许多影响力大的节点时,即 $P_i = \sum_{j \in N_i} S_j$ 这一项很大时,就意味着节点 v_i 受到诸多方面的影响,这样它接受节点 v_j 对它作用的能力相对变弱。而 β 越小表明网络信号损失就越小,也就是节点 v_j 的接收能力越强。

5.3.2 复杂动态网络完全同步的稳定性分析

1. 主稳定性函数方法

下面首先对连续时间动态网络(式(5.57))关于同步状态 $\boldsymbol{S}(t)$ 进行线性稳定性分析。对状态方程(式(5.57))关于同步状态 $\boldsymbol{S}(t)$ 线性化,令 ξ_i 为第 i 个节点状态的变分,可以得到如下的变分方程[1,4,93,107,108],即

$$\dot{\xi}_i = \boldsymbol{DF}(\boldsymbol{S})\xi_i + c\sum_{j=1}^{N} l_{ij}\boldsymbol{DH}(\boldsymbol{S})\xi_j, \tag{5.63}$$

式中:$\boldsymbol{DF}(\boldsymbol{S})$ 和 $\boldsymbol{DH}(\boldsymbol{S})$ 分别为 $\boldsymbol{F}(\boldsymbol{S})$ 和 $\boldsymbol{H}(\boldsymbol{S})$ 关于 $\boldsymbol{S}$ 的 Jacobi 矩阵,再令矩阵 $\boldsymbol{\xi} = [\xi_1, \xi_2, \cdots, \xi_N]$,则上式可以写为矩阵形式,即

$$\dot{\boldsymbol{\xi}} = \boldsymbol{DF}(\boldsymbol{S})\boldsymbol{\xi} + c\boldsymbol{DH}(\boldsymbol{S})\boldsymbol{\xi}\boldsymbol{L}^*, \tag{5.64}$$

记 $\boldsymbol{L}^* = \boldsymbol{P\Lambda P}^{-1}$ 为矩阵 $\boldsymbol{L}$ 的若当分解,这里不妨假设 $\boldsymbol{\Lambda}$ 为对角阵,即 $\boldsymbol{\Lambda} = \mathrm{diag}(\lambda_1, \cdots, \lambda_N)$。$\lambda_k$,$k = 1, 2, \cdots, N$,为矩阵 $\boldsymbol{L}$ 的特征值,且 $\lambda_1 = 0$。再令 $\boldsymbol{\eta} = [\eta_1, \eta_2, \cdots, \eta_N] = \boldsymbol{\xi P}$,则有

$$\dot{\boldsymbol{\eta}} = \boldsymbol{DF}(\boldsymbol{S})\boldsymbol{\eta} + c\boldsymbol{DH}(\boldsymbol{S})\boldsymbol{\eta\Lambda}, \tag{5.65}$$

上式等价于

$$\dot{\eta}_k = [\boldsymbol{DF}(\boldsymbol{S}) + c\lambda_k\boldsymbol{DH}(\boldsymbol{S})]\eta_k, \quad k = 2, 3, \cdots, N。 \tag{5.66}$$

下面根据 Lyapunov 指数法判断同步流形的稳定性。考虑到式(5.66)中只有 λ_k 和 η_k 与 k 有关系,当外耦合矩阵 $\boldsymbol{L}$ 非对称时,其特征值可能为复数,故定义主稳定性方程为

$$\dot{\boldsymbol{Y}} = [\boldsymbol{DF}(\boldsymbol{S}) + c(\boldsymbol{\alpha} + \mathrm{i}\boldsymbol{\beta})\boldsymbol{DH}(\boldsymbol{S})]\boldsymbol{Y}, \tag{5.67}$$

其最大 Lyapunov 指数 $\gamma_{\max}$ 是实变量 α 和 β 的函数,称为动力学网络的主稳定性函数(Master Stability Function, MSF)。已知一个给定的耦合强度 c,在 (α, β) 所在的复平面上对应一个点 $c\lambda_k$,如果该点对应的最大 Lyapunov 指数 $\gamma_{\max}$ 为正数,则该特征态为不稳定态;反之,则该特征

态为稳定态。如果对应特征态 $\lambda_k(k=2,3,\cdots,N)$，其所有点对应的最大 Lyapunov 指数 $\gamma_{\max}$ 均为负数时，那么认为在该耦合强度 c 下，整个网络的同步流形是渐近稳定的。

如果网络是无权无向连通的简单图，那么外耦合矩阵 $\boldsymbol{L}$ 的特征值均为实数，且可以记为

$$0=\lambda_1>\lambda_2\geqslant\lambda_3\geqslant\cdots\geqslant\lambda_N, \tag{5.68}$$

此时，主稳定方程变为

$$\dot{\boldsymbol{Y}}=[\boldsymbol{DF}(\boldsymbol{S})+c\alpha\boldsymbol{DH}(\boldsymbol{S})]\boldsymbol{Y}, \tag{5.69}$$

由此可见，孤立节点上的动力学函数 $\boldsymbol{F}$、耦合强度 c、外耦合矩阵 $\boldsymbol{L}$ 和内耦合函数 $\boldsymbol{H}$ 共同确定了主稳定函数 $\gamma_{\max}$ 为负的 α 的取值范围 U，U 称为动态网络的同步化区域（Region of synchronization）。若耦合强度 c 与外耦合矩阵 $\boldsymbol{L}$ 的每个负的特征值的积都在同步化区域中，即

$$c\lambda_k\in U, \tag{5.70}$$

则网络的同步流形是渐近稳定的。根据同步化区域的不同类型，可以把连续时间复杂动态网络分为三种类型。

1）类型Ⅰ网络

对应的同步化区域为无界区域 $U=(-\infty,\alpha_1)$，其中 $-\infty<\alpha_1<0$。对于此类网络，如果耦合强度和耦合矩阵的特征值满足

$$c\lambda_2<\alpha_1, \tag{5.71}$$

即

$$c>\frac{\alpha_1}{\lambda_2}>0, \tag{5.72}$$

那么类型Ⅰ网络的同步流形是渐近稳定的。因此，类型Ⅰ网络关于拓扑结构的同步化能力可以用对应的耦合矩阵 $\boldsymbol{L}$ 的第二大特征值 λ_2 来刻画。λ_2 值越小，类型Ⅰ网络的同步化能力越强。式(5.71)或式(5.72)称为同步判据Ⅰ。

2）类型Ⅱ网络

对应的同步化区域为有界区域 $U=(\alpha_2,\alpha_1)$，其中 $-\infty<\alpha_2<\alpha_1<0$。对于此类网络，当耦合强度和耦合矩阵的特征值满足

$$c\lambda_N>\alpha_2,c\lambda_2<\alpha_1, \tag{5.73}$$

也就是说，当耦合强度在一定范围内，即

$$\frac{\alpha_1}{\lambda_2}<c<\frac{\alpha_2}{\lambda_N}, \tag{5.74}$$

时，类型Ⅱ网络的同步是渐近稳定的。式(5.73)或式(5.74)称为同步判据Ⅱ，也可写为

$$\frac{\lambda_N}{\lambda_2}<\frac{\alpha_2}{\alpha_1}。 \tag{5.75}$$

因此，类型Ⅱ网络关于拓扑结构的同步化能力可以用对应的耦合矩阵的特征值比率 λ_N/λ_2 来刻画。λ_N/λ_2 值越小，类型Ⅱ网络的同步化能力越强。

3）类型Ⅲ网络

对应的同步化区域为空集。对于任意的耦合强度和耦合矩阵，这类网络都无法实现同步。

值得强调的是，一个给定的动态网络（式(5.57)）属于上述三种类型中的哪一种，是由该

网络的孤立节点的动力学函数 $\boldsymbol{F}$ 和内部耦合函数 $\boldsymbol{H}$ 确定的。假设网络是连通的，那么只要网络的耦合强度充分大，类型Ⅰ网络就一定可以实现同步；而只有当耦合强度属于一定范围内时类型Ⅱ网络才会同步，也就是说，太弱或太强的耦合强度都会使类型Ⅱ网络无法实现同步。这里，同步判据Ⅰ和Ⅱ中的 α_1 和 α_2 的值一般可通过数值计算来确定。

例 5.5[4] 根据含有 N 个节点的最近邻耦合动态网络、全局耦合动态网络和星形耦合动态网络的外耦合矩阵 $\boldsymbol{L}_{\mathrm{NC}}$、$\boldsymbol{L}_{\mathrm{GC}}$和 $\boldsymbol{L}_{\mathrm{SC}}$的特征值来分析它们各自的同步能力。

解 (1) 类型Ⅰ网络。类型Ⅰ网络的同步化能力由外耦合矩阵的第二大特征值 λ_2 确定。对于节点度为 K(假设为偶数)的最近邻耦合动态网络(式(5.57))而言，它对应的外耦合矩阵是一个循环阵，其第二大特征值为

$$\lambda_2 = -4\sum_{j=1}^{K/2}\sin^2\left(\frac{j\pi}{N}\right)。$$

对任意给定的 K，当网络规模 $N\to\infty$ 时，λ_2 单调上升趋于零，因此当网络规模很大时，最近邻耦合网络无法达到同步。

全局耦合网络对应的外耦合矩阵 $\boldsymbol{L}_{\mathrm{GC}}$除了一个零特征值外其余的特征值都为$-N$。因此，当网络规模 $N\to\infty$ 时，第二大特征值 $\lambda_2=-N$ 单调下降趋于负无穷大，说明全局耦合网络很容易达到同步。

星形耦合网络对应的外耦合矩阵 $\boldsymbol{L}_{\mathrm{SC}}$的第二大特征值为 $\lambda_2=-1$，与网络规模无关，因此网络的同步能力与网络规模无关。

基于上述分析，对于连续时间耗散耦合的类型Ⅰ动态网络(式(5.57))，可以得到如下结论：

① 对给定的耦合强度 c，不管它有多大，当网络规模充分大时，最近邻耦合网络无法达到同步。

② 对给定的非零耦合强度 c，不管它有多小，只要网络规模充分大，全局耦合网络必然可以达到同步。

③ 星形耦合网络的同步化能力与网络规模无关，即当耦合强度大于一个与网络规模无关的临界值时，星形网络可以实现同步。

(2) 类型Ⅱ网络。类型Ⅱ网络的同步化能力由外耦合矩阵的最小特征值与第二大特征值之比 λ_N/λ_2 确定。

对于节点度为 K(假设为偶数)的最近邻耦合动态网络(式(5.57))而言，它对应的外耦合矩阵 $\boldsymbol{L}_{\mathrm{NC}}$的特征值满足

$$\lambda_N/\lambda_2 \approx (3\pi+2)N^2/[2\pi^3(K+1)(K+2)],1\ll K\ll N。$$

当网络节点数 N 很大时，特征值的比率 λ_N/λ_2 很大，导致网络的同步化能力很差。

由前面对于类型Ⅰ网络的描述知道，全局耦合网络对应的耦合矩阵的最小特征值和第二大特征值均为$-N$，因此，只要 $\alpha_2/\alpha_1>1$，该网络就可以达到同步。

对于星形耦合，$\lambda_N/\lambda_2=N$，当网络规模充分大时，星形网络无法达到同步。

因此，对于连续时间耗散耦合的类型Ⅱ动态网络(式(5.57))，可以得到如下结论：

① 对给定的耦合强度 c，不管它有多大，当网络规模充分大时，最近邻耦合网络和星形网络都无法达到同步。

② 全局耦合网络的同步化能力与网络规模有关，只要 $\alpha_2/\alpha_1>1$，全局耦合网络就可实现

同步。

2. 结合 Gershgörin 圆盘理论

前面提出的分析网络同步稳定性的方法都需要计算外耦合矩阵 $\boldsymbol{L}$ 的特征值。然而，复杂网络节点数目巨大，计算其外耦合矩阵 $\boldsymbol{L}$ 的特征值只能采用近似方法。基于此，学者们开始提出将主稳定性函数方法与 Gershgörin 圆盘理论结合，为探讨网络结构对混沌耦合振子系统稳定性的影响给出了更精确的分析方法。下面首先介绍 Gershgörin 圆盘定理[1,4,110,111]，然后给出利用该定理来判断同步的判据。

定理 5.5 （Gershgörin 圆盘定理）矩阵 $\boldsymbol{A}=(a_{ij})_{N\times N}$ 的每一个特征值必属于下述某个圆盘之中：

$$|z-a_{ii}|\leqslant\sum_{\substack{j=1\\j\neq i}}^{N}|a_{ij}|,i=1,2,\cdots,N,\tag{5.76}$$

式(5.76)表示以 a_{ii} 为中心、$\sum\limits_{\substack{j=1\\j\neq i}}^{N}|a_{ij}|$ 为半径的复平面上的 N 个圆盘。若 A 的 m 个圆盘组成的并集 S(连通的)与其余 $N-m$ 个圆盘不连接，则 S 内恰好包含 m 个 A 的特征值。

要将该定理应用于横截特征值(Transverse eigenvalue)，需要将对应于同步流形的特征值 0 去掉。下面采用矩阵理论的简化技巧，建立一个 $(N-1)\times(N-1)$ 阶矩阵 $\boldsymbol{D}$，使它的特征值与外耦合矩阵 $\boldsymbol{L}$ 的特征值除了 0 以外完全相等。

由于矩阵 $\boldsymbol{L}$ 满足耗散耦合条件，所以它一定有一个为 0 的特征值，它所对应的特征向量为 $\boldsymbol{e}_N=(1,1,\cdots,1)^{\mathrm{T}}$。首先考虑去掉 e_N 第一个元素 1 的情形，设 $\boldsymbol{e}_N=(1,\boldsymbol{e}_{N-1}^{\mathrm{T}})^{\mathrm{T}}$，重新将 $\boldsymbol{L}$ 写成下面的分块矩阵形式

$$\boldsymbol{L}=\begin{bmatrix}\boldsymbol{L}_{11} & \boldsymbol{r}^{\mathrm{T}}\\ \boldsymbol{s} & \boldsymbol{L}_{N-1}\end{bmatrix},\tag{5.77}$$

其中

$$\boldsymbol{r}=(L_{12},L_{13},\cdots,L_{1N})^{\mathrm{T}},\boldsymbol{s}=(L_{21},L_{31},\cdots,L_{N1})^{\mathrm{T}},$$

$$\boldsymbol{L}_{N-1}=\begin{bmatrix}L_{22} & L_{23} & \cdots & L_{2N}\\ L_{32} & L_{33} & \cdots & L_{3N}\\ \vdots & \vdots & \ddots & \vdots\\ L_{N2} & L_{N3} & \cdots & L_{NN}\end{bmatrix},\tag{5.78}$$

选取矩阵 $\boldsymbol{P}$，其形式为

$$\boldsymbol{P}=\begin{bmatrix}1 & \boldsymbol{0}^{\mathrm{T}}\\ \boldsymbol{e}_{N-1} & \boldsymbol{I}_{N-1}\end{bmatrix},\tag{5.79}$$

式中：$\boldsymbol{0}$ 为 $N-1$ 维向量$(0,0,\cdots,0)^{\mathrm{T}}$；$I_{N-1}$ 为 $(N-1)\times(N-1)$ 阶单位阵。

利用 $\boldsymbol{P}$ 对 $\boldsymbol{L}$ 做相似变换，由于 $\boldsymbol{L}_{11}+\boldsymbol{r}^{\mathrm{T}}\boldsymbol{e}_{N-1}=0$，得

$$\boldsymbol{P}^{-1}\boldsymbol{L}\boldsymbol{P}=\begin{bmatrix}0 & \boldsymbol{r}^{\mathrm{T}}\\ \boldsymbol{0} & \boldsymbol{L}_{N-1}-\boldsymbol{e}_{N-1}\boldsymbol{r}^{\mathrm{T}}\end{bmatrix},\tag{5.80}$$

由于 $\boldsymbol{P}^{-1}\boldsymbol{L}\boldsymbol{P}$ 和 $\boldsymbol{L}$ 具有相同的特征谱，那么显然 $(N-1)\times(N-1)$ 阶矩阵

$$\boldsymbol{D}^1 = \boldsymbol{L}_{N-1} - \boldsymbol{e}_{N-1}\boldsymbol{r}^{\mathrm{T}} \tag{5.81}$$

具有和 $\boldsymbol{L}$ 除 0 以外相同的特征值,称 $\boldsymbol{D}^1$ 为 $\boldsymbol{L}$ 的约化矩阵。同理,通过去掉 $\boldsymbol{L}$ 第二行第二列得到的矩阵,利用上述方法基于类似于式(5.81)的表达式得到第二个约化矩阵 $\boldsymbol{D}^2$。这样下去,总共可以得到 N 个约化矩阵 $\boldsymbol{D}^k=(d_{ij}^k)$, $k=1,2,\cdots,N$。实际上,对于 $\boldsymbol{D}^k$ 来说,式(5.81)中 $\boldsymbol{L}_{N-1}$ 表示去掉 $\boldsymbol{L}$ 第 k 行第 k 列得到的矩阵,$\boldsymbol{e}_{N-1}$ 表示去掉第 k 个 1 得到的矩阵,$\boldsymbol{r}^{\mathrm{T}}$ 表示 $\boldsymbol{L}$ 中的第 k 行去掉 L_{kk} 后的行向量。根据式(5.81),考虑矩阵 $\boldsymbol{L}$ 的定义,得

$$d_{ij}^k = L_{ij} - L_{kj}。 \tag{5.82}$$

于是,利用圆盘定理来判断网络(式(5.57))完全同步的稳定判据如下。

定理 5.6 对于连续时间耗散耦合动态网络(式(5.57)),设能使同步流形稳定的 λ 的取值范围为 Ω,则其同步流形渐近稳定的条件是:

(1) D^k 的每个 Gershgörin 圆盘中心位于稳定区域 Ω 内,即

$$d_{ii}^k \in \Omega, k = 1,2,\cdots,N。 \tag{5.83}$$

(2) D^k 的每个 Gershgörin 圆盘半径满足不等式

$$\sum_{\substack{j=1\\ j\neq i}}^{N} |d_{ii}^k| < \delta(d_{ii}^k), k = 1,2,\cdots,N。 \tag{5.84}$$

式中:$\delta(x)$ 为实轴上 x 到稳定区域 Ω 的边界的距离。

上述分析方法适用于各种系统以及耦合形式,并且还适用于非对称耦合。

5.3.3 连续时间线性耗散耦合网络的完全同步判据

对于连续时间耗散耦合动态网络(式(5.57)),当内部耦合为线性耦合(即输出函数为线性函数)的情形时,整个动态网络的状态方程可以写为

$$\dot{\boldsymbol{X}}_i = \boldsymbol{F}(\boldsymbol{X}_i) + c\sum_{j=1}^{N} l_{ij}\boldsymbol{H}\boldsymbol{X}_j, i = 1,2,\cdots,N。 \tag{5.85}$$

内部耦合矩阵取为对角阵 $\boldsymbol{H}=\mathrm{diag}\{r_1,r_2,\cdots,r_n\}\in\mathbf{R}^{N\times N}$,它描述了耦合节点变量之间具体的连接关系。例如,如果 $r_i=1$, $r_j=0$, $j\neq i$,则表明两个耦合节点之间存在通过第 i 个状态变量的线性耦合。假设网络是无权无向连通的简单图,那么外耦合矩阵 $\boldsymbol{L}=(l_{ij})_{N\times N}$ 为实对称矩阵。

显然,同步流形的稳定性是由孤立节点的动力学特性(函数 $\boldsymbol{F}$ 和解 $\boldsymbol{S}(t)$)、耦合强度 c、内部耦合矩阵 $\boldsymbol{H}$ 以及网络耦合矩阵 $\boldsymbol{L}$ 决定的,由此可以得到如下几个定理[1,4,112,113,114]。

定理 5.7 考虑网络(式(5.85)),令 $0=\lambda_1>\lambda_2\geqslant\cdots\geqslant\lambda_N$ 是外耦合矩阵 $\boldsymbol{L}$ 的特征值。如果 $N-1$ 个 m 维线性时变系统

$$\dot{\boldsymbol{Y}} = [\boldsymbol{DF}(\boldsymbol{S}) + c\lambda_k\boldsymbol{H}]\boldsymbol{Y}, k = 2,3,\cdots,N \tag{5.86}$$

关于其零解是指数稳定的,其中,$\boldsymbol{Y}\in\mathbf{R}^m$,$\boldsymbol{DF}(\boldsymbol{S})$ 是 $\boldsymbol{F}(\boldsymbol{X})$ 在同步流形 $\boldsymbol{S}$ 处的 Jacobi 矩阵,那么网络的同步流形是渐近稳定的。

定理 5.7 中的式(5.86)是式(5.66)在特殊内部耦合方式下的显然结果。

定理 5.8 考虑动力网络(式(5.85)),令 $0=\lambda_1>\lambda_2\geqslant\cdots\geqslant\lambda_N$ 是外耦合矩阵 $\boldsymbol{L}$ 的特征值。若存在一个 $m\times m$ 阶的对角阵 $\boldsymbol{P}>\boldsymbol{0}$ 以及常数 $\delta<0$, $\tau>0$,使得对于所有的 $d\leqslant\delta$ 满足

$$[\boldsymbol{DF}(\boldsymbol{S}) + d\boldsymbol{H}]^{\mathrm{T}}\boldsymbol{P} + \boldsymbol{P}[\boldsymbol{DF}(\boldsymbol{S}) + d\boldsymbol{H}] \leqslant -\tau \boldsymbol{I}_m, \tag{5.87}$$

式中:$\boldsymbol{I}_m$ 为 $m \times m$ 阶单位阵。如果

$$c\lambda_2 \leqslant \delta, \tag{5.88}$$

则同步流形是指数稳定的。

证明 首先由不等式(5.88)以及矩阵 $\boldsymbol{L}$ 的特征值(式(5.68))可知,所有特征值都满足

$$c\lambda_k \leqslant \delta, k = 2,3,\cdots,N。$$

将上式代入式(5.87),得

$$[\boldsymbol{DF}(\boldsymbol{S}) + c\lambda_k\boldsymbol{H}]^{\mathrm{T}}\boldsymbol{P} + \boldsymbol{P}[\boldsymbol{DF}(\boldsymbol{S}) + c\lambda_k\boldsymbol{H}] \leqslant -\tau \boldsymbol{I}_m, k = 2,3,\cdots,N。 \tag{5.89}$$

构造 Lyapunov 函数 $\boldsymbol{V}_k = \boldsymbol{Y}^{\mathrm{T}}\boldsymbol{P}\boldsymbol{Y}, k=2,3,\cdots,N$。由于对角阵 $\boldsymbol{P}>0$,则 $\boldsymbol{V}_k>0$,所以 $\boldsymbol{V}_k$ 是正定的,而其全导数

$$\begin{aligned}\dot{\boldsymbol{V}}_k &= \dot{\boldsymbol{Y}}^{\mathrm{T}}\boldsymbol{P}\boldsymbol{Y} + \boldsymbol{Y}^{\mathrm{T}}\boldsymbol{P}\dot{\boldsymbol{Y}} \\ &= \boldsymbol{Y}^{\mathrm{T}}\{[\boldsymbol{DF}(\boldsymbol{S}) + c\lambda_k\boldsymbol{H}]^{\mathrm{T}}\boldsymbol{P} + \boldsymbol{P}[\boldsymbol{DF}(\boldsymbol{S}) + c\lambda_k\boldsymbol{H}]\}\boldsymbol{Y} \\ &\leqslant -\tau\boldsymbol{Y}^{\mathrm{T}}\boldsymbol{Y} < 0,\end{aligned} \tag{5.90}$$

根据定理 5.2 可知式(5.86)的零解稳定,再由定理 5.7 可知式(5.85)同步流形指数稳定。

进一步,如果内部耦合矩阵 $\boldsymbol{H}$ 为单位阵,那么定理 5.8 中的常数 δ 可以取为孤立节点的最大 Lyapunov 指数 $h_{\max}$,由此可得如下定理。

定理 5.9 假定网络(式(5.85))由混沌节点组成,设孤立节点的最大 Lyapunov 指数为 $h_{\max}$,如果 $\boldsymbol{H}=\boldsymbol{I}_m$ 且满足

$$|c\lambda_2| > h_{\max}, \tag{5.91}$$

则同步流形是指数稳定的。

证明 根据定理 5.7 可知网络(式(5.85))同步流形稳定性已经转化为下式的零解稳定性,即

$$\dot{\boldsymbol{Y}} = [\boldsymbol{DF}(\boldsymbol{S}) + c\lambda_k\boldsymbol{I}_m]\boldsymbol{Y}, k = 2,3,\cdots,N。 \tag{5.92}$$

而对于每个 λ_i,式(5.92)的横截 Lyapunov 指数满足 $\mu_k(\lambda_i) = h_k + c\lambda_i, k=1,2,\cdots,m$。为了稳定同步流形,需要每个横截 Lyapunov 指数均为负数。假设 $h_{\max} = \max\{h_k\}$,于是要求 $h_{\max}+c\lambda_i<0$。由于 $c>0$,混沌节点的 $h_{\max}>0$,$\boldsymbol{L}$ 的特征值满足 $0-\lambda_1 \geqslant \lambda_2 \geqslant \cdots \geqslant \lambda_N$,则要求 $h_{\max}+c\lambda_2<0$,即 $-c\lambda_2 > h_{\max}$。

需要注意的是,当 $\boldsymbol{L}$ 不是对称阵时,对应的式(5.91)应为 $|c\mathrm{Re}(\lambda_2)|>h_{\max}$。

例 5.6 考虑一个由三个相互耦合的节点构成的环状网络

$$\dot{\boldsymbol{X}} = \boldsymbol{F}(\boldsymbol{X}_i) + c\sum_{j=1}^{3} l_{ij}\boldsymbol{H}\boldsymbol{X}_j, \tag{5.93}$$

式中:$\boldsymbol{X}_i = (x_{i1}, x_{i2}, x_{i3})^{\mathrm{T}}$;内耦合矩阵 $\boldsymbol{H}$ 为单位阵 $\boldsymbol{I}_3 = \begin{bmatrix} 1 & 0 & 0 \\ 0 & 1 & 0 \\ 0 & 0 & 1 \end{bmatrix}$,外耦合矩阵 $\boldsymbol{L} = \begin{bmatrix} -2 & 1 & 1 \\ 1 & -2 & 1 \\ 1 & 1 & -2 \end{bmatrix}$。

已知每个孤立节点的系统为 Rossler 混沌系统如下：

$$\begin{cases}\dot{x}_{i1} = -\omega x_{i2} - x_{i3}, \\ \dot{x}_{i2} = \omega x_{i1} + \alpha x_{i2} \\ \dot{x}_{i3} = \beta + x_{i3}(x_{i1} - \gamma),\end{cases}, \quad (i = 1,2,3) \tag{5.94}$$

式中：$\omega=1.0$；$\alpha=0.165$；$\beta=0.2$；$\gamma=10$。求能够使网络（式（5.93））达到完全同步的充分条件。

解 首先，孤立节点在 $\omega=1.0,\alpha=0.165,\beta=0.2,\gamma=10$ 参数条件下为混沌系统。根据定理 5.7，网络（式（5.94））的混沌同步稳定性可转为下式零解稳定性？

$$\dot{\boldsymbol{Y}} = [\boldsymbol{DF}(\boldsymbol{S}) + c\lambda_k \boldsymbol{H}]\boldsymbol{Y}, \quad k = 2,3。 \tag{5.95}$$

容易求得 $\boldsymbol{L}$ 的三个特征值为 $\lambda_1=0,\lambda_2=\lambda_3=-3$。利用 Matlab 程序（Jacobi 法）可以求得孤立节点的 Lyapunov 指数为 $h_1\approx0.0313,h_2\approx0.1140,h_3\approx-9.8467$，即 $h_{\max}\approx0.11$，因此根据定理 5.9 得到同步条件为 $c>0.11/3=0.037$。

定义增广的 Rossler 混沌系统的 Matlab 函数如下：

```
function dX =au_Rossler(t,X)
a = 0.165; b = 0.20; c = 10.0;
x=X(1); y=X(2); z=X(3);
Y=[X(4),X(7),X(10)
    X(5),X(8),X(11)
    X(6),X(9),X(12)];  % Y 的三个列向量为相互正交的单位向量
dX=zeros(12,1);  % Rossler 吸引子的初始化
dX(1:3)=[-y-z;x+a*y; b+z*(x-c)];
Jaco=[0 -1 -1;
      1 a  0;
      z 0  x-c]; % Rossler 吸引子的 Jacobi 矩阵
dX(4:12) = Jaco*Y;
```

计算 Lyapunov 指数的 Matlab 程序如下：

```
clc,clear;
yinit=[1,1,1]; orthmatrix=eye(3);
a=0.165; b=0.20; c =10.0;
y=zeros(12,1);  % 初始化输入
y(1:3)=yinit;
y(4:12)=orthmatrix;
tstart=0;  % 时间初始值
steps=0.01;  % 每次演化的步数
n=10000;  % 演化的次数
lp=zeros(1,3);
Lyapunov1=zeros(n,1);  % 初始化 Lyapunov 指数
Lyapunov2=zeros(n,1);
Lyapunov3=zeros(n,1);
for i=1:n
```

```
    tspan = [tstart,tstart+steps];
    [T,Y] = ode45('au_Rossler',tspan,y);
    y=Y(size(Y,1),:);
    % 重新定义起始时刻
    tstart = tstart+steps;
    V=[y(4) y(7) y(10);
       y(5) y(8) y(11);
       y(6) y(9) y(12)];
    A(:,1)=V(:,1);  % 施密特正交化
    A(:,2)=V(:,2)-dot(A(:,1),V(:,2))/dot(A(:,1),A(:,1))*A(:,1);
    A(:,3)=V(:,3)-dot(A(:,1),V(:,3))/dot(A(:,1),A(:,1))*A(:,1)-...
        dot(A(:,2),V(:,3))/dot(A(:,2),A(:,2))*A(:,2);  % 续行
    y0=A;
    for j=1:3
        md(j) = norm(y0(:,j)); y0(:,j)=y0(:,j)/md(j);
    end
    lp=lp+log(md);
    Lyapunov1(i)=lp(1)/(tstart);  % 三个 Lyapunov 指数
    Lyapunov2(i)=lp(2)/(tstart);
    Lyapunov3(i)=lp(3)/(tstart);
    y(4:12) = y0';
end
i=[1:n]';
plot(i,Lyapunov1,i,Lyapunov2,i,Lyapunov3)  % 作 Lyapunov 指数谱图
[Lyapunov1,Lyapunov2,Lyapunov3]  % 显示计算结果
```

5.3.4 小世界网络的完全同步

本节考虑具有 NW 小世界拓扑结构的连续时间耦合动态网络(式(5.57))的同步化能力。这里仅讨论类型 I 网络。

NW 小世界网络以概率 p 加边的过程对应于网络耦合矩阵中的 0 元素,以概率 p 置换为 1,因此将最近邻耦合矩阵 $\boldsymbol{L}_{NC}$ 中 $l_{ij}=l_{ji}=0$ 的元素,以概率 p 置为 $l_{ij}=l_{ji}=1$,然后根据耗散耦合条件重新计算对角线元素,便得到 NW 小世界网络的耦合矩阵,记为 $\boldsymbol{L}_{NW}(p,N)$,令 $\lambda_{2NW}(p,N)$ 为其对应的第二大特征值。因为 NW 小世界网络的形成依赖于概率,许多结果都不能用确定性的公式写出来,所以通常只能用随机分析和仿真来验证。

图 5.8 分别给出了 $K=2$,$N=100$ 和 $N=400$ 的情况下,具有不同连接概率 p 的 NW 小世界网络模型对应的 $\lambda_{2NW}(p,N)$。对于最近邻网络($p=0$),$\lambda_{2NW}(p,N)$ 近似为 0,此时网络同步化能力很低。在此基础上不断随机加入新边,即概率 p 从 0 变化到 1,第二大特征值不断变小最后趋于$-N$,同步化能力不断增强。说明对于任意给定耦合强度 $c>0$,当有足够多的节点个数 $N>\delta/c$,只要概率 p 大于一定的阈值 $\bar{p}(\bar{p}\leqslant p\leqslant 1)$,该网络就会达到同步。

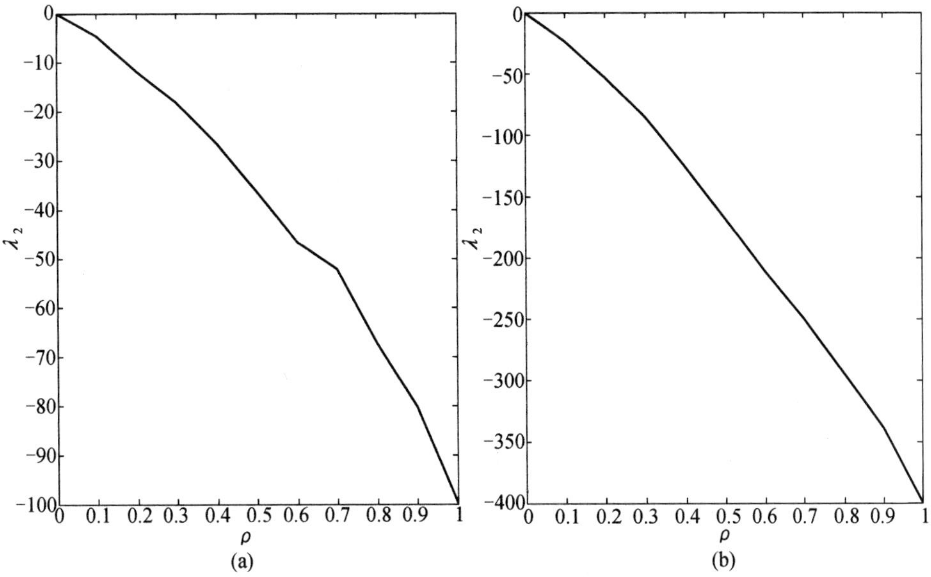

图 5.8 $\lambda_{2NW}(p,N)$ 随概率 p 的变化曲线

(a) $N=100$; (b) $N=400$。

计算及画图的 Matlab 程序如下：

```
function nweigval  % 为了调用下面自定义的函数,这里定义主函数
p=0:0.1:1;
for i=1:length(p)
     lam1(i)=secondeig(100,2,p(i));  % 调用下面自定义的函数
end
subplot(121),plot(p,lam1),xlabel('\it p')
ylabel('\it \lambda_2')
for i=1:length(p)
     lam2(i)=secondeig(400,2,p(i));
end
subplot(122),plot(p,lam2),xlabel('\it p')
ylabel('\it \lambda_2')
function lamda=secondeig(N,K,p)
A=zeros(N);  % 邻接矩阵初始化
for i=1:N  % 该层循环构造最近邻 K 耦合网络的邻接矩阵
  for j=i+1:i+K/2
       jj=(j<=N)*j+(j>N)*mod(j,N);  % 如果 j 超过了 N,要取除以 N 的余数
       A(i,jj)=1; A(jj,i)=1;
  end
end
B=rand(N); B=tril(B);  % 产生随机数,并截取下三角部分
C=zeros(N); C(B>=1-p)=1; C=C+C';  % B 对应新产生边的完整邻接矩阵
A=double(A|C);  % 做逻辑或运算,产生加边以后的邻接矩阵
deg=sum(A); L=A-diag(deg);  % 构造矩阵
```

```
val=eig(L); sv=sort(val,'descend');  % 把特征值按照从大到小排列
lamda=sv(2);  % 提出第二大特征值
```

图 5.9 分别给出了 $p=0.05$ 和 $p=0.1$ 的情形，具有不同网络规模 N 的 NW 小世界模型对应的第二大特征根 $\lambda_{2NW}(p,N)$。可以看出，在加边概率相同的情况下，规模越大的小世界网络，其同步化能力越强。

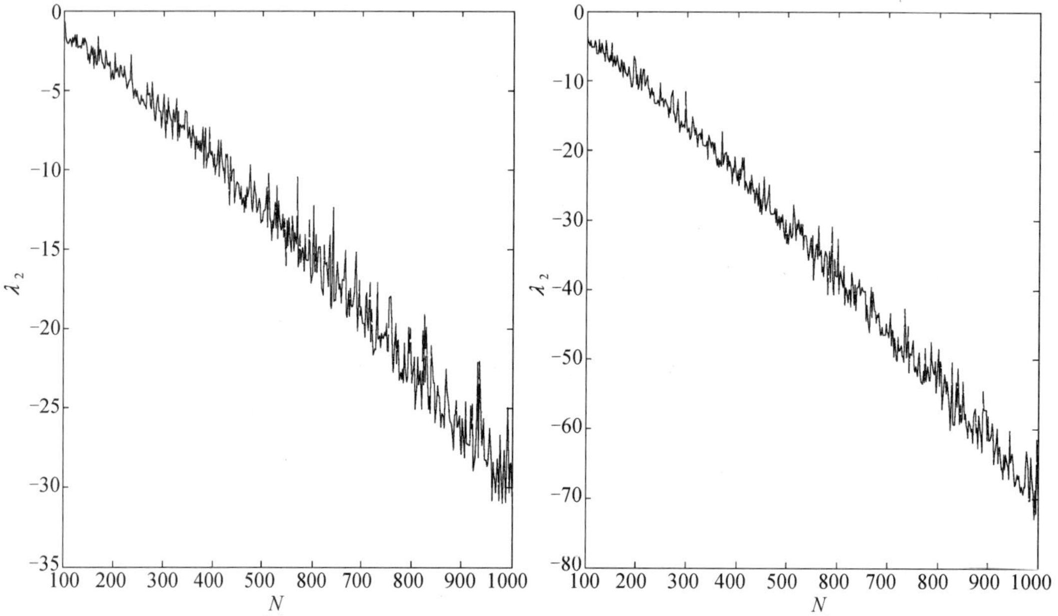

(a) (b)

图 5.9　$\lambda_{2NW}(p,N)$ 随节点个数 N 的变化曲线图

(a) $p=0.05$；(b) $p=0.1$。

计算及画图的 Matlab 程序如下：

```
function nweigval2
p1=0.05; N=100:2:1000; p2=0.1;
for i=1:length(N)
     lam1(i)=secondeig(N(i),2,p1);
end
subplot(121),plot(N,lam1),xlabel('\it N')
ylabel('\it \lambda_2')
for i=1:length(N)
     lam2(i)=secondeig(N(i),2,p2);
end
subplot(122),plot(N,lam2),xlabel('\it N')
ylabel('\it \lambda_2')
function lamda=secondeig(N,K,p)
A=zeros(N);  % 邻接矩阵初始化
for i=1:N  % 该层循环构造最近邻 K 耦合网络的邻接矩阵
    for j=i+1:i+K/2
```

```
        jj=(j<=N)*j+(j>N)*mod(j,N);   % 如果 j 超过了 N,要取除以 N 的余数
        A(i,jj)=1; A(jj,i)=1;
    end
end
B=rand(N); B=tril(B);   % 产生随机数,并截取下三角部分
C=zeros(N); C(B>=1-p)=1; C=C+C';   % B 对应新产生边的完整邻接矩阵
A=double(A|C);   % 做逻辑或运算,产生加边以后的邻接矩阵
deg=sum(A); L=A-diag(deg);   % 构造矩阵
val=eigs(L,2,'la');   % 求前两个最大特征值
lamda=val(2);   % 提出第二大特征值
```

下面针对类型Ⅱ网络,考查另一种小世界网络的同步能力,即具有 WS 小世界拓扑结构的连续时间耗散耦合动态网络(式(5.57))的同步化能力。WS 小世界网络是在封闭的最近邻耦合网络中,通过重连操作,引入远程连接来建立小世界网络的网络模型。对于最近邻耦合矩阵 $\boldsymbol{L}_{NC}$ 中的 $l_{ij}=l_{ji}=1$,以概率 p 置为 $l_{ij}=l_{ji}=0$,随机置 $l_{ik}=l_{ki}=1$,然后根据耗散耦合条件重新计算对角线元素,就可以得到 WS 小世界网络的耦合矩阵。令 $\lambda_{2WS}(p,N)$ 为其对应的第二大特征值,$\lambda_{NWS}(p,N)$ 为其对应的最小特征值。令 $\lambda_{min}=|\lambda_{2WS}(p,N)|$,$\lambda_{max}=|\lambda_{2WS}(p,N)|$,图 5.10显示了特征值比值 $\lambda_{max}/\lambda_{min}$ 随重连概率 p 的变化情况,是对 1000 个节点、$K=4$ 的网络计算得到的。随着重连概率 p 的增加,远程连接的数目越来越多,"小世界"性质越来越显著,网络的同步能力越来越好。

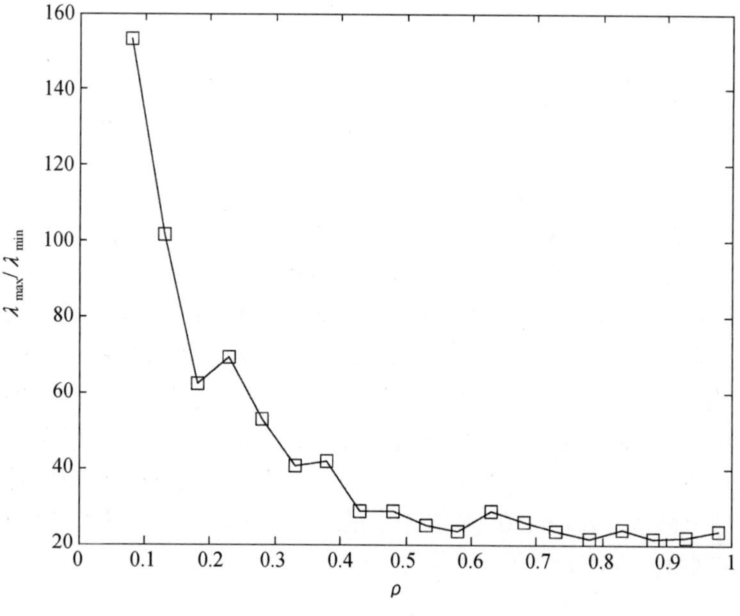

图 5.10　WS 小世界网络的特征值比 $\lambda_{max}/\lambda_{min}$ 随重连概率 p 的变化曲线

计算及画图的 Matlab 程序如下:

```
function wsratio   % 这里也可以不定义函数,把该行注释
N=1000; K=4; pp=[0.08:0.05:1];   % N 为网络节点总数,K 为邻域节点个数,pp 为重连概率
for k=1:length(pp)
    p=pp(k);A=zeros(N);   % 邻接矩阵初始化
```

```
for i=1:N  % 该层循环构造最近邻 K 耦合网络的邻接矩阵
  for j=i+1:i+K/2
      jj=(j<=N)*j+(j>N)*mod(j,N);  % 如果 j 超过了 N,要取除以 N 的余数
      A(i,jj)=1; A(jj,i)=1;
  end
end
for i=1:N  % 该层循环进行随机重连
  for j=i+1:i+K/2
      jj=(j<=N)*j+(j>N)*mod(j,N);
      ChangeV=randi([1,N]);  % 产生随机整数,为可能重连的另外一个节点
      if rand<=p & A(i,ChangeV)==0 & i~=ChangeV  % 重连的条件
         A(i,jj) = 0; A(jj,i) = 0;  % 删除原边
         A(i,ChangeV)=1; A(ChangeV,i)=1;  % 重连新边
      end
  end
end
deg=sum(A); L=A-diag(deg);  % 构造矩阵
val=eigs(L,2,'la');  % 求前两个最大特征值
lmin=val(2);  % 提出第二大特征值
lmax=eigs(L,1,'sa');  % 求最小特征值
ratio(k)=abs(lmax/lmin);
end
[pp; ratio]  % 显示重连概率与特征值之比绝对值之间的关系
plot(pp,ratio,'S-')
xlabel('$ p $','Interpreter','Latex')
ylabel('$ \lambda_\textrm{max} /\lambda_\textrm{min} $','Interpreter','Latex')
```

由此可见,相比于各种规则网络,小世界网络具有更好的同步能力。大多数人认为,小世界网络较好的同步能力主要来源于小世界网络中节点间的距离较近。但是,这个结论并不完全正确,主要体现在 5.3.5 小节将要讨论的无标度网络。

例 5.7 试通过理论分析和仿真实验来验证 NW 小世界网络的混沌同步能力优越于最近邻耦合网络。假设网络节点采用式(5.5)所示的 Rossler 混沌系统,其参数为 $\omega=1.0,\alpha=0.165,\beta=0.2,\gamma=10$ 以保证每个节点在耦合前处于混沌状态。网络的节点数为 $N=200$,最近邻耦合网络的邻居参数 $K=10$。NW 小世界网络的构造方法如下:为最近邻耦合网络的每个节点增加一个远程边,一共 200 条,对应于概率 $p=200/c_{200}^2\approx0.0101$。耦合方式采用线性耗散耦合,内耦合矩阵 $\boldsymbol{H}$ 选为单位阵,并取耦合系数 $c=1.0$。每个节点的三维状态在 $(-1,1)$ 内随机赋初值。

解 所研究网络的方程为

$$\begin{cases}\dot{x}_i=-\omega y_i-z_i+c\sum\limits_{j=1}^{200}l_{ij}x_j,\\ \dot{y}_i=-\omega x_i+\alpha y_i+c\sum\limits_{j=1}^{200}l_{ij}y_j, \qquad i=1,2,\cdots,200,\\ \dot{z}_i=\beta+z_i(x_i-\gamma)+c\sum\limits_{j=1}^{200}l_{ij}z_j。\end{cases}$$

对于最近邻耦合网络来说,可以用 Matlab 程序求得外耦合矩阵 L_{NC} 的第二大特征值 $\lambda_2=-0.0542$,而参数为 $\omega=1.0$,$\alpha=0.165$,$\beta=0.2$,$\gamma=10$ 的 Rossler 混沌系统的最大 Lyapunov 指数为 $\gamma_{\max}\approx 0.11$,$|c\lambda_2|=0.0542$,定理 5.9 的充分条件没能满足。而结合例 5.5 的分析可知,对于最近邻耦合网络,在网络规模较大时,无论耦合强度 c 取何值,整个系统中各节点都不能达到同步。为了验证是否能够同步,图 5.11 显示了当 $c=1$ 的时候最近邻耦合网络系统中取出的前五个节点的 x 分量随时间的演化图,发现它们的运动轨迹虽然都没有脱离 Rossler 吸引子的范围,但是彼此却不同步。对于 NW 小世界网络,根据外耦合矩阵 $\boldsymbol{L}_{NW}$ 利用 Matlab 运行 500 次可以求得 λ_2 大致在范围(-1.9,-0.9),从平均意义上看 $|c\lambda_2|>0.11$,满足了定理 5.9 的同步稳定性充分条件,于是就能保证在每个节点处于不同的初始条件下整个网络可以达到完全同步。图 5.12 显示了当 $c=1$ 的时候 NW 小世界网络系统中 200 个节点的 x 分量随时间的演化图,发现它们只要很短的时间就实现了完全同步。

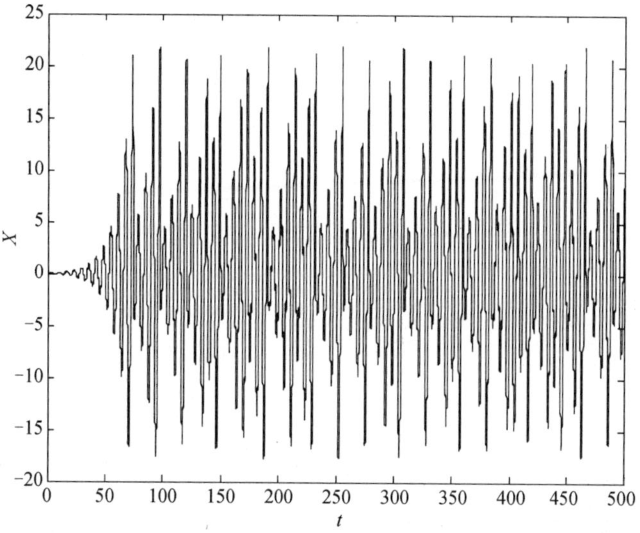

图 5.11　最近邻耦合网络中前五个节点的 x 方向变化曲线

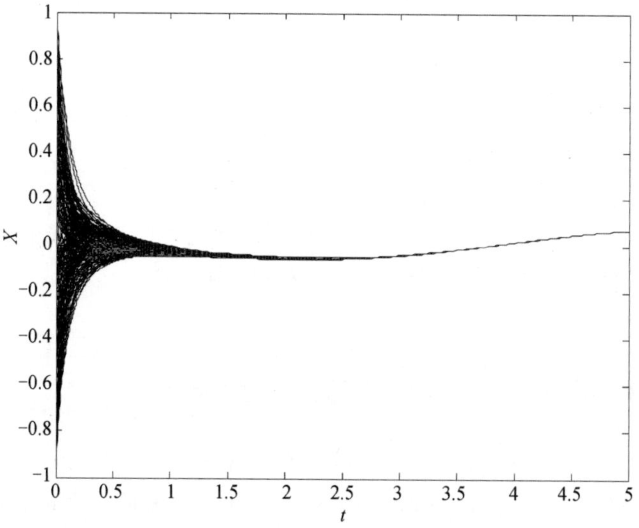

图 5.12　NW 小世界网络中 200 个节点的 x 方向变化曲线

计算第二大特征值范围的 Matlab 程序如下：

```
clc,clear
N=200; K=10; p=0.0101;  %N 为节点总数,K 为邻域节点个数,p 为随机化加边概率
lambda=[];
fork=1:500
A=zeros(N);  %邻接矩阵初始化
for i=1:N  %该层循环构造最近邻 K 耦合网络的邻接矩阵
   for j=i+1:i+K/2
      jj=(j<=N)*j+(j>N)*mod(j,N);  %如果 j 超过了 N,要取除以 N 的余数
      A(i,jj)=1; A(jj,i)=1;
   end
end
B=rand(N); B=tril(B);  %产生随机数,并截取下三角部分
C=zeros(N); C(B>=1-p)=1; C=C+C';  %C 对应新产生边的完整邻接矩阵
A2=double(A|C);  %做逻辑或运算,产生加边以后的邻接矩阵
deg2=sum(A2); L2=A2-diag(deg2);
val=eigs(L2,2,'la'); lambda=[lambda,val(2)];
end
fw=minmax(lambda) %求第二大特征值的范围
```

求微分方程数值解及画图的 Matlab 程序如下：

```
function tongbueq1
global w a b r c L1 L2
w=1.0; a=0.165; b=0.2; r=10; c=1;
N=200; K=10; p=0.0101;  %N 为网络节点总数,K 为邻域节点个数,p 为随机化加边概率
A=zeros(N);  %邻接矩阵初始化
for i=1:N  %该层循环构造最近邻 K 耦合网络的邻接矩阵
   for j=i+1:i+K/2
      jj=(j<=N)*j+(j>N)*mod(j,N);  %如果 j 超过了 N,要取除以 N 的余数
      A(i,jj)=1; A(jj,i)=1;
   end
end
deg1=sum(A); L1=A-diag(deg1);
B=rand(N); B=tril(B);  %产生随机数,并截取下三角部分
C=zeros(N); C(B>=1-p)=1; C=C+C';  %C 对应新产生边的完整邻接矩阵
A2=double(A|C);  %做逻辑或运算,产生加边以后的邻接矩阵
deg2=sum(A2); L2=A2-diag(deg2);
[t1,X1]=ode45(@(t,x)equa1(t,x,L1),[0,500],unifrnd(-1,1,600,1));
plot(t1,X1(:,[1:3:15])) %画出前 5 个节点 x 分量的取值
xlabel('\it t'),ylabel('\it x')
[t2,X2]=ode45(@(t,x)equa1(t,x,L2),[0,5],unifrnd(-1,1,600,1));
figure(2),plot(t2,X2(:,[1:3:end]))  %画出 200 个节点的 x 分量的取值
xlabel('\it t'),ylabel('\it x')
function dX=equa1(t,X,L);
```

```
global w a b r c L2
X=reshape(X,[3,200]);  % 把向量 X 变成 3×200 的矩阵
for i=1:200
    DX(1,i)=-w*X(2,i)-X(3,i)+c*sum(L(i,:).*X(1,:));
    DX(2,i)=w*X(1,i)+a*X(2,i)+c*sum(L(i,:).*X(2,:));
    DX(3,i)=b+X(3,i)*(X(1,i)-r)+c*sum(L(i,:).*X(3,:));
end
dX=DX(:);  % 把 3×200 的矩阵变成列向量
```

5.3.5 无标度网络的完全同步

相比于各种规则网络,小世界网络具有更好的同步能力,主要原因是小世界网络中节点间的距离较近,这样网络就耦合得更加紧密。但是,通过主稳定函数分析方法,人们发现虽然无标度网络也具有较短的平均距离,但无标度网络上的拓扑结构对网络的同步能力有抑制作用。下面首先介绍 BA 无标度网络的同步能力,然后介绍两种旨在提高同步能力的无标度网络,即同步最优网络和同步优先网络。

1. BA 无标度网络的完全同步能力

首先针对类型 I 网络讨论,考虑具有 BA 无标度拓扑结构的连续时间耦合动态网络(式(5.57))的同步化能力[1,4,94,107,108,110,111,113]。这里假设无标度网络的生成过程中初始节点数 $m_0=m$,m 为每次引入的新节点连接到已知节点的个数,外耦合矩阵记为 $\boldsymbol{L}_{SF}(m,N)$,记 $\lambda_{2SF}(m,N)$ 为其第二大特征值。仿真发现,$\lambda_{2SF}(m,N)$ 随 N 的增加而不断下降,而且存在极限

$$\lim_{N\to\infty}\lambda_{2SF}(m,N)=\hat{\lambda}_{2SF}(m)<0,$$

即当 N 趋于无穷大时,BA 无标度网络外耦合矩阵的第二大特征值趋于一个只与 m 有关的负常数。对于不同的 m 和 N,计算 BA 无标度网络耦合矩阵对应的第二大特征值,如图 5.12 所示。当 $m_0=m=3,5,7$ 时分别有

$$\hat{\lambda}_{2SF}\approx-1.2,\ -2.9,\ -4.6.$$

从图 5.13 中还可以看到,当 N 比较大时,继续增加新的节点,BA 无标度网络的同步化性能最终趋于稳定。

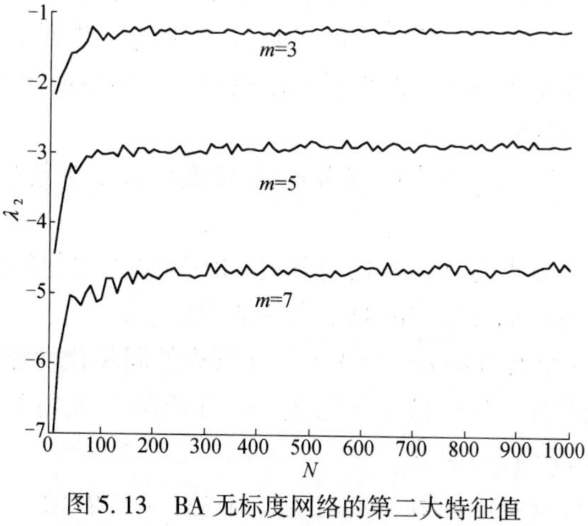

图 5.13 BA 无标度网络的第二大特征值

计算及画图 5.13 的 Matlab 程序如下：

```
clc,clear
m0=[3 5 7]; m=m0; N=500; hold on
for i=1:length(m0)
  lambda=[]; NN=[10:10:1000];
   for j=1:length(NN)
      A=ones(m0(i)); A(1:m0(i)+1:m0(i)^2)=0;  % 对角线元素置 0
      for k=m0(i)+1:NN(j)
      p=(sum(A)+1)/sum(sum(A)+1);  % 计算所有节点的连接概率
      pp=cumsum(p);  % 求累积分布
      A(k,k)=0;  % 加入新的连边之前,邻接矩阵扩充维数
      ind=[];  % 新节点所连节点的初始集合
      while length(ind)<m(i)
      jj=find(pp>rand); jj=jj(1);  % 用赌轮法选择连边节点的编号
      ind=union(ind,jj);  % 使用 union 保证选择的节点不重复
      end
      A(k,ind)=1; A(ind,k)=1;  % 构造加边以后新的邻接矩阵
      end
      L=A-diag(sum(A)); val=eigs(L,2,'la');
      lambda=[lambda,val(2)];
   end
   plot(NN,lambda),lambda  % 画出并显示特征值
end
xlabel('\it N'),ylabel('\it \lambda_2')
text(400,-1.5,'\it m=3'),text(400,-3.4,'\it m=5')
text(400,-5.1,'\it m=7')
```

2. 同步最优网络

通过分析前面几种规则网络模型以及 WS 小世界网络和 BA 无标度网络模型的同步化能力,可以知道全局耦合网络的同步化能力最强,但构成该网络的边最多。那么对于边数相同的网络,什么样的拓扑结构网络同步化能力最强？BA 无标度网络是不是同步化性能最佳的增长网络模型？有没有一个增长网络模型的同步化性能比它的还要好？范瑾和汪小帆[115]在 BA 无标度网络的基础上提出了一个新的增长网络模型——同步最优网络模型。

这种网络模型的生成规则如下：

(1) 增长。从一个具有 m_0 个节点的网络开始,每次引入一个新的节点,并将其连接到 m ($\leqslant m_0$)个已存在的节点上。

(2) 同步最优连接:新节点与已经存在的节点 i 相连接时,要使得构成的新网络的同步化性能最优,即要使得新的网络耦合矩阵的第二大特征值最小。

在经过 t 步后,产生一个有 $N=t+m_0$ 个节点、mt 条边的同步化性能最优的网络模型。

类似于 BA 无标度网络,当 N 趋于无穷时,网络的第二大特征值趋近于一个负常数 $\lambda_{2SO}(m)$。当 $m_0=m=3,5,7$ 时,对应有

$$\lambda_{2SO}(m)\approx -1.9898,\ -3.9635,\ -5.8710。$$

与 BA 无标度网络比较可以发现，同步最优网络的第二大特征值有了显著下降，即同步化性能有了显著提高。

分析同步最优网络的节点度分布时还发现，同步最优网络的拓扑结构类似于多中心网络模型：有极少量的节点与大量节点相连接，而大部分节点的连接度很小。这使得虽然同步最优网络的同步化性能要比 BA 无标度网络的同步化性能强，但由于存在极小量的“HUB 节点”（远小于 BA 无标度网络中“HUB 节点”的个数），这样在恶意攻击下它要比 BA 无标度网络更容易崩溃。

3. 同步优先网络

虽然同步最优网络模型的同步化能力有了很大提高，但由于它的“多中心”拓扑结构，使得它对于恶意攻击非常脆弱。因此，范瑾、李翔和王小帆[116]在无标度网络的基础上提出了一个对于随机去除节点和恶意攻击都很鲁棒的同步优先网络模型。基于增长和同步优先两种机制，这种同步优先网络的生成过程如下：

（1）增长。初始时有 m_0 个节点，在每一时间步内加入一个新的节点，并让它与原有的 $m(\leqslant m_0)$ 个节点相连。

（2）同步优先连接。新的节点与原有节点 i 相连的概率 Π_i 和新节点与第 i 个节点连接后构成的新网络同步化能力有关，即

$$\Pi_i = \lambda_{i2} / \sum_j \lambda_{j2}。\tag{5.96}$$

这样经过 $t \gg m_0$ 时间步后，就得到一个具有 $N=m_0+t$ 个节点、mt 条边的同步优先网络模型。对于特定的 m 值，当 N 趋于无穷时，网络的第二大特征值也趋近于一个负常数 $\lambda_{2SP}(m)$。例如当 $m_0=m=3,5,7$ 时，有

$$\lambda_{2SP}(m) \approx -1.2493,\ -2.8765,\ -4.5982,$$

由此可见同步优先网络的同步化能力与 BA 网络基本相同，但是鲁棒性得到提高。

4. 无标度网络同步的鲁棒性和脆弱性

通常分别用随机地或特定地从网络中去除部分节点，来模拟网络中节点发生随机故障或受到恶意攻击的情形。

令 $\boldsymbol{L}_{sf} \in \mathbf{R}^{N\times N}$ 为初始具有 N 个节点的网络的耦合矩阵。假设去除的节点数占原始网络节点总数的比例为 $f(0<f<1)$，去除的节点记为 $i_1, i_2, \cdots, i_{[fN]}$，$[fN]$ 表示不超过 fN 的最大整数。相应地移走矩阵 $\boldsymbol{L}_{sf}$ 的第 $i_1, i_2, \cdots, i_{[fN]}$ 行，第 $i_1, i_2, \cdots, i_{[fN]}$ 列的元素，并重新计算对角线元素，得到新的耦合矩阵 $\widetilde{\boldsymbol{L}}_{sf}$，用 λ_{2sf} 和 $\widetilde{\lambda}_{2sf}$ 分别表示矩阵 $\boldsymbol{L}_{sf}$ 和 $\widetilde{\boldsymbol{L}}_{sf}$ 的第二大特征值。

当网络发生随机故障时，相当于从网络中随机地去除部分节点。由于无标度网络的极度不均匀性，此时被去除的节点大多都是度很小的节点。因此 $\lambda_{2sf} \approx \widetilde{\lambda}_{2sf}$，网络的同步能力基本保持不变。对 $N=2000, m_0=m=3$ 的 BA 无标度网络做仿真实验的结果是，当随机去除 5% 的节点后网络依然连通，$\widetilde{\lambda}_{2sf}<-0.5$（图 5.14）。然而，当网络受到恶意攻击时就大相径庭了，这时被特定去除的那一小部分节点都是度很大的节点。因此整个网络的连通性发生了剧烈变化，甚至于网络被分成了若干不连通的部分，并且 $|\lambda_{2sf}| \gg |\widetilde{\lambda}_{2sf}|$，从而网络的同步能力大大地降低甚至丧失了。

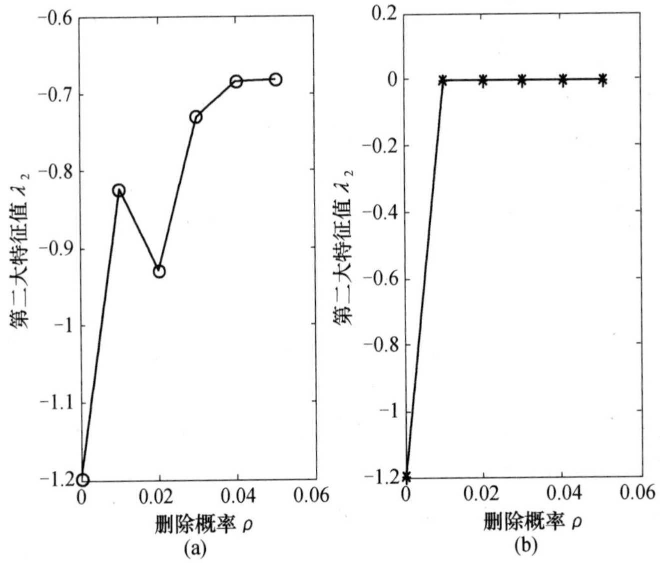

图 5.14 随机删除节点与故意删除节点的同步能力比较

(a) 随机删除节点；(b) 删除度最大的节点。

计算及画图的 Matlab 程序如下：

```
clc,clear,m0=3; m=3; N=2000;
A=ones(m0); A(1:m0+1:m0^2)=0;  % 对角线元素置 0
for k=m0+1:N
    p=(sum(A)+1)/sum(sum(A)+1);  % 计算所有节点的连接概率
    pp=cumsum(p);  % 求累积分布
    A(k,k)=0;  % 加入新的连边之前,邻接矩阵扩充维数
    ind=[];  % 新节点所连节点的初始集合
    while length(ind)<m
        jj=find(pp>rand); jj=jj(1);  % 用赌轮法选择连边节点的编号
        ind=union(ind,jj);  % 使用 union 保证选择的节点不重复
    end
    A(k,ind)=1; A(ind,k)=1;  % 构造加边以后新的邻接矩阵
end
L=A-diag(sum(A));
val=eigs(L,2,'la'); lambda=val(2); lambda1=lambda;
dp=[0:0.01:0.05];  % 删除节点的比例
for i=2:length(dp);
    B=A; nf=floor(N*dp(i));
    rint=randperm(N);  % 生成一个随机整数数列
    db=rint([1:nf]);  % 删除节点的编号
    B(db,:)=[]; B(:,db)=[];
    L=B-diag(sum(B));
    val=eigs(L,2,'la'); lambda1=[lambda1,val(2)];
end
lambda1,subplot(121),plot(dp,lambda1,'o-')
```

```
xlabel('删除概率\itp'),ylabel('第二大特征值\it\lambda_2')
deg=sum(A); [sd,ind2]=sort(deg,'descend');  % 把度按照从大到小排列
lambda2=lambda; st=[];
for i=2:length(dp)
    B=A; B2=tril(A); B2=sparse(B2);
    s=graphconncomp(B2,'Directed',0);  % 计算连通分支的个数
    st=[st,s];  % 记录对应的连通分支个数
    nf2=floor(N*dp(i));  % 计算删除的节点数
    db=ind2(1:nf2);  % 删除的节点编号
    B(db,:)=[]; B(:,db)=[];
    L=B-diag(sum(B));
    val=eigs(L,2,'la'); lambda2=[lambda2,val(2)];
end
lambda2,subplot(122),plot(dp,lambda2,'*-')
xlabel('删除概率\itp'),ylabel('第二大特征值\it\lambda_2')
st % 显示连通分支的个数
```

5.4 复杂网络时滞系统的同步判据

5.4.1 连续时间时滞耗散耦合网络的完全同步判据

从自然科学、工程技术到社会科学,时间滞后现象无处不在。无论何种时滞系统,系统随时间的演化不仅依赖于系统当前的状态,而且依赖于系统过去的某一段时间,时滞通常是由有限的信号传输和记忆效应引起的。时滞复杂网络的同步引起了国内外许多学者的注意,主要考虑在节点之间存在时滞时对网络同步的影响,一般采用 Lyapunov 泛函和线性矩阵不等式方法判定时滞带来的影响。这里,考虑如下具有耦合时滞的复杂网络动力学模型[1,4,117]:

$$\dot{\boldsymbol{X}}_i(t)=\boldsymbol{F}(\boldsymbol{X}_i(t))+c\sum_{j=1}^{N}l_{ij}\boldsymbol{H}\boldsymbol{X}_j(t-\tau),i=1,2,\cdots,N。\tag{5.97}$$

它是系统(式(5.57))在节点输出函数为线性函数以及带有相同耦合时滞 τ 的情况下的表达式,与 5.3.3 节不同,这里考虑的内耦合矩阵 $\boldsymbol{H}$ 不一定为对角阵。针对网络(式(5.97))可以得到如下两个定理。

定理 5.10 对于网络(5.97),令 $0=\lambda_1>\lambda_2\geqslant\cdots\geqslant\lambda_N$ 是外耦合矩阵 $\boldsymbol{L}$ 的特征值。如果下列 $N-1$ 个 m 维线性时变时滞变分方程关于其零解是指数稳定的:

$$\dot{\boldsymbol{Y}}(t)=\boldsymbol{DF}(\boldsymbol{S})\boldsymbol{Y}(t)+c\lambda_k\boldsymbol{H}\boldsymbol{Y}(t-\tau),k=2,3,\cdots,N,\tag{5.98}$$

式中:$\boldsymbol{Y}\in\mathbf{R}^m$,$\boldsymbol{DF}(\boldsymbol{S})$ 为 $\boldsymbol{F}(\boldsymbol{X})$ 在同步流形 $\boldsymbol{S}$ 处的 Jacobi 矩阵。由此可知,网络的同步流形是渐近稳定的。

定理 5.11 对于网络(式(5.97)),令 $0=\lambda_1>\lambda_2\geqslant\cdots\geqslant\lambda_N$ 是外耦合矩阵 $\boldsymbol{L}$ 的特征值。如果存在两个正定矩阵 $\boldsymbol{P}$ 和 $\boldsymbol{Q}$ 使得

$$\begin{bmatrix}\boldsymbol{P}\cdot\boldsymbol{DF}(\boldsymbol{S})+(\boldsymbol{DF}(\boldsymbol{S}))^{\mathrm{T}}\boldsymbol{P}+\boldsymbol{Q} & c\lambda_N\boldsymbol{PH}\\ c\lambda_N\boldsymbol{H}^{\mathrm{T}}\boldsymbol{P} & -\boldsymbol{Q}\end{bmatrix}<0,\tag{5.99}$$

那么网络(式(5.97))的同步流形对于任意固定时滞 $\tau>0$ 是渐近稳定的。

证明 构造 Lyapunov-Krosovskii 函数

$$V(Y(t)) = Y^{\mathrm{T}}(t)PY(t) + \int_{t-\tau}^{t} Y^{\mathrm{T}}(u)QY(u)\mathrm{d}u, \tag{5.100}$$

由引理 1.2 知,如果对于矩阵 A,C 满足 $A^{\mathrm{T}}=A$,$C^{\mathrm{T}}=C$,则

$$\begin{bmatrix} A & B \\ B^{\mathrm{T}} & C \end{bmatrix} > 0 \tag{5.101}$$

等价于

$$C > 0, A - BC^{-1}B^{\mathrm{T}} > 0。 \tag{5.102}$$

因此线性矩阵不等式(5.99)等价于

$$P \cdot DF(S) + (DF(S))^{\mathrm{T}} \cdot P + Q + c^2\lambda_N^2 PHQ^{-1}H^{\mathrm{T}}P < 0, \tag{5.103}$$

于是根据式(5.98)和式(5.103),得

$$\begin{aligned}\dot{V}(Y(t)) &= Y^{\mathrm{T}}(t)[P \cdot DF(S) + (DF(S))^{\mathrm{T}} \cdot P + Q]Y(t) + \\ &\quad 2c\lambda_k Y^{\mathrm{T}}(t)PHY(t) - Y^{\mathrm{T}}(t-\tau)QY(t-\tau) \\ &\leqslant Y^{\mathrm{T}}(t)[P \cdot DF(S) + (DF(S))^{\mathrm{T}} \cdot P + Q + c^2\lambda_k^2 PHQ^{-1}H^{\mathrm{T}}P]Y(t) \\ &< 0 \end{aligned} \tag{5.104}$$

根据 Lyapunov-Krosovskii 稳定定理可知网络(式(5.97))的同步流形渐近稳定。

5.4.2 双重时滞复杂网络的同步分析[118]

1. 双重常时滞复杂网络的同步分析

考虑一个由 N 个时滞动力学节点构成的复杂动态网络,在这个网络中每一个节点都是一个具有时滞的 m 维动力系统。其网络模型为

$$\dot{X}_i(t) = F(X_i(t), X_i(t-\tau)) + \sum_{j=1}^{N} l_{ij}HX_j(t-\tau), i = 1,2,\cdots,N, \tag{5.105}$$

式中:$X_i = (x_{i1}(t), x_{i2}(t), \cdots, x_{im}(t))^{\mathrm{T}} \in \mathbf{R}^m$ 为节点 i 的状态变量;F :$\mathbf{R}^m \times \mathbf{R}^m \to \mathbf{R}^m$ 为连续可微函数;$\tau>0$ 为耦合常时滞;矩阵 $H \in \mathbf{R}^{m\times m}$ 是节点的内部耦合矩阵;矩阵 $L=(l_{ij})_{N\times N}$ 为网络的外部耦合矩阵,$l_{ij}\geqslant 0(i\neq j)$ 为节点 i 和 j 的耦合强度,有 $\sum_{j=1}^{N} l_{ij} = 0$,即 $l_{ii} = -\sum_{j=1,j\neq i}^{N} l_{ij}$。

当外耦合矩阵 L 描述了一个无权无向连通简单网络的拓扑结构时,L 是一个不可约对称矩阵,那么外耦合矩阵 L 的特征值均为实数,且 $0=\lambda_1>\lambda_2\geqslant\lambda_3\geqslant\cdots\geqslant\lambda_N$。

假若时滞网络(式(5.105))实现同步,即当 $t\to\infty$ 时有 $\lim_{t\to\infty} X_i(t) = S(t)$,由 $l_{ii} = -\sum_{j=1,j\neq i}^{N} l_{ij}$ 知

$$\sum_{j=1}^{N} l_{ij}HS(t) = 0, \tag{5.106}$$

结合(式(5.105))可知,$S(t)$ 是系统时滞微分方程

$$\dot{X}(t) = F(X(t), X(t-\tau)) \tag{5.107}$$

的一个解。

定理 5.12 对于时滞复杂网络(式(5.105)),外部耦合矩阵 $\boldsymbol{L}$ 有 N 个特征值 $0=\lambda_1>\lambda_2\geqslant\lambda_3\geqslant\cdots\geqslant\lambda_N$,假定 $\boldsymbol{F}(\boldsymbol{X}(t),\boldsymbol{X}(t-\tau))$ 在 $(\boldsymbol{S}(t),\boldsymbol{S}(t-\tau))$ 处连续可微,若下述 $N-1$ 个独立的时滞系统

$$\dot{\boldsymbol{\omega}}(t)=\boldsymbol{M}\boldsymbol{\omega}(t)+\boldsymbol{Q}\boldsymbol{\omega}(t-\tau)+\lambda_i\boldsymbol{H}\boldsymbol{\omega}(t-\tau),i=2,3,\cdots,N,\tag{5.108}$$

关于零点渐近稳定,则时滞网络(式(5.105))同步状态 $\boldsymbol{S}(t)$ 渐近稳定,其中

$$\boldsymbol{M}=\boldsymbol{D}_1\boldsymbol{F}(\boldsymbol{S}(t),\boldsymbol{S}(t-\tau)),\boldsymbol{Q}=\boldsymbol{D}_2\boldsymbol{F}(\boldsymbol{S}(t),\boldsymbol{S}(t-\tau)),\tag{5.109}$$

分别表示函数 $\boldsymbol{F}(\cdot,\cdot)$ 的第一个变量 $\boldsymbol{S}(t)$ 和第二个变量 $\boldsymbol{S}(t-\tau)$ 的 Jacobi 矩阵。

由定理 5.12 可知,把时滞复杂网络(式(5.105))的同步性问题转化为 N 个 m 维线性时滞的微分方程(式(5.108))的同步性问题,当 $\lambda_1=0$ 时,对应时滞复杂网络(式(5.105))的同步态。如果余下的 $N-1$ 个 m 维线性时滞的微分方程(式(5.108))是渐近稳定的,则 $\boldsymbol{E}(t)=(e_1(t),e_2(t),\cdots,e_N(t))$ 局部渐近趋于 0,其中 $\boldsymbol{e}_i(t)=\boldsymbol{X}_i(t)-\boldsymbol{S}(t)$,这表明时滞复杂网络(式(5.105))是局部渐近稳定的。

定理 5.13 若时滞 $\tau\in(0,h]$,若存在矩阵 $\boldsymbol{P}>0$、$\boldsymbol{S}>0$、$\boldsymbol{X}$、$\boldsymbol{Y}$、$\boldsymbol{R}$,对于 $i=2,3,\cdots,N$,满足线性矩阵不等式

$$\begin{pmatrix} \boldsymbol{M}^{\mathrm{T}}\boldsymbol{P}+\boldsymbol{P}\boldsymbol{M}+h\boldsymbol{X}+\boldsymbol{Y}^{\mathrm{T}}+\boldsymbol{Y}+\boldsymbol{S} & \boldsymbol{P}\boldsymbol{Q}-\boldsymbol{Y}+\lambda_i\boldsymbol{P}\boldsymbol{H} & h\boldsymbol{M}^{\mathrm{T}}\boldsymbol{R} \\ \boldsymbol{Q}^{\mathrm{T}}\boldsymbol{P}-\boldsymbol{Y}^{\mathrm{T}}+\lambda_i\boldsymbol{H}^{\mathrm{T}}\boldsymbol{P} & -\boldsymbol{S} & h\boldsymbol{Q}^{\mathrm{T}}\boldsymbol{R}+h\lambda_i\boldsymbol{H}^{\mathrm{T}}\boldsymbol{R} \\ h\boldsymbol{R}\boldsymbol{M} & h\boldsymbol{R}\boldsymbol{Q}+h\lambda_i\boldsymbol{R}\boldsymbol{H} & -h\boldsymbol{R} \end{pmatrix}<\boldsymbol{0},\tag{5.110}$$

其中$\begin{pmatrix}\boldsymbol{X} & \boldsymbol{Y}\\ \boldsymbol{Y}^{\mathrm{T}} & \boldsymbol{R}\end{pmatrix}\geqslant 0$,时滞复杂网络(式(5.105))的同步状态 $\boldsymbol{S}(t)$ 渐近稳定。

定理 5.13 通过定义 Lyapunov 泛函(证明过程见文献[118]),利用 Lyapunov 稳定性定理,证明了独立网络系统(式(5.108))关于零点是渐近稳定的,从而根据定理 5.12,可知时滞复杂网络(式(5.105))是局部渐近稳定的。

2. 双重变时滞复杂网络的同步分析

考虑一个由 N 个时滞动力学节点构成的复杂动态网络,在这个网络中每一个节点都是一个具有时滞的 m 维动力系统。其网络模型为

$$\dot{\boldsymbol{X}}_i(t)=\boldsymbol{F}(\boldsymbol{X}_i(t),\boldsymbol{X}_i(t-\tau_1(t)))+\sum_{j=1}^{N}l_{ij}\boldsymbol{H}\boldsymbol{X}_j(t-\tau_2(t)),i=1,2,\cdots,N,\tag{5.111}$$

式中:$\boldsymbol{X}_i=(x_{i1}(t),x_{i2}(t),\cdots,x_{im}(t))^{\mathrm{T}}\in\mathbf{R}^m$ 是节点 i 的状态变量;$\boldsymbol{F}:\mathbf{R}^m\times\mathbf{R}^m\to\mathbf{R}^m$ 为连续可微函数;$\tau_1(t),\tau_2(t)$ 为时变耦合时滞,满足 $\dot{\tau}_1(t),\dot{\tau}_2(t)\leqslant\sigma<1$;矩阵 $\boldsymbol{H}\in\mathbf{R}^{m\times m}$ 是节点的内部耦合矩阵;矩阵 $\boldsymbol{L}=(l_{ij})_{N\times N}$ 为网络的外部耦合矩阵,$l_{ij}\geqslant 0(i\neq j)$ 表示节点 i 和 j 的耦合强度,有 $\sum_{j=1}^{N}l_{ij}=0$,即 $l_{ii}=-\sum_{j=1,j\neq i}^{N}l_{ij}$。

当外耦合矩阵 $\boldsymbol{L}$ 描述了一个无权无向连通简单网络的拓扑结构时,$\boldsymbol{L}$ 是一个不可约对称矩阵,那么外耦合矩阵 $\boldsymbol{L}$ 的特征值均为实数,且 $0=\lambda_1>\lambda_2\geqslant\lambda_3\geqslant\cdots\geqslant\lambda_N$。

对于时变时滞网络(式(5.111)),式(5.106)同样成立,结合式(5.111)可知,$\boldsymbol{S}(t)$ 是系统时滞微分方程

$$\dot{\boldsymbol{X}}(t)=\boldsymbol{F}(\boldsymbol{X}(t),\boldsymbol{X}(t-\tau_1(t)))\tag{5.112}$$

的一个解。

定理 5.14 对于时滞复杂网络(式(5.111)),外部耦合矩阵 $\boldsymbol{L}$ 有 N 个特征值 $0=\lambda_1>\lambda_2\geqslant\lambda_3\geqslant\cdots\geqslant\lambda_N$,假定 $\boldsymbol{F}(\boldsymbol{X}(t),\boldsymbol{X}(t-\tau_1(t)))$ 在 $(\boldsymbol{S}(t),\boldsymbol{S}(t-\tau_1(t)))$ 处连续可微,若下述 $N-1$ 个独立的时变时滞系统

$$\dot{\boldsymbol{\omega}}(t)=\boldsymbol{M\omega}(t)+\boldsymbol{Q\omega}(t-\tau_1(t))+\lambda_i\boldsymbol{H\omega}(t-\tau_2(t)),i=2,3,\cdots,N, \tag{5.113}$$

关于零点渐近稳定,则时变时滞网络(式(5.111))同步状态 $\boldsymbol{S}(t)$ 渐近稳定,其中

$$\boldsymbol{M}=\boldsymbol{D}_1\boldsymbol{F}(\boldsymbol{S}(t),\boldsymbol{S}(t-\tau_1(t))),\boldsymbol{Q}=\boldsymbol{D}_2\boldsymbol{F}(\boldsymbol{S}(t),\boldsymbol{S}(t-\tau_1(t))), \tag{5.114}$$

分别表示函数 $\boldsymbol{F}(\cdot,\cdot)$ 的第一个变量 $\boldsymbol{S}(t)$ 和第二个变量 $\boldsymbol{S}(t-\tau_1(t))$ 的 Jacobi 矩阵。

由定理 5.14 可知,把时变时滞复杂网络(式(5.111))的同步性问题转化为 N 个 m 维线性时变时滞的微分方程(式(5.111))的同步性问题,当 $\lambda_1=0$ 时,对应时变时滞复杂网络(式(5.113))的同步态。如果余下的 $N-1$ 个 m 维线性时变时滞的微分方程(式(5.113))是渐近稳定的,则 $\boldsymbol{E}(t)=(e_1(t),e_2(t),\cdots,e_N(t))$ 局部渐近趋于 0,其中 $\boldsymbol{e}_i(t)=\boldsymbol{X}_i(t)-\boldsymbol{S}(t)$,这表明时变时滞复杂网络(式(5.105))是局部渐近稳定的。

定理 5.15 若时滞 $\dot{\tau}_1(t),\dot{\tau}_2(t)\leqslant\sigma<1$,且存在正定矩阵 $\boldsymbol{P}$、$\boldsymbol{R}$、$\boldsymbol{S}$,对于 $i=2,\cdots,N$,满足下面的线性矩阵不等式

$$\begin{pmatrix}\boldsymbol{M}^{\mathrm{T}}\boldsymbol{P}+\boldsymbol{PM}+\boldsymbol{R}+\boldsymbol{S} & \boldsymbol{PQ} & \lambda_i\boldsymbol{PH}\\ \boldsymbol{Q}^{\mathrm{T}}\boldsymbol{P} & -(1-\sigma)\boldsymbol{R} & 0\\ \lambda_i\boldsymbol{H}^{\mathrm{T}}\boldsymbol{P} & 0 & -(1-\sigma)\boldsymbol{S}\end{pmatrix}<\boldsymbol{0}, \tag{5.115}$$

则时变时滞复杂网络(式(5.111))的同步状态 $\boldsymbol{S}(t)$ 渐近稳定。

定理 5.15 证明了独立网络系统(式(5.113))关于零点是渐近稳定的,从而根据定理 5.14,可知时变时滞复杂网络(式(5.111))是局部渐近稳定的。

若 $\tau_1(t)=\tau_2(t)=\tau$,则时变时滞复杂网络(式(5.111))变为常时滞复杂网络(式(5.105)),当 $\tau>0$ 时,由定理 5.15 可以得到定理 5.16,比定理 5.13 应用更加方便。

定理 5.16 若时滞 $\tau>0$,且存在正定矩阵 $\boldsymbol{P}$、$\boldsymbol{R}$、$\boldsymbol{S}$,对于 $i=2,3,\cdots,N$,满足下面的线性矩阵不等式

$$\begin{pmatrix}\boldsymbol{M}^{\mathrm{T}}\boldsymbol{P}+\boldsymbol{PM}+\boldsymbol{R}+\boldsymbol{S} & \boldsymbol{PQ} & \lambda_i\boldsymbol{PH}\\ \boldsymbol{Q}^{\mathrm{T}}\boldsymbol{P} & -\boldsymbol{R} & 0\\ \lambda_i\boldsymbol{H}^{\mathrm{T}}\boldsymbol{P} & 0 & -\boldsymbol{S}\end{pmatrix}<\boldsymbol{0}, \tag{5.116}$$

则常时滞复杂网络(式(5.111))的同步状态 $\boldsymbol{S}(t)$ 渐近稳定。

例 5.8 为了验证定理 5.16,考虑 5 个节点的网络模型,其中每个节点都是如下简单的三阶稳定线性系统

$$\begin{cases}\dot{x}_{i1}(t)=-x_{i1}(t)-2x_{i1}(t-\tau),\\ \dot{x}_{i2}(t)=-2x_{i2}(t)-5x_{i2}(t-\tau),i=1,2,\cdots,5,\\ \dot{x}_{i3}(t)=-3x_{i3}(t)-x_{i3}(t-\tau),\end{cases} \tag{5.117}$$

其 Jacobi 矩阵为

$$\boldsymbol{M}=\begin{pmatrix}-1 & 0 & 0\\ 0 & -2 & 0\\ 0 & 0 & -3\end{pmatrix},\boldsymbol{Q}=\begin{pmatrix}-2 & 0 & 0\\ 0 & -5 & 0\\ 0 & 0 & -1\end{pmatrix},$$

假定内部耦合矩阵 $\boldsymbol{H}=\mathrm{diag}(1,1,1)$,外部耦合矩阵为

$$
\boldsymbol{L}=\begin{pmatrix}-2 & 1 & 0 & 0 & 1\\ 1 & -3 & 1 & 1 & 0\\ 0 & 1 & -2 & 1 & 0\\ 0 & 1 & 1 & -3 & 1\\ 1 & 0 & 0 & 1 & -2\end{pmatrix},
$$

经计算,其特征值为 $\lambda_1=0,\lambda_2=-1.382,\lambda_3=-2.382,\lambda_4=-3.618,\lambda_5=-4.618$。利用 Matlab 线性矩阵不等式工具箱 LMI,可以得到下列矩阵:

$$
\boldsymbol{P}=10^{-11}\begin{pmatrix}0.1684 & & \\ & 0.1433 & \\ & & 0.9163\end{pmatrix},\boldsymbol{S}=10^{-10}\begin{pmatrix}0.0122 & & \\ & 0.0083 & \\ & & 0.2445\end{pmatrix}
$$

$$
\boldsymbol{R}=10^{-11}\begin{pmatrix}0.0434 & & \\ & 0.1982 & \\ & & 0.2397\end{pmatrix},
$$

都是正定的,可见定理 5.16 的条件满足,因为 $\tau>0$,现选取 $\tau=0.1$,图 5.15 显示了 $\tau=0.1$ 时,复杂网络第 i 个节点的三个变量 x_{i1},x_{i2},x_{i3}的状态变化,从图像可以看出,由式(5.117)确定的复杂网络最终随时间趋于同步。

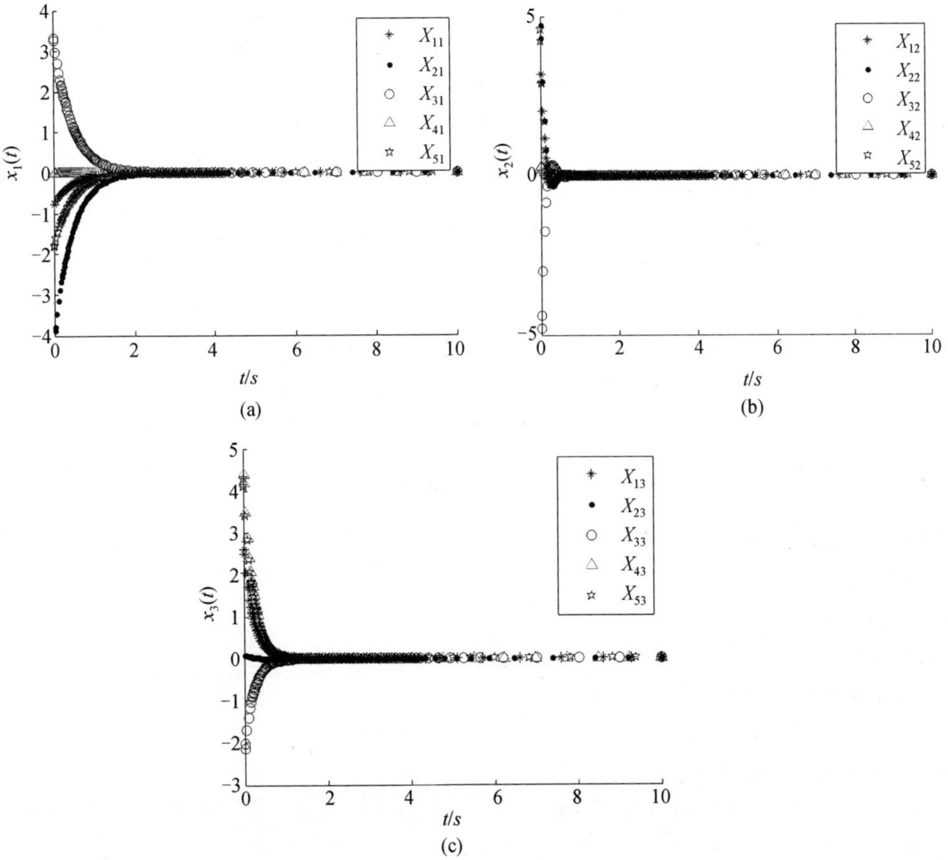

图 5.15　复杂网络各节点各变量的同步状态

(a) x_{i1}的同步状态;(b) x_{i2}的同步状态;(c) x_{i3}的同步状态。

Matlab 求 ***P***、***R***、***S*** 的程序如下：

```
M=[-1 0 0;0 -2 0;0 0 -3];
Q=[-2 0 0;0 -5 0;0 0 -1];
H=eye(3);
L=[-2 1 0 0 1;1 -3 1 1 0;0 1 -2 1 0;0 1 1 -3 1;1 0 0 1 -2];
val=eigs(L)
setlmis([])
P=lmivar(2,[3,3]);S=lmivar(2,[3,3]);R=lmivar(2,[3,3]);
% lamda=-4.618 对应的线性矩阵不等式
lmiterm([1 1 1 P],M',1);lmiterm([1 1 1 P],1,M);lmiterm([1 1 1 R],1,1)
lmiterm([1 1 1 S],1,1);lmiterm([1 2 1 P],Q',1);lmiterm([1 2 2 R],-1,1)
lmiterm([1 3 1 P],val(1)*H',1);lmiterm([1 3 2 0],0);lmiterm([1 3 3 S],-1,1)
lmiterm([-1 0 0 0],0);
% lamda=-3.618 对应的线性矩阵不等式
lmiterm([2 1 1 P],M',1);lmiterm([2 1 1 P],1,M);lmiterm([2 1 1 R],1,1)
lmiterm([2 1 1 S],1,1);lmiterm([2 2 1 P],Q',1);lmiterm([2 2 2 R],-1,1)
lmiterm([2 3 1 P],val(2)*H',1);lmiterm([2 3 2 0],0);lmiterm([2 3 3 S],-1,1)
lmiterm([-2 0 0 0],0);
% lamda=-2.382 对应的线性矩阵不等式
lmiterm([3 1 1 P],M',1);lmiterm([3 1 1 P],1,M);lmiterm([3 1 1 R],1,1)
lmiterm([3 1 1 S],1,1);lmiterm([3 2 1 P],Q',1);lmiterm([3 2 2 R],-1,1)
lmiterm([3 3 1 P],val(3)*H',1);lmiterm([3 3 2 0],0);lmiterm([3 3 3 S],-1,1)
lmiterm([-3 0 0 0],0);
% lamda=-1.382 对应的线性矩阵不等式
lmiterm([4 1 1 P],M',1);lmiterm([4 1 1 P],1,M);lmiterm([4 1 1 R],1,1)
lmiterm([4 1 1 S],1,1);lmiterm([4 2 1 P],Q',1);lmiterm([4 2 2 R],-1,1)
lmiterm([4 3 1 P],val(4)*H',1);lmiterm([4 3 2 0],0);lmiterm([4 3 3 S],-1,1)
lmiterm([-4 0 0 0],0);
lmis=getlmis
[tmin,xfeas]=feasp(lmis);PP=dec2mat(lmis,xfeas,P);
SS=dec2mat(lmis,xfeas,S);RR=dec2mat(lmis,xfeas,R)
```

画图 5.15 的 Matlab 程序如下：

```
clc,clear
tao=0.1;N=5;
for p=1:N
dx=@ (t,x,y)[-1*x(1)-y(1,1)
    -2*x(2)-5*y(2,1)
    -3*x(3)-y(3,1)];
    chuzhi=(0.5-rand(3,1))*10;
his=@ (t)chuzhi;
sol=dde23(dx,0.1,his,[0,10])
tt{p}=sol.x;
X1{p}=sol.y(1,:);
```

```
X2{p}=sol.y(2,:);
X3{p}=sol.y(3,:);
end
t1=tt{1};t2=tt{2};t3=tt{3};t4=tt{4};t5=tt{5};
x11=X1{1};x21=X1{2};x31=X1{3};x41=X1{4};x51=X1{5};
x12=X2{1};x22=X2{2};x32=X2{3};x42=X2{4};x52=X2{5};
x13=X3{1};x23=X3{2};x33=X3{3};x43=X3{4};x53=X3{5};
figure
hold on
plot(t1,x11,'*',t2,x21,'.',t3,x31,'o',t4,x41,'^',t5,x51,'p')
legend('\it x_{11}','\it x_{21}','\it x_{31}','\it x_{41}','\it x_{51}')
xlabel('\it t(s)'),ylabel('\it x_1(t)','rotation',0)
figure
hold on
plot(t1,x12,'*',t2,x22,'.',t3,x32,'o',t4,x42,'^',t5,x52,'p')
legend('\it x_{12}','\it x_{22}','\it x_{32}','\it x_{42}','\it x_{52}')
xlabel('\it t(s)'),ylabel('\it x_2(t)','rotation',0)
figure
hold on
plot(t1,x13,'*',t2,x23,'.',t3,x33,'o',t4,x43,'^',t5,x53,'p')
legend('\it x_{13}','\it x_{23}','\it x_{33}','\it x_{43}','\it x_{53}')
xlabel('\it t(s)'),ylabel('\it x_3(t)','rotation',0)
```

5.4.3 时滞复杂网络的自适应反馈同步[119]

考虑一个由 N 个时滞动力学节点构成的复杂动态网络,在这个网络中每一个节点都是一个具有时滞的 m 维动力系统。其网络模型为

$$\dot{\boldsymbol{X}}_i(t)=\boldsymbol{F}(\boldsymbol{X}_i(t),\boldsymbol{X}_i(t-\tau))+\sum_{j=1}^{N}l_{ij}\boldsymbol{H}\boldsymbol{X}_j(t)+\boldsymbol{U}_i,i=1,2,\cdots,N,\tag{5.118}$$

式中:$\boldsymbol{X}_i=(x_{i1}(t),x_{i2}(t),\cdots,x_{im}(t))^{\mathrm{T}}\in\mathbf{R}^m$ 为节点 i 的状态变量;$\boldsymbol{F}:\mathbf{R}^m\times\mathbf{R}^m\to\mathbf{R}^m$ 为连续可微函数;$\tau>0$ 为耦合常时滞;矩阵 $\boldsymbol{H}\in\mathbf{R}^{m\times m}$是节点的内部耦合矩阵;矩阵 $\boldsymbol{L}=(l_{ij})_{N\times N}\in\mathbf{R}^{N\times N}$为网络的外部耦合矩阵,$l_{ij}\geqslant0(i\neq j)$表示节点 i 和 j 的耦合强度,有 $\sum_{j=1}^{N}l_{ij}=0$,即 $l_{ii}=-\sum_{j=1,j\neq i}^{N}l_{ij}$;$\boldsymbol{U}_i\in\mathbf{R}^m$ 是为了使网络尽快达到同步所设计的控制器。

先给出用到的一些假设和引理如下。

假设 1(A1) 对于时滞微分方程(式(5.107)),即$\dot{\boldsymbol{X}}(t)=\boldsymbol{F}(\boldsymbol{X}(t),\boldsymbol{X}(t-\tau))$,其中 $\boldsymbol{X}(t)\in\mathbf{R}^m$,$\boldsymbol{F}:\mathbf{R}^m\times\mathbf{R}^m\to\mathbf{R}^m$ 为连续函数,对任意初值$(t_0,\boldsymbol{X}^0)$都存在唯一解,$\boldsymbol{X}^0$ 为 m 维向量。

假设 2(A2) 对于向量函数 $\boldsymbol{F}(\boldsymbol{X}(t),\boldsymbol{X}(t-\tau))$,假定 Lipschitz 条件成立,即对于任意的

$$\boldsymbol{X}_i=(x_{i1}(t),x_{i2}(t),\cdots,x_{im}(t))^{\mathrm{T}}\in\mathbf{R}^m,\boldsymbol{S}(t)=(s_1(t),s_2(t),\cdots,s_m(t))^{\mathrm{T}}\in\mathbf{R}^m,$$

存在一个正常数 $L>0$,使得

$$\| \boldsymbol{F}(\boldsymbol{X}_i(t),\boldsymbol{X}_i(t-\tau)) - \boldsymbol{F}(\boldsymbol{S}(t),\boldsymbol{S}(t-\tau)) \|$$
$$\leqslant \boldsymbol{L}[\ \| \boldsymbol{X}_i(t) - \boldsymbol{S}(t) \| + \| \boldsymbol{X}_i(t-\tau) - \boldsymbol{S}(t-\tau) \| \ ], \quad i=1,2,\cdots,N。 \tag{5.119}$$

定义 $\boldsymbol{X}(t)=(x_1(t),x_2(t),\cdots,x_m(t))^{\mathrm{T}}$ 的范数为

$$\| \boldsymbol{X}(t) \| = \sqrt{x_1^2(t)+x_2^2(t)+\cdots+x_m^2(t)},$$

矩阵 $\boldsymbol{A}$ 的谱范数定义为 $\| \boldsymbol{A} \| = \sqrt{\lambda_{\max}(\boldsymbol{A}^{\mathrm{T}}\boldsymbol{A})}$。

假定 $\boldsymbol{S}(t)$ 是式(5.107)节点的一个解，它满足

$$\dot{\boldsymbol{S}}(t) = \boldsymbol{F}(\boldsymbol{S}(t),\boldsymbol{S}(t-\tau)). \tag{5.120}$$

式中：$\boldsymbol{S}(t)$ 可能是相空间的一个平衡点，一个周期轨道，一个非循环轨道，或者一个混沌轨道。

定义 5.17 令 $\boldsymbol{X}_i(t,\tau;t_0,\widetilde{\boldsymbol{X}}_0)$ $(1\leqslant i\leqslant N)$ 为控制网络模型(式(5.118))的一个解，其中 $\widetilde{\boldsymbol{X}}_0=(X_1^0,X_2^0,\cdots,X_N^0)\in\mathbf{R}^{m\times N}$。假定 $\boldsymbol{F}\ :\Omega\times\Omega\to\mathbf{R}^m$，其中 $\boldsymbol{U}_i\ :\Omega\times\cdots\times\Omega\to\mathbf{R}^m$ $(1\leqslant i\leqslant N)$ 是连续的，$\Omega\subseteq\mathbf{R}^m$。如果有一个非空区域 $\Gamma\subseteq\Omega$，并且 $X_i^0\in\Gamma$ $(1\leqslant i\leqslant N)$，使得对于所有的 $t\geqslant t_0$，$1\leqslant i\leqslant N$，有 $\boldsymbol{X}_i(t,\tau;t_0,\widetilde{\boldsymbol{X}}_0)\in\boldsymbol{\Omega}$，并且

$$\lim_{t\to\infty} \| \boldsymbol{X}_i(t,\tau;t_0,\widetilde{\boldsymbol{X}}_0) - \boldsymbol{S}(t,\tau;t_0,\boldsymbol{X}_0) \| = 0, \quad 1\leqslant i\leqslant N, X_0\in\boldsymbol{\Omega}, \tag{5.121}$$

那么控制网络(5.118)被称为实现渐近的网络同步并且称 $\Gamma\times\cdots\times\Gamma$ 为动力学网络(式(5.118))的同步区域。

定义误差向量为

$$\boldsymbol{E}_i(t)=\boldsymbol{X}_i(t)-\boldsymbol{S}(t), \quad 1\leqslant i\leqslant N, \tag{5.122}$$

根据控制网络(式(5.118))，注意有 $\sum_{j=1}^{N} l_{ij}=0$，误差系统可被转化为如下形式

$$\begin{aligned}
\dot{\boldsymbol{E}}_i(t) &= \dot{\boldsymbol{X}}_i(t) - \dot{\boldsymbol{S}}(t) \\
&= \boldsymbol{F}(\boldsymbol{X}_i(t),\boldsymbol{X}_i(t-\tau)) + \sum_{j=1}^{N} l_{ij}\boldsymbol{H}\boldsymbol{X}_j + \boldsymbol{U}_i - \\
&\quad \boldsymbol{F}(\boldsymbol{S}(t),\boldsymbol{S}(t-\tau)) + \sum_{j=1}^{N} l_{ij}\boldsymbol{H}\boldsymbol{S}(t) \\
&= \boldsymbol{F}(\boldsymbol{X}_i(t),\boldsymbol{X}_i(t-\tau)) - \boldsymbol{F}(\boldsymbol{S}(t),\boldsymbol{S}(t-\tau)) + \\
&\quad \sum_{j=1}^{N} l_{ij}\boldsymbol{H}\boldsymbol{E}_j(t) + \boldsymbol{U}_i, \quad 1\leqslant i\leqslant N,
\end{aligned} \tag{5.123}$$

定义 5.18 如果存在常数 $M>0$，$\alpha>0$，使得对任何初始条件，有

$$\| E_i(t) \| \leqslant M\exp(-\alpha t), \quad i=1,2,\cdots,N \tag{5.124}$$

则称网络(式(5.118))为全局指数渐近同步。

我们的主要目的是设计合适的自适应控制 $\boldsymbol{U}_i$ 和相应的更新法则使网络(式(5.118))成为全局指数渐近同步。为此，下面介绍一种对具有时滞耦合的复杂动态网络有用的自适应同步标准。

定理 5.17 假定假设 A1 和假设 A2 成立，设控制系统为 $\boldsymbol{U}_i=-d_iE_i(i=1,2,\cdots,N)$，它服

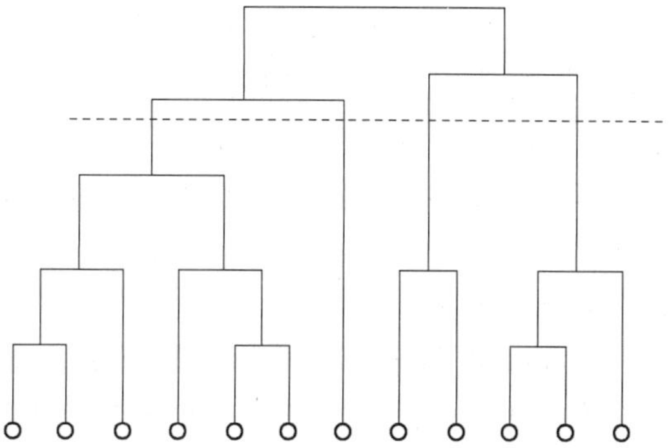

```
        ChangeV=randi([1,N]);  % 产生随机整数,为可能重连的另外一个节点
        if rand<=p & A(i,ChangeV)==0 & i~=ChangeV  % 重连的条件
            A(i,jj) = 0; A(jj,i) = 0;  % 删除原边
            A(i,ChangeV)=1; A(ChangeV,i)=1;  % 重连新边
        end
    end
end
```

画图 6.6 的 Matlab 程序如下:

```
clc;clear;
% 网络规模 N 与三种策略平均搜索步数的关系,适当改变可换为邻耦合参数 k 或重连概率 p 与三种策略平均搜索步数的关系
k=2;p=0.2; N=[20,40,100,150,300]; n=5;
URW_total=zeros(1,n); NRRW_total=zeros(1,n);
SARW_total=zeros(1,n);
URW_Aver_Search_times=zeros(1,length(N));
NRRW_Aver_Search_times=zeros(1,length(N));
SARW_Aver_Search_times=zeros(1,length(N));
for t=1:length(N)
    A=WS_net(N(t),k,p);
    rand_permutation=randperm(N(t));
    URW_t=zeros(1,N(t));    NRRW_t=zeros(1,N(t));    SARW_t=zeros(1,N(t));
    for j=1:n
        for i=1:N(t)
            URW_t(i)=myURW(A,rand_permutation(j),i);
            NRRW_t(i)=myNRRW(A,rand_permutation(j),i);
            SARW_t(i)=mySARW(A,rand_permutation(j),i);
        end
        URW_total(j)=sum(URW_t);
        NRRW_total(j)=sum(NRRW_t);
        SARW_total(j)=sum(SARW_t);
    end
    URW_Aver_Search_times(t)=sum(URW_total)/(n*(N(t)-1));
    NRRW_Aver_Search_times(t)=sum(NRRW_total)/(n*(N(t)-1));
    SARW_Aver_Search_times(t)=sum(SARW_total)/(n*(N(t)-1));
end
hold on,plot(N,URW_Aver_Search_times,'rs-')
plot(N,NRRW_Aver_Search_times,'g^-'),plot(N,SARW_Aver_Search_times,'bo-')
legend('URW','NRRW','SARW','Location','northwest'),title('k=2,p=0.2')
xlabel('网络规模 N'),ylabel('平均搜索步数 T')
```

6.2.5 随机游走搜索策略的改进

在标准的随机游走算法中,源节点将查询消息传给随机选择的一个节点,然后这个邻居再随机选择一个邻居将查询消息传递过去,重复这个过程一直到文件或数据寻找到为止。因此

查询消息也称为节点遍历器，标准的随机游走搜索只有一个遍历器，因此大大减少了消息的流量，但同时搜索速度也大大降低。

在 k 遍历器随机游走算法中[131]，从源节点开始，同时有 k 个遍历器向前寻找目标文件或数据。也就是说，源节点将查询消息的 k 个副本传给 k 个随机选择的邻居节点，每个遍历器各自进行随机游走，并且周期地与源节点保持联系以决定是否需要继续前进。k 遍历器随机游走算法使得搜索时间大为减少。平均说来，在 T 步之后，k 遍历器随机游走算法所能到达的节点数与单个遍历器在 kT 步后到达的节点数大致相等，因此搜索时间与标准的随机游走算法相比大约减少为 $1/k$。以 URW 搜索为例，生成 8 个 $K=2, p=0.2$，网络规模分别为 60，80，100，120，150，200，300，500 的 WS 小世界网络。分别应用 1 个遍历器（也就是 URW 搜索策略）、2 个遍历器、4 个遍历器、8 个遍历器来进行搜索，得到各算法的平均搜索步数，如图 6.9 所示，验证了 k 遍历器随机游走与标准的随机游走算法相比大约减少为 $1/k$。

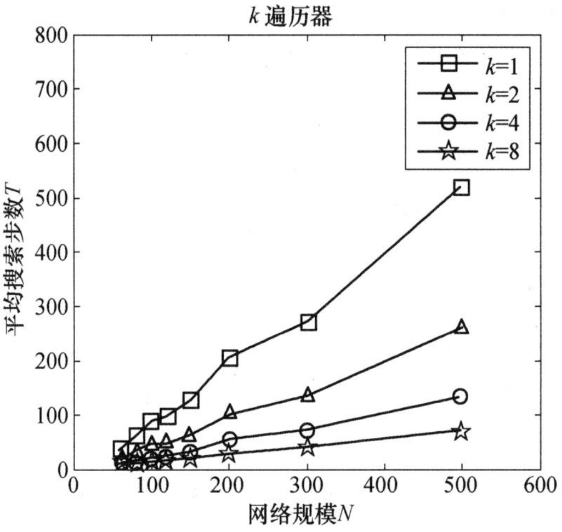

图 6.9　k 遍历器搜索效率比较

此外，k 遍历器随机游走算法产生的消息流量比广度优先搜索低，并且搜索性能优于迭代加深搜索。因此，k 遍历器随机游走是一种速度快、效率高、占用网络流量少的算法。

6.3　最大度搜索策略

6.3.1　最大度搜索策略

最大度搜索策略最初由 Adamic 等提出[128,132]，对 Gnutella 网络的统计表明，其连接度呈幂律分布，Adamic 等人在此基础上提出了利用节点度的幂律分布特性来搜索的最大度搜索策略（High Degree Search，HDS），并在 Gnutella 网络上验证了其有效性。

在每个节点都认识自己的邻居并知道每个邻居的度的条件下，应用最大度搜索策略在网络中的节点上寻找指定的文件或数据的过程如下：源节点 s 首先查询其度最大的邻居节点，询问是否含有目标文件或数据，如果此邻居节点上存储了目标文件或数据，则它将目标文件或数据返回给源节点 s，如果此邻居节点上不含有目标文件或数据，则它将选择它自己度最大的邻居将查询传递过去，一直搜索到目标文件或数据为止。

实际搜索过程中,可能消息传递到某个节点时,该节点有多个相同度的最大度邻居,此时则从最大度节点集合中随机选择一个访问和传递消息。为了防止搜索在圈上成为死循环,规定可以多次访问同一个节点,但是同一条边只能被访问一次。如果与当前节点相连的所有边都被访问过,则返回到上一个节点。

因此,引入一个 $N\times N$ 矩阵 $\boldsymbol{B}$,b_{ij} 为其中的元素,用于判定某边是否访问及确定路径的选取。

$$b_{ij}=\begin{cases}0, & \text{节点 } i \text{ 和节点 } j \text{ 之间的边未访问},\\ 1, & \text{节点 } i \text{ 和节点 } j \text{ 之间的边已访问},\\ \infty, & \text{节点 } i \text{ 和节点 } j \text{ 之间的边不存在。}\end{cases} \tag{6.2}$$

假定每个节点仅仅知道自己邻居节点的信息,即每个邻居节点度的大小,HDS 策略的步骤如下:

(1) 初始时确定源节点 s 和目标节点 t;若目标节点 t 也是源节点 s,搜索停止,步数为 0;否则令当前节点为 s。

(2) 从当前节点出发,判断自己的邻居节点中有无目标节点,如无,则将其中度最大的邻居节点(有多个则随机选一个)作为当前节点;如有,则终止搜索。

(3) 通过 b_{ij} 确定应访问的边,访问过后修改 b_{ij}。如果与当前节点相连的所有的边都被访问过,则返回到上一个节点。

(4) 重复执行步骤(2)和步骤(3),直到当前节点为目标节点的任一个邻居节点,目标节点即被找到,搜索完成,统计搜索步数。

按照上述步骤,利用 HDS 策略,得到图 6.10,搜索步数为 6 次,依次经过的节点序列为 1、7、2、5、7、8、10。

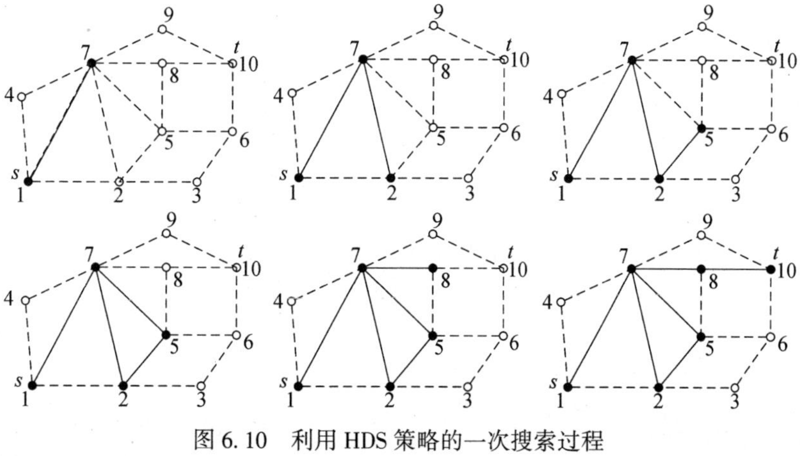

图 6.10　利用 HDS 策略的一次搜索过程

对于第 3 章构造的节点个数 $N=1000$ 的无标度网络,从 $m_0=100$ 个初始节点开始,每次引入一个新的节点,并且连到 $m=4$ 个已存在的节点上。应用 HDS 策略得到平均搜索步数仅为 74.9190。与随机游走策略相比,搜索步数有了大幅减少,再一次验证了 BA 无标度网络中 DS 策略的高效性。

6.3.2　应用 HDS 策略求两点之间的路径

还可以利用 HDS 策略确定两点之间的平均路径长度,Kim 等人利用它研究了幂律分布网络中的路径寻找问题[133]。它的方法是先用 HDS 策略得到一条源节点 s 和目标节点 t 之间的完整路径,去掉这条路径上的圈以及原路返回的步数之后,即可得到 s 和 t 两个节点之间的路径。分析依次经过的节点序列,若某个节点在之后还被访问,即在序列中再次出现,则把这两个相同节点之一和之间的所有节点都删去,得到最终的路径序列。如对图 6.10 所示的利用 HDS 策略的一次搜索过程,得到依次经过的节点序列为(1、7、2、5、7、8、10),依次分析每个节点,发现第 7 个节点重复出现,则把这两个相同节点之一和之间的所有节点都删去,最终的路径序列为(1、7、8、10)。如图 6.11 所示,结果确实是 s 与 t 间的一条最短路径。

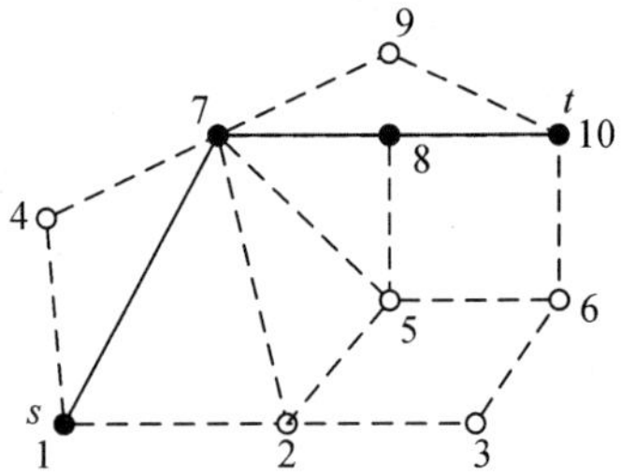

图 6.11　利用 HDS 策略寻找源节点 s 与目标节点 t 之间的路径

如果网络的规模为 N,最终共得到 $N(N-1)$ 条路径。定义所寻找到的两个节点 (i,j) 之间的路径长度为 $d_m(i,j)$,这 $N(N-1)$ 条路径的平均长度即为网络的平均路径长度,记为 D_m。

Kim 等在幂律指数固定($\gamma=3$)的 BA 无标度网络模型上验证了 HDS 策略的有效性,并发现应用此策略所寻找到的网络的实际平均路径长度,与 BFS 搜索得到的平均最短路径长度为同一个数量级[133]。

最大度搜索的 Matlab 函数如下:

```
function [T,V,d,path]=myDS(A,s,t);
T=0; V=s; path=s; d=0; CV=s;
% 最大度搜索,A 为网络邻接矩阵,s 为源节点,t 为目标节点,T 为搜索步数,V 为经过的节点,path 为
  应用 DS 策略得到的最短路径,d 为路径长度,CV 为当前节点
if s ==t
   return
end
deg=sum(A); %计算节点的度
flag=zeros(size(A)); %记录边是否被访问的标志矩阵
while A(CV,t)~=1
   [row,NV]=find(A(CV,:)==1); %查找当前节点的邻居节点
   cdeg=deg(NV); %提取所有邻居节点的度
   ind=find(cdeg ==max(cdeg),1); %查找度最大的第一个节点
   L=length(V);
   while flag(CV,NV(ind))==1 %路径已经访问过
      NV(ind)=[]; %删除当前最大度节点
      if length(NV)
          cdeg=deg(NV); %提取备选邻居节点的度
          ind=find(cdeg ==max(cdeg),1); %查找度最大的第一个节点
      else
         L=L-1;CV=V(L);
         [row,NV]=find(A(CV,:)==1); %提取回溯节点的邻居节点
         cdeg=deg(NV); %提取邻居节点的度
         ind=find(cdeg==max(cdeg),1,'last'); %查找度最大的最后节点
      end
```

```
    end
flag(CV,NV(ind))=1; flag(NV(ind),CV)=1; CV=NV(ind);
V=[V,CV]; T=T+1;
end
V=[V,t]; T=T+1;
LV=V; CV=s;% 以下求最短路径
while CV~=t
    no=find(LV==CV); d=d+1;
    if length(no)==1
        CV=LV(d+1); path=[path,CV];
    else
        LV(no(1)+1:no(end))=[];  % 删除中间的重复节点
        CV=LV(d+1); path=[path,CV];
    end
end
```

6.3.3 应用 HDS 策略对路径寻找的改进

通过多次仿真以及对仿真结果的分析可以发现,Kim 提出的利用 HDS 策略寻找两点之间的路径,其长度与实际最短路径长度还存在一定的差别。因为在此局部搜索策略中,每个节点只知道自己的邻居节点以及它们的度大小,那么利用 HDS 策略寻找两点之间的路径,其路径上的每一个节点也知道自己的邻居节点以及它们度的大小。基于此,能否找到更短、更接近实际最短路径的路径呢?

可对上述利用 HDS 策略寻找两点之间的路径做出改进,其基本思想是对已求得的路径上每个节点进行分析,不断减少路径的长度。方法如下:

(1) 用 HDS 策略得到一条源节点 s 和目标节点 t 之间的完整路径,然后去掉这条路径上的圈以及原路返回的步数,即可得到 s 和 t 两个节点之间的路径。

(2) 对这条路径上每个节点进行分析,看看路径序列上的隔了一个节点以上的任意两个节点是否为邻居。若为邻居,则把中间经过的节点删掉,若不为邻居,则不变。

(3) 反复进行(2),直到路径不能变短为止。

以图 6.12 为例,第一步用 HDS 策略找到源节点 s 到目标节点 t 的路径为(s,1,2,5,6,9,t),对这几个节点进行分析可以发现,节点 1 是节点 9 的邻居,并且中间隔了 3 个节点。把这 3 个节点去掉之后,路径变为(s,1,9,t),得到的路径更短,在此网络中确实是最短路径。

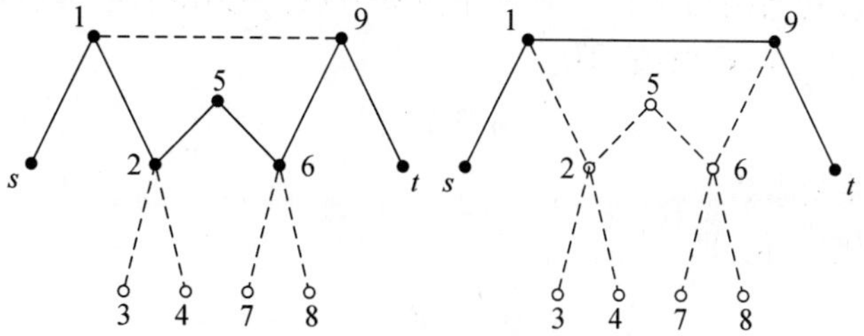

图 6.12 改进后的路径寻找

如果网络的规模为 N,最终共得到 $N(N-1)$ 条路径。定义利用此改进后的方法所寻找到的两个节点 (i,j) 之间的路径长度为 $d_g(i,j)$,这 $N(N-1)$ 条路径的平均长度即为网络的平均路径长度,记为 D_g。

改进的 HDS 策略的 Matlab 函数如下:

```
function [dd,path,d,road]=refine_DS(A,s,t);
% 改进的最大度搜索,A 为网络邻接矩阵,s 为源节点,t 为目标节点,dd 为改进前的路径长度,path 为
  改进前的路径,d 为改进后路径长度,road 为改进后的最短路径
[T,V,d,road]=myDS(A,s,t); dd=d; path=road;
if length(road)>=3  % 未改进前每条路径至少要经过 3 个节点
   t=0; cv=road(end-t);% 从路径最后节点开始分析是不是前面节点的邻居节点
while cv~=s
     if sum(A(cv,road(1:end-t-2))) % cv 和 road 中的某个节点相邻
         bh=find(A(cv,road(1:end-t-2))==1,1);  % 求 cv 邻接节点的地址
         bv=find(road ==cv);  % 求 cv 的地址
         road(bh+1:bv-1)=[];  % 删除长路径的中间节点
     end
     t=t+1; cv=road(end-t);
end
     d=length(road)-1;
end
```

用 Matlab 求图 6.12 中从 s 到 t 最短路径时,节点 $s,1,2,\cdots,8,9,t$ 的编号分别为 $1,2,\cdots,11$,计算的 Matlab 程序如下:

```
clc,clear
a=zeros(11);
a(1,2)=1; a(2,[3,10])=1; a(3,[4:6])=1;
a(6,7)=1; a(7,[8:10])=1; a(10,11)=1;
A=a+a';s=1; t=11;
[dd,path,d,road]=refine_DS(A,1,11)
```

6.3.4 幂律指数 γ 可变的无标度网络模型

BA 无标度网络度分布的幂律指数 γ 恒定为 3,然而大部分具有无标度特性的真实复杂网络的幂律指数为 2~3。γ 越小,网络在度分布上的非均匀性越强,即某些中心节点的度越大;反之,度分布均匀性越强,即网络趋向于随机网络。Goh 等人提出了一种生成指数可调的无标度网络的算法[134]。设初始网络中只包含 N 个孤立节点,并为所有的节点从 1 到 N 依次编号,然后给节点 $i(i=1,2,\cdots,N)$ 赋权值,即

$$p_i = i^{-\alpha}, \tag{6.3}$$

式中:$\alpha(0\leqslant\alpha<1)$ 为控制参数。

将所有权值加权归一化,即

$$p_i^* = \frac{p_i}{\sum_{k=1}^{N} p_i}。 \tag{6.4}$$

接着分别以概率 p_i^*, p_j^* 选取两个不同的节点 i,j。若节点 i,j 之间没有边,则在二者之间连一条边。重复此过程,直到网络中有 mN 条边为止。网络的平均度为 $2m$。可以证明,根据这种算法生成的网络,其度分布满足幂律特性,即 $p(k)\propto k^{-\gamma}$,并且 γ 满足

$$\gamma = 1 + \frac{1}{\alpha}。\tag{6.5}$$

这样,通过调节控制参数 α 在区间[0,1)内变化,可以得到在(2,+∞)内的任意幂律指数 γ。图 6.13 是按照上述算法生成的 $N=1000$, $m=4$ 和 $\gamma=2.4$ 的无标度网络,其中的含有空心圆线条对应于 $p(k)=0.1k^{-2.4}$,含有加号线条对应于用该算法生成网络的度分布,可以看出该网络度分布基本上是具有幂律性质的。

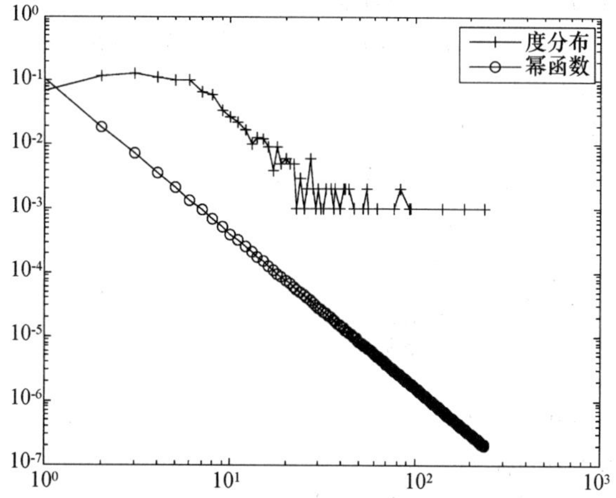

图 6.13 幂律指数 $\gamma=2.4$ 的无标度网络的度分布

为了研究网络非均匀性与幂律指数 γ 的关系,按照上述算法生成的 $N=1000$, $m=4$, γ 分别为 2.01、2.05、2.1、2.2、2.5、3、4、6、8、10 的无标度网络。图 6.14 画出了幂律指数 γ 与网络中最大度 K_{max} 的关系。可以看出,γ 越小,K_{max} 越大,网络度分布的非均匀性越强,某些中心节点的度越大。

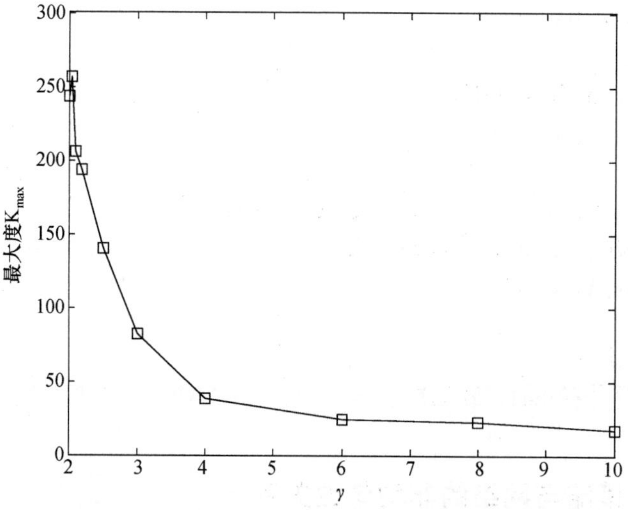

图 6.14 幂律指数 γ 与网络中最大度 K_{max} 的关系

构造幂律指数 γ 可变的无标度网络模型的 Matlab 函数如下：

```
function A=scale_free_net(N,gamma,m)
% Goh 等人提出的幂律指数可调的无标度网络,A 返回为邻接矩阵,网络规模 N,无标度指数 gamma
  (gamma>2),m 为网络的平均度的 1/2
alpha=1/(gamma-1);
p=[1:N].^(-alpha);  % 赋权值
p=p/sum(p);  % 归一化
cp=cumsum(p);  % 求累积和
A=zeros(N,N);t=0;
while t<m*N         % 按权重概率加边
    r1=rand; r2=rand;  % 生成一对随机数
    u=find(cp>=r1,1);v=find(cp>=r2,1);  % 求生成边的顶点编号
    ifu~=v && A(u,v)==0
        A(u,v)=1; A(v,u)=1; t=t+1;
    end
end
```

画图 6.13 的 Matlab 程序如下：

```
clc,clear
N=1000; gamma=2.4; m=4;
a=scale_free_net(1000,2.4,4);
deg=sum(a);  % 求各节点的度
degv=[min(deg):max(deg)];  % 求度的取值
pinshu=hist(deg,degv);  % 求度取值的频数
ind=find(pinshu==0);  % 找频数为 0 的地址
degv(ind)=[]; pinshu(ind)=[];  % 删除频数为 0 的列
loglog(degv,pinshu/N,'+-')
hold on,fx=@(x)0.1*x.^(-2.4);
x0=[1:degv(end)]; loglog(x0,fx(x0),'o-')
legend('度分布','幂函数')
```

画图 6.14 的 Matlab 程序如下：

```
clc;clear; N=1000; m=4;
for t=1:10
    gamma=[2.01,2.05,2.1,2.2,2.5,3,4,6,8,10];
    A=scale_free_net(N,gamma(t),m);
    Kmax(t)=max(sum(A));
end
plot(gamma,Kmax,'ks-');
xlabel('\gamma'),ylabel('最大度 K_{max}')
```

6.3.5 HDS 策略与网络的非均匀性关系

为了研究 HDS 策略与网络非均匀性之间的关系，可考虑把 HDS 策略用于一类幂律指数 γ

可调的无标度网络模型[134]。也可用改进后的 HDS 策略寻找两点之间的路径，将它与未改进的方法相比较，验证改进效果。

在仿真中，如图 6.15 所示，建立网络规模 $N=200$，平均度为 $2m=16$，幂律指数 $\gamma=2.01$、2.05、2.1、2.2、2.5、3、4、6、8、10 的网络模型。然后在这些网络中应用 Kim 的方法寻找路径，并统计得到相应的网络平均路径长度 D_m。再用改进后的 HDS 策略寻找两点之间的路径，并统计得到相应的网络平均路径长度 D_g。最后用 Floyd 算法求出任意两点间的最短路径长度，得到实际的平均路径长度 D_s。因此根据各算法的描述，必然有 $D_m \geqslant D_g \geqslant D_s$，当 D_m 和 D_g 与 D_s 的差距越小，即应用 HDS 策略所寻找到平均路径长度越接近于实际平均路径长度时，意味着 HDS 策略的效率也越高。

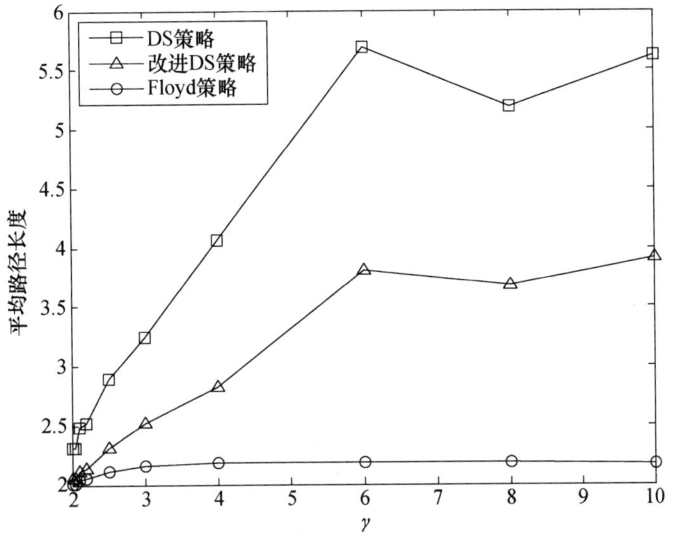

图 6.15 不同幂律指数 γ 下的 D_m 与 D_s 以及 D_g

当 $2<\gamma<3$ 时，随着 γ 增大，D_m、D_g、D_s 都近似呈线性增长，且 D_m 增长得最快，D_s 最慢，但三者之间的差距并不明显。当 $\gamma \geqslant 3$ 时，三者之间的差距越来越大，尤其是 D_m 与 D_s 之间。这说明 HDS 策略的有效性也逐渐下降。从而表明，HDS 策略适用于非均匀网络，而不适用于均匀网络。大量研究表明，许多现实社会中的复杂网络的度分布都服从 $2<\gamma<3$ 的幂律分布，因此可以应用最大度搜索策略在这些网络中寻找连接两个节点的较短路径，所以此局部策略有着重要的实际应用价值。还可以发现，D_g 比 D_m 更靠近 D_s，改进效果有了大幅提升，D_g 的搜索效率几乎为 D_m 的 2 倍，验证了此改进方法的可行性和有效性。

画图 6.15 的 Matlab 程序如下：

```
clc; clear; N=200; m=8;
Dm=zeros(1,10);  Ds=zeros(1,10);  Dg=zeros(1,10);
for t=1:10
    gamma=[2.01,2.05,2.1,2.2,2.5,3,4,6,8,10];
    A=scale_free_net(N,gamma(t),m);
    AA=tril(A); AA=sparse(AA);  % 构造 Matlab 图论工具箱需要的稀疏矩阵
    d1=0; d2=0;
    for i=1:N-1
        for j=i+1:N
```

```
            [dd,path,d,road]=refine_DS(A,i,j);
            d1=d1+dd; d2=d2+d;
        end
    end
    Dm(t)=2*d1/(N*(N-1));
    Dg(t)=2*d2/(N*(N-1));
    d3=graphallshortestpaths(AA,'Directed',0); % 调用Matlab工具箱求最短距离
    Ds(t)=sum(sum(tril(d3)))*2/(N*(N-1)); % 求平均距离
end
plot(gamma,Dm,'rs-',gamma,Dg,'b^-',gamma,Ds,'ko-')
legend('HDS策略','改进HDS策略','Floyd算法','Location','northwest')
xlabel('\gamma'),ylabel('平均路径长度')
```

6.4 万维网中的搜索

万维网上有很多公共搜索引擎,如Google,Yahoo!和Bing等,可以帮助用户在万维网上搜寻信息。这些搜索引擎依靠在万维网上搜集到的静态文字索引进行搜索,这个索引通常由搜索机器人(Web crawlers)或蜘蛛(Spider)等程序自动搜集。该搜索机器人要么访问一系列由一个总控服务器提供的链接,要么按照某种搜索策略循环访问当前网页中包含的链接。当搜索机器人访问到一个新的网页时,保存其中的数据,并将其发送到中心服务器,然后继续访问该网页中包含的链接而达到新的网页。在这种意义上说,该搜索机器人的搜索是一种广度优先的搜索,搜索机器人的程序定期运行,以保持索引中包含着最新网页和链接的信息,并且删除老的和过时的信息。搜索机器人搜集到的信息经过分析后得到索引,索引中保存了与网页中文字相关的信息,如位置和它们的介绍等,这样就组成了一个数据库,将这些文字与指向文字所在网页的超级链接联系起来,同时还保存了网页中所包含的超级链接。

搜索引擎的最后一个组件是用户接口,该接口将用户输入的文字作为输入检索索引,然后返回与用户输入的文字相关的网页。在此过程中返回网页的排序,也就是说在查询后,网页列出的顺序显得尤为重要。显然,没有人愿意在找到自己需要的网页前访问很多无关的网页。因此,越是排在前面的网页,与查询条件越相关,那么这个搜索引擎也就越成功。基于一些根据文字在索引中的位置与出现频率的启发式方法,已有的商业搜索引擎使用不同的排序策略。一般来说,这些启发式方法将网页中文字出现的位置信息、网页的长度、其中包含的文字的意思和网页在目录中的层次综合起来考虑。

1998年,Kleinberg提出了一种搜索引擎的排序算法——HITS[135]。该算法同时考虑网络图的出度与入度,其基础是权威网页与中心网页的区别。权威网页可以认为是与给定主题最相关的网页。考虑到此种网页包含的大量信息,有理由相信一定有很多链接指向它们。而中心网页对某一给定主题来说,它们本身不是权威网页,但它们有很多对外的链接,这些链接指向那些权威的网页。此时,某个主题的权威和中心形成了一个两者结合的集团,链接从中心指向权威。因此,当对这个集团进行检查时,很有可能辨认出那些权威网页,并将它们排在前面。

就排序来说,在Kleinberg提出了HITS后,Brin和Page提出的PageRank算法是一个重大突破[136]。这个算法也是搜索引擎Google的基础。

6.4.1 Google 的核心技术——PageRank

第 2 章 2.2.4 节中心性中已给出了 PageRank 算法，为了强化该算法，下面再给出一个例子。

PageRank 技术通过对多达 80 多亿个的网页进行重要性分析，利用网络链接结构对网页进行组织整理。基本的原理是，如果网页 A 链接到网页 B，Google 就认为"网页 A 投了网页 B 一票"。这是 80 多亿个网页之间的"海选"，每个网页都有选举权，也有被选举权，投票次数不限。初看起来这样的选举不是很有序，公平性似乎也无从谈起。关键在于如何"计票"，一个网页的 PageRank 并不是它的得票数，重要性也不体现为简单的多数。

假设 Google 数据库中网页的个数为 N。注意，这里的 N 是 80 多亿！由于 WWW 是有向图，为了描述这些网页之间的关系，定义一个 $N\times N$ 的方阵 $\boldsymbol{B}=(b_{ij})$，如果从网页 i 到网页 j 有超链接，则 $b_{ij}=1$，否则为 0。显然 $\boldsymbol{B}$ 是巨大但非常稀疏的矩阵，其中非零元素的总数即是网页之间超链接的总数。令矩阵 $\boldsymbol{B}$ 的列和及行和分别为

$$c_j = \sum_i b_{ij}, j = 1,2,\cdots,N, \tag{6.6}$$

$$r_i = \sum_j b_{ij}, i = 1,2,\cdots,N, \tag{6.7}$$

它们分别给出了页面 j 的链入链接数目和页面 i 的链出链接数目。

假设在上网时浏览页面并选择下一个页面的过程，与过去浏览过哪些页面无关，而仅依赖于当前所在的页面。那么这一选择过程可以认为是一个有限状态、离散时间的随机过程，其状态转移规律用 Markov 链描述。定义矩阵 $\boldsymbol{A}=(a_{ij})$ 如下：

$$a_{ij} = \frac{1-d}{N} + d\frac{b_{ij}}{r_i}, \tag{6.8}$$

式中：d 为模型参数，通常取 $d=0.85$；$\boldsymbol{A}$ 为 Markov 链的转移概率矩阵，a_{ij} 表示从页面 i 转移到页面 j 的概率。为了保证每个页面都有 PageRank 值，可以证明，该 Markov 链必须是正则链，即每个页面都要有到其他页面的连接。对于正则 Markov 链存在平稳分布 $\boldsymbol{x}=[x_1,x_2,\cdots,x_N]^{\mathrm{T}}$，满足

$$\boldsymbol{A}^{\mathrm{T}}\boldsymbol{x} = \boldsymbol{x}, \sum_{i=1}^{N} x_i = 1, \tag{6.9}$$

式中：$\boldsymbol{x}$ 为在极限状态（转移次数趋于无限）下各个网页被访问的概率分布，Google 将它定义为各网页的 PageRank 值。

根据 Markov 链的基本性质还可以得到，平稳分布（即 PageRank 值）是转移概率矩阵 $\boldsymbol{A}$ 的转置矩阵 $\boldsymbol{A}^{\mathrm{T}}$ 的最大特征值（=1）所对应的特征向量，它对矩阵扰动的敏感性，依赖于其他特征值与 1 的分离程度。若阻尼因子 d 值靠近 1，矩阵 $\boldsymbol{A}^{\mathrm{T}}$ 的次特征值会随之靠近 1，从而会导致 PageRank 值对 d 值的选择敏感依赖，计算特征向量方法的收敛速度降低。

下面通过一个小规模网络的 PageRank 值的具体计算，进一步认识 PageRank 的原理。

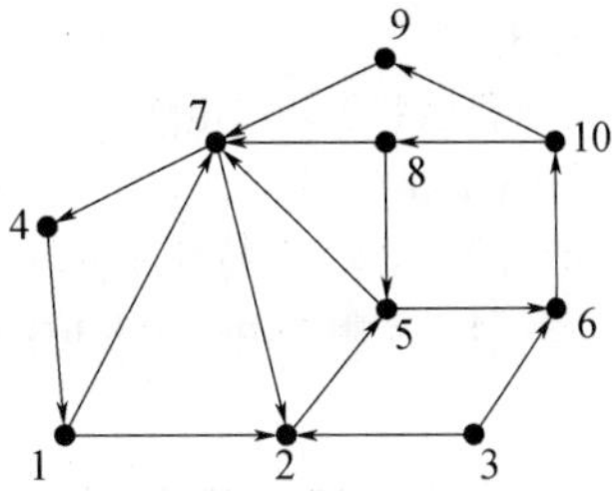

图 6.16　一个有 10 个页面的网络

考虑一个仅有 10 个网页的网络，结构如图 6.16 所示，按照式（6.8）计算出 Markov 链转移概率矩阵 $\boldsymbol{A}$，并由式（6.9）计算得该 Markov 链的平稳分布 $\boldsymbol{x}$ 为[0.0978，0.1453，0.0150，

0.0974,0.1614,0.0900,0.1939,0.0539,0.0539,0.0915]^T,这就是 10 个网页的 PageRank 值,其柱状图如图 6.17 所示。

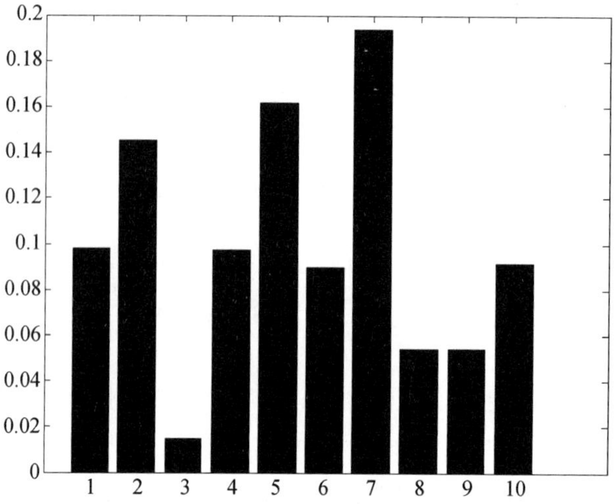

图 6.17 网页 PageRank 值的柱状图

编号 7 的网页在“选举”中得到的票最多,其 PageRank 值较高,并把一半 PageRank 值分给编号 2 的网页,因此编号 2 的网页 PageRank 值也较高。由于编号 2 的网页把唯一的 1 票投给了标号 5 的网页,致使编号 5 的网页的 PageRank 值更高。被 PageRank 值高的网页“选举”的网页,其 PageRank 值也会更高,这显然是合理的。编号 3 的网页,由于没有得到“选票”,所以其 PageRank 值最低。

值得特别注意的是,Google 面临的网页的规模是 80 亿,由于规模巨大,远远超出了成熟软件所能够承受的范围。在具体的运用中,与理论还有一定的差别。

计算及画图的 Matlab 程序如下:

```
clc,clear
b=zeros(10);
b(1,[2 7])=1; b(2,5)=1; b(3,[2 6])=1; b(4,1)=1;
b(5,[6 7])=1; b(6,10)=1; b(7,[2 4])=1;
b(8,[5 7])=1; b(9,7)=1; b(10,[8 9])=1;
r=sum(b,2); n=length(b);
for i=1:n
   for j=1:n
      A(i,j)=0.15/n+0.85*b(i,j)/r(i);  % 构造状态转移矩阵
   end
end
A % 显示状态转移矩阵
[x,y]=eigs(A',1);  % 求最大特征值对应的特征向量
x=x/sum(x) % 特征向量归一化
bar(x) % 画 PageRank 值的柱状图
```

6.4.2 万维网的实时搜索

与传统的以静态文字索引为基础的搜索引擎相比,近来有人提出适应性多主体系统,它能

够在用户输入查询词后在万维网上进行实时搜索。这种新模式的一个示例是 InfoSpiders 模型[137]。InfoSpiders 由一些搜索网页的主体组成,这些主体能够动态地适应它们访问的网页所在的环境。系统的查询以用户输入的关键词开始,先利用传统搜索引擎进行搜索得到一些网页,然后在每个网页中放置一个主体,主体会对网页进行处理,估计该网页内容与给定主题的相关性。主体所搜集到的网页的信息被传递至一个神经网络,由这个神经网络决定哪些链接具有更高的相关性。最后,主体的状态将被更新,以决定主体是被中止,还是继续沿着某个链接继续搜索,或是衍生出更多的主体沿着更多的链接继续下去以发现新的区域中包含的信息。

InfoSpiders 的关键部分是在搜索过程中具有适应性和学习能力。在分析了网页的内容以后,它决定选择一个好的方向继续跟随网页中的链接进行搜索,从而找到需要的信息。从某种程度上说,它们有智能化的行为,有点类似于人们在网上冲浪。尽管适应性多主体系统受到了诸如万维网规模和有向拓扑的影响,它仍然比传统的静态搜索引擎有所改进。首先它们避免了静态文字索引需要的盲目的周期更新,因为这需要大量数据的加载。另外,由于它们是实时地进行搜索,所以可以搜索到最新的文档,因此它们提供的信息也比传统的搜索引擎更新。此外,在平均意义上说,多主体系统在某一查询主题下返回的网页比传统搜索引擎更加相关。由于 InfoSpiders 和传统的搜索引擎可以利用各自的优势形成互补的关系,因此可以说,为了提供更快、更可靠、更准确的搜索引擎来探索万维网,InfoSpiders 开辟了全新的有前景的道路。

习 题 6

6.1 编写 Matlab 程序,画出图 6.7。

6.2 编写 Matlab 程序,画出图 6.8。

6.3 编写 Matlab 程序,画出图 6.9。

第 7 章　复杂网络中的社团结构

7.1 引　言

近几年来,复杂网络的研究正处于蓬勃发展的阶段,其思想已经充斥到科学和社会的每一个角落。随着对网络性质物理意义和数学特性的深入研究,人们发现许多实际网络都具有一个共同性质——社团结构,社团结构的研究试图揭示看上去错综复杂的网络如何由相对独立又相互交错的社团构成,社团结构对网络的抗毁性、健壮性和稳定性,对传染病的传播和防控,对大数据基础上的知识发现和数据挖掘,以及网络的简化,都有重要的意义。具有社团结构的网络是由若干个"群(Group)"或"团(Cluster)"构成的。每个群内的节点之间的连接非常紧密,而群之间的连接却相对比较稀疏,如图 7.1 所示。图中的网络包含三个社团,分别对应图中三个圆圈包围的部分。在这些社团内部,节点之间的联系非常紧密,而社团之间的联系就稀疏得多。

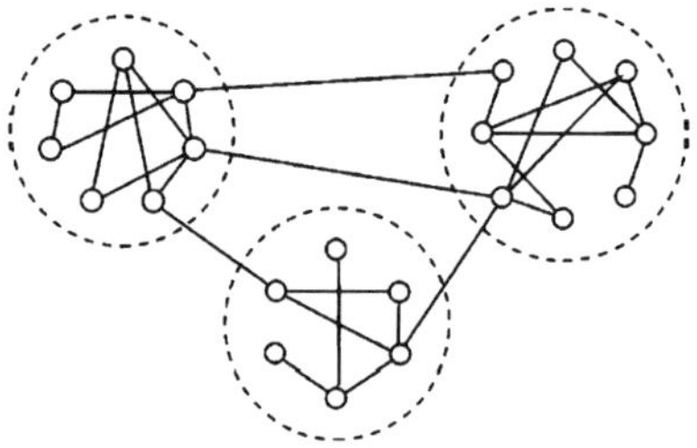

图 7.1　一个小型的具有社团结构性质的网络示意图[1]

一般而言,社团可以包含模块、类、群、组等各种含义。例如,万维网可以看成是由大量网站社团组成,其中同一个社团内部的各个网站所讨论的都是一些有共同兴趣的话题[1]。类似地,在生物网络或者电路网络中,同样可以将各个节点根据其不同的性质划分为不同的社团[138]。揭示网络中的社团结构,对于了解网络结构与分析网络特性具有极为重要的意义。社团结构分析在生物学、物理学、计算机图形学和社会学中都有广泛的应用。

要了解大规模网络,将网络分解成小的子单元是十分必要的,当复杂网络中相互作用的对象构成高度连接的社团时,社团间的连接就比较少,因而可以通过社团识别来理解大规模复杂网络。复杂网络社团结构研究的一个重要问题就是复杂网络中社团结构的识别。一般来说,划分复杂网络的社团结构与计算机科学中的图形分割和社会学中的层次聚类有着密切的关系。

社团识别算法中,一个重要方法是传统的网络分割算法,该算法基于图论中的图形分割问题(Graph partitioning problem)把网络分割为大小均匀且相对独立的部分。其基本原则是将网络中的 N 个节点划分到 c 个组中,使得每个组中节点数目大致相同,并且各个组之间边的数目尽可能少。一般情况下,找到这类问题的精确解是一个 NP 难题。因此,当图的规模很大时不存在有效的精确解法。但是,有很多试探性算法在大多数情况下可以得到满意解。其中有名的有 Kernighan－Lin 算法[53,139]和基于 Laplace 图特征的谱平分法(Spectral bisection method)[1,140,141]。尽管该方法可以用于复杂网络的社团结构分析,但是不利于从全局结构分析网络,难以判断结果的优劣,无法确定把网络分解成多少个社团最为合理。

社团识别算法中另一个重要方法就是基于同类相近原则的层次聚类法(Hierarchical clustering)。该方法基于各个节点间连接的相似性或者强度,把网络自然地划分为各个子群。根据往网络中添加边还是从网络中移除边,该类算法还可以分为两类:凝聚方法(Agglomerative method)和分裂方法(Divisive method)[1,142]。层次聚类法通常能够对核心节点进行很好的分类,但是对于外围节点的分类却较容易出错[53,143]。

凝聚方法的基本思想是用某种方法计算出各节点对之间的相似性,然后从相似性最高的节点对开始,往一个节点数为 N 而边数为 0 的原始网络中添加边。这个过程可以中止于任何一点,此时这个网络的组成就认为是若干个社团。从空图到最终图的整个算法的流程也可以用世系图或者树状图表示,如图 7.2 所示。底部的各个圆代表了网络中的各个节点。当水平虚线从树的底端逐步上移,各节点也逐步聚合成为更大的社团。当虚线移至顶端,即表示整个网络就整体地成为一个社团。在该树状图的任何一个位置用虚线断开,就对应一种社团结构。

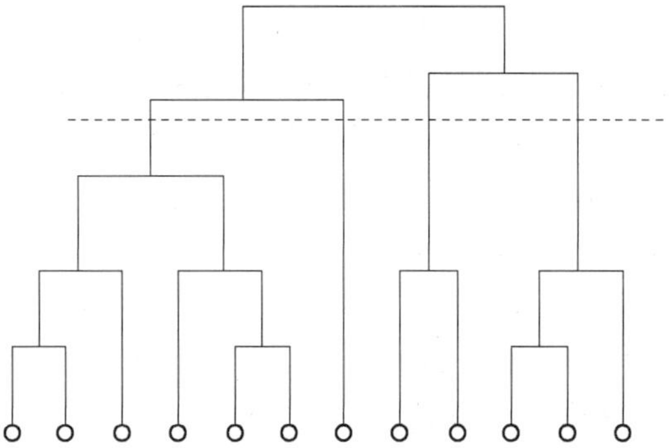

图 7.2　凝聚方法通常采用树状图来记录算法的结果[1]

相反地,在分裂算法中,一般是从所关注的网络着手,试图找到已连接的相似性最低的节点对,然后移除连接它们的边。重复这个过程,可逐步把整个网络分为越来越小的各个部分。同样地,也可以在任何情况下终止,并且把此状态的网络看作若干社团结构的集合。与凝聚方法类似,利用树状图来表示分裂方法的流程,可以更好地描述整个网络逐步分解为若干越来越小的子群这一连续过程。

分裂算法中典型的算法是 Girvan 和 Newman 于 2002 年提出的基于边介数的社团发现算法,即 GN 算法[53,142]。该算法依据边不属于社团的程度逐步把不属于任何社团的边(即社团之间的边)删除,直到把所有的边删除为止。GN 算法是社团发现算法的里程碑,通过刻画社团差异的不同量化指标,GN 算法被广泛地改进和应用。

这些算法的一个重要前提是需要知道整个网络的拓扑结构。但是,这个限制条件对于很多超大型而且不断动态地变化着的网络(如万维网)来说是不可能的。针对这一问题,科学家们提出了一些寻找网络中局部社团结构的算法[144-145]。

不管是哪种算法,它们提出的目的都是为了更好地分析网络中社团结构的基本特点和共同特性。科学家们将这些算法应用于大量实际网络的分析,发现与网络节点的度分布类似,网络社团的大小也满足幂律分布。

为了更好地研究网络社团结构对于网络特性和演化的影响,另一个值得研究的问题是:如何构建一种网络模型,能够更好地描述复杂网络中包括社团结构在内的一些共同特性。基于此,科学家们提出了一些具有社团结构的网络模型,如缺少结构瓶颈的自治网络、具有高度内部连结模块及较低社团间连接度的网络、具有高度核心—外围结构的网络、具有多个核心—外围子结构的网络[146,147],在这些模型中模块函数成为度量网络社团结构的主要参数。

本章主要介绍网络重要节点的挖掘,社团结构的定义和判断标准,以及一些社团识别算法。

7.2 节点重要性的评价指标

自然界或现实社会中,几乎每一个系统,总有一个或者多个主要素占有非常重要的位置,如果去掉它们,这个系统将在结构、稳定性甚至生存上受到很大影响。因此,由复杂系统抽象出来的复杂网络中每个节点的重要程度是不同的,在各种复杂网络中,用定量分析的方法寻找超大规模网络中哪个节点最重要,或者某个节点相对于其他一个或多个节点的重要程度,是复杂网络研究的一个基本问题。刻画节点重要程度的一个指标就是节点中心化指标,用于定量地表示网络中一些节点比其他节点更重要或处于更中心位置的指标,该指标用于确定网络中个体所处位置与其在群体中的影响或号召力之间的关系[53]。

节点的中心化指标可以分为两类:一类认为节点在网络中的中心化地位依赖于与其他节点的邻近程度,如度、中心性等;另一类认为节点的中心化地位取决于节点所处的位置对其他节点对之间信息联络的影响,如介数。

早期复杂网络分析重点针对节点的重要性评价指标,在此基础上有反映整个网络中心化程度的网络中心化指标。在 Everett 和 Borgatti[148] 将度、紧密度、介数三种节点重要性评价指标由个体中心化测量推广到群组中心化测量后,网络中心化方法开始适用于社团的重要性判断或分析。群组中心化指标也可以作为一个基本工具去寻求给定网络的重要子集(社团),可用于大型网络的主要素提取和分析。

除此之外,还有几种评价节点重要性的常见指标,根据评价指标侧重点的不同,有基于节点删除方法的指标,基于节点之间的直接连接状态的指标,基于目标节点到其他节点最优连接方式等指标。

7.2.1 基于节点删除方法的指标

该类指标利用网络的连通性来反映系统某种功能的完整性,通过度量节点对网络连通性的影响程度来反映网络节点的重要性。一般来讲,系统中节点的删除除了会影响系统的连通性外,还会影响系统其他的一些指标,因此,可以通过计算这些指标的性能变化来度量节点的重要性。常见的指标包括最大连通分支尺寸、网络效率、网络生成树数目。

1. 最大连通分支尺寸

定义 7.1 用删除节点 v_i 后网络的最大连通分支尺寸(阶数)与网络原有尺寸(原网络连通)之比

$$C_r(v_i)=\frac{N_i^R}{N} \tag{7.1}$$

来度量删除节点 v_i 后网络的效能。其中,N 表示节点删除前连通网络的节点总数,N_i^R 表示节

点 v_i 删除后最大连通分支中的节点数。

定义节点 v_i 删除前后，网络最大连通分支尺寸的相对减少量为衡量被删除节点 v_i 重要程度的指标，即

$$C_R(v_i)=\frac{N-N_i^R}{N}。\tag{7.2}$$

2. 网络效率

对于具有 N 个节点的连通网络而言，若 $d_{ij}(i,j=1,2,\cdots,N)$ 表示网络中节点 v_i 到 v_j 的最短距离，其中 $d_{ii}=0$，则网络的平均距离定义为

$$L=\frac{2}{N(N-1)}\sum_{1\leqslant i<j\leqslant N}d_{ij},\tag{7.3}$$

若网络为非连通网络，存在 $d_{ij}=\infty$，网络的平均距离会变为无穷大，该指标将失去意义，为此引入网络效率来衡量节点的重要性，网络效率 E 定义为网络节点间距离倒数的平均值，即

$$E=\frac{2}{N(N-1)}\sum_{1\leqslant i<j\leqslant N}\frac{1}{d_{ij}}。\tag{7.4}$$

记删除节点 v_i 以及与 v_i 相连的 k_i 条边后，剩余网络效率为 E_i。

定义 7.2 定义节点 v_i 删除后，网络效率的相对减少量

$$C_E(v_i)=\frac{E-E_i}{E}\tag{7.5}$$

来定义节点 v_i 的重要程度。通过比较节点删除前后指标变化，可衡量被删除节点的重要程度。

3. 网络生成树数目

定义 7.3 设 G 是无向连通网络，网络节点数为 N，$\boldsymbol{A}=(a_{ij})_{N\times N}$ 为网络 G 的邻接矩阵，$\boldsymbol{D}$ 表示对角线元素为 $d_{ii}=\sum_{j=1}^{N}a_{ij}$ 的对角矩阵，定义网络 G 的 Laplace（拉普拉斯）矩阵（也称为 Kirchhoff 矩阵）为

$$\widetilde{\boldsymbol{L}}=\boldsymbol{D}-\boldsymbol{A}。\tag{7.6}$$

定义 7.3 和式(5.58)得到的 Laplace 矩阵是一致的。

定理 7.1 设无向连通网络 G 的 Laplace 矩阵为 $\widetilde{\boldsymbol{L}}$，$\boldsymbol{B}$ 为 $\widetilde{\boldsymbol{L}}$ 的任何一个 $n-1$ 阶主子式，则生成树数目为

$$\tau(\boldsymbol{G})=\boldsymbol{B}。\tag{7.7}$$

定义 7.4 为了对不同规模网络的分析结果进行比较，定义归一化后的节点重要度指标

$$C_\tau(v_i)=1-\frac{\tau(G-v_i)}{\tau(G)},\tag{7.8}$$

式中：$\tau(G-v_i)$ 为图 G 删除节点 v_i 及 v_i 关联的 k_i 条边后网络的生成树数目。

$\tau(G-v_i)$ 的数值越小，$C_\tau(v_i)$ 的数值越大，节点 v_i 的删除对整个网络的影响程度越大，则该节点越重要。当节点 v_i 对应的生成树数目 $\tau(G-v_i)$ 为零时，删除该节点及相关联的边后，图是不连通的。

例 7.1 求图 7.3 所示连通图的生成树数目。

解 利用 Matlab 软件,求得生成树的个数为 75 个,计算的 Matlab 程序如下:

```
clc,clear
a=zeros(5); a(1,[2:5])=1;  % 只需考虑非赋权图
a(2,[3 4])=1; a(3,[4 5])=1; a(4,5)=1;
a=a+a';  % 输入完整的邻接矩阵
L=diag(sum(a))-a;  % 计算 Laplace 矩阵
L(:,end)=[]; L(end,:)=[];  % 提出一个 n-1 阶顺序主子阵
tau=det(L)  % 计算顺序主子式,即计算生成树的个数
```

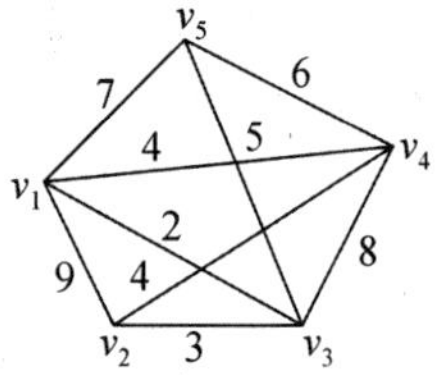

图 7.3 五个顶点的连通图

7.2.2 基于节点关联性的指标

该类方法侧重于节点之间的直接连接状态,通过分析网络的拓扑结构获知节点所起的作用。在无向网络中,节点重要性通过目标节点与其他邻近节点的连接数来体现,即网络中连接数最多的节点在网络中起到关键作用,而在有向网络中,更侧重于节点的入度。常见的方法有度指标和子图指标。

1. 节点度指标

度是网络拓扑结构的基本参数,主要用于描述节点在网络中所能产生的影响力,其值为与该节点相连的节点的数目,该指标体现了一个节点与其周围节点之间建立直接联系的能力。

设网络具有 N 个节点,则节点 v_i 的度指标定义为

$$C_d(v_i)=k_i, \tag{7.9}$$

式中:k_i 为与节点 v_i 直接相连的节点数目,即节点 v_i 的度。

为了能够使用度指标来衡量不同规模的网络中的节点的重要程度,可以对度指标进行归一化处理。

定义 7.5 在具有 N 个节点的无向网络中一个节点的度不会超过 $N-1$,故归一化的度指标定义为

$$C_D(v_i)=\frac{k_i}{(N-1)}。\tag{7.10}$$

节点度指标表明,度值越高的节点越重要。但仅仅用节点度值衡量节点的重要性显得有些片面。例如,某网络中的一个节点的度值不高,如果它是联系不同局部网络从而构成连通网络的唯一节点,那么这个节点将显得尤为重要。

2. 子图指标

子图指标延续了度对于节点关联性的特点,同时将度的概念进行了一定范围的扩展,保证了在计算过程中,直接连接的节点拥有较大权重,同时吸收了二次(通过一个节点连接)和二次以上的连接,综合了节点的连接关系来反映节点的重要性。该种方法可以描述为:计算从一个节点开始到该节点结束的闭环路的数目,一个闭环代表网络中的一个子图。该方法通过计算节点参与不同子图数目和对子图设定不同的权重来呈现节点间的差异性。

定义 7.6 计算节点 v_i 的子图中心性公式为

$$C_s(v_i)=\sum_{n=0}^{\infty}\frac{\mu_n(v_i)}{n!},\tag{7.11}$$

式中：$\mu_n(v_i)=(A^n)_{ii}$，$(A^n)_{ii}$为邻接矩阵 A 的 n 次幂的第 i 个对角线元素，$\mu_n(v_i)$为以节点 v_i 为起点经 n 个连边回到节点 v_i 的回路数目，而每条回路对节点的贡献会随着长度增加而递减。

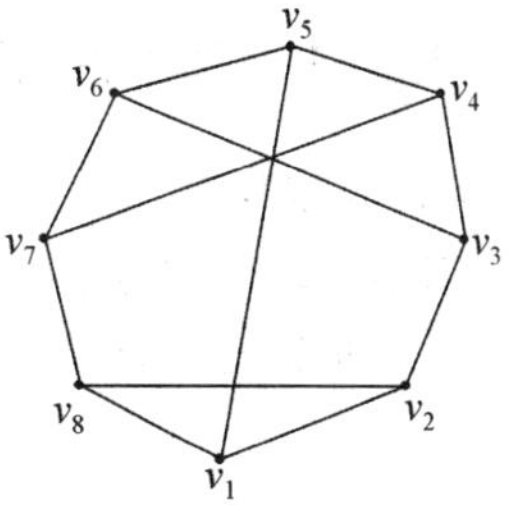

图 7.4 各节点度都为 3 的连通图

例 7.2 计算图 7.4 中各个节点的相对重要性。

解 利用式(7.11)计算各节点的相对重要性时，只要计算邻接矩阵 $\boldsymbol{A}$ 的指数函数 e^A 即可，e^A 的对角线元素即为各节点的相对重要性。利用 Matlab 程序，计算得各节点的相对重要性如图 7.5 所示。

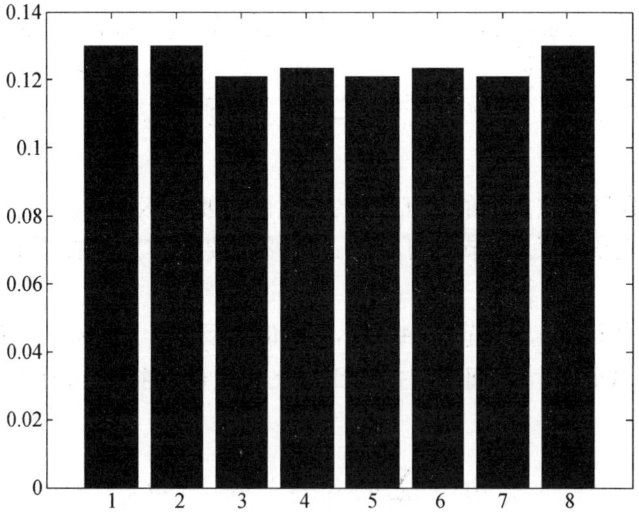

图 7.5 各节点相对重要性柱状图

计算及画图的 Matlab 程序如下：

```
clc,clear
a=zeros(8);
a(1,[2 5 8])=1; a(2,[3 8])=1; a(3,[4 6])=1;
a(4,[5 7])=1; a(5,6)=1; a(6,7)=1; a(7,8)=1;
a=a+a';
b=expm(a); b=diag(b);  % 计算矩阵指数函数,并提取对角线元素
b=b/sum(b),bar(b) % 对相对重要性指标归一化,并画柱状图
```

在图 7.4 中每个节点都具有相同的度，但是根据节点所在回路的不同（这里只考虑三角形和四边形回路）可以将它们分为三类：

(1) 节点 v_1,v_2,v_8 存在于 1 个三角形回路中。

(2) 节点 v_4,v_6 分别存在于 3 个四边形回路中。

(3) 节点 v_3,v_5,v_7 分别存在于 2 个四边形回路中。

实际计算结果是，节点 v_1,v_2,v_8 具有最高的重要性，节点 v_4,v_6 的重要性次之，节点 v_3,v_5,v_7 具有最低的重要性，原因是三角形的权重大。

7.2.3 基于最短路径的方法

1. 介数指标

定义 7.7 介数指标主要侧重于考查网络中节点对于信息流动的影响力。设网络具有 N 个节点,则节点 v_i 的介数可以表示为

$$C_b(v_i) = \sum_{s<t} \frac{g_{st}(v_i)}{n_{st}}, \tag{7.12}$$

式中:$g_{st}(v_i)$为节点对 v_s 和 v_t 间的最短路径经过节点 v_i 的条数;n_{st}为节点 v_s 和 v_t 间的最短路径条数。

在网络中,对于给定节点 v_i,最极端情况是任意两个其他节点之间的最短路径均经过该节点,此时该节点的介数达到最大值$(N-1)(N-2)/2$,故该指标可归一化定义为

$$C_B(v_i) = \frac{C_b(v_i)}{(N-1)(N-2)/2}。 \tag{7.13}$$

2. 特征向量

特征向量指标强调节点之间的相互影响,节点的重要性不仅与其连接的边数有关,而且和连接节点的重要性成线性关系,节点可以通过连接重要的节点间接提升自己在网络中的重要性。

定义 7.8 设网络具有 N 个节点,$\boldsymbol{A}$ 表示网络的邻接矩阵,$\lambda_1,\lambda_2,\cdots,\lambda_N$ 表示 $\boldsymbol{A}$ 的 N 个特征值。设 λ 为矩阵 $\boldsymbol{A}$ 的最大特征值(主特征值),其对应的特征向量为 $\boldsymbol{e}=[e_1,e_2,\cdots,e_N]^{\mathrm{T}}$,则有

$$\lambda e_i = \sum_{j=1}^{N} a_{ij}e_j, \quad i = 1,2,\cdots,n \tag{7.14}$$

则节点 v_i 的特征向量指标可定义为

$$C_e(v_i) = \lambda^{-1}\sum_{j=1}^{N} a_{ij}e_j。 \tag{7.15}$$

特征向量指标适合于描述节点的长期影响力,主要用于传播分析,如疾病传播、谣言扩散等。在这些网络中,特征向量指标高的节点通常说明该节点距离传染源很近,是需要重要防范的关键节点。

3. 接近度

接近度指标用于刻画网络中的节点通过网络到达网络中其他节点的难易程度,其值定义为该节点到达所有其他节点的距离之和的倒数。

定义 7.9 设网络具有 N 个节点,则节点 v_i 的接近度指标定义为

$$C_c(v_i) = \left[\sum_{j=1}^{N} d_{ij}\right]^{-1}。 \tag{7.16}$$

由于在含 N 个节点的网络中,节点到达所有其他节点的距离之和不会小于 $N-1$,故归一化的接近度指标(紧密度)定义为

$$C_C(v_i) = (N-1)C_c(v_i)。 \tag{7.17}$$

这种指标反映了节点通过网络可对其他节点产生的影响能力,它不仅考虑了节点的度值,而且考虑了节点在网络中所在的位置,该指标更能反映网络的全局结构。

例 7.3 图 7.6 是一个具有 13 个节点、18 条边的测试网络，请分别用特征向量指标 C_e 和归一化接近度指标 C_C 分析网络中各节点的重要性。

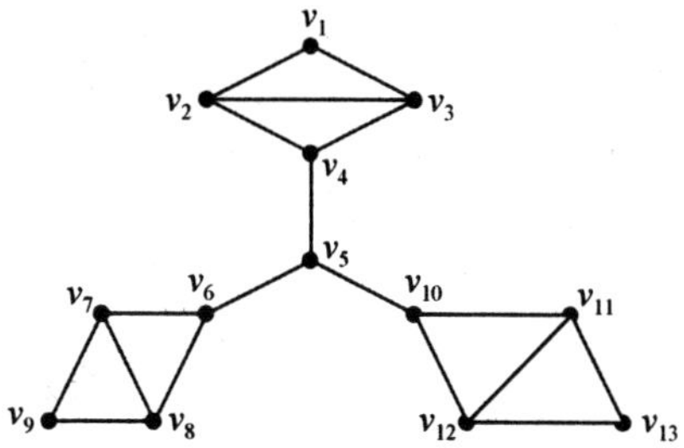

图 7.6 测试网络

解 用 $G=(V,E,A)$ 表示图 7.6 所示的测试网络，计算邻接矩阵 A 最大特征值对应的归一化特征向量，即为各节点特征向量指标 C_e。利用 Floyd 算法求得网络 G 所有节点对之间的最短距离，然后利用式(7.17)计算得到接近度指标 C_C。计算结果如表 7.1 所列。

表 7.1 各节点不同的重要性指标结果

节点	v_1	v_2	v_3	v_4	v_5	v_6	v_7	v_8	v_9	v_{10}	v_{11}	v_{12}	v_{13}
C_e	0.0556	0.0788	0.0788	0.0888	0.0940	0.0888	0.0788	0.0788	0.0556	0.0888	0.0788	0.0788	0.0556
C_c	0.2553	0.3243	0.3243	0.4138	0.5000	0.4138	0.3243	0.3243	0.2553	0.4138	0.3243	0.3243	0.2553

计算的 Matlab 程序如下：

```
clc,clear
a=zeros(13); a(1,[2 3])=1; a(2,[3 4])=1;
a(3,4)=1; a(4,5)=1; a(5,[6 10])=1;
a(6,[7 8])=1; a(7,[8 9])=1; a(8,9)=1;
a(10,[11 12])=1; a(11,[12 13])=1; a(12,13)=1;
b=a'; b=sparse(b);
d=graphallshortestpaths(b,'Directed',0);  % 求所有顶点对之间的最短距离
dd=sum(d);  % 求距离和
Cc=12./dd % 计算归一化的接近度指标
a=a+a';  % 计算邻接矩阵
[vec,val]=eigs(a,1);
Ce=vec/sum(vec) % 把特征向量归一化
xlswrite('biao.xlsx',Cc); xlswrite('biao.xlsx',Ce',1,'A3')
subplot(121),bar(Cc),subplot(122),bar(Ce)
```

7.2.4 其他分析方法

1. 累积提名

网络中节点的重要程度也可以看作节点本身在网络中具有声望值的大小，此时可以通过累计提名的方式获得。该种方法可具体描述为：在估计复杂网络重要节点的初始阶段，每个节点被赋予一个提名；在随后的每次循环中，一个节点的新提名不仅包含原先本身的提名，还要累加上与其相连的其他节点的提名；在经过一定次数的循环后，节点的提名比例（该节点的提

名数占总提名数的比例)会接近一个常数,此时提名比例最多的节点将被认为是网络中的重要节点。

对于 N 个节点的网络,为了能够比较不同规模的复杂网络的特性,可以将累计提名进行归一化。累计提名的计算步骤如下:

(1) 初始化。$k=1$,节点 v_i 的初值提名比例值 $q_i^{(k)}=1/N$。

(2) 迭代运算。首先计算

$$\tilde{q}_i^{(k+1)} = q_i^{(k)} + \sum_{j\neq i} a_{ij} q_j^{(k)}, \tag{7.18}$$

然后进行归一化处理,即

$$q_i^{(k+1)} = \frac{\tilde{q}_i^{(k+1)}}{\sum_{j=1}^{N} \tilde{q}_j^{(k+1)}}。 \tag{7.19}$$

(3) 若 $\sum_{i=1}^{N} |q_i^{(k+1)} - q_i^{(k)}| < \varepsilon$($\varepsilon$ 为设定的阈值),则节点 v_i 的累计提名值为 $q_i^{(k+1)}$,算法终止;否则,用 $k+1$ 代替 k,转步骤(2)。

2. 信息指标

在连通的复杂网络中,通过考查网络中任意节点间传播的信息量同样可考查复杂网络节点的重要程度,这种信息量在电力网络中等效于网络的电导。

假设含有 N 个节点网络的邻接矩阵为 $\boldsymbol{A}$,$\boldsymbol{D}$ 表示对角线元素为 $d_{ii}=\sum_{j=1}^{N} a_{ij}$ 的对角矩阵,$\boldsymbol{J}$ 是一个所有元素的值均为 1 的矩阵。定义矩阵 $\boldsymbol{B}$,$\boldsymbol{C}$:

$$\boldsymbol{C} = (c_{ij}) = \boldsymbol{B}^{-1} = (\boldsymbol{D} - \boldsymbol{A} + \boldsymbol{J})^{-1},$$

通过矩阵 $\boldsymbol{C}$ 可以得到任意两个节点之间传播的信息量为

$$q_{ij} = (c_{ii} + c_{jj} - 2c_{ij})^{-1}, \tag{7.20}$$

对于具有 N 个节点的复杂网络来说,节点 v_i 的信息指标可使用调和平均的方式表示,即

$$C_I(v_i) = \left[\frac{1}{N}\sum_{j=1}^{N} q_{ij}^{-1}\right]^{-1}。 \tag{7.21}$$

这种定义主要是为了计算上的方便,例如节点自身到自身的信息 q_{ii} 为无穷大,此时的信息指标为 0。若不考虑节点自身信息的传播,可以用算术平均来表示节点的信息指标,即

$$C_I(v_i) = \frac{1}{N}\sum_{j\neq i} q_{ij}。 \tag{7.22}$$

尽管基于信息的中心化方法可以很好地反映出网络结构的特性,但是随着网络规模的不断扩大,该方法就显得有些力不从心了,因为高维矩阵的逆阵求解很困难。另外,如果该网络的信息是不完整的,网络的邻接矩阵无法得到时,这种方法也不能使用。

例 7.4(续例 7.3) 分别用累计提名和信息指标分析图 7.6 所示网络中的每个节点的重要程度。

解 (1)用累计提名指标公式(式(7.18))和(式(7.19))和信息指标公式(式(7.21)),计算可得表 7.2 所列的结果。

表 7.2　累计提名指标和信息指标计算结果

节点	v_1	v_2	v_3	v_4	v_5	v_6	v_7	v_8	v_9	v_{10}	v_{11}	v_{12}	v_{13}
q	0.0556	0.0788	0.0788	0.0888	0.0940	0.0888	0.0788	0.0788	0.0556	0.0888	0.0788	0.0788	0.0556
C_I	0.3969	0.4502	0.4502	0.5474	0.6933	0.5474	0.4502	0.4502	0.3969	0.5474	0.4502	0.4502	0.3969

两种方法计算结果的对比如表 7.3 所列。

表 7.3　两种方法计算结果对比表

排名	1	2	3	4	5	6	7	8	9	10	11	12	13
q	v_5	v_4	v_6	v_{10}	v_2	v_3	v_7	v_8	v_{11}	v_{12}	v_1	v_9	v_{13}
C_I	v_5	v_4	v_6	v_{10}	v_7	v_2	v_3	v_8	v_{11}	v_{12}	v_1	v_9	v_{13}

计算的 Matlab 程序如下：

```
clc,clear,n=13;
a=zeros(n); a(1,[2 3])=1; a(2,[3 4])=1;
a(3,4)=1; a(4,5)=1; a(5,[6 10])=1;
a(6,[7 8])=1; a(7,[8 9])=1; a(8,9)=1;
a(10,[11 12])=1; a(11,[12 13])=1; a(12,13)=1;
a=a+a';  %构造完整的邻接矩阵
s=zeros(n,1);  %迭代上一步的初始值
q=ones(n,1)/n;  %迭代的初值
while sum(abs(s-q))>0.0001
    s=q;  %把当前值保存
    q=q+a*q; q=q/sum(q);  %继续迭代一步
end
q %显示最终的迭代值
B=diag(sum(a))-a-ones(n);  %构造B矩阵
C=inv(B);  %计算C矩阵
for i=1:n
    for j=1:n
        Q(i,j)=1/(C(i,i)+C(j,j)-2*C(i,j));  %计算信息量
    end
end
Cv=1./mean(1./Q,2) %计算信息指标
xlswrite('biao7.xlsx',[q Cv])
[sq,ind1]=sort(q,'descend');  %把指标值从大到小排列
[sCv,ind2]=sort(Cv,'descend');
[ind1 ind2]  %比较两种指标值的计算结果
subplot(121),bar(q),subplot(122),bar(Cv)
```

3. 节点收缩法

这种方法假设在节点正常工作的情况下,将待测节点和与其相连的所有节点收缩为一个节点,通过比较不同节点收缩后得到的网络凝聚度来衡量节点的重要性。该方法认为,收缩后

网络凝聚度越大,该节点也就越重要。

定义 7.10 假设 v_i 是图 $G=(V,E)$ 的一个节点,定义节点 v_i 收缩是将与节点 v_i 相连的 k_i 个节点通过收缩都与节点 v_i 融合,即用一个新的节点 v_i' 代替原来的 k_i+1 个节点,原先与这些节点相关联的节点都与新的节点相连,如图 7.7 所示。

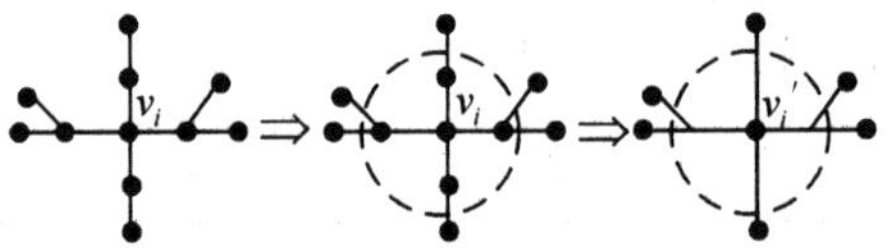

图 7.7 节点收缩过程示意图

网络的凝聚度取决于两个因素:网络中各个节点之间的连通能力及网络的节点数目 N。节点间的连通能力可用平均距离 L 来衡量,即所有节点对之间距离的算术平均值。例如在社会关系网络中,人员之间的联系越方便(L 越小)、人数越小(N 越小),整个网络的凝聚程度越高。

定义 7.11 网络的凝聚度定义为节点数 N 与平均距离 L 乘积的倒数,用公式可以表述为

$$\Phi(G)=\frac{1}{NL}=\frac{N-1}{2\sum\limits_{1\leqslant i<j\leqslant N} d_{ij}}, \tag{7.23}$$

式中:$N\geqslant 2$。

当网络只有一个节点时,Φ 取最大值 1,显然 $0<\Phi\leqslant 1$。节点 v_i 的重要性可以表示为

$$C_{IM}(v_i)=1-\frac{\Phi(G)}{\Phi(G*v_i)}, \tag{7.24}$$

式中:$G*v_i$ 为将节点 v_i 收缩后得到的网络。

由此可见,节点 v_i 的重要度取决于两个因素:节点 v_i 的连接度 k_i 和节点 v_i 在网络中的位置。在相同条件下,节点 v_i 的连接度 k_i 越大,将该节点收缩以后网络中节点的数目就越小,从而网络的凝聚度越大,该节点越重要;若节点 v_i 处于"要塞位置",许多节点对之间的最短路径都需经过该节点,则将 v_i 收缩以后网络的平均距离将大大减少,收缩后的网络凝聚度就越大。如果节点 v_i 是一个重要的"核心节点",那么将它收缩后整个网络将会更好地凝聚在一起。最典型的例子就是星形网络,若将中心节点收缩,则整个网络将凝聚为一个节点,而其他节点收缩后整个网络的凝聚程度不会发生太大变化。

评估节点重要性的节点收缩法计算步骤可以描述如下:

(1) 计算所有节点对(v_j,v_k)之间的距离 d_{jk},计算初始网络凝聚度 $\Phi(G)$。

(2) 计算所有节点 v_i 重要度。

① 计算节点 v_i 收缩后所有节点对(v_j,v_k)之间的距离 d'_{jk};

② 计算节点 v_i 收缩后网络的凝聚度 $\Phi(G*v_i)$;

③ 计算 $C_{IM}(v_i)$。

这种方法克服了节点删除法无法准确衡量与度为 1 的节点相连的那些节点的重要性。因为一旦有多个节点的删除使网络不连通,那么这些节点的重要性是一样的。

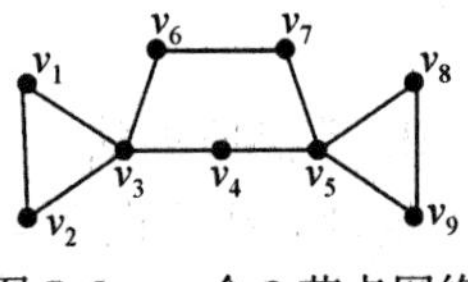

图 7.8 一个 9 节点网络

例 7.5 用节点收缩法分析图 7.8 中的每个节点的重要程度。

解 根据式(7.24)可以得到表7.4所列的结果。

表7.4 图7.8的节点重要性计算结果

节点	v_1	v_2	v_3	v_4	v_5	v_6	v_7	v_8	v_9
$C_{IM}(v_i)$	0.3420	0.3420	0.6364	0.4286	0.6364	0.3593	0.3593	0.3420	0.3420

计算的Matlab程序如下：

```
clc,clear,n=9;
a=zeros(n); a(1,[2 3])=1; a(2,3)=1; a(3,[4 6])=1;
a(4,5)=1; a(5,[7 8 9])=1; a(6,7)=1; a(8,9)=1;
A=a+a';  %供下面备用
a=a'; a=sparse(a);
d=graphallshortestpaths(a,'Directed',0);  %求最短距离
rhi=(n-1)./sum(sum(d)) %计算初始网络凝聚度
for t=1:n
    b=zeros(n); [i,j]=find(a);  %求所有边的编号
    ind=find(A(t,:));  %找顶点t的邻居节点
    for k=1:length(ind)
        i(i==ind(k))=t; j(j==ind(k))=t;  %把t邻居节点的编号替换为t
    end
    for k=1:length(i)
        b(i(k),j(k))=1;  %把与t邻居节点的链接变成与t的链接
    end
    b=b+b'; b(:,ind)=[]; b(ind,:)=[];  %把t的邻居节点删除
    b=tril(b); b=sparse(b);
    dd=graphallshortestpaths(b,'Directed',0);
    rh(t)=(length(b)-1)/sum(sum(dd));
end
IMC=1-rhi./rh %求所有顶点的凝聚度
bar(IMC)
```

7.3 社团结构的定义与判断标准

7.3.1 社团结构的定义

目前，有多种关于网络社团结构的定义，但至今还没有哪种定义能够得到广泛认可。最为常见的定义有两种：一种是基于网络节点的相对连接密度；另一种是以网络连通性为评价标准。

基于节点之间连接密度的比较，Radicchi等人给出了社团的一个直观的定义[53,149]，社团可以分为强社团结构和弱社团结构。强社团结构是指子图H中任何一个节点与H内部节点连接的度大于其与H外部节点连接的度；弱社团结构是指子图H中所有节点与H内部节点的度之和大于H中所有节点和H外部节点连接的度之和。此外还有一个比强社团结构更为严

格的社团结构定义为LS集,它是指一个由节点构成的集合,其任何真子集与该集合内部的连边数均大于该真子集和外部的连边数。

以连通性为标准定义的社团结构也称为派系,该定义由Palla等[53,150]给出。一个派系是指由3个或者3个以上的节点组成的全连通子图,即任何两个节点之间均有连接。在社团的各种定义中,派系的定义最为严格,但是也可以通过弱化连接条件进行拓展,形成n-派系,这里的n是指子图中的任意两个节点之间不必直接相连,但最多通过$n-1$个节点能够连通。例如,3-派系是指子图中的任意两个节点不必直接相连,最多通过两个中间节点能够连通。

上述两种方法均可以用于定义社团结构,但是基于网络连通性的定义方式允许社团间存在重叠性。所谓的重叠性是指单个节点并非仅仅属于某一个社团,而是同时属于多个社团且不同社团之间也正是由这些重叠的节点相连。

7.3.2 模块性Q函数

在探索网络社团结构的过程中,描述性的定义无法直接应用。因此,Girvan和Newman[143]定义了模块性函数,定量地描述网络中的社团,衡量网络社团结构划分的质量。所谓模块性是指网络中连接社团结构内部节点的边所占的比例与随机网络中连接社团结构内部节点的边所占比例的期望值相减得到的差值[151]。随机网络的构造方法为:保持每个节点的社团属性不变,节点间的边根据节点的度随机连接。如果社团结构划分得好,则社团内部连接的稠密程度应高于随机连接网络的期望水平。通常用Q函数定量描述社团划分的模块性水平。

Q函数最早的形式是基于同配混合模式(Associative mixing)进行定义的[53]。考虑到某种划分形式,它将网络划分为c个社团。定义一个对称矩阵$\boldsymbol{E}=(e_{ij})_{c\times c}$,其中元素$e_{ij}$表示网络中连接两个不同社团$i$和$j$的节点的边在所有边中所占的比例。

设矩阵中对角线上各元素之和为$t=\sum_{i=1}^{c}e_{ii}$,它给出了网络中连接社团内部各节点的边在所有边中所占的比例。定义每行(或列)中各元素之和为$b_i=\sum_{j=1}^{c}e_{ij}$,它表示与第i个社团中的节点相连的边在所有边中所占的比例。在此基础上得到的模块函数为

$$Q=\sum_{i=1}^{c}(e_{ii}-b_i^2)=t-\|E^2\|, \tag{7.25}$$

式中:$\|\boldsymbol{E}^2\|$表示矩阵$\boldsymbol{E}^2$中所有元素求和。

网络中社团内部连边所占比例可以表示成[151]

$$\frac{\sum_i\sum_j a_{ij}\delta(g_i,g_j)}{\sum_i\sum_j a_{ij}}=\frac{1}{2M}\sum_i\sum_j a_{ij}\delta(g_i,g_j), \tag{7.26}$$

式中:$M=0.5\sum_i\sum_j a_{ij}$为网络中边的个数;$\boldsymbol{A}=(a_{ij})_{N\times N}$为网络的邻接矩阵;$g_i$为节点$v_i$的社团编号;$\delta$为Kronecker记号。如果节点$v_i$和$v_j$属于同一个社团,则$\delta(g_i,g_j)=1$,否则$\delta(g_i,g_j)=0$。

令$\boldsymbol{P}=(P_{ij})_{N\times N}$是概率矩阵,$p_{ij}$是空模型中节点$v_i$和$v_j$之间有边相连的概率,通过引入空模型,即一种与原有网络具有某些相同结构特征,边随机连接的网络,来反映社团内部边的比例的期望值,故模块函数还可定义如下[53,152]:

$$Q = \frac{1}{2M}\sum_{i}\sum_{j}(a_{ij} - p_{ij})\delta(g_i, g_j), \tag{7.27}$$

当选取 $p_{ij} = \frac{k_i k_j}{2M}$ 时,式(7.27)与式(7.25)是等价的。

上述表述中,Q 的值越大,代表对社团结构的划分越好。Q 的上限为 1,Q 越接近 1,说明社团结构越明显,实际网络中,该值通常为 0.3~0.7,更大的值很少出现。从上述定义出发,Q 是可以取负值的,早期的研究假定,如果社团内部边的比例不大于任意连接时的期望值,则有 $Q=0$。在社团结构的划分过程中,计算每一种划分所对应的 Q 值,即模块性值,并找出数值尖峰所对应的划分,这就是最好或最接近期望的社团结构划分方式。

7.3.3 经典检验网络

由于有大量算法都可以用于分析复杂网络的社团结构,因而算法的有效性及优劣程度成为一个必须考虑的问题,这就需要采用一些已知其社团特性的网络用于检验和比较算法的性能。目前用于检验和比较的经典网络主要有两类[151]:人造网络和实际网络。

人造网络的特点在于其结构可以人为给定,在分析之前就拥有了很多已知信息,从而可以用来检验划分方法的有效性及正确率。最广为使用的人造网络是由 128 个节点构成的网络,该网络包含 4 个社团,每个社团内部包含 32 个节点。节点之间相互独立地随机连边,如果两节点属于一个社团,则以概率 p_{in} 相连,如果属于不同的社团,则以概率 p_{out} 相连。p_{in} 和 p_{out} 的取值需要保证每个节点的度的期望值为 16。假设 z_{in} 表示一个节点与社团内部其他节点连边数目的期望值,z_{out} 表示该节点与社团外部节点连边数目的期望值,则 z_{out} 值越小,说明节点与社团外节点的连边越少,网络的社团结构越明显;z_{out} 值越大,节点与社团外节点的连边越多,网络越混乱,社团结构越不明显。因此,对于 z_{out} 值较大的网络还能够基本正确划分的算法,在实际应用中适用范围越广,价值也越高。从众多方法的实验结果来看,当 z_{out} 的取值在一定范围内时,其值对于网络划分的正确率是没有影响的;但超过这一临界值后,网络中节点被正确划分的比率与 z_{out} 的取值呈负相关关系。通常,当 $z_{\text{out}}<8$ 时,构造的网络具有较明显的社团特性,因此 $z_{\text{in}}=z_{\text{out}}=8$ 可看作该人造网络是否具有明显社团特征的阈值[151]。

人造网络的检验虽然在一定程序上验证了算法的有效性,但是由于人们比较感兴趣的网络大多是实际网络,因此仍需要用实际网络对划分算法进行进一步的检验。选择用作检验的实际网络时,需要注意以下三点[151]:

(1) 保证构建网络的数据是方便易得的。

(2) 保证网络有实际的意义,从而可以判断社团划分的结果是否具有可解释性。

(3) 为了方便不同划分算法之间的比较,宜采用已被广泛使用的实际网络。

空手道俱乐部网络也称为 Zachary 网络[1,153],它是检验不同社团结构划分算法的一个经典实际网络。该网络是 Zachary 在 20 世纪 70 年代用了两年时间观察美国一所大学中的空手道俱乐部成员间的相互社会关系而得到的。在调查过程中,由于该俱乐部主管与校长之间因是否提高俱乐部收费问题产生争执,该俱乐部分裂成了两个分别以主管和校长为核心的小俱乐部。在图 7.9 中,节点 1 和节点 33 分别代表了俱乐部主管和校长,而方形和圆形的节点分别代表了分裂后的小俱乐部中的各个成员。

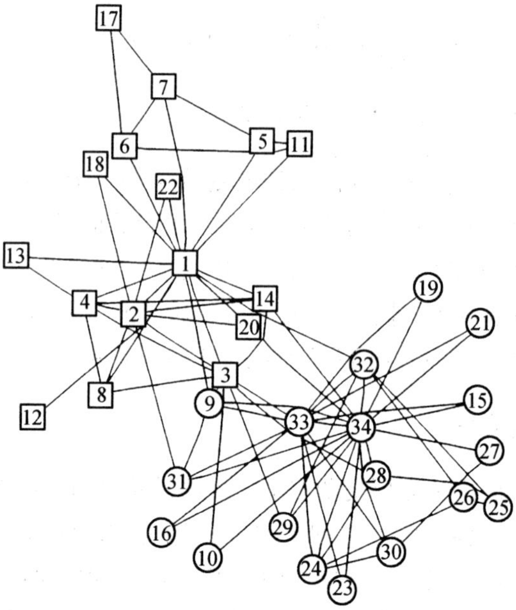

图 7.9　空手道俱乐部成员关系网络

画图 7.9 的 Matlab 程序如下：

```
clc,clear,a=zeros(34);  % Zachary 网络邻接矩阵初始化
a(1,[2:9,11:14,18,20,22,32])=1;  % 输入邻接矩阵上三角元素
a(2,[3,4,8,14,18,20,22,31])=1;
a(3,[4,8:10,14,28,29,33])=1;
a(4,[8,13,14])=1; a(5,[7,11])=1;
a(6,[7,11,17])=1; a(7,17)=1;
a(9,[31,33,34])=1; a(10,34)=1;
a(14,34)=1; a(15,[33,34])=1;
a(16,[33,34])=1; a(19,[33,34])=1;
a(20,34)=1; a(21,[33,34])=1;
a(23,[33,34])=1; a(24,[26,28,30,33,34])=1;
a(25,[26,28,32])=1; a(26,32)=1;
a(27,[30,34])=1; a(28,34)=1;
a(29,[32,34])=1; a(30,[33,34])=1;
a(31,[33,34])=1; a(32,[33,34])=1;
a(33,34)=1; a=a'; a=sparse(a);  % 变成 Matlab 工具箱需要的数据类型
name=cellstr(int2str([1:34]'));  % 构造网络顶点标号字符串的细胞数组
h=view(biograph(a,name,'ShowArrows','off','ShowWeights','off'))
h.EdgeType='segmented';  % 边的连接为线段
h.LayoutType='equilibrium';  % 网络布局类型为平衡结构
bh1=[1:8,11:14,17,18,20,22]; bh2=setdiff([1:34],bh1);
set(h.Nodes(bh2),'shape','circle');  % 修改顶点形状
set(h.Edges,'LineColor',[0 0 0]);  % 为了将来打印清楚,边画成黑色
set(h.Edges,'LineWidth',1.5);  % 线型宽度设置为 1.5
```

```
dolayout(h) % 刷新图形
```

其他比较常用的实际网络还有：

(1) 美国大学橄榄球比赛网：115 个节点代表 115 个大学的橄榄球队，616 条连边代表两队之间进行的常规赛。

(2) 物理学家合作网：收集了 arxiv. org 网上的关注于物理研究的科学家的文章，并据此构建的科学家合作网，节点表示发表过文章的科学家，如果两位科学家共同发表过文章，则将他们用边连接起来。

(3) 桑塔菲研究所(Santa Fe Institute，SFI)科学家合作网：收集了 1999 年、2000 年研究所内 271 位科学家的合作情况构建的网络。

(4) 经济物理学家合作网：收集了经济物理学主页上发表的文章、Physica A 发表的文章、ISI 上发表的文章，根据文章的合作、引用、致谢建立经济物理学家之间的关系。

随着关注网络社团结构问题的科研工作者不断增加，众多划分网络社团结构的算法被设计出来了。前面已经提到，根据不同的标准，这些算法可以被分成不同的种类。例如，根据社团结构的形成过程，算法可以分为凝聚算法、分裂算法、搜索算法及其他算法。从物理背景上考虑，又可将其分为基于网络拓扑结构的算法、基于网络动力学的算法、基于 Q 函数优化的算法及其他算法。下面几节将介绍几种非常典型的社团结构划分方法。

7.4 Kernighan-Lin 算法

1970 年，Kernighan 和 Lin 提出了一种试探优化法，简称 K-L 算法。该算法是一种采用贪婪算法原理将网络划分为两个大小已知的社团的二分法，其基本思想是在网络划分时引入一个增益函数 Q，通过交换节点对使 Q 值达到最大，从而获得最优的社团结构划分结果。其中，增益函数 Q 定义为两个社团内部的边数减去连接两个社团之间的边数所得差值。

该算法首先将网络中的节点随机划分到两个固定大小的社团中。在此基础上，考虑所有可能的节点对，其中每个节点分别来自两个社团。针对每个节点对，考查如果交换它们，可以得到的增益函数值 Q 的变换量 $\Delta Q = Q_{\text{交换后}} - Q_{\text{交换前}}$。选择能使 ΔQ 最大的节点对进行实际交换。不断重复上述交换过程，直到 Q 值不能再增加为止，或者某个社团内所有的节点都被交换过一次为止。具体执行过程可以描述如下：

(1) 初始化：人为设定社团的大小(节点数目)以及两个社团的最初配置(可以按照指定的社团大小将节点随机划分到两个社团中)。

(2) 交换及计算：首先尝试交换所有分别取自不同社团的两个节点并计算交换前后增益函数 Q 的变化量，然后交换变化量最大的两个节点并记录交换后网络的 Q 值。不断重复上述两个操作，直到 Q 值不能再增加，或者一个社团内的所有节点均被交换过。

(3) 最优选择：步骤(2)中得到的最大 Q 值对应的社团分布被认为是网络社团结构的最佳分割。

在执行算法时需要注意，若交换所有的节点对后 Q 值不增加，算法即可终止。该算法的缺点是算法本身没有利用网络的全局结构等信息进行分析，并且必须事先指定社团的大小，如果指定值和实际值不一致就会出现错误划分。这个缺陷使得它在实际网络分析中难以应用。除此之外，如何得知指定网络中的社团数目和确定二分法重复的程度都使该算法的应用面十分有限。若采用 Kernighan-Lin 算法分析 Zachary 网络，所得到的结果与 Zachary 原网络完全一致。但正如上面提到的那样，在算法初始化时需要确定该网络具有两个社团，且社团大小分别为 16 和 18。

Kernighan-Lin 算法划分 Zachary 网络的 Matlab 程序如下：

```
clc,clear,a=zeros(34);  % Zachary 网络邻接矩阵初始化
a(1,[2:9,11:14,18,20,22,32])=1;  % 输入邻接矩阵上三角元素
a(2,[3,4,8,14,18,20,22,31])=1; a(3,[4,8:10,14,28,29,33])=1;
a(4,[8,13,14])=1; a(5,[7,11])=1; a(6,[7,11,17])=1; a(7,17)=1;
a(9,[31,33,34])=1; a(10,34)=1; a(14,34)=1; a(15,[33,34])=1;
a(16,[33,34])=1; a(19,[33,34])=1; a(20,34)=1; a(21,[33,34])=1;
a(23,[33,34])=1; a(24,[26,28,30,33,34])=1; a(25,[26,28,32])=1; a(26,32)=1;
a(27,[30,34])=1; a(28,34)=1; a(29,[32,34])=1; a(30,[33,34])=1;
a(31,[33,34])=1; a(32,[33,34])=1; a(33,34)=1;
a=a+a';  % 写出完整的邻接矩阵
r=randperm(34);  % 取 1,2,...,34 的一个随机全排列
b1=r(1:16); b2=r(17:34);  % 社团初始化
flag=0;  % 计数交换次数的初始值
for k=1:length(b2)  % 最大的交换次数
  for i=1:length(b1)
    for j=1:length(b2)
        c(i,j)=sum(sum(a(b1,b1)))/2+sum(sum(a(b2,b2)))/2-...
        sum(sum(a(b1,b2)));
        d1=b1; d2=b2; t=d1(i); d1(i)=d2(j); d2(j)=t;  % 交换位置
        e(i,j)=sum(sum(a(d1,d1)))/2+sum(sum(a(d2,d2)))/2-...
        sum(sum(a(d1,d2)));
        f(i,j)=e(i,j)-c(i,j);  % 计算增量
    end
  end
  if max(max(f))>0 % 如果 Q 值变大，就交换
    [id,jd]=find(f ==max(max(f)),1);  % 求其中最大的一个 Q 值位置
    tt=b1(id); b1(id)=b2(jd); b2(jd)=tt;  % 交换位置
    flag=flag+1
  end
end
b1=sort(b1),b2=sort(b2),flag  % 显示最后计算结果及有效交换次数
```

上述程序的分类结果有错误时，可进行修正，即把高管节点 1 和校长节点 33 固定下来。修正后，有时分类结果全部正确，有时也出错。算法的 Matlab 程序如下：

```
clc,clear,a=zeros(34);  % Zachary 网络邻接矩阵初始化
a(1,[2:9,11:14,18,20,22,32])=1;  % 输入邻接矩阵上三角元素
a(2,[3,4,8,14,18,20,22,31])=1; a(3,[4,8:10,14,28,29,33])=1;
a(4,[8,13,14])=1; a(5,[7,11])=1; a(6,[7,11,17])=1; a(7,17)=1;
a(9,[31,33,34])=1; a(10,34)=1; a(14,34)=1; a(15,[33,34])=1;
```

```
a(16,[33,34])=1; a(19,[33,34])=1; a(20,34)=1; a(21,[33,34])=1;
a(23,[33,34])=1; a(24,[26,28,30,33,34])=1; a(25,[26,28,32])=1; a(26,32)=1;
a(27,[30,34])=1; a(28,34)=1; a(29,[32,34])=1; a(30,[33,34])=1;
a(31,[33,34])=1; a(32,[33,34])=1; a(33,34)=1;
a=a+a';  % 写出完整的邻接矩阵
r=randperm(34);  % 取 1,2,…,34 的一个随机全排列
r(r ==1)=[]; r(r ==33)=[];
b1=[1,r(1:15)]; b2=[33,r(16:end)];  % 社团初始化
flag=0;  % 计数交换次数的初始值
for k=1:length(b2)  % 最大的交换次数
  for i=2:length(b1)
    for j=2:length(b2)
        c(i,j)=sum(sum(a(b1,b1)))/2+sum(sum(a(b2,b2)))/2-...
            sum(sum(a(b1,b2)));
        d1=b1; d2=b2; t=d1(i); d1(i)=d2(j); d2(j)=t;  % 交换位置
        e(i,j)=sum(sum(a(d1,d1)))/2+sum(sum(a(d2,d2)))/2-...
        sum(sum(a(d1,d2)));
        f(i,j)=e(i,j)-c(i,j);  % 计算增量
    end
  end
  if max(max(f))>0  % 如果 Q 值变大,就交换
    [id,jd]=find(f ==max(max(f)),1);  % 求其中最大的一个 Q 值位置
    tt=b1(id); b1(id)=b2(jd); b2(jd)=tt;  % 交换位置
    flag=flag+1
  end
end
b1=sort(b1),b2=sort(b2),flag  % 显示最后计算结果及有效交换次数
```

7.5 谱平均法

7.5.1 谱平均法的基本思想

一个有 N 个节点的无向网络 G 的 Laplace 矩阵(见定义 7.3)为对称矩阵$\widetilde{\boldsymbol{L}}=(l_{ij})_{N\times N}$,$\widetilde{\boldsymbol{L}}$的对角线上的元素 l_{ii}是节点 v_i 的度,而其他非对角线上的元素 l_{ij}则表示节点 v_i 和节点 v_j 的连接关系:如果这两个节点之间有边连接,则 $l_{ij}=-1$,否则为 0。矩阵$\widetilde{\boldsymbol{L}}$有一个最小的特征值为 0,且其对应的特征向量为 $\boldsymbol{l}=[1,1,\cdots,1]^{\mathrm{T}}$。可以从理论上证明,不为零的特征值所对应的特征向量的各元素中,同一个社团内的节点对应的元素是近似相等的。这就是谱平分法的理论基础。

如果一个网络由完全独立的 c 个社团组成,即构成它的 c 个社团之间不存在边,只有社团内部才存在边,那么该网络的 Laplace 矩阵$\widetilde{\boldsymbol{L}}$就是一个有 c 个分块的分块对角矩阵,其中的每一个分块对应着一个社团。显然,该分块对角矩阵有一个最小的特征值为 0,且对应第 k 个社团

有一个相应的特征向量$\boldsymbol{\mu}^{(k)}$：当节点 v_i 属于该社团内时，$\mu_i^{(k)}=1$，否则 $\mu_i^{(k)}=0$。因此，矩阵$\widetilde{\boldsymbol{L}}$对应 0 这个特征值一共有 c 个退化的特征向量，即 $\boldsymbol{l}=\boldsymbol{\mu}^{(1)}+\cdots+\boldsymbol{\mu}^{(c)}$。

如果一个网络具有较明显的社团结构，但这些社团之间并不完全独立，即构成它的 c 个社团并不是完全不相连的，而是通过少数的几条边连接，那么相应的 Laplace 矩阵$\widetilde{\boldsymbol{L}}$就不再是一个含有 c 个分块的分块对角矩阵。此时，它对应 0 这个特征值就只有一个特征向量 $\boldsymbol{l}$。但是，在零的附近还有 $c-1$ 个比零稍大一点的特征值，并且这 $c-1$ 个特征值相应的特征向量大致可以看作上述特征向量$\boldsymbol{\mu}^{(k)}$的线性组合。因此，从理论上来说，只要找到 Laplace 矩阵中比零稍大的那些特征值，并且对其特征向量进行线性组合，就可以找到那些相关联的对角矩阵块，至少也可以了解它们的大致位置[1]。

下面考虑网络社团结构的一种特殊情况：一个网络中仅存在两个社团，也就是说该网络的 Laplace 矩阵$\widetilde{\boldsymbol{L}}$仅对应两个近似对角矩阵块。对一个实对称的矩阵而言，互异特征值对应的特征向量总是正交的。因此，除最小特征值 0 以外，矩阵$\widetilde{\boldsymbol{L}}$的其他特征值对应的特征向量总是包含正、负两种元素。这样，当网络由两个社团构成时，就可以根据非零特征值相应的特征向量中的元素对应网络的节点进行分类。其中，所有正元素对应的那些节点都属于同一个社团，而所有的负元素对应的节点则属于另一个社团。

综上所述，可以根据网络的 Laplace 矩阵的第二小的特征值 λ_2 将其分为两个社团。这就是谱平分法的基本思想。当网络的确是近似地分成两个社团时，用谱平分法可以得到非常好的效果，但是，当网络不满足这个条件时，谱平分法的优点就不能得到充分体现。事实上，第二小特征值 λ_2 可以作为衡量谱平分法效果的标准：它的值越小，平分的效果就越好。λ_2 也称为图的代数连接度（Algebraic connectivity）。

图 7.10 为利用谱平分法分析 Zachary 网络得到的结果。图中，方形节点和圆形节点分别代表了原 Zachary 网络的实际分裂结果，而阴影和非阴影则代表了利用谱平分算法得到的结果。此时，代数连接度为 $\lambda_2=0.4685$，它虽然不是特别小，但是也不接近 1。事实上，该算法非

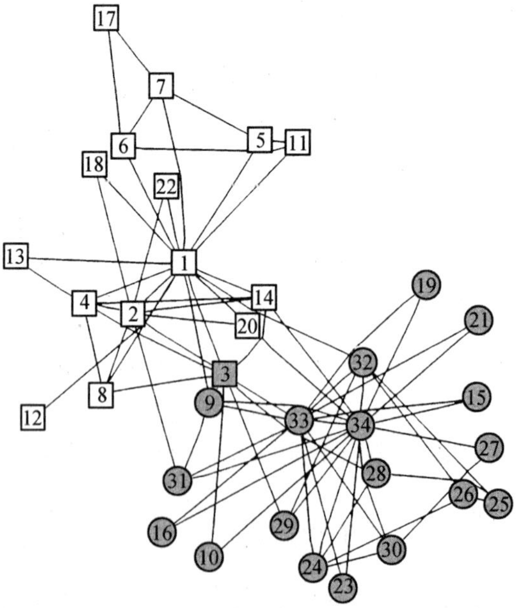

图 7.10　Zachary 网络的谱平分法划分结果

常有效地将网络划分成两个与实际情况几乎完全一致的社团(只有节点3被错误归类)。然而,从图7.10中可以看到,节点3处于两个社团的交界处,而且都分别通过四条边与两个社团相连,因此,它本身就有一定的歧义性。

谱平分法最大的缺陷就是它每次只能将网络平分。如果要将一个网络分成两个以上的社团,就必须对子社团多次重复该算法。谱平分法对于社团结构非常明显的网络十分有效,但是当网络的社团结构不是很明显时,往往不能得到理想的结构。

计算Zachary网络的谱平分法的Matlab程序如下:

```
clc,clear,a=zeros(34);  % Zachary 网络邻接矩阵初始化
a(1,[2:9,11:14,18,20,22,32])=1;  % 输入邻接矩阵上的三角元素
a(2,[3,4,8,14,18,20,22,31])=1; a(3,[4,8:10,14,28,29,33])=1;
a(4,[8,13,14])=1; a(5,[7,11])=1; a(6,[7,11,17])=1; a(7,17)=1;
a(9,[31,33,34])=1; a(10,34)=1; a(14,34)=1; a(15,[33,34])=1;
a(16,[33,34])=1; a(19,[33,34])=1; a(20,34)=1; a(21,[33,34])=1;
a(23,[33,34])=1; a(24,[26,28,30,33,34])=1; a(25,[26,28,32])=1; a(26,32)=1;
a(27,[30,34])=1; a(28,34)=1; a(29,[32,34])=1; a(30,[33,34])=1;
a(31,[33,34])=1; a(32,[33,34])=1; a(33,34)=1;
A=a+a'; L=diag(sum(A))-A;  % 计算 Laplace 矩阵
[vec,val]=eigs(L,2,'sa') % 求最小的两个特征值及对应特征向量
b1=find(vec(:,2)<0),b2=find(vec(:,2)>0)  % 显示分类结果
a=a'; a=sparse(a);  % 变成 Matlab 工具箱需要的数据类型
name=cellstr(int2str([1:34]'));  % 构造网络顶点标号字符串的细胞数组
h=view(biograph(a,name,'ShowArrows','off','ShowWeights','off'))
h.EdgeType='segmented';  % 边的连接为线段
h.LayoutType='equilibrium';  % 网络布局类型为平衡结构
bh1=[1:8,11:14,17,18,20,22]; bh2=setdiff([1:34],bh1);
set(h.Nodes(bh2),'shape','circle');  % 修改顶点形状
set(h.Nodes(b1),'Color',[1,0,0]);  % 修改顶点填充颜色
set(h.Edges,'LineColor',[0 0 0]);  % 为了将来打印清楚,边画成黑色
set(h.Edges,'LineWidth',1.5);  % 线型宽度设置为1.5
dolayout(h)  % 刷新图形
```

7.5.2 基于Normal矩阵的谱平分法

虽然传统谱平分法的计算速度比后面提到的其他算法要快,但都存在一个共同的缺陷,即要求事先知道社团的个数。为了克服这一缺陷,Capocci等人在传统谱分析法的基础上提出了另一种算法[154]。这种算法即使是对于社团结构不十分明显的网络也能取得较好的效果。

传统谱平分法基于Laplace矩阵$\widetilde{\boldsymbol{L}}$。Capocci算法则是基于标准矩阵$\boldsymbol{N}=\boldsymbol{D}^{-1}\boldsymbol{A}$。利用行标准化转换可得,矩阵$\boldsymbol{N}$的最大特征值总是等于1,相应的特征向量称为平凡特征向量。对于一个社团结构比较明显的网络,假设社团数目为c,则矩阵$\boldsymbol{N}$有$c-1$个非常接近1的第一非平凡特征值,而其他的特征值都与1有明显的差距。而且,这$c-1$个特征值的特征向量也有一个非常明显的结构特征:在这$c-1$个特征向量的元素中,对应于同一个社团节点的元素非常接近。因此,如果网络的社团结构比较明显,这些特征向量里面的元素分布就呈明显的阶梯状;而且,

阶梯的等级数就等于社团的数目 c(这个特点与 Laplace 矩阵中第二小特征值相应的特征向量元素特点非常相似)。因此,只要研究这 $c-1$ 个特征向量中的任意一个,就可以利用它的元素将网络中节点划分为相应的 c 个社团。

Capocci 算法也适用于赋权网络,Capocci 等基于赋权网络分析了这种算法。假设赋权网络的邻接矩阵为 $\boldsymbol{W}=(w_{ij})_{n\times n}$,其中 w_{ij} 表示连接节点 v_i 和 v_j 的边的权值。对角矩阵 $\boldsymbol{D}=\mathrm{diag}(d_1,d_2,\cdots,d_n)$,其中 $d_i=\sum\limits_{k=1}^{n}w_{ik}$,则标准矩阵 $\boldsymbol{N}=\boldsymbol{D}^{-1}\boldsymbol{W}$。

利用该算法计算图 7.11 所示的网络,其中网络节点数 $N=19$,网络中每条边都被随机地赋予一个权值,且该权值为 1~10。显然,该网络可以很明显地分成三个社团,其中节点 1~7、8~13、14~19 分别构成这三个社团。网络对应的 $\boldsymbol{D}^{-1}\boldsymbol{W}$ 的第二特征向量如图 7.12 所示。可见,同一个社团内的节点第二特征向量相应的元素大致相等。因此,该网络的社团数目和社团结构就可以直接从图中获得。

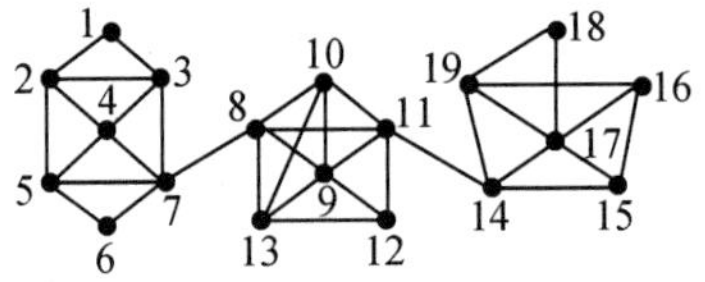

图 7.11　由 19 个节点组成的三社团网络

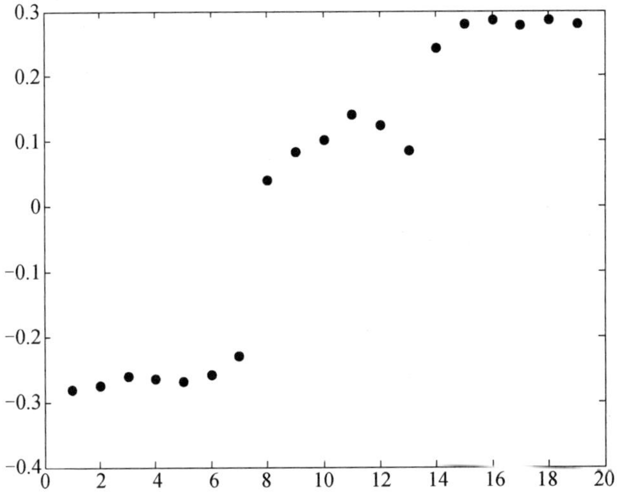

图 7.12　$\boldsymbol{D}^{-1}\boldsymbol{W}$ 的第二大特征值对应的特征向量

计算及画图的 Matlab 程序如下:

```
clc,clear
a=zeros(19);  % 连接关系矩阵的初始化
w=randi([1,10],19);  % 生成随机矩阵
a(1,[2 3])=1; a(2,[3:5])=1; a(3,[4 7])=1;
a(4,[5 7])=1; a(5,[6 7])=1; a(6,7)=1;
a(7,8)=1; a(8,[9 10 13])=1; a(9,[10 11 13])=1;
a(10,[11 13])=1; a(11,[12 14])=1; a(12,13)=1;
a(14,[15 17 19])=1; a(15,[16:18])=1; A(16,[17 19])=1;
```

```
a(17,[18 19])=1; a(18,19)=1;
w=a.*w; W=w+w';  % 构造权重矩阵
D=diag(sum(W,2)); N=D^(-1)*W;  % 构造标准矩阵
[vec,val]=eigs(N,2)  % 求前 2 个最大特征值对应的特征向量
plot([1:length(vec(:,2))]',vec(:,2),'.k','MarkerSize',15)  % 画出第 2 大特征值对应的特征向量
```

但是,这种方法仅仅对于社团结构非常明显的网络有效。当网络的社团结构不十分明显时,第二特征向量就没有非常明显的阶梯状,而是接近一条连续曲线。此时,就不能通过只研究一个第二特征向量中的元素对网络进行划分。

7.6 派系过滤算法[4]

7.6.1 相关概念

前面介绍的算法都是将网络划分为若干个相互分离的社团,但是在许多实际网络中并不存在绝对的彼此独立的社团结构,它们大多由许多彼此重叠、相互关联的社团构成。例如,在科学家合作网络中,一个数学家可能同时也是一个物理学家,该科学家将同时处于两个不同的社团中。

针对于这种情况,Palla 等 2005 年在 *Nature* 期刊上探讨了这个问题,并提出了基于k-派系的社团定义,以该定义为基础的算法称为派系过滤算法(Clique Percolation,CP)[155]。该算法认为:一个社团可以看作是由多个相互连通的"小的全耦合网络"的集合,这些"全耦合网络"称为"派系",而k-派系表示该全耦合网络的节点数目为k。k-派系具有以下特点:

(1) k-派系相邻:两个不同k-派系共享$k-1$个节点,认为它们是相邻的。

(2) k-派系链:一系列邻接的k-派系组成的集合称为k-派系链。

(3) k-派系连接:不同k-派系出现在同一个k-派系链中,称它们是连接的。

(4) k-派系渗透簇:多个k-派系链组成的最大的集团称为k-派系渗透簇。

(5) k-派系连通:一个k-派系可以通过若干个相邻的k-派系到达另一个k-派系,则称这两个k-派系为彼此连通的。

从以上特点可以看出:网络中的k-派系社团可以看成由所有彼此连通的k-派系构成的集合。例如,网络中的 2-派系代表了网络中的边,而 2-派系社团即代表网络中各连通子图。同样,网络中的 3-派系代表网络中的三角形,而 3-派系社团即代表彼此连通的三角形集合。但是网络中的某些节点可能是多个k-派系内的节点,而它们所在的这些k-派系又并不相邻(没有$k-1$个公共节点),因此这些节点就会是不同k-派系社团的"重叠"部分。

显然,对于一个大小为N的全耦合网络,从N个节点中任意挑选k个节点($k \leqslant N$)就能构成一个k-派系。另外,两个大小分别为m和n的具有$k-1$个公共节点的全耦合网络($k<m$且$k<n$)之间,也总能形成一个k-派系。因此,在用派系过滤算法分析网络的社团结构时,只需要寻找网络中各部分最大的全耦合子图(即派系),就可以利用最大全耦合子图来寻找派系的连通子图(即k-派系社团)。因此可以这样认为:派系是一种不可能再大的全耦合子图,k-派系是某个派系的子图,而k-派系社团是所有连通的k-派系的总和。

7.6.2 具体算法

使用派系过滤算法时，通常采用由大到小、迭代回归的算法来寻找网络中的派系。首先，从网络中各节点的度判断网络中可能存在的最大全耦合网络的大小，然后，从某个节点 v_i 出发，找到所有包含该节点的大小为 s 的派系后，删除该节点及连接它的边(这是为了避免多次找到同一个派系)。接着，另选一个节点 v_j 并重复上面步骤直到网络中没有节点为止。至此，可以找到网络中所有大小为 s 的派系。找到大小为 s 的派系后，s 逐步减少(每次减少 1，直到 2 为止)，再重复上述步骤，直到寻找到网络中所有不同大小的派系。

从上面的描述可知，算法中最关键的问题是如何从一个节点 v_i 出发寻找所有大小为 s 的派系。对于这个问题，派系过滤算法采用了迭代回归的算法。首先，对于节点 v_i，定义两个集合 A 和 B。其中，A 为包含节点 v_i 在内的两两相连的所有节点的集合，而 B 为与 A 中各节点都相连的节点的集合。在算法执行过程，需要对集合 A 和 B 中的节点进行编号以避免重复选到某个节点。基于集合 A 和 B，算法可以描述为：

(1) 初始集合 $A=\{v_i\}$，$B=\{v_i$ 的邻居$\}$。

(2) 从集合 B 中移动一个节点到集合 A，同时删除 B 中不再与 A 中所有节点相连的节点。

(3) 如果集合 A 的大小未达到 s 前集合 B 已为空集，或者 A、B 为已有一个较大的派系中的子集，则停止往下计算，返回递归的前一步；反之，当 A 达到 s，就得到一个新的派系，记录该派系，然后返回递归的前一步，继续寻找新的派系。由此，就可以得到所有从节点 v_i 出发的大小为 s 的派系。

在找到网络中所有的派系以后，就能得到这些派系的重叠矩阵(Clique-clique overlap matrix)，该矩阵是一个对称的方阵。重叠矩阵的定义与网络邻接矩阵的定义类似，矩阵的每一行(列)对应一个派系。对角线上的元素表示相应派系的大小(即派系所包含的节点数目)，非对角线元素代表两个派系之间的公共节点数。在得到派系重叠矩阵后，就可以利用该矩阵求得任意的 k-派系社团。由于 k-派系社团就是由共享 $k-1$ 个节点的相邻 k-派系构成的连通图，因而将派系重叠矩阵中对角线上小于 k，而非对角线上小于 $k-1$ 的那些元素置为 0，而其他元素置为 1，就可以得到 k-派系的社团结构的邻接矩阵。在该邻接矩阵中，各个连通部分就分别代表各个 k-派系的社团。

通过以上介绍可以看出：派系过滤算法可以很好地分析具有重叠性社团结构的网络，虽然不同的 k 值会影响到最终的社团划分结果，但是实验表明网络的社团结构仅取决于系统本身的特性，与 k 的取值没有太大关系。许多实验网络的实验结果也表明：随着 k 值的增大，社团会越来越小，社团结构也越来越紧凑；并且，44%的 6-派系社团在 5-派系社团中出现，70%的6-派系社团可以在 5-派系社团中找到相似的结构，误差不超过 10%。Palla 等人利用派系过滤算法分别分析了科学家合作网络、词语关联网络和蛋白质关系网络的 k-派系社团结构，并得出这些网络中社团间的共享节点数目和社团包含的节点数目均满足幂律分布的结论[155]。

利用派系过滤算法寻找如图 7.13 所示网络的 4-派系社团，并写明计算过程。

解 通过运用派系过滤算法可以得到该网络包含 6 个派系，分别为：$G_1=\{v_1,v_2,v_3,v_5,v_6\}$；$G_2=\{v_1,v_2,v_6,v_7\}$；$G_3=\{v_3,v_4,v_5,v_6\}$；$G_4=\{v_6,v_7,v_8,v_9\}$；$G_5=\{v_5,v_6,v_9\}$；$G_6=\{v_5,v_9,v_{10}\}$。这里的 $G_1,G_2,\cdots,G_6$ 都是全耦合的子图，如图 7.14 所示。

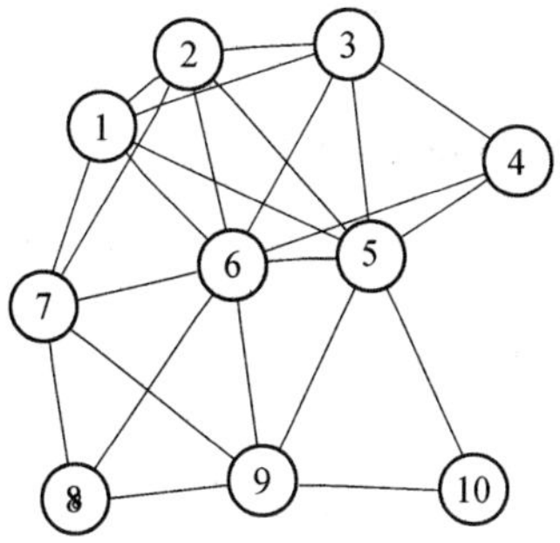

图 7.13　某 10 节点网络

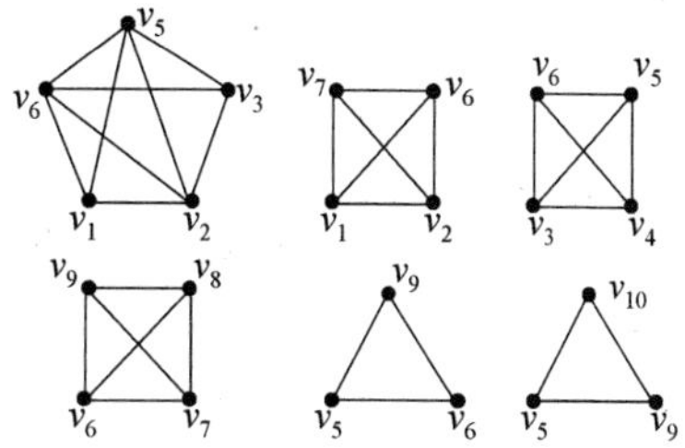

图 7.14　网络中的 6 个派系

由图 7.14 可以求得重叠矩阵 $\boldsymbol{a}$ 和 4-派系的社团邻接矩阵 $\boldsymbol{b}$ 如下：

$$\boldsymbol{a}=\begin{bmatrix}5&3&3&1&2&1\\3&4&1&2&1&0\\3&1&4&1&2&1\\1&2&1&4&2&1\\2&1&2&2&3&2\\1&0&1&1&2&3\end{bmatrix},\boldsymbol{b}=\begin{bmatrix}0&1&1&0&0&0\\1&0&0&0&0&0\\1&0&0&0&0&0\\0&0&0&0&0&0\\0&0&0&0&0&0\\0&0&0&0&0&0\end{bmatrix}。$$

根据矩阵 $\boldsymbol{b}$ 的连通性分析可知，该网络含有两个 4-派系的社团结构，如图 7.15 所示。

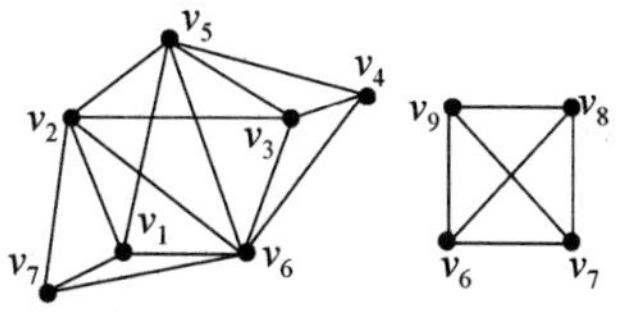

图 7.15　网络中的两个 4-派系

计算及画图的 Matlab 程序如下：

```
clc,clear,n=10; a=zeros(n);
a(1,[2 3 5:7])=1; a(2,[3 5:7])=1; a(3,[4:6])=1;
a(4,[5 6])=1; a(5,[6 9 10])=1; a(6,[7:9])=1;
a(7,[8 9])=1; a(8,9)=1; a(9,10)=1; A0=a+a';  %构造完整邻接矩阵
a=a'; a=sparse(a);  %变成 Matlab 工具箱需要的数据类型
name=cellstr(int2str([1:n]'));  %构造网络顶点标号字符串的细胞数组
h=view(biograph(a,name,'ShowArrows','off','ShowWeights','off'))
h.EdgeType='segmented';  %边的连接为线段
h.LayoutType='equilibrium';  %网络布局类型为平衡结构
set(h.Edges,'LineWidth',1.5);
set(h.Nodes,'Fontsize',15);
set(h.Nodes,'shape','circle','Size',[10,15]);  %修改顶点形状
dolayout(h)  %刷新图形
for k=1:n
    A=k; B=find(A0(k,:));  %找 k 的邻居节点
    while length(B)
        A=[A B(1)]; B(1)=[];ind=[];
```

```
        for i=1:length(B)
          if sum(A0(B(i),A))<length(A)
            ind=[ind,i];  % 记录下 B 中不与 A 中所有节点相连的节点
          end
        end
        B(ind)=[];  % 删除 B 中不与 A 中所有节点相连的节点
    end
    AA{k}=sort(A);  % 找到从每一个点出发的最大派系
end
celldisp(AA) % 显示从每个节点开始的派系
k=1;BB{1}=AA{1};  % 下面去掉 AA 中的重复派系,计算结果放入 BB
for i=2:length(AA)
    for j=1:length(BB)
        if sum(ismember(AA{i},BB{j}))==length(AA{i})
            break  % 如果 AA{i}是 BB 中某个子集,不加入 BB
        end
        if j ==length(BB)  % AA{i}不是 BB 中的某个子集
            k=k+1; BB{k}=AA{i};  % AA{i}加入 BB
        end
    end
end
celldisp(BB)  % 显示没有重复的派系
for i=1:length(BB)
    for j=1:length(BB)
        c(i,j)=sum(ismember(BB{i},BB{j}));  % 计算重叠矩阵
    end
end
c  % 显示重叠矩阵
d=zeros(size(c));  % 4 派系邻接矩阵初始化
for i=1:size(d,1)
    for j=1:size(d,2)
        d(i,j)=double((i~=j)&(c(i,j)>=3))+double((i ==j)&(c(i,j)>=4));
    end
end
d
st=union(union(BB{1},BB{2}),BB{3})  % 提取最大社团的节点集
E=A0(st,st);  % 提取最大社团结构的邻接矩阵
E=tril(E); E=sparse(E);
st=cellstr(int2str(st'));
h2=view(biograph(E,st,'ShowArrows','off','ShowWeights','off'))
h2.EdgeType='segmented';  % 边的连接为线段
h2.LayoutType='equilibrium';  % 网络布局类型为平衡结构
dolayout(h2)  % 刷新图形
```

7.7 分裂算法

常见的分裂算法包括 GN 算法、边聚类系数法、自包含 GN 算法、基于信息中心度的算法、极值优化算法等。下面简单介绍前两种算法。

7.7.1 GN 算法

GN 算法[142]是 Girvan 和 Newman 于 2002 年提出的一种基于边介数的社团发现算法。该算法采用分割法,依据边不属于社团的程度逐步把不属于任何社团的边(即社团之间相连接的边)删除,直到把所有的边都删除掉。边介数定义为网络中经过每条边的最短路径的数目,以该参数为指标来衡量每条边在社团间的连通程度和不属于任何社团的程度。

GN 算法的执行过程如下:

(1) 计算网络中所有连接边的边介数。

(2) 找到介数最高的边并将它从网络中移除,并重新计算剩余各边的边介数。

(3) 重复步骤(2),直到网络中所有的边均被移除。

在算法的执行过程中,某条边被移除后重新计算剩余边的边介数是十分必要的。因为当边介数最大的边被移除后,网络的拓扑结构会发生变化。原有的数值不能代表去除一边后的网络结构,需重新计算才能确定网络中的哪条边拥有此时最大的边介数。例如:某个网络中的两个社团之间有两条边相连,其中一条边具有网络最大的边介数,而另一条边的边介数甚至小于某些社团内部的边介数。如果第一条边移除后,不重新计算各边的边介数,则第二条连接边将在下次移除时不会被选择,此时势必会导致错误的分析结果。

因为该算法执行时,每次去除边都需要重新计算每条连接边的边介数,因此步骤(2)占用了算法执行的大部分时间。对于具有 N 个节点 M 条边的网络来说,按照广度优先的法则计算某个节点到其他所有节点的最短路径对网络中每条边的边介数贡献值最多耗时 $O(M)$,因此计算网络中所有边的边介数的算法复杂度为 $O(MN)$。又因为每次移除边后需重新计算网络中存在边的边介数,因此在最糟糕的情况下,该算法总的算法复杂度为 $O(M^2N)$。实际上,由于网络一般都是稀疏的,所以该算法复杂度通常为 $O(N^3)$。需要指出,移除一条边并不影响到所有边的介数,而只影响与该边属于同一部分的那些边的介数。而且,社团结构较强的网络往往很快就分裂成几个独立部分,这就大大减少了后续计算量。

GN 算法思想简单,并且能很好地识别网络中的社团,因此被认为是一种经典社团分析算法。但是该算法复杂度较高,因此许多研究者包括 Newman 等人对该算法进行了多种改进。

7.7.2 边聚类系数法

由上面的描述可知,GN 算法的核心指标边介数是由网络的全局结构决定的,算法的计算复杂度还比较高。为了进一步地降低算法的复杂度,Radicchi 等人 2004 年在 *Proceedings of the National Academy of Sciences* 第 101 卷第 9 期,于 GN 算法的基础上提出了一种新的分裂算法,被称为边聚类系数法[156]。这种算法仅需要计算网络局部结构的边聚类系数,并以此寻找社团间的连接边。边聚类系数的定义类似于节点聚类系数的定义。

定义 7.12 假设连接节点 v_i 和 v_j 的边为 e_{ij},通常定义边 e_{ij}的聚类系数为实际包括 e_{ij}的三角形的数目与所有可能包括 e_{ij}的三角形的数目之比,用公式可以表示为

$$C_{ij}^{(3)} = \frac{z_{ij}^{(3)}}{\min[k_i - 1, k_j - 1]}, \tag{7.28}$$

式中：$z_{ij}^{(3)}$ 为实际包含 e_{ij} 的三角形的数目；$\min[k_i-1,k_j-1]$ 为所有可能包含的三角形的数目，k_i、k_j 分别为节点 v_i、v_j 的度。

需要注意的是：假定节点 v_i 或 v_j 中某个节点的度为 1，则边 e_{ij} 就不属于任何三角形，此时 $z_{ij}^{(3)}$ 为 0。但因为 $\min[k_i-1,k_j-1]$ 为 0，因而 $C_{ij}^{(3)}$ 的值就是不确定的。

前面已经讲过，社团内部节点间的连接比较稠密，因而处于社团内部的连接边被较多的三角形所包含，即这类连接边的 $C_{ij}^{(3)}$ 值较大；社团间的连接边被较少的实际三角形包含，甚至不被任何三角形所包含，因此这类连接边的 $C_{ij}^{(3)}$ 值较小。因此根据边聚类系数 $C_{ij}^{(3)}$ 的大小完全可以找到网络社团间的连接边。但是式(7.28)有一个缺陷：当包含 e_{ij} 的实际三角形个数 $z_{ij}^{(3)}$ 为 0 时，无论两个节点 v_i 和 v_j 的度值为多少，$C_{ij}^{(3)}$ 都等于 0，该指标将无法反映网络结构的差异性。为了克服这一缺陷，并避免分母为 0，式(7.28)可以调整为

$$C_{ij}^{(3)} = \frac{z_{ij}^{(3)} + 1}{\min[k_i, k_j]}。 \tag{7.29}$$

事实上，边聚类系数的定义还可以进一步推广到多边形，如网络中的四边形、五边形，…，从而边聚类系数可以表示为

$$C_{ij}^{(g)} = \frac{z_{ij}^{(g)} + 1}{s_{ij}^{(g)} + 1}, \tag{7.30}$$

式中：g 为 g 边形；$z_{ij}^{(g)}$ 为包含边 e_{ij} 的实际 g 边形的个数；$s_{ij}^{(g)}$ 为所有可能包含边 e_{ij} 的 g 边形的总个数。

由此，基于边聚类系数的新分裂算法的具体过程为：

(1) 确定研究多边形的类型(三角形、四边形、…)。

(2) 计算网络中存在的每条边的边聚类系数，并断开聚类系数最小的边。

(3) 重复步骤(2)，直到网络中所有的边都被断开为止。

在算法的执行过程中，每移除一条边，都要检查该网络是否被分解成了若干社团，同时要重新计算网络中剩余边的聚类系数。移除边的操作步骤的算法复杂度大致为 $O(M)$，而重新计算边的聚类系数不随 M 的增大而增大。因此，该算法的总的复杂度大致为 $O(M^2)$，可见该算法比 GN 算法的速度有很大的提高。

不过，该算法本身仍有一个不足之处：该算法在很大程度上依赖于网络中存在的三角形的数目。如果一个网络中的三角形数目很少，那么所有边的聚类系数都会很少，该算法就无法正确地找到网络的社团结构。研究表明：很多社会性网络都含有相当大比例的三角形，而非社会性网络的三角形的比例就相对比较低。因此，该算法在社会性网络中效果显著，因而其他类型的网络中效果可能相对比较差。

该算法与 GN 算法的差异在于用边聚类系数取代了边介数，而且每次被移除的是有最小聚类系数的那条边。但是，该算法与 GN 算法也存在某种对应性，但又不完全一致，聚类系数小的边通常会有较大的介数，但聚类系数最小的边并不一定对应着最大的边介数，因此两种算法并不等价。

7.8 凝聚算法

目前常见的凝聚算法包括 Newman 快速算法、利用堆结构的模块性贪婪算法、结合谱分析的凝聚算法、基于相异性指数的凝聚算法。下面简单介绍 Newman 快速算法[157]。

前面已经说过 GN 算法虽然准确度比较高,但是算法复杂度比较大,仅适用于研究中等规模的复杂网络。为了能够分析大规模的复杂网络,Newman 于 2004 年在 GN 算法的基础上提出了一种新的凝聚算法,称为 Newman 快速算法。这种算法基于贪婪算法思想,从每个节点各占据一个社团开始,沿着使模块性增加最大或减少最小的方向不断合并社团,期望得到最大的网络模块性,从而获得社团划分结果。

对于具有 N 个节点的复杂网络,算法的执行过程包括以下几个步骤:

(1) 初始化:初始化网络为 N 个社团,即每个节点各自是一个社团。令模块性 $Q=0$,初始的 e_{ij}和 a_i 满足

$$e_{ij}=\begin{cases}1/(2M), & \text{如果节点 } v_i \text{ 和 } v_j \text{ 之间有边相连,}\\ 0, & \text{其他,}\end{cases} \tag{7.31}$$

$$a_i = k_i/(2M), \tag{7.32}$$

式中:k_i 为节点 v_i 的度;M 为网络中总的边数。

(2) 依次合并有边相连的社团对,并计算合并后的模块度增量

$$\Delta Q_{ij} = e_{ij} + e_{ji} - 2a_i a_j = 2(e_{ij} - a_i a_j)。 \tag{7.33}$$

根据贪婪算法的原理,每次合并应该沿着使 Q 增大最多或者减少最小的方向进行。该步的算法复杂度为 $O(M)$。每次合并以后,对相应的元素 e_{ij}更新,并将与 i、j 社团相关的行和列相加,更新 $Q=Q+\max\{\Delta Q_{ij}\}$,该步的算法复杂度为 $O(N)$。因此,第二步总的算法复杂度为 $O(M+N)$。

(3) 重复执行步骤(2),不断合并社团,直到整个网络都合并成为一个社团。这里最多要执行 $N-1$ 次合并。

该算法总的算法复杂度为 $O((M+N)N)$,对于稀疏网络则为 $O(N^2)$。整个算法完成后可以得到一个社团结构分解的树状图。通过选择在不同位置断开可以得到不同的网络社团结构。在这些社团结构中,选择一个对应着局部最大 Q 值的,就得到最好的网络社团结构。

利用 Newman 快速算法分析 Zachary 网络,得到的结果如图 7.16 所示。

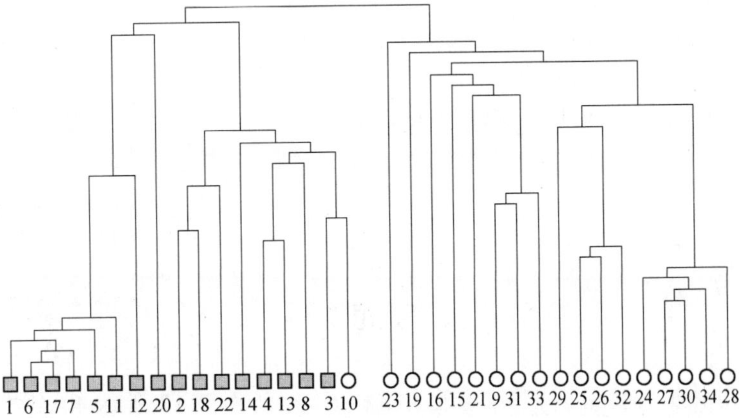

图 7.16 利用 Newman 快速算法分析 Zachary 网络所得到的树状图

由 Newman 快速算法可得，当网络被分成两个大小都为 17 的子网络时，Q 有最大值 $Q=0.381$。图中利用不同形状的节点表示它们所属的两个社团。可见，只有一个节点 10 未被正确地划分到它所属的社团。实际上，在 GN 算法中，同样有一个节点 3 没有被正确归类。但是，此算法在计算时间上比起 GN 算法有了很大的改善。Newman 等人已经利用它成功地分析了包含超过 50000 个节点的科研合作网络[157]。

Zachary 网络计算的 Matlab 程序如下：

```
clc,clear,n=34; b=zeros(n);  % Zachary 网络邻接矩阵初始化
b(1,[2:9,11:14,18,20,22,32])=1;  % 输入邻接矩阵上三角元素
b(2,[3,4,8,14,18,20,22,31])=1; b(3,[4,8:10,14,28,29,33])=1;
b(4,[8,13,14])=1; b(5,[7,11])=1; b(6,[7,11,17])=1; b(7,17)=1;
b(9,[31,33,34])=1; b(10,34)=1; b(14,34)=1; b(15,[33,34])=1;
b(16,[33,34])=1; b(19,[33,34])=1; b(20,34)=1; b(21,[33,34])=1;
b(23,[33,34])=1; b(24,[26,28,30,33,34])=1; b(25,[26,28,32])=1; b(26,32)=1;
b(27,[30,34])=1; b(28,34)=1; b(29,[32,34])=1; b(30,[33,34])=1;
b(31,[33,34])=1; b(32,[33,34])=1; b(33,34)=1; b=b+b';  % 写出完整的邻接矩阵
d=sum(b);  % 求各节点的度
m=sum(d)/2;  % 求边数
a=d/(2*m);  % 计算 a 值
e=b; e(e==1)=1/(2*m);  % e 矩阵的初始化
for i=1:n
   v{i}=find(b(i,:));  % 求每个节点的邻居节点
end
Q=0;
for k=1:n-1
   DQ=2*(e-a'*a);  % 计算 Q 的增量
   mdq=max(max(DQ));  % 计算增量的最大值
   fprintf('第%d次合并',k),[i,j]=find(DQ==mdq,1)
   Q=Q+mdq; e2=e;
   tp=sum(e([i,j],:));  % 合并 i,j 行
   e2(n+k,:)=tp;
   e2([1:end-1],n+k)=tp';
   e2([i,j],:)=0; e2(:,[i,j])=0; e=e2;
   v{n+k}=union(v{i},v{j});
   d(n+k)=length(v{n+k}); d(i)=0; d(j)=0;
   a=d/(2*m);
end
Q
```

习 题 7

7.1 分别用特征向量指标 C_e 和接近度指标 C_C 分析图 7.17 所示 40 个艾滋病患者性关系网络中的每个节点的重要性。

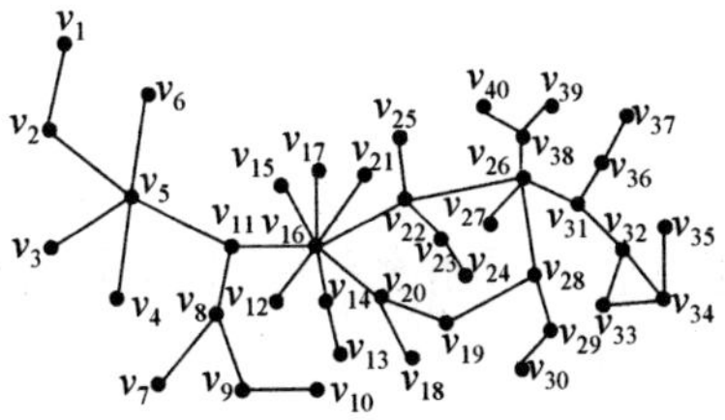

图 7.17　艾滋病患者的性关系网络

7.2　分别用累计提名和信息指标分析图 7.17 所示 40 个艾滋病患者性关系网络中的每个节点的重要性。

7.3　用 Normal 矩阵的谱平分法对 Zachary 网络进行划分。

第 8 章　网络层次分析法

近年来,常规的层次分析法(Analytic Hierarchy Process,AHP)已在系统决策分析中得到了广泛应用。AHP 方法的核心是将系统划分层次且只考虑上层元素对下层元素的支配作用。同一层次中的元素被认为是彼此独立的。这种递阶层次结构虽然给处理系统问题带来了方便,同时也限制了它在复杂决策问题中的应用。在许多实际问题中,各层次内部元素往往是相互依存的,低层元素对高层元素亦有支配作用,即存在反馈。此时系统的结构更类似于网络结构。网络层次分析法正是适应这种需要,由 AHP 延伸发展得到的系统决策方法。

早在 20 世纪 80 年代中,Saaty 就提出了反馈 AHP,它就是 ANP(Analytic Network Process)前身。1996 年 Saaty 在 ISAHP-IV 上较为系统地提出了 ANP 的理论与方法,它将系统内各元素的关系用类似网络结构表示,而不再是简单的递阶层次结构,是在 AHP 方法的基础上发展而形成的一种新的决策方法,其理论更准确地描述了客观事物之间的联系,是一种更加有效、实用的决策方法。

8.1　网络层析分析法原理

8.1.1　ANP 结构分析

ANP[158]将系统元素划分成两大部分,如图 8.1 所示。第一部分称为控制因素层,包括问题目标及决策准则;所有的决策准则均被认为是彼此独立的,且只受目标元素控制;控制元素中可以没有决策准则,但至少有一个目标。控制准则层在网络层次系统结构中是顶层,是最高准则。控制准则有两种类型:一种是先准则,在层析目标结构中,可以直接地连接到该结构系统中,也可称为“连接”准则;另一种是诱导准则,它不能直接连接到网络系统结构中,但能“诱导”网络的比较。第二部分为网络层,它是由所有受控制层支配的元素组组成的,其内部是相互影响的网络结构。

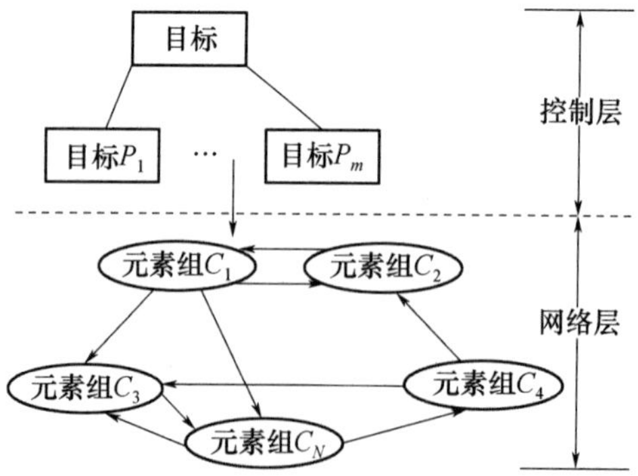

图 8.1　典型的 ANP 结构模型

8.1.2 ANP 的优势度

AHP 的一个重要步骤就是在一个准则下，受支配元素进行两两比较，由此获得判断矩阵，但在 ANP 中被比较元素之间可能并不独立，而是相互影响，因而这种比较将以两种方式进行。第一种直接比较优势度，给定一个准则，两元素对于该准则的重要程度进行比较；第二种间接比较优势度，给出一个准则，两个元素在准则下对第三个元素的影响程度进行比较。

8.1.3 ANP 网络结构超矩阵

1. 超矩阵的构建

判断矩阵作为 ANP 分析的最基础信息，是进一步进行相对权重计算的重要依据。与 AHP 方法一样，表 8.1 所列为判断矩阵所采用的标度。

表 8.1 判断矩阵的标度表

标度	含 义
1	两个元素相互比较，同样重要
3	两个元素相互比较，前面的元素比后面的元素稍重要
5	两个元素相互比较，前面的元素比后面的元素明显重要
7	两个元素相互比较，前面的元素比后面的元素强烈重要
9	两个元素相互比较，前面的元素比后面的元素极端重要
2,4,6,8	上述相邻判断的中间值
倒数	两个元素相互比较，后面的元素比前面的元素的重要性标度

假设某复杂系统 ANP 结构的控制层中有元素 $P_1,P_2,\cdots,P_m$，即相对目标的准则。网络层元素中有 N 个元素集 $C_1,C_2,\cdots,C_N$，C_i 中有元素 $e_{i1},e_{i2},\cdots,e_{in_i}(i=1,2,\cdots,N)$。对网络层重要程度的确定要通过间接判定方法。首先以控制层 $P_s(s=1,2,\cdots,m)$ 为准则，以元素组 C_j 中的元素 e_{jl} 为次准则，按照元素组 C_i 中元素对 e_{jl} 的影响力的大小进行间接优势度比较，构造出判断矩阵，如表 8.2 所列。

表 8.2 P_s 控制层准则下的判断矩阵

e_{jl}	$e_{i1},e_{i2},\cdots,e_{in_i}$	归一化特征向量
e_{i1}		$w_{i1}^{(jl)}$
e_{i2}	$\boldsymbol{A}_i^{(jl)}$	$w_{i2}^{(jl)}$
$\vdots$		$\vdots$
e_{in_i}		$w_{in_i}^{(jl)}$

可以采用最大特征根法对判断矩阵进行求解，在求解之前要检验判断矩阵的一致性。首先计算一致性指标 CI：

$$CI=\frac{\lambda_{\max}-n_i}{n_i-1},\tag{8.1}$$

式中：$\lambda_{\max}$ 为表 8.2 所列判断矩阵 $\boldsymbol{A}_i^{(jl)}$ 的最大特征值。

然后,计算一致性比例 CR:

$$CR = \frac{CI}{RI}。 \tag{8.2}$$

显然,当 $\lambda_{\max} = n_i$ 时,$CI = 0$,$CR = 0$,则可以得出判断矩阵是完全一致的;而 CI 的值越大,则表明判断矩阵的完全一致性越差。但一般情况下,通常认为只要 $CR<0.10$,判断矩阵的一致性就是可以接受的。RI 判断值如表 8.3 所列。

表 8.3 RI 判断值

矩阵维数	1	2	3	4	5	6	7	8	9
RI	0	0	0.58	0.90	1.12	1.24	1.32	1.41	1.45

任意二阶判断矩阵都不需要进行一致性检验,因为二阶矩阵都具备一致性特性。

在进行一致性检验后,便得到排序向量$[w_{i1}^{(jl)}, w_{i2}^{(jl)}, \cdots, w_{in_i}^{(jl)}]^{\mathrm{T}}$。在控制层 P_s 下,计算得到

$$\boldsymbol{W}_{ij} = \begin{bmatrix} w_{i1}^{(j1)} & w_{i1}^{(j2)} & \cdots & w_{i1}^{(jn_j)} \\ w_{i2}^{(j1)} & w_{i2}^{(j2)} & \cdots & w_{i2}^{(jn_j)} \\ \vdots & \vdots & \ddots & \vdots \\ w_{in_i}^{(j1)} & w_{in_i}^{(j2)} & \cdots & w_{in_i}^{(jn_j)} \end{bmatrix}_{n_i \times n_j}, \tag{8.3}$$

式中:$\boldsymbol{W}_{ij}$的列向量为 C_i 中元素 $e_{i1}, e_{i2}, \cdots, e_{in_i}$对 C_j 中元素 $e_{j1}, e_{j2}, \cdots, e_{jn_j}$的影响程度的排序向量。而如果 C_j 中的元素不会受到 C_i 中元素的影响,则 $W_{ij} = 0$,便得到 P_s 下超矩阵 $\boldsymbol{W}$:

$$\boldsymbol{W} = \begin{bmatrix} \boldsymbol{W}_{11} & \boldsymbol{W}_{12} & \cdots & \boldsymbol{W}_{1N} \\ \boldsymbol{W}_{21} & \boldsymbol{W}_{22} & \cdots & \boldsymbol{W}_{2N} \\ \vdots & \vdots & \ddots & \vdots \\ \boldsymbol{W}_{N1} & \boldsymbol{W}_{N2} & \cdots & \boldsymbol{W}_{NN} \end{bmatrix}。 \tag{8.4}$$

类似这样的非负超矩阵共有 m 个,虽然超矩阵的子块 $\boldsymbol{W}_{ij}$是列归一化的,但 $\boldsymbol{W}$ 却不是列归一化的,因此要以 P_s 为准则,对 P_s 下包含的各元素组对准则 $C_j(j = 1, 2, \cdots, N)$ 的重要程度进行比较。

2. 加权超矩阵的构建

以控制层 P_s 为准则,以任一元素组 $C_j(j = 1, 2, \cdots, N)$ 为次准则,对各个元素组的重要程序进行比较,得到的判断矩阵 $\boldsymbol{A}^{(j)}$ 如表 8.4 所列。

表 8.4 P_s 控制层准则下的重要程度判断矩阵

C_j	$C_1, C_2, \cdots, C_N$	归一化特征向量
C_1		a_{1j}
C_2	$\boldsymbol{A}^{(j)}$	a_{2j}
$\vdots$		$\vdots$
C_N		a_{Nj}

这样就可以得到加权矩阵 $\boldsymbol{A}$,其中与 C_j 无关的元素组的向量为零,这样

$$A = \begin{bmatrix} a_{11} & a_{12} & \cdots & a_{N1} \\ a_{21} & a_{22} & \cdots & a_{N2} \\ \vdots & \vdots & \ddots & \vdots \\ a_{N1} & a_{N2} & \cdots & a_{NN} \end{bmatrix}。\tag{8.5}$$

然后对超矩阵 $\boldsymbol{W}$ 的元素加权,其中 $\overline{\boldsymbol{W}}_{ij}=a_{ij}\boldsymbol{W}_{ij}, i,j=1,2,\cdots,N$,从而得到 $\overline{\boldsymbol{W}}=(\overline{\boldsymbol{W}}_{ij})$,$\overline{\boldsymbol{W}}$ 为加权超矩阵,其列和等于 1。

3. 极限加权超矩阵

由上面步骤计算出加权超矩阵 $\overline{\boldsymbol{W}}$ 中的元素表示元素间的一次优势度。为了计算元素间的二次优势度,需要计算 $\overline{\boldsymbol{W}}^2$;依次类推,当 $\overline{\boldsymbol{W}}^\infty=\lim_{t\to\infty}\overline{\boldsymbol{W}}^t$ 存在时,$\overline{\boldsymbol{W}}^\infty$ 的每一列都是相同的,极限加权超矩阵的列元素表示控制层 P_s 下网络层各元素间的极限优势度。

为了方便计算和使用极限加权超矩阵,给出文献[159]已证明的两条定理。

定理 8.1 设 $\boldsymbol{B}=(b_{ij})_{n\times n}$ 为 n 阶非负矩阵,$\lambda_{\max}$ 为其模最大特征值,则有

$$\min\sum_{j=1}^{n} b_{ij} \leqslant \lambda_{\max} \leqslant \max\sum_{j=1}^{n} b_{ij}。$$

定理 8.2 设非负列随机矩阵 B 的最大特征值 1 是单根,其他特征值的模均小于 1,则 $\boldsymbol{B}^\infty$ 存在,并且 $\boldsymbol{B}^\infty$ 的各列都相同,都是 $\boldsymbol{B}$ 属于 1 的归一化特征向量。

依据极限加权超矩阵,即可得到各个准则的重要程度、各评价指标的重要程度以及评价方案的排序。

8.2 应用 ANP 评估桥梁设计方案[160]

8.2.1 构造 ANP 模型

通过对应急桥梁设计方案因素之间的关系分析,建立了网络内部具有依存关系的 ANP 模型,如图 8.2 所示。其中桥梁设计方案 A 中包括 A_1,A_2,A_3 三个方案;经济性 E 包括 E_1,E_2,E_3,E_4 四个子因素;可制造性 M 包括 M_1,M_2 两个子因素;安全性 S 包括 S_1,S_2,S_3 三个子因素。

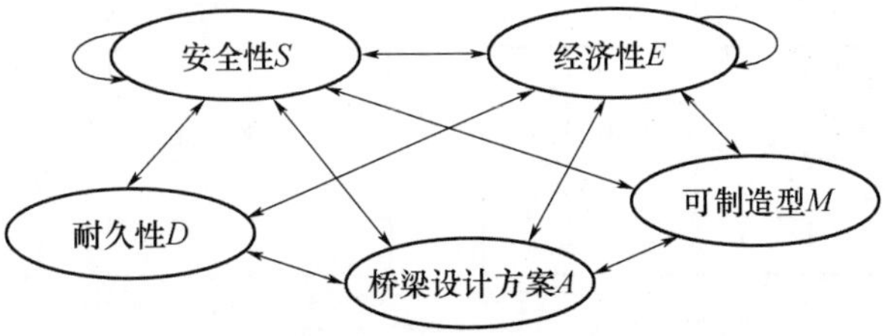

图 8.2 ANP 模型

8.2.2 计算未加权超矩阵

一般情况下,施工单位会提供 1~3 个应急桥梁设计方案供桥梁建设业主和监理决策。如果是一个方案,就不用 ANP 方法了,只要领导或专家表决一下就可以了。如果是 2 个或 3 个方案,问题就有点复杂了,因素之间存在着复杂的依赖和反馈关系。下面用 ANP 方法评估 3

个应急桥梁设计方案 A_1，A_2，A_3，其中 A_1 为制式应急桥梁器材全部预制，A_2 为部分制式应急桥梁器材现场制造，A_3 为全部现场制造。

影响桥梁综合性能各因素的重要性各不相同，这里的数据是按照参考文献，未采用 1~9 标度，确定其权重值。先通过两两比较，构造正互反矩阵。确定各因素下 3 个应急桥梁设计方案的权重如表 8.5~表 8.25 所列。这里实际上只给出了一部分两两比较矩阵的权重计算。

表 8.5　关于使用寿命各方案比较矩阵（$CR=0.0001$）

D	A_1	A_2	A_3	权重
A_1	1	2	3.1	0.5481
A_2	1/2	1	1.6	0.2770
A_3	1/3.1	1/1.6	1	0.1749

表 8.6　关于材料费用各方案比较矩阵（$CR=0.0462$）

E_1	A_1	A_2	A_3	权重
A_1	1	1/3	1/1.5	0.1257
A_2	3	1	1.5	0.4752
A_3	4	1/1.5	1	0.3991

表 8.7　关于制造费用各方案比较矩阵（$CR=0.0032$）

E_2	A_1	A_2	A_3	权重
A_1	1	1/5	1/3	0.1095
A_2	5	1	2	0.5816
A_3	3	1/2	1	0.3090

表 8.8　关于安装费用各方案比较矩阵（$CR=0.0634$）

E_3	A_1	A_2	A_3	权重
A_1	1	1/2	1/1.5	0.2098
A_2	2	1	3	0.5499
A_3	1.5	1/3	1	0.2420

表 8.9　关于维护费用各方案比较矩阵（$CR=0.0810$）

E_4	A_1	A_2	A_3	权重
A_1	1	5	3	0.6592
A_2	1/5	1	1.5	0.1789
A_3	1/3	1/1.5	1	0.1619

表 8.10　关于制造工艺各方案比较矩阵（$CR=0.0000$）

M_1	A_1	A_2	A_3	权重
A_1	1	5/4	5/3	0.4167
A_2	4/5	1	4/3	0.3333
A_3	3/5	3/4	1	0.2500

表 8.11　关于现场安装各方案比较矩阵（$CR=0.0000$）

M_2	A_1	A_2	A_3	权重
A_1	1	1/2	1	0.2500
A_2	2	1	2	0.5000
A_3	1	1/2	1	0.2500

表 8.12　关于结构强度各方案比较矩阵（$CR=0.0061$）

S_1	A_1	A_2	A_3	权重
A_1	1	1	1.8	0.3962
A_2	1	1	1.4	0.3644
A_3	1/1.8	1/1.4	1	0.2394

表 8.13　关于结构刚度各方案比较矩阵（$CR=0.0023$）

S_2	A_1	A_2	A_3	权重
A_1	1	1	3.5	0.4443
A_2	1	1	3	0.4221
A_3	1/3.5	1/3	1	0.1336

表 8.14　关于结构稳定性各方案比较矩阵（$CR=0.0810$）

S_3	A_1	A_2	A_3	权重
A_1	1	0.8	3	0.4213
A_2	1.25	1	1.5	0.3881
A_3	1/3	1/1.5	1	0.1906

表 8.15 关于方案 A_1 在经济性中各因素两两比较矩阵($CR=0.0815$)

A_1	E_1	E_2	E_3	E_4	权重
E_1	1	3	9	6	0.6083
E_2	1/3	1	3	4	0.2311
E_3	1/9	1/3	1	3	0.1007
E_4	1/6	1/4	1/3	1	0.0599

表 8.16 关于方案 A_2 在经济性中各因素两两比较矩阵($CR=0.0962$)

A_2	E_1	E_2	E_3	E_4	权重
E_1	1	4	6	3	0.5709
E_2	1/4	1	2	3	0.2090
E_3	1/6	1/2	1	2	0.1216
E_4	1/3	1/3	1/2	1	0.0984

表 8.17 关于方案 A_3 在经济性中各因素两两比较矩阵($CR=0.0933$)

A_3	E_1	E_2	E_3	E_4	权重
E_1	1	3	5	5	0.5358
E_2	1/3	1	4	5	0.2893
E_3	1/5	1/4	1	3	0.1127
E_4	1/5	1/5	1/3	1	0.0623

表 8.18 关于使用寿命在经济性中各因素两两比较矩阵($CR=0.0595$)

D	E_1	E_2	E_3	E_4	权重
E_1	1	2	5	8	0.4935
E_2	1/2	1	8	6	0.3758
E_3	1/5	1/8	1	2	0.0788
E_4	1/8	1/6	1/2	1	0.0518

表 8.19 关于方案 A_1 在制造性中各因素两两比较矩阵

A_1	M_1	M_2	权重
M_1	1	8	0.8889
M_2	1/8	1	0.1111

表 8.20 关于方案 A_2 在制造性中各因素两两比较矩阵

A_2	M_1	M_2	权重
M_1	1	6	0.8571
M_2	1/6	1	0.1429

表 8.21 关于方案 A_3 在制造性中各因素两两比较矩阵

A_3	M_1	M_2	权重
M_1	1	6	0.8571
M_2	1/6	1	0.1429

表 8.22 关于方案 A_1 在安全性中各因素两两比较矩阵($CR=0.0032$)

A_1	S_1	S_2	S_3	权重
S_1	1	3	2	0.5480
S_2	1/3	1	0.8	0.1941
S_3	1/2	1.25	1	0.2579

表 8.23 关于方案 A_2 在安全性中各因素两两比较矩阵($CR=0.0212$)

A_2	S_1	S_2	S_3	权重
S_1	1	1.5	1.2	0.3930
S_2	2/3	1	1/2	0.2240
S_3	1/1.2	2	1	0.3830

表 8.24 关于方案 A_3 在安全性中各因素两两比较矩阵($CR=0.0462$)

A_3	S_1	S_2	S_3	权重
S_1	1	2	1/2	0.3108
S_2	1/2	1	1/2	0.1958
S_3	2	2	1	0.4934

表 8.25 关于使用寿命在安全性中各因素两两比较矩阵($CR=0.0332$)

D	S_1	S_2	S_3	权重
S_1	1	5	3	0.6370
S_2	1/5	1	1/3	0.1047
S_3	1/3	3	1	0.2583

求得的未加权超矩阵 **W** 的计算结果如表 8.26 所列。

表 8.26 未加权超矩阵

		应急桥梁设计方案			耐久性	经济性			
		A_1	A_2	A_3	D	E_1	E_2	E_3	E_4
方案	A_1	0.0000	0.0000	0.0000	0.5481	0.1257	0.1095	0.2098	0.6592
	A_2	0.0000	0.0000	0.0000	0.2770	0.4752	0.5816	0.5499	0.1789
	A_3	0.0000	0.0000	0.0000	0.1749	0.3991	0.3090	0.2402	0.1619
耐久性	D	1.0000	1.0000	1.0000	0.0000	1.0000	1.0000	1.0000	1.0000
经济性	E_1	0.6083	0.5709	0.5358	0.4935	0.4940	0.6280	0.1670	1.0000
	E_2	0.2311	0.2090	0.2893	0.3758	0.3760	0.0000	0.8330	0.0000
	E_3	0.1007	0.1216	0.1127	0.0788	0.0790	0.0870	0.0000	0.0000
	E_4	0.0599	0.0984	0.0623	0.0518	0.0510	0.2850	0.0000	0.0000
可制造性	M_1	0.8889	0.8571	0.8571	0.0000	1.0000	1.0000	0.0000	0.0000
	M_2	0.1111	0.1429	0.1429	0.0000	0.0000	0.0000	1.0000	1.0000
安全性	S_1	0.5480	0.3930	0.3120	0.6370	0.6570	1.0000	1.0000	1.0000
	S_2	0.1941	0.2240	0.1950	0.1050	0.1970	0.0000	0.0000	0.0000
	S_3	0.2579	0.3830	0.4930	0.2580	0.1460	0.0000	0.0000	0.0000

		可制造性		安全性		
		M_1	M_2	S_1	S_2	S_3
方案	A_1	0.4167	0.2500	0.3962	0.4443	0.4213
	A_2	0.3333	0.5000	0.3644	0.4221	0.3881
	A_3	0.2500	0.2500	0.2394	0.1336	0.1906
耐久性	D	0.0000	0.0000	1.0000	1.0000	1.0000
经济性	E_1	0.6340	0.0000	1.0000	0.3170	1.0000
	E_2	0.2870	0.0000	0.0000	0.5070	0.0000
	E_3	0.0790	1.0000	0.0000	0.1030	0.0000
	E_4	0.0000	0.0000	0.0000	0.0730	0.0000
可制造性	M_1	0.0000	0.0000	0.0000	0.0000	0.0000
	M_2	0.0000	0.0000	1.0000	1.0000	1.0000
安全性	S_1	0.0000	0.0000	0.0000	0.5000	0.6667
	S_2	0.0000	0.0000	1.0000	0.0000	0.3333
	S_3	0.0000	0.0000	0.0000	0.5000	0.0000

8.2.3 计算加权超矩阵

首先计算加权系数矩阵 **A**，计算过程如表 8.27~表 8.31 所列。

表 8.27 关于桥梁设计方案两两比较矩阵($CR=0.0651$)

桥梁方案	D	E	M	S	权重
D	1	1/3	5	1/4	0.1413
E	3	1	5	1/3	0.2619
M	1/5	1/5	1	1/9	0.0447
S	4	3	9	1	0.5521

表 8.28 关于耐久性的两两比较矩阵($CR=0.0462$)

耐久性	A	E	S	权重
A	1	3	2	0.5278
E	1/3	1	1/3	0.1396
S	1/2	3	1	0.3325

表 8.29 关于经济性的两两比较矩阵($CR=0.0525$)

经济性	A	D	E	M	S	权重
A	1	4	3	9	2	0.4097
D	1/4	1	1/3	5	1/4	0.0911
E	1/3	3	1	5	1/3	0.1575
M	1/9	1/5	1/5	1	1/9	0.0306
S	1/2	4	3	9	1	0.3111

表 8.30 关于可制造性的两两比较矩阵

可制造性	A	E	权重
A	1	5	0.8333
E	1/5	1	0.1667

表 8.31 关于安全性的两两比较矩阵($CR=0.0983$)

安全性	A	D	E	M	S	权重
A	1	3	6	9	3	0.4837
D	1/3	1	1/3	5	1/2	0.1068
E	1/6	3	1	5	1/3	0.1412
M	1/9	1/5	1/5	1	1/9	0.0293
S	1/3	2	3	9	1	0.2391

由表 8.25 ~表 8.31,得加权系数矩阵

$$\boldsymbol{A}=\begin{bmatrix} 0 & 0.5278 & 0.4097 & 0.8333 & 0.4837 \\ 0.1413 & 0 & 0.0911 & 0 & 0.1068 \\ 0.2619 & 0.1396 & 0.1575 & 0.1667 & 0.1412 \\ 0.0447 & 0 & 0.0306 & 0 & 0.0293 \\ 0.5521 & 0.3325 & 0.3111 & 0 & 0.2391 \end{bmatrix}。$$

计算得到的加权超矩阵$\overline{\boldsymbol{W}}$如表 8.32 所列。

表 8.32 加权超矩阵

		应急桥梁设计方案			耐久性	经济性			
		A_1	A_2	A_3	D	E_1	E_2	E_3	E_4
方案	A_1	0.0000	0.0000	0.0000	0.2893	0.0515	0.0448	0.0860	0.2700
	A_2	0.0000	0.0000	0.0000	0.1462	0.1947	0.2382	0.2253	0.0733
	A_3	0.0000	0.0000	0.0000	0.0923	0.1635	0.1266	0.0984	0.0663

（续）

		应急桥梁设计方案			耐久性	经济性			
		A_1	A_2	A_3	D	E_1	E_2	E_3	E_4
耐久性	D	0.1413	0.1413	0.1413	0.0000	0.0911	0.0911	0.0911	0.0911
经济性	E_1	0.1593	0.1495	0.1403	0.0689	0.0778	0.0989	0.0263	0.1575
	E_2	0.0605	0.0547	0.0757	0.0525	0.0592	0.0000	0.1312	0.0000
	E_3	0.0264	0.0319	0.0295	0.0110	0.0124	0.0137	0.0000	0.0000
	E_4	0.0157	0.0258	0.0163	0.0072	0.0080	0.0449	0.0000	0.0000
可制造性	M_1	0.0397	0.0383	0.0383	0.0000	0.0306	0.0306	0.0000	0.0000
	M_2	0.0050	0.0064	0.0064	0.0000	0.0000	0.0000	0.0306	0.0306
安全性	S_1	0.3026	0.2170	0.1723	0.2118	0.2044	0.3111	0.3111	0.3111
	S_2	0.1072	0.1237	0.1077	0.0349	0.0613	0.0000	0.0000	0.0000
	S_3	0.1424	0.2115	0.2722	0.0858	0.0454	0.0000	0.0000	0.0000

		可制造性		安全性		
		M_1	M_2	S_1	S_2	S_3
方案	A_1	0.3472	0.2083	0.1917	0.2149	0.2038
	A_2	0.2778	0.4167	0.1763	0.2042	0.1877
	A_3	0.2083	0.2083	0.1158	0.0646	0.0922
耐久性	D	0.0000	0.0000	0.1068	0.1068	0.1068
经济性	E_1	0.1057	0.0000	0.1412	0.0448	0.1412
	E_2	0.0478	0.0000	0.0000	0.0716	0.0000
	E_3	0.0132	0.1667	0.0000	0.0145	0.0000
	E_4	0.0000	0.0000	0.0000	0.0103	0.0000
可制造性	M_1	0.0000	0.0000	0.0000	0.0000	0.0000
	M_2	0.0000	0.0000	0.0293	0.0293	0.0293
安全性	S_1	0.0000	0.0000	0.0000	0.1195	0.1594
	S_2	0.0000	0.0000	0.2391	0.0000	0.0797
	S_3	0.0000	0.0000	0.0000	0.1195	0.0000

8.2.4 计算极限超矩阵

记$\overline{\boldsymbol{W}}=(\bar{w}_{ij})_{13\times13}$，则$\bar{w}_{ij}$的大小反映了元素 i 对元素 j 的一步优势度。二步优势度由$\overline{\boldsymbol{W}}^2$ 的元素得到，$\overline{\boldsymbol{W}}^2$ 仍是列归一化的。通过加权超矩阵 $\overline{W}$ 自乘的方法进行到每行数值一样时，就得到了极限超矩阵。计算得到的极限超矩阵如表 8.33 所列。

表 8.33 极限超矩阵

		应急桥梁设计方案			耐久性	经济性			
		A_1	A_2	A_3	D	E_1	E_2	E_3	E_4
方案	A_1	0.1220	0.1220	0.1220	0.1220	0.1220	0.1220	0.1220	0.1220
	A_2	0.1286	0.1286	0.1286	0.1286	0.1286	0.1286	0.1286	0.1286
	A_3	0.0764	0.0764	0.0764	0.0764	0.0764	0.0764	0.0764	0.0764
耐久性	D	0.1011	0.1011	0.1011	0.1011	0.1011	0.1011	0.1011	0.1011
经济性	E_1	0.1146	0.1146	0.1146	0.1146	0.1146	0.1146	0.1146	0.1146
	E_2	0.0422	0.0422	0.0422	0.0422	0.0422	0.0422	0.0422	0.0422
	E_3	0.0165	0.0165	0.0165	0.0165	0.0165	0.0165	0.0165	0.0165
	E_4	0.0110	0.0110	0.0110	0.0110	0.0110	0.0110	0.0110	0.0110
可制造性	M_1	0.0175	0.0175	0.0175	0.0175	0.0175	0.0175	0.0175	0.0175
	M_2	0.0132	0.0132	0.0132	0.0132	0.0132	0.0132	0.0132	0.0132
安全性	S_1	0.1704	0.1704	0.1704	0.1704	0.1704	0.1704	0.1704	0.1704
	S_2	0.0957	0.0957	0.0957	0.0957	0.0957	0.0957	0.0957	0.0957
	S_3	0.0907	0.0907	0.0907	0.0907	0.0907	0.0907	0.0907	0.0907

		可制造性		安全性		
		M_1	M_2	S_1	S_2	S_3
方案	A_1	0.1220	0.1220	0.1220	0.1220	0.1220
	A_2	0.1286	0.1286	0.1286	0.1286	0.1286
	A_3	0.0764	0.0764	0.0764	0.0764	0.0764
耐久性	D	0.1011	0.1011	0.1011	0.1011	0.1011
经济性	E_1	0.1146	0.1146	0.1146	0.1146	0.1146
	E_2	0.0422	0.0422	0.0422	0.0422	0.0422
	E_3	0.0165	0.0165	0.0165	0.0165	0.0165
	E_4	0.0110	0.0110	0.0110	0.0110	0.0110
可制造性	M_1	0.0175	0.0175	0.0175	0.0175	0.0175
	M_2	0.0132	0.0132	0.0132	0.0132	0.0132
安全	S_1	0.1704	0.1704	0.1704	0.1704	0.1704
	S_2	0.0957	0.0957	0.0957	0.0957	0.0957
	S_3	0.0907	0.0907	0.0907	0.0907	0.0907

由表 8.33 的极限超矩阵,得到合成排序结果如表 8.34 所列。

表 8.34 合成排序结果

	A_1	A_2	A_3
极限超矩阵中的权重	0.1220	0.1286	0.0764
归一化权重	0.3730	0.3933	0.2337
排序	2	1	3

计算的 Matlab 程序如下：

```
clc,clear,w=zeros(13);  % 超矩阵初始化
ri=[0 0 0.58 0.90 1.12 1.24 1.32 1.41 1.45];
a12=[1 2 3.1;1/2 1 1.6;1/3.1 1/1.6 1];
[w12,val12]=eigs(a12,1);  % 计算模最大的特征值及对应的特征向量
w12=w12/sum(w12),cr12=(val12-3)/(3-1)/ri(3)
a131=[1 1/3 1/4;3 1 1.5;4 1/1.5 1];
[w131,val131]=eigs(a131,1);
w131=w131/sum(w131),cr131=(val131-3)/(3-1)/ri(3)
a132=[1 1/5 1/3;5 1 2;3 1/2 1];
[w132,val132]=eigs(a132,1);
w132=w132/sum(w132),cr132=(val132-3)/(3-1)/ri(3)
a133=[1 1/2 1/1.5;2 1 3;1.5 1/3 1];
[w133,val133]=eigs(a133,1);
w133=w133/sum(w133),cr133=(val133-3)/(3-1)/ri(3)
a134=[1 5 3;1/5 1 1.5;1/3 1/1.5 1];
[w134,val134]=eigs(a134,1);
w134=w134/sum(w134),cr134=(val134-3)/(3-1)/ri(3)
a141=[1 5/4 5/3;4/5 1 4/3;3/5 3/4 1];
[w141,val141]=eigs(a141,1);
w141=w141/sum(w141),cr141=(val141-3)/(3-1)/ri(3)
a142=[1 1/2 1;2 1 2;1 1/2 1];
[w142,val142]=eigs(a142,1);
w142=w142/sum(w142),cr142=(val142-3)/(3-1)/ri(3)
a151=[1 1 1.8;1 1 1.4;1/1.8 1/1.4 1];
[w151,val151]=eigs(a151,1);
w151=w151/sum(w151),cr151=(val151-3)/(3-1)/ri(3)
a152=[1 1 3.5;1 1 3;1/3.5 1/3 1];
[w152,val152]=eigs(a152,1);
w152=w152/sum(w152),cr152=(val152-3)/(3-1)/ri(3)
a153=[1 0.8 3;1.25 1 1.5;1/3 1/1.5 1];
[w153,val153]=eigs(a153,1);
w153=w153/sum(w153),cr153=(val153-3)/(3-1)/ri(3)
a311=[1 3 9 6;1/3 1 3 4;1/9 1/3 1 3;1/6 1/4 1/3 1];
[w311,val311]=eigs(a311,1);
w311=w311/sum(w311),cr311=(val311-4)/(4-1)/ri(4)
a312=[1 4 6 3;1/4 1 2 3;1/6 1/2 1 2;1/3 1/3 1/2 1];
[w312,val312]=eigs(a312,1);
w312=w312/sum(w312),cr312=(val312-4)/(4-1)/ri(4)
a313=[1 3 5 5;1/3 1 4 5;1/5 1/4 1 3;1/5 1/5 1/3 1];
[w313,val313]=eigs(a313,1);
w313=w313/sum(w313),cr313=(val313-4)/(4-1)/ri(4)
a32=[1 2 5 8;1/2 1 8 6;1/5 1/8 1 2;1/8 1/6 1/2 1];
[w32,val32]=eigs(a32,1);
```

```
w32=w32/sum(w32),cr32=(val32-4)/(4-1)/ri(4)
a41=[1 8;1/8 1]; [w41,val41]=eigs(a41,1); w41=w41/sum(w41)
a42=[1 6;1/6 1]; [w42,val42]=eigs(a42,1); w42=w42/sum(w42)
a511=[1 3 2;1/3 1 0.8;1/2 1.25 1]; [w511,val511]=eigs(a511,1);
w511=w511/sum(w511),cr511=(val511-3)/2/ri(3)
a512=[1 1.5 1.2;2/3 1 1/2;1/1.2 2 1]; [w512,val512]=eigs(a512,1);
w512=w512/sum(w512),cr512=(val512-3)/2/ri(3)
a513=[1 2 1/2;1/2 1 1/2;2 2 1]; [w513,val513]=eigs(a513,1);
w513=w513/sum(w513),cr513=(val513-3)/2/ri(3)
a52=[1 5 3;1/5 1 1/3;1/3 3 1]; [w52,val52]=eigs(a52,1);
w52=w52/sum(w52),cr52=(val52-3)/2/ri(3)
% 以下构造超矩阵 w
w([1:3],4)=w12; w([1:3],5)=w131; w([1:3],6)=w132;
w([1:3],7)=w133; w([1:3],8)=w134; w([1:3],9)=w141;
w([1:3],10)=w142; w([1:3],11)=w151; w([1:3],12)=w152;
w([1:3],13)=w153;
w(4,:)=[ones(1,3) 0 ones(1,4) zeros(1,2),ones(1,3)];
w([5:8],1)=w311; w([5:8],2)=w312; w([5:8],3)=w313;
w([5:8],4)=w32;
w([9 10],1)=w41; w([9 10],2)=w42; w([9 10],3)=w42;
w([11:13],1)=w511; w([11:13],2)=w512;
% 以下部分数据没有计算,从参考文献中直接引用
w([5:8],5)=[0.494 0.376 0.079 0.051]';
w([5 7 8],6)=[0.628 0.087 0.285]';
w([5 6],7)=[0.167 0.833]'; w(5,8)=1;
w([5:7],9)=[0.634 0.287 0.079]'; w(7,10)=1;
w(5,11)=1; w([5:8],12)=[0.317 0.507 0.103 0.073]';
w(5,13)=1; w(9,[5 6])=1; w(10,[7 8])=1; w(10,[11:13])=1;
w([11:13],3)=[0.312 0.195 0.493]';
w([11:13],4)=[0.637 0.105 0.258]';
w([11:13],5)=[0.657 0.197 0.146]';
w(11,[6 7 8])=1;
w(12,11)=1; w([11 13],12)=0.5; w([11 12],13)=[0.6667 0.3333]';
% 以下计算加权矩阵
a1=[1 1/3 5 1/4;3 1 5 1/3;1/5 1/5 1 1/9;4 3 9 1];
[w1,val1]=eigs(a1,1); w1=w1/sum(w1),cr1=(val1-4)/3/ri(4)
a2=[1 3 2;1/3 1 1/3;1/2 3 1];
[w2,val2]=eigs(a2,1); w2=w2/sum(w2),cr2=(val2-3)/2/ri(3)
a3=[1 4 3 9 2;1/4 1 1/3 5 1/4;1/3 3 1 5 1/3;1/9 1/5 1/5 1 1/9;1/2 4 3 9 1];
[w3,val3]=eigs(a3,1); w3=w3/sum(w3),cr3=(val3-5)/4/ri(5)
a4=[1 5;1/5 1]; [w4,val4]=eigs(a4,1); w4=w4/sum(w4)
a5=[1 3 6 9 3;1/3 1 1/3 5 1/2;1/6 3 1 5 1/3;1/9 1/5 1/5 1 1/9;1/3 2 3 9 1];
[w5,val5]=eigs(a5,1); w5=w5/sum(w5),cr5=(val5-5)/4/ri(5)
ww=zeros(5);  % 权重矩阵初始化
```

```
ww([2:5],1)=w1; ww([1 3 5],2)=w2; ww(:,3)=w3;
ww([1 3],4)=w4; ww(:,5)=w5;
index=[3 1 4 2 3]; A=cell(5);  % 构造权重矩阵 A
for i=1:5
    for j=1:5
        A{i,j}=ones(index(i),index(j))*ww(i,j);
    end
end
A=cell2mat(A); % 构造与超矩阵同维数的权重矩阵
sw=w.*A; % 计算加权超矩阵 sw
[f,val]=eigs(sw,1); nf=f/sum(f);  % 归一化
ff=nf(1:3)/sum(nf(1:3))  % 计算权重向量
xlswrite('aa.xlsx',w,1),  % 把数据写入 Excel 文件的表单"Sheet1"
xlswrite('aa.xlsx',ww,2),xlswrite('aa.xls',sw,3)
xlswrite('aa.xlsx',nf,3,'P1')  % 把 nf 写入表单"Sheet3"的"P1"开始的数据域
```

习 题 8

8.1 某单位拟从3名干部中选拔1人担任领导职务,选拔的标准有健康状况、业务知识、写作能力、口才、政策水平和工作作风。把这6个标准进行成对比较后,得到判断矩阵 $\boldsymbol{A}$ 如下:

$$\boldsymbol{A}=\begin{matrix}\text{健康状况}\\\text{业务知识}\\\text{写作能力}\\\text{口才}\\\text{政策水平}\\\text{工作作风}\end{matrix}\begin{bmatrix}1 & 1 & 1 & 4 & 1 & 1/2\\1 & 1 & 2 & 4 & 1 & 1/2\\1 & 1/2 & 1 & 5 & 3 & 1/2\\1/4 & 1/4 & 1/5 & 1 & 1/3 & 1/3\\1 & 1 & 1/3 & 3 & 1 & 1\\2 & 2 & 2 & 3 & 1 & 1\end{bmatrix}。$$

试模拟设计3个干部对于上述6个标准的两两比较判断矩阵,并用层次分析法对3个干部进行评价。

8.2 用 Super Decisions 软件重新计算8.2中的案例。

第9章 网络博弈

9.1 引 言

9.1.1 对策论和对策行为

对策论(Game Theory)亦称竞赛论或博弈论,是研究具有斗争或竞争性质现象的数学理论和方法。

社会及经济的发展带来了人与人之间或团体之间的竞争及矛盾,应用科学的方法来解决这样的问题开始于17世纪的科学家,如C. Huygens和W. Leibnitz等。现代对策论起源于1944年J. Von Neumann和O. Morgenstern的著作*Theory of Games and Economic Behavior*(《博弈论和经济行为》)。

20世纪50年代,John Nash建立了非合作博弈的"纳什均衡"理论,标志着对策论发展的一个新时期的开始。对策论在这一新时期发展的一个突出特点是,博弈的理论和方法被广泛应用于经济学的各个学科,成功地解释了具有不同利益的市场主体,在不完备信息条件下如何实现竞争并达到均衡。Nash提出的著名的纳什均衡概念在非合作博弈理论中起着核心作用。纳什均衡首先对Adam Smith"看不见的手"原理提出挑战。按照Adam Smith的理论,在市场经济中,每一个人都从利己的目的出发,而最终全社会达到利他的效果。不妨让我们重温一下这位经济学圣人在《国富论》中的名言:"通过追求自身利益,他常常会比其实际上想做的那样更有效地促进社会利益"。从纳什均衡可引出"看不见的手"原理的一个悖论:从个人理性目的出发,结果损人不利己。

1994年诺贝尔经济学奖同时授予了John Nash、Reinhard Selten、John Harsanyi三位博弈论专家。2005年诺贝尔经济学奖又授予了美国经济学家Thomas Schelling和以色列经济学家Robert Aumann,以表彰他们在合作博弈方面的巨大贡献。2007年诺贝尔经济学奖授予Leonid Hurwicz、Eric Maskin和Roger Myerson三名美国经济学家,他们因机制设计理论而获此殊荣,机制设计理论是博弈论研究的重要内容[162]。

具有竞争或对抗性质的行为称为对策行为。在这类现象中,参加竞争或对抗的各方各自具有不同的利益和目标。为了达到各自的利益和目标,各方必须考虑对手的各种可能的行动方案,并力图选取对自己最有利或最合理的方案。对策论就是研究对策现象中各方是否存在最合理的行动方案,以及如何找到最合理的行动方案。

在我国古代,"田忌赛马"就是一个典型的对策论研究的例子。

战国时期,有一天齐王提出要与田忌赛马,双方约定:从各自的上、中、下三个等级的马中各选一匹参赛;每匹马均只能参赛一次;每一次比赛双方各出一匹马,负者要付给胜者千金。已经知道的是,在同等级的马中,田忌的马不如齐王的马,而如果田忌的马比齐王的马高一等级,则田忌的马可取胜。当时,田忌手下的一个谋士给他出了个主意:每次比赛时先让齐王牵出他要参赛的马,然后用下马对齐王的上马,用中马对齐王的下马,用上马对齐王的中马。比赛结果,田忌二胜一负,夺得千金。由此看来,两个人各采取什么样的出马次序对胜负是至关重要的。

9.1.2 对策现象的三要素

以下称具有对策行为的模型为对策模型,或对策。

1. 局中人(Player)

一个对策中有权决定自己行动方案的对策参加者称为局中人,通常用 I 表示局中人的集合。如果有 n 个局中人,则 $I=\{1,2,\cdots,n\}$。一般要求一个对策中至少要有两个局中人。

对策中关于局中人的概念是具有广义性的。在对策中总是假定每一个局中人都是"理智的"决策者或竞争者。即对任一局中人来讲,不存在利用其他局中人决策的失误来扩大自身利益的可能性。

2. 策略集(Strategies)

对策中,可供局中人选择的一个实际可行的完整的行动方案称为一个策略。参加对策的每一局中人 $i,i\in I$,都有自己的策略集 S_i。一般,每一局中人的策略集中至少应包括两个策略。

3. 赢得函数(支付函数)(Payoff Function)

一个对策中,每一局中人所出策略形成的策略组称为一个局势,即若 s_i 是第 i 个局中人的一个策略,则 n 个局中人的策略形成的策略组 $s=(s_1,s_2,\cdots,s_n)$ 就是一个局势。若记 S 为全部局势的集合,则当一个局势 s 出现后,应该为每个局中人 i 规定一个赢得值(或所失值)$H_i(s)$。显然,$H_i(s)$ 是定义在 S 上的函数,称为局中人 i 的赢得函数。

9.2 零和对策

零和对策是一类特殊的对策问题。在这类对策中,只有两名局中人,每个局中人都只有有限个策略可供选择。在任一纯局势下,两个局中人的赢得之和总是等于零,即双方的利益是激烈对抗的。

设局中人Ⅰ、Ⅱ的策略集分别为

$$S_1=\{\alpha_1,\cdots,\alpha_m\},S_2=\{\beta_1,\cdots,\beta_n\}。\tag{9.1}$$

当局中人Ⅰ选定策略 α_i 和局中人Ⅱ选定策略 β_j 后,就形成了一个局势 (α_i,β_j),可见这样的局势共有 mn 个。对任一局势 (α_i,β_j),记局中人Ⅰ的赢得值为 a_{ij},并称

$$\boldsymbol{A}=\begin{bmatrix} a_{11} & a_{12} & \cdots & a_{1n} \\ a_{21} & a_{22} & \cdots & a_{2n} \\ \vdots & \vdots & \ddots & \vdots \\ a_{m1} & a_{m2} & \cdots & a_{mn} \end{bmatrix}\tag{9.2}$$

为局中人Ⅰ的赢得矩阵(或为局中人Ⅱ的支付矩阵)。由于假定对策为零和的,故局中人Ⅱ的赢得矩阵就是 $-\boldsymbol{A}$。

当局中人Ⅰ、Ⅱ和策略集 S_1、S_2 及局中人Ⅰ的赢得矩阵 $\boldsymbol{A}$ 确定后,一个零和对策就给定了,零和对策又可称为矩阵对策并可简记为

$$G=\{S_1,S_2;\boldsymbol{A}\}。$$

例 9.1 设有一矩阵对策 $G=\{S_1,S_2;\boldsymbol{A}\}$,其中

$$S_1=\{\alpha_1,\alpha_2,\alpha_3\},S_2=\{\beta_1,\beta_2,\beta_3,\beta_4\},$$
$$\boldsymbol{A}=\begin{bmatrix}12 & -6 & 30 & -22\\ 14 & 2 & 18 & 10\\ -6 & 0 & -10 & 16\end{bmatrix}。$$

从 $\boldsymbol{A}$ 中可以看出,若局中人Ⅰ希望获得最大赢利30,需采取策略 α_1,但此时若局中人Ⅱ采取策略 β_4,局中人Ⅰ非但得不到30,反而会失去22。为了稳妥,双方都应考虑到对方有使自己损失最大的动机,在最坏的可能中争取最好的结果,局中人Ⅰ采取策略 α_1、α_2、α_3 时,最坏的赢得结果分别为

$$\min\{12,-6,30,-22\}=-22,$$
$$\min\{14,2,18,10\}=2,$$
$$\min\{-6,0,-10,16\}=-10,$$

其中最好的可能为 $\max\{-22,2,-10\}=2$。如果局中人Ⅰ采取策略 α_2,无论局中人Ⅱ采取什么策略,局中人Ⅰ的赢得均不会少于2。

局中人Ⅱ采取各方案的最大损失为

$$\max\{12,14,-6\}=14,$$
$$\max\{-6,2,0\}=2,$$
$$\max\{30,18,-10\}=30,$$
$$\max\{-22,10,16\}=16。$$

当局中人Ⅱ采取策略 β_2 时,其损失不会超过2。注意到在赢得矩阵中,2既是所在行中的最小元素又是所在列中的最大元素。此时,只要对方不改变策略,任一局中人都不可能通过变换策略来增大赢得或减少损失,称这样的局势为对策的一个稳定点或稳定解。

定义 9.1 设 $f(x,y)$ 为一个定义在 $x\in A$ 及 $y\in B$ 上的实值函数,如果存在 $x^*\in A,y^*\in B$,使得对一切 $x\in A$ 和 $y\in B$,有

$$f(x,y^*)\leqslant f(x^*,y^*)\leqslant f(x^*,y),\tag{9.3}$$

则称 (x^*,y^*) 为函数 f 的一个鞍点。

定义 9.2 设 $G=\{S_1,S_2;\boldsymbol{A}\}$ 为矩阵对策,其中 $S_1=\{\alpha_1,\alpha_2,\cdots,\alpha_m\}$,$S_2=\{\beta_1,\beta_2,\cdots,\beta_n\}$,$\boldsymbol{A}=(a_{ij})_{m\times n}$。若等式

$$\max_i\min_j a_{ij}=\min_j\max_i a_{ij}=a_{i^*j^*},\tag{9.4}$$

成立,记 $V_G=a_{i^*j^*}$,则称 V_G 为对策 G 的值,称使式(9.4)成立的纯局势 $(\alpha_{i^*},\beta_{j^*})$ 为对策 G 的鞍点或稳定解,赢得矩阵中与 $(\alpha_{i^*},\beta_{j^*})$ 相对应的元素 $a_{i^*j^*}$ 称为赢得矩阵的鞍点,α_{i^*} 与 β_{j^*} 分别称为局中人Ⅰ与Ⅱ的最优纯策略。

给定一个对策 G,如何判断它是否具有鞍点呢?为了回答这一问题,先引入下面的极大极小原理。

定理 9.1 设 $G=\{S_1,S_2;A\}$,记 $\mu=\max\limits_i\min\limits_j a_{ij}$,$\nu=-\min\limits_j\max\limits_i a_{ij}$,则必有 $\mu+\nu\leqslant 0$。

证明 $\nu=\max\limits_j\min\limits_i(-a_{ij})$,易见 μ 为Ⅰ的最小赢得,ν 为Ⅱ的最小赢得,由于 G 是零和对策,故 $\mu+\nu\leqslant 0$ 必成立。

定理 9.2 零和对策 G 具有稳定解的充要条件为 $\mu+\nu=0$。

证明 （充分性）由μ和ν的定义可知，存在一行例如p行，μ为p行中的最小元素，且存在一列例如q列，$-\nu$为q列中的最大元素。故有

$$a_{pq} \geqslant \mu \text{ 且 } a_{pq} \leqslant -\nu, \tag{9.5}$$

又因$\mu+\nu=0$，所以$\mu=-\nu$，从而得出$a_{pq}=\mu$，a_{pq}为赢得矩阵的鞍点，(α_p,β_q)为G的稳定解。

（必要性）若G具有稳定解(α_p,β_q)，则a_{pq}为赢得矩阵的鞍点。故有

$$\mu = \max_i \min_j a_{ij} \geqslant \min_j a_{pj} = a_{pq}, \tag{9.6}$$

$$-\nu = \min_j \max_i a_{ij} \leqslant \max_i a_{iq} = a_{pq}, \tag{9.7}$$

从而可得$\mu+\nu\geqslant0$，但根据定理9.1，$\mu+\nu\leqslant0$必成立，故必有$\mu+\nu=0$。

定理9.2给出了对策问题有稳定解（简称为解）的充要条件。当对策问题有解时，其解可以不唯一，当解不唯一时，解之间的关系具有下面两条性质：

性质9.1 无差别性。即若$(\alpha_{i_1},\beta_{j_1})$与$(\alpha_{i_2},\beta_{j_2})$是对策$G$的两个解，则必有$a_{i_1j_1}=a_{i_2j_2}$。

性质9.2 可交换性。即若$(\alpha_{i_1},\beta_{j_1})$和$(\alpha_{i_2},\beta_{j_2})$是对策$G$的两个解，则$(\alpha_{i_1},\beta_{j_2})$和$(\alpha_{i_2},\beta_{j_1})$也是解。

9.3 零和对策的混合策略及解法

9.3.1 零和对策的混合策略

具有稳定解的零和问题是一类特别简单的对策问题，它所对应的赢得矩阵存在鞍点，任一局中人都不可能通过自己单方面的努力来改进结果。然而，在实际遇到的零和对策中更典型的是$\mu+\nu\neq0$的情况。由于赢得矩阵中不存在鞍点，此时在只使用纯策略的范围内，对策问题无解。下面引进零和对策的混合策略。

设局中人Ⅰ用概率x_i选用策略α_i，局中人Ⅱ用概率y_j选用策略β_j，$\sum_{i=1}^{m} x_i = \sum_{j=1}^{n} y_j = 1$，记$\boldsymbol{x} = [x_1,x_2,\cdots,x_m]^{\mathrm{T}}$，$\boldsymbol{y} = [y_1,y_2,\cdots,y_n]^{\mathrm{T}}$，则局中人Ⅰ的期望赢得为$E(x,y)=\boldsymbol{x}^{\mathrm{T}}\boldsymbol{A}\boldsymbol{y}$。

记

S_1^*：策略	$\alpha_1,\alpha_2,\cdots,\alpha_m$
概率	$x_1,x_2,\cdots,x_m$

S_2^*：策略	$\beta_1,\beta_2,\cdots,\beta_n$
概率	$y_1,y_2,\cdots,y_n$

分别称S_1^*与S_2^*为局中人Ⅰ和Ⅱ的混合策略。

下面简单地记

$$S_1^* = \left\{ [x_1,x_2,\cdots,x_m]^{\mathrm{T}} \mid x_i \geqslant 0, i = 1,2,\cdots,m; \sum_{i=1}^{m} x_i = 1 \right\}, \tag{9.8}$$

$$S_2^* = \left\{ [y_1,y_2,\cdots,y_n]^{\mathrm{T}} \mid y_j \geqslant 0, j = 1,2,\cdots,n; \sum_{j=1}^{n} y_j = 1 \right\}。 \tag{9.9}$$

定义9.3 若存在m维概率向量$\bar{\boldsymbol{x}}$和n维概率向量$\bar{\boldsymbol{y}}$，使得对一切m维概率向量$\boldsymbol{x}$和n维概率向量$\boldsymbol{y}$有

$$\bar{\boldsymbol{x}}^{\mathrm{T}}\boldsymbol{A}\bar{\boldsymbol{y}} = \max_{\boldsymbol{x}} \boldsymbol{x}^{\mathrm{T}}\boldsymbol{A}\bar{\boldsymbol{y}} = \min_{\boldsymbol{y}} \bar{\boldsymbol{x}}^{\mathrm{T}}\boldsymbol{A}\boldsymbol{y}, \tag{9.10}$$

则称$(\bar{\boldsymbol{x}},\bar{\boldsymbol{y}})$为混合策略对策问题的鞍点。

定理 9.3 设$\bar{x}\in S_1^*$,$\bar{y}\in S_2^*$,则$(\bar{\boldsymbol{x}},\bar{\boldsymbol{y}})$为$G=\{S_1,S_2;\boldsymbol{A}\}$的解的充要条件是:

$$\begin{cases}\sum_{j=1}^{n} a_{ij}\bar{y}_j \leqslant \bar{\boldsymbol{x}}^{\mathrm{T}}\boldsymbol{A}\bar{\boldsymbol{y}}, & i=1,2,\cdots,m,\\ \sum_{i=1}^{m} a_{ij}\bar{x}_i \geqslant \bar{\boldsymbol{x}}^{\mathrm{T}}\boldsymbol{A}\bar{\boldsymbol{y}}, & j=1,2,\cdots,n。\end{cases} \tag{9.11}$$

定理 9.4 任意混合策略对策问题必存在鞍点,即必存在概率向量$\bar{\boldsymbol{x}}$和$\bar{\boldsymbol{y}}$,使得

$$\bar{\boldsymbol{x}}^{\mathrm{T}}\boldsymbol{A}\bar{\boldsymbol{y}}=\max_{x}\min_{y}\boldsymbol{x}^{\mathrm{T}}\boldsymbol{A}\boldsymbol{y}=\min_{y}\max_{x}\boldsymbol{x}^{\mathrm{T}}\boldsymbol{A}\boldsymbol{y}。 \tag{9.12}$$

使用纯策略的对策问题(具有稳定解的对策问题)可以看成使用混合策略的对策问题的特殊情况,相当于以概率 1 选取其中某一策略,以概率 0 选取其余策略。

例 9.2 A、B为作战双方,A方拟派两架轰炸机Ⅰ和Ⅱ去轰炸B方的指挥部,轰炸机Ⅰ在前面飞行,Ⅱ随后。两架轰炸机中只有一架带有炸弹,而另一架仅为护航。轰炸机飞至B方上空,受到B方战斗机的阻击。若战斗机阻击后面的轰炸机Ⅱ,它仅受Ⅱ的射击,被击中的概率为 0.3(Ⅰ来不及返回攻击它)。若战斗机阻击Ⅰ,它将同时受到两架轰炸机的射击,被击中的概率为 0.7。一旦战斗机未被击中,它将以 0.6 的概率击毁其选中的轰炸机。请为A、B双方各选择一个最优策略,即对于A方应选择哪一架轰炸机装载炸弹?对于B方战斗机应阻击哪一架轰炸机?

解 双方可选择的策略集分别是

$S_A=\{\alpha_1,\alpha_2\}$,$\alpha_1$:轰炸机Ⅰ装炸弹,Ⅱ护航;

α_2:轰炸机Ⅱ装炸弹,Ⅰ护航;

$S_B=\{\beta_1,\beta_2\}$,β_1:阻击轰炸机Ⅰ;

β_2:阻击轰炸机Ⅱ;

赢得矩阵$\boldsymbol{R}=(a_{ij})_{2\times2}$,$a_{ij}$为$A$方采取策略$\alpha_i$而$B$方采取策略$\beta_j$时,轰炸机轰炸$B$方指挥部的概率,由题意可计算出

$$a_{11}=0.7+0.3(1-0.6)=0.82,$$
$$a_{12}=1,a_{21}=1,$$
$$a_{22}=0.3+0.7(1-0.6)=0.58,$$

即赢得矩阵

$$\boldsymbol{R}=\begin{bmatrix}0.82 & 1\\ 1 & 0.58\end{bmatrix}。$$

易求得$\mu=\max\limits_i\min\limits_j a_{ij}=0.82$,$\nu=-\min\limits_j\max\limits_i a_{ij}=-1$。由于$\mu+\nu\neq0$,矩阵$\boldsymbol{R}$不存在鞍点,应当求最佳混合策略。

现设A以概率x_1取策略α_1、以概率x_2取策略α_2;B以概率y_1取策略β_1、以概率y_2取策略β_2。

先从B方来考虑问题。B采用β_1时,A方轰炸机攻击指挥部的概率期望值为$E(\beta_1)=0.82x_1+x_2$,而B采用β_2时,A方轰炸机攻击指挥部的概率的期望值为$E(\beta_2)=x_1+0.58x_2$。若$E(\beta_1)\neq E(\beta_2)$,不妨设$E(\beta_1)<E(\beta_2)$,则$B$方必采用$\beta_1$以减少指挥部被轰炸的概率。故对$A$方选取的最佳概率$x_1$和$x_2$,必满足

$$\begin{cases}0.82x_1 + x_2 = x_1 + 0.58x_2, \\ x_1 + x_2 = 1。\end{cases}$$

由此解得 $x_1=0.7, x_2=0.3$。

同样,可从 A 方考虑问题,得

$$\begin{cases}0.82y_1 + y_2 = y_1 + 0.58y_2, \\ y_1 + y_2 = 1。\end{cases}$$

并解得 $y_1=0.7, y_2=0.3$。B 方指挥部被轰炸的概率的期望值 $V_G=0.874$。

9.3.2 零和对策的解法

1. 线性方程组方法

假设最优策略中的 x_i^* 和 y_j^* 均不为零,则把对策问题的求解问题转化成下面两个方程组的问题:

$$\begin{cases}\sum_{i=1}^{m} a_{ij}x_i = v, \quad j = 1,2,\cdots,n, \\ \sum_{i=1}^{m} x_i = 1。\end{cases} \tag{9.13}$$

$$\begin{cases}\sum_{j=1}^{n} a_{ij}y_j = v, \quad i = 1,2,\cdots,m, \\ \sum_{j=1}^{n} y_j = 1。\end{cases} \tag{9.14}$$

如果上述方程组存在非负解 x^* 和 y^*,便求得了对策的一个解。这种方法由于事先假定 x_i^* 和 y_j^* 均不为零,故当最优策略的某些分量实际为零时,上述方程组可能无解,因此,这种方法在实际应用中有一定的局限性。但对于 2×2 的矩阵,当局中人 Ⅰ 的赢得矩阵

$$\boldsymbol{A} = \begin{bmatrix} a_{11} & a_{12} \\ a_{21} & a_{22} \end{bmatrix} \tag{9.15}$$

不存在鞍点时,容易证明:各局中人的最优混合策略中的 x_i^*, y_j^* 均大于零,可以使用方程组解法进行求解。

例 9.3 求解矩阵对策“田忌赛马”。

解 已知齐王的赢得矩阵为

$$\boldsymbol{A} = \begin{bmatrix} 3 & 1 & 1 & 1 & 1 & -1 \\ 1 & 3 & 1 & 1 & -1 & 1 \\ 1 & -1 & 3 & 1 & 1 & 1 \\ -1 & 1 & 1 & 3 & 1 & 1 \\ 1 & 1 & -1 & 1 & 3 & 1 \\ 1 & 1 & 1 & -1 & 1 & 3 \end{bmatrix},$$

并设齐王和田忌的最优混合策略分别为 $\boldsymbol{x}^* = [x_1^*, x_2^*, \cdots, x_6^*]^{\mathrm{T}}$ 和 $\boldsymbol{y}^* = [y_1^*, y_2^*, \cdots, y_6^*]^{\mathrm{T}}$。从而列出求解方程组,并求解得到 $x_i = 1/6(i=1,2,\cdots,6)$, $y_j = 1/6(j=1,2,\cdots,6)$, $V_G = v = 1$,即双方都以1/6的概率选取每个纯策略。或者说在六个纯策略中随机地选取一个即为最优策略。总的结局应该是:齐王赢的机会为 5/6,赢得的期望值是一千金。

计算的 Matlab 程序如下:

```
clc,clear,format rat,a=ones(6);
a(1:7:end)=3;  % 对角线元素赋值为 3
a([4,9,17,24,26,31])=-1;  % 这里 a 的地址取一维
aa=[a,-ones(6,1);ones(1,6),0];  % 构造 7 个未知数 x1,x2,...,x6,v 的系数阵
b=[zeros(6,1);1];  % 构造常数项列
xv=pinv(aa)*b  % 解线性方程组
x=xv(1:end-1)  % 显示齐王的混合策略
v=xv(end)  % 显示齐王赢得的期望值
```

2. 零和对策的线性规划解法

当 $m>2$ 且 $n>2$ 时,通常采用线性规划方法求解零和对策问题。局中人 I 选择混合策略 $\bar{\boldsymbol{x}}$ 的目的是使得

$$\begin{aligned}\bar{\boldsymbol{x}}^{\mathrm{T}}\boldsymbol{A}\bar{\boldsymbol{y}} &= \max_{x}\min_{y}\boldsymbol{x}^{\mathrm{T}}\boldsymbol{A}\boldsymbol{y} = \max_{x}\min_{y}\boldsymbol{x}^{\mathrm{T}}\boldsymbol{A}\left(\sum_{j=1}^{n} y_j\boldsymbol{e}_j\right)\\ &= \max_{x}\min_{y}\sum_{j=1}^{n}\boldsymbol{E}_j y_j,\end{aligned} \tag{9.16}$$

式中:$\boldsymbol{e}_j$ 为只有第 j 个分量为 1 而其余分量均为零的单位向量;$\boldsymbol{E}_j = \boldsymbol{x}^{\mathrm{T}}\boldsymbol{A}\boldsymbol{e}_j$。记 $u \equiv \boldsymbol{E}_k = \min\limits_{j}\boldsymbol{E}_j$,由于 $\sum\limits_{j=1}^{n} y_j = 1$, $\min\limits_{y}\sum\limits_{j=1}^{n}\boldsymbol{E}_j y_j$ 在 $y_k = 1, y_j = 0(j \neq k)$ 时达到最小值 u,故 $\bar{\boldsymbol{x}}$ 应为线性规划问题

$$\max\quad u,$$

$$\text{s.t.}\begin{cases}\sum\limits_{i=1}^{m} a_{ij}x_i \geqslant u, & j = 1,2,\cdots,n(\text{即 } E_j \geqslant E_i),\\ \sum\limits_{i=1}^{m} x_i = 1,\\ x_i \geqslant 0, & i = 1,2,\cdots,m,\end{cases} \tag{9.17}$$

的解。

同理,$\bar{\boldsymbol{y}}$ 应为线性规划

$$\min v,$$

$$\text{s.t.}\begin{cases}\sum\limits_{j=1}^{n} a_{ij}y_j \leqslant v, & i = 1,2,\cdots,m\\ \sum\limits_{j=1}^{n} y_j = 1,\\ y_j \geqslant 0, & j = 1,2,\cdots,n,\end{cases} \tag{9.18}$$

的解。由线性规划知识,式(9.17)与式(9.18)互为对偶线性规划,它们具有相同的最优目标

函数值。

例 9.4 在一场敌对的军事行动中，甲方拥有三种进攻性武器 A_1,A_2,A_3，可分别用于摧毁乙方工事；而乙方有三种防御性武器 B_1,B_2,B_3 对付甲方。据平时演习得到的数据，各种武器间对抗时，相互取胜的可能如下：

A_1 对 B_1　2 :1；　　A_1 对 B_2　3 :1；　　A_1 对 B_3　1 :2；

A_2 对 B_1　3 :7；　　A_2 对 B_2　3 :2；　　A_2 对 B_3　1 :3；

A_3 对 B_1　3 :1；　　A_3 对 B_2　1 :4；　　A_3 对 B_3　2 :1

解 先分别列出甲、乙双方赢得的可能性矩阵，将甲方矩阵减去乙方矩阵的对应元素，得零和对策时甲方的赢得矩阵如下：

$$\boldsymbol{A}=\begin{bmatrix}1/3 & 1/2 & -1/3\\ -2/5 & 1/5 & -1/2\\ 1/2 & -3/5 & 1/3\end{bmatrix}。$$

利用线性规划模型（式（9.17）和式（9.18）），解得 $\bar{\boldsymbol{x}}=[0.5283,0,0.4717]^{\mathrm{T}}$，$\bar{\boldsymbol{y}}=[0,0.3774,0.6226]^{\mathrm{T}}$，$u=-0.0189$，$v=-0.0189$，故乙方有利。

计算的 Matlab 程序如下：

```
clc,clear
a=[1/3,1/2,-1/3;-2/5,1/5,-1/2;1/2,-3/5,1/3];
c1=[zeros(3,1);-1];  % 构造(9.17)的目标向量
A=[-a',ones(3,1)];  % 构造(9.17)的不等号约束矩阵
Aeq=[ones(1,3),0];  % 构造(9.17)的等号约束矩阵
Lb=[zeros(3,1);-inf]; Ub=[ones(3,1);inf];
[xu,f1]=linprog(c1,A,zeros(3,1),Aeq,1,Lb,Ub)
c2=[zeros(3,1); 1];  % 构造(9.18)的目标向量
B=[a,-ones(3,1)];  % 构造(9.18)的不等号约束矩阵
[yv,f2]=linprog(c2,B,zeros(3,1),Aeq,1,Lb,Ub)
```

9.4 二人非常数和对策

所谓常数和对策是指局中人Ⅰ和局中人Ⅱ所赢得的值之和为一常数。显然，二人零和对策是二人常数和对策的特例，即常数为零。

对于二人常数和对策，有纯策略对策和混合策略对策，其求解方法与二人零和对策是相同的。

二人非常数和对策，当策略集中的策略为有限个时，也称为双矩阵对策，也有纯策略对策和混合策略对策两种策略。

9.4.1 纯策略问题

例 9.5 两个小偷 A 和 B 合伙作案，被捕后被隔离审查。他们都知道，如果双方都坦白罪行，那么两人都会被判刑 3 年；而如果双方都拒绝坦白，那么两人都将被判刑 1 年。但是，如果一方坦白，而另一方拒不认罪，则前者将被宽大释放，后者将被判刑 5 年。这样，得到囚徒困境博弈的赢得矩阵，如表 9.1 所列。其中 C 表示与同伴合作，即拒绝坦白；D 表示背叛同伴，即坦

白罪行。假设两个小偷不能相互交流,那么理性的小偷会如何做出抉择?

表 9.1　囚徒困境博弈的赢得矩阵

		小偷 B	
		坦白 D	拒绝坦白 C
小偷 A	坦白 D	(3,3)	(0,5)
	拒绝坦白 C	(5,0)	(1,1)

例 9.5 给出了典型的二人非常数和对策,每人的赢得矩阵是不相同的,因此称为双矩阵对策。从表面上看,两小偷拒不供认,只能被判 1 年徒刑,结果是最好的。但仔细分析,却无法做到这一点。因为小偷 A 如果采用不供认策略,他可能被判刑的刑期为 1 年或 5 年,而小偷 B 可能判的刑期为 0 年或 1 年。而 A 选择供认,他被判的刑期为 0 年或 3 年,此时,小偷 B 可能判的刑期为 3 年或 5 年。因此,犯罪嫌疑人 A 一定选择供认。基于同样的道理,犯罪嫌疑人 B 也只能选择供认。

选择供认是他们最好的选择,各自被判 3 年。

按照上面的论述,对于一般纯策略问题,局中人Ⅰ、Ⅱ的赢得矩阵如表 9.2 所列。其中局中人Ⅰ有 m 个策略 $\alpha_1,\cdots,\alpha_m$,局中人Ⅱ有 n 个策略 $\beta_1,\cdots,\beta_n$,分别记为 $S_1=\{\alpha_1,\cdots,\alpha_m\}$,$S_2=\{\beta_1,\cdots,\beta_n\}$,$\boldsymbol{C}^1=(c_{ij}^1)_{m\times n}$ 为局中人Ⅰ的赢得矩阵,$\boldsymbol{C}^2=(c_{ij}^2)_{m\times n}$ 为局中人Ⅱ的赢得矩阵,双矩阵对策记为 $G=\{S_1,S_2,C^1,C^2\}$。

表 9.2　双矩阵对策的赢得矩阵

	β_1	β_2	$\cdots$	β_n
α_1	(c_{11}^1,c_{11}^2)	(c_{12}^1,c_{12}^2)	$\cdots$	(c_{1n}^1,c_{1n}^2)
α_2	(c_{21}^1,c_{21}^2)	(c_{22}^1,c_{22}^2)	$\cdots$	(c_{2n}^1,c_{2n}^2)
$\vdots$	$\vdots$	$\vdots$		$\vdots$
α_m	(c_{m1}^1,c_{m1}^2)	(c_{m2}^1,c_{m2}^2)	$\cdots$	(c_{mn}^1,c_{mn}^2)

定义 9.4　设 $G=\{S_1,S_2,\boldsymbol{C}^1,\boldsymbol{C}^2\}$ 是一双矩阵对策,若等式

$$c_{i^*j^*}^1=\max_i\min_j c_{ij}^1,c_{i^*j^*}^2=\max_j\min_i c_{ij}^2 \tag{9.19}$$

成立,则记 $v_1=c_{i^*j^*}^1$,并称 v_1 为局中人Ⅰ的赢得值,记 $v_2=c_{i^*j^*}^2$,并称 v_2 为局中人Ⅱ的赢得值,称$(\alpha_{i^*},\beta_{j^*})$为 G 在纯策略下的解(或纳什平衡点),称 α_{i^*} 和 β_{j^*} 分别为局中人Ⅰ,Ⅱ的最优纯策略。

实际上,定义 9.4 也同时给出了纯策略问题的求解方法。因此,对于例 9.5,([1,0],[1,0])是纳什平衡点,这里[1,0]表示以概率 1 取第一个策略,也就是说,坦白是他们的最佳策略。

9.4.2　混合对策问题

如果不存在使式(9.19)成立的对策,则需要求混合对策。类似于二人零和对策情况,需要给出混合对策的最优解。

1. 混合对策问题的基本概念

定义 9.5　在对策 $G=\{S_1,S_2,\boldsymbol{C}^1,\boldsymbol{C}^2\}$ 中,若存在策略对 $\bar{\boldsymbol{x}}\in S_1^*,\bar{\boldsymbol{y}}\in S_2^*$,使得

$$\begin{cases}\boldsymbol{x}^{\mathrm{T}}\boldsymbol{C}^1\bar{\boldsymbol{y}} \leqslant \bar{\boldsymbol{x}}^{\mathrm{T}}\boldsymbol{C}^1\bar{\boldsymbol{y}}, & \forall \boldsymbol{x} \in S_1^*, \\ \bar{\boldsymbol{x}}^{\mathrm{T}}\boldsymbol{C}^2\boldsymbol{y} \leqslant \bar{\boldsymbol{x}}^{\mathrm{T}}\boldsymbol{C}^2\bar{\boldsymbol{y}}, & \forall \boldsymbol{y} \in S_2^*,\end{cases} \tag{9.20}$$

则称$(\bar{\boldsymbol{x}},\bar{\boldsymbol{y}})$为 G 的一个非合作平衡点。记 $v_1=\bar{\boldsymbol{x}}^{\mathrm{T}}\boldsymbol{C}^1\bar{\boldsymbol{y}}$, $v_2=\bar{\boldsymbol{x}}^{\mathrm{T}}\boldsymbol{C}^2\bar{\boldsymbol{y}}$,则称 v_1, v_2 分别为局中人Ⅰ,Ⅱ的赢得值。

对于混合对策问题有如下定理。

定理 9.5 每个双矩阵对策至少存在一个非合作平衡点。

定理 9.6 混合策略$(\bar{x},\bar{y})$为对策 $G=\{S_1,S_2,\boldsymbol{C}^1,\boldsymbol{C}^2\}$的平衡点的充分必要条件是

$$\begin{cases}\sum\limits_{j=1}^{n} c_{ij}^1\bar{y}_j \leqslant \bar{\boldsymbol{x}}^{\mathrm{T}}\boldsymbol{C}^1\bar{\boldsymbol{y}}, & i=1,2,\cdots,m, \\ \sum\limits_{i=1}^{m} c_{ij}^2\bar{\boldsymbol{x}}_i \leqslant \bar{x}^{\mathrm{T}}\boldsymbol{C}^2\bar{\boldsymbol{y}}, & j=1,2,\cdots,n。\end{cases} \tag{9.21}$$

2. 混合对策问题的求解方法

由定义 9.5 可知,求解混合对策就是求非合作对策的平衡点,进一步由定理 9.6 得到,求解非合作对策的平衡点,就是求解满足不等式(9.21)的可行点。因此,混合对策问题的求解问题就转化为求不等式(9.21)的可行点,而 Lingo 软件可以很容易做到这一点。下面引进虚拟的目标函数,用 Matlab 的数学规划命令求解。

例 9.6 有甲、乙两支游泳队举行包括三个项目的对抗赛。这两支游泳队各有一名健将级运动员(甲队为李,乙队为王),在三个项目中成绩都很突出,但规则准许他们每人只能参加两项比赛,每队的其他两名运动员可参加全部三项比赛。已知各运动员平时成绩(s)如表 9.3 所列。

表 9.3 运动员成绩

	甲队			乙队		
	赵	钱	李	王	张	孙
100m 蝶泳	59.7	63.2	57.1	58.6	61.4	64.8
100m 仰泳	67.2	68.4	63.2	61.5	64.7	66.5
100m 蛙泳	74.1	75.5	70.3	72.6	73.4	76.9

假定各运动员在比赛中都发挥正常水平,又比赛第一名得 5 分,第二名得 3 分,第三名得 1 分,问教练员应决定让自己队健将参加哪两项比赛,使本队得分最多?(各队参加比赛名单互相保密,定下来后不准变动。)

解 分别用 α_1、α_2 和 α_3 表示甲队中李姓健将不参加蝶泳、仰泳、蛙泳比赛的策略,分别用 β_1、β_2 和 β_3 表示乙队中王姓健将不参加蝶泳、仰泳、蛙泳比赛的策略。当甲队采用策略 α_1,乙队采用策略 β_1 时,在 100m 蝶泳中,甲队中赵获第一、钱获第三,得 6 分,乙队中张获第二,得 3 分;在 100m 仰泳中,甲队中李获第二,得 3 分,乙队中王获第一、张获第三,得 6 分;在 100m 蛙泳中,甲队中李获第一,得 5 分,乙队中王获第二、张获第三,得 4 分。也就是说,对应于策略(α_1,β_1),甲、乙两队各自的得分为(14,13)。表 9.4 给出了在全部策略下各队的得分,计算的 Matlab 程序如下:

```
clc,clear
```

```
a=[59.7  63.2  57.1  58.6  61.4  64.8
   67.2  68.4  63.2  61.5  64.7  66.5
   74.1  75.5  70.3  72.6  73.4  76.9];
sc1=[5:-2:1,zeros(1,3)];  %1-6名的得分
sc2=repmat(sc1,3,1);
for i=1:3
   for j=1:3
      b=a;
      b(i,3)=1000;b(j,4)=1000;  %不参加比赛,时间成绩取为充分大
      [b,ind]=sort(b,2);  %对b的每一行进行排序
      for k=1:3
         sc2(k,ind(k,:))=sc1;  %计算各个局势下的3个项目得分
      end
      A (i,j)=sum(sum(sc2(:,[1:3])));  %计算各个局势的得分
      B (i,j)=sum(sum(sc2(:,[4:end])));  %计算各个局势的得分
   end
end
A,B
save AB A B  %把A和B保存在AB.mat文件中
```

表 9.4　赢得矩阵的计算结果

	β_1	β_2	β_3
α_1	(14,13)	(13,14)	(12,15)
α_2	(13,14)	(12,15)	(12,15)
α_3	(12,15)	(12,15)	(13,14)

按照定理 9.6,求最优混合策略,就是求不等式(9.21)的可行解。记甲队的赢得矩阵 $\boldsymbol{A}=(a_{ij})_{3\times3}$,记乙队的赢得矩阵 $\boldsymbol{B}=(b_{ij})_{3\times3}$,甲队的混合策略为 $\boldsymbol{x}=[x_1,x_2,x_3]^{\mathrm{T}}$,乙队的混合策略为 $\boldsymbol{y}=[y_1,y_2,y_3]^{\mathrm{T}}$。为了利用 Matlab 求解,可构造虚拟的目标函数,把问题的求解归结为如下的非线性规划问题:

$$\min\sum_{i=1}^{3}(x_i+y_i)$$

$$\text{s.t.}\begin{cases}\sum_{j=1}^{3}a_{ij}y_j\leqslant\boldsymbol{x}^{\mathrm{T}}\boldsymbol{A}\boldsymbol{y},i=1,2,3,\\ \sum_{i=1}^{3}b_{ij}x_i\leqslant\boldsymbol{x}^{\mathrm{T}}\boldsymbol{B}\boldsymbol{y},j=1,2,3,\\ \sum_{i=1}^{3}x_i=1,\\ \sum_{i=1}^{3}y_i=1,\\ x_i,y_i\geqslant0,i=1,2,3。\end{cases}$$

利用 Matlab 软件，求得甲队采用的策略是 α_1、α_3 方案各占 50%，乙队采用的策略是 β_2、β_3 方案各占 50%，甲队的平均得分为 12.5 分，乙队的平均得分为 14.5。

计算的 Matlab 程序如下：

```
function net_ex9_6_2
clc,global A B,load AB  % 定义全局变量,并加载数据
fxy=@ (xy)sum(xy);  % 定义虚拟的目标函数
Aeq=[ones(1,3),zeros(1,3);zeros(1,3),ones(1,3)],beq=ones(2,1)  % 等号约束
[xy,f]=fmincon(fxy,rand(6,1),[],[],Aeq,beq,zeros(6,1),ones(6,1),@ erci);
x=xy(1:3),y=xy(4:6)  % 分别显示甲队和乙队的混合策略
v1=x'*A*y,v2=x'*B*y  % 求各队的平均得分
function [c,ceq]=erci(xy);  % 定义非线性约束函数
global A B
for i=1:3
    c(i)=A(i,:)*xy(4:6)-xy(1:3)'*A*xy(4:6);  % 定义非线性不等式约束
    c(3+i)= B(:,i)'*xy(1:3)-xy(1:3)'*B*xy(4:6);
end
ceq=[];  % 定义非线性等式约束
```

9.4.3 纳什均衡的应用

下面分析一个在经济学方面具体应用的博弈论经典模型。

例 9.7 古诺双寡头竞争模型(Cournot Duopoly Competition Model)。设某市场有两家企业生产同类型的产品，企业 1 的产量为 q_1，企业 2 的产量为 q_2，则市场总产量为 $q=q_1+q_2$。设市场出清价格 p 是关于市场总产量的函数 $p=p(q)=a-q$。为分析简单的需要和突出博弈的特征，假设两企业的生产都无固定成本，且单位产量的边际成本相等，都为常数 c。两家企业同时决定各自的产量，即他们在决策之前都不知道另一方的产量，两企业应该如何做决策。

解 在由上述问题构成的博弈中，局中人为企业 1 和企业 2。两局中人的策略空间就是它们可以选择的产量。产量不可能为负值，假设产量是连续的，因此两个企业都有无限多种可选策略。该博弈中两局中人的赢得是两企业各自的利润，即各自的销售收益减去各自的成本，根据假设的条件，两局中人的赢得函数分别为

$$u_1 = q_1p(q) - cq_1 = q_1[a - (q_1 + q_2) - c],$$
$$u_2 = q_2p(q) - cq_2 = q_2[a - (q_1 + q_2) - c]。$$

容易看出，两博弈方的赢得即利润都取决于双方的策略即产量。

下面求解这个博弈的纳什均衡策略组合。根据纳什均衡的定义可知，纳什均衡是由相互具有最优策略性质的各局中人策略组成的策略组合。因此，如果假设策略组合 (q_1^*, q_2^*) 是本博弈的纳什均衡，那么 (q_1^*, q_2^*) 必须满足关系式 $u_i(q_1^*, q_2^*) \geqslant u_i(q_1, q_2)$，也就是说 (q_1^*, q_2^*) 是问题

$$\begin{cases} \max\limits_{q_1}[(a-c)q_1 - q_1q_2^* - q_1^2], \\ \max\limits_{q_2}[(a-c)q_2 - q_2q_1^* - q_2^2] \end{cases}$$

的解。

上述求最大值的两个式子都是各自变量的二次式，且二次项的系数都小于 0，因此 q_1^*，q_2^* 只要能使两式各自对 q_1、q_2 的导数为 0，就一定能实现两式的最大值。令

$$\begin{cases}(a-c)-q_2^*-2q_1^*=0,\\(a-c)-q_1^*-2q_2^*=0,\end{cases}$$

解之得该方程组的唯一一组解 $q_1^*=q_2^*=(a-c)/3$。因此，策略组合 $((a-c)/3,(a-c)/3)$ 就是本博弈唯一的纳什均衡，也是本博弈的结果。根据上述分析，模型中两家企业独立同时做产量决策，以自身最大利益为目标，都会选择生产 $(a-c)/3$ 单位的产量，市场的总产量为 $2(a-c)/3$。两家企业各自的赢得为 $(a-c)^2/9$，两家企业的利润之和为 $2(a-c)^2/9$。

现在要问，在该纳什均衡策略组合下，企业总的生产效率是怎样的呢？为此，从企业总体利益最大化的角度作一次产量选择。设市场的总产量为 q，则总赢得为 $u=qp(q)-cq=(a-c)q-q^2$。很容易求得使总赢得最大的总产量 $q^*=(a-c)/2$，最大总赢得 $u^*=(a-c)^2/4$。将此结果与两家企业独立决策、追求自身而不是共同利益最大化时的博弈结果相比，可以发现，虽然此时总产量较小，但总利润却较高。因此如果两厂商更多考虑合作，联合起来决定产量，先确定出使总利益最大的产量后各自生产一半，则各自可分享到的利益比独立决策时得到的利益要高。

不过，在独立决策、缺乏协调机制的两个企业之间，上述合作的结果并不容易实现，即使实现了也往往是不稳定的，因为每一家企业都有动机偏离这种合作。也就是说，在这个策略下，双方都认为可以通过独自改变自己的产量而得到更高的利润。因此，在缺乏有强制作用的协议等保障手段的情况下，这种投产的冲动注定了维持上述较低水平的产量组合是不可能的，两家企业早晚都会增产，只有达到纳什均衡的产量水平 $((a-c)/3,(a-c)/3)$ 时才会稳定下来，因为只有这时候任一企业单独改变产量都会不利于自己。

显然，产量博弈的古诺模型是一种囚徒困境，无法实现局中人总体和各个局中人利益的最大化。此类博弈也说明了自由竞争的经济同样也存在低效率问题，放任自流也不是最好的政策。这些理论也说明了对市场的管理、政府对市场的调控和监管是非常必要的。

9.5 合作博弈

一般来说，博弈论可以分为合作博弈与非合作博弈。合作博弈的出现和研究比非合作博弈要早，早在 1881 年，Edgeworth 在他的《数学心理学》一书中就已经体现了合作博弈的思想。在 J. Von Neumann 与 O. Morgenstern 合著的《博弈论与经济行为》中也用了大量的篇幅讨论合作博弈，而在非合作博弈中仅仅讨论了零和博弈。进入 21 世纪以来，合作博弈开始越来越受到理论界的重视，已经成为博弈论研究的一个热点问题。2005 年诺贝尔经济学奖授予美国经济学家 Thomas Schelling 和以色列经济学家 Robert Aumann，以表彰他们在合作博弈方面的巨大贡献。

9.5.1 Shapley 值方法[162]

在经济或社会活动中若干实体相互合作结成联盟或集团，常能比他们单独行动获得更多的经济或社会效益。确定合理地分配这些效益的方案是促成合作的前提。先看一个简单

例子。

甲乙丙三人经商，若单干，每人仅能获利 1 元；甲乙合作可获利 7 元；甲丙合作可获利 5 元；乙丙合作可获利 4 元；三人合作则可获利 11 元。问三人合作时怎样合理地分配 11 元的收入。

人们自然会想到的一种分配方法是：设甲乙丙三人各得 x_1, x_2, x_3 元，满足

$$x_1 + x_2 + x_3 = 11, \tag{9.22}$$

$$x_1, x_2, x_3 \geqslant 1, x_1 + x_2 \geqslant 7, x_1 + x_3 \geqslant 5, x_2 + x_3 \geqslant 4。 \tag{9.23}$$

式(9.23)表示这种分配必须不小于单干或二人合作时的收入。但是容易看出，式(9.22)和式(9.23)有许多组解，如$[x_1, x_2, x_3] = [5,3,3]$，$[4,4,3]$，$[4,3.5,3.5]$等。于是需要寻求一种圆满的分配方法。

上例提出的这类问题称为 n 人合作对策。L. S. Shapley 1953 年给出了解决该问题的一种方法，称为 Shapley 值方法。

1. n 人合作对策和 Shapley 值

n 个人从事某项经济活动，对于他们之中若干人组合的每一种合作（特别地，单人也视为一种合作），都会得到一定的效益，当人们之间的利益是非对抗性时，合作中人数的增加不会引起效益的减少。这样，全体 n 个人的合作将带来最大利益，Shapley 值是分配这个最大效益的一种方案。下面先介绍相关的基础知识。

定义 9.6 设博弈的局中人集合为 $I = \{1,2,\cdots,n\}$，则对于任意 $s \subset I$，称 s 为 I 的一个联盟。这里，允许 $s = \varphi$ 和 $s = I$ 两种特殊情况，将 $s = I$ 称为一个大联盟。

$I = \{1,2,\cdots,n\}$ 中联盟的个数为 $C_n^0 + C_n^1 + \cdots + C_n^n = 2^n$。正式的合作博弈的定义是以特征函数$[I,v]$的形式给出的，简称博弈的特征型，也称联盟型。

定义 9.7 给定一个有限的局中人集合 $I = \{1,2,\cdots,n\}$，合作博弈的特征型是有序数对$[I,v]$，其中特征函数 v 是从 $2^I = \{s \mid s \subset I\}$ 到实数集 $\mathbf{R}^n$ 的映射，即$[I,v]: 2^I \to \mathbf{R}^n$，且满足

$$v(\phi) = 0, \tag{9.24}$$

$$v(s_1 \cup s_2) \geqslant v(s_1) + v(s_2), \quad \text{对任意 } s_1, s_1 \cap s_2 = \phi。 \tag{9.25}$$

在上面所述经济活动中，I 定义为 n 人集合，s 为 n 人集合中的任一种合作，$v(s)$ 为合作 s 的效益。

用 x_i 表示 I 的成员 i 从合作的最大效益 $v(I)$ 中应得到的一份收入。$x = [x_1, x_2, \cdots, x_n]$ 称为合作对策的分配，满足

$$v(s) \geqslant v(s \backslash i), \tag{9.26}$$

$$x_i \geqslant v(i), i = 1,2,\cdots,n。 \tag{9.27}$$

显然，由式(9.26)和式(9.27)定义的 n 人合作对策$[I,v]$通常有无穷多个分配。

Shapley 值由特征函数 v 确定，记为 $\Phi(v) = [\phi_1(v), \phi_2(v), \cdots, \phi_n(v)]$。对于任意的子集 s，记 $x(s) = \sum_{i \in s} x_i$，即 s 中各成员的分配。对一切 $s \subset I$，满足 $x(s) \geqslant v(s)$ 的 x 组成的集合称为$[I,v]$的核心。当核心存在时，即所有 s 的分配都不小于 s 的效益，可以将 Shapley 值作为一种特定的分配，即 $\phi_i(v) = x_i$。

Shapley 首先提出看来毫无疑义的几条公理，然后用逻辑推理的方法证明，存在唯一的满

足这些公理的分配 $\Phi(v)$，并把它构造出来。这里只给出 $\Phi(v)$ 的结果。

Shapley 值 $\Phi(v)=[\phi_1(v),\phi_2(v),\cdots,\phi_n(v)]$ 为

$$\phi_i(v)=\sum_{s\in S_i} w(|s|)[v(s)-v(s\backslash i)],i=1,2,\cdots,n, \tag{9.28}$$

$$w(|s|)=\frac{(n-|s|)!\ (|s|-1)!}{n!}。 \tag{9.29}$$

式中：S_i 为 I 中包含 i 的一切子集所构成的集合；$|s|$ 为 s 中的元素个数，$w(|s|)$ 是加权因子；$s\backslash i$ 为 s 去掉 i 后的集合。

下面用这组公式计算本节开始给出的三人经商问题的分配，以此解释公式的用法和意义。

甲乙丙三人记为 $I=\{1,2,3\}$，经商获利定义为 I 上的特征函数，即 $v(\phi)=0,v(1)=v(2)=v(3)=1,v(1,2)=7,v(1,3)=5,v(2,3)=4,v(I)=11$。容易验证 v 满足式(9.24)和式(9.25)。为计算 $\varphi_1(v)$，首先找出 I 中包含 1 的所有子集 S_1，即 $\{1\},\{1,2\},\{1,3\},I$；然后令 s 跑遍 S_1，将计算结果计入表 9.5；最后将表中末行相加得 $\varphi_1(v)=4$ 元。同法可计算出 $\phi_2(v)=3.5$ 元，$\phi_3(v)=2.5$ 元。它们可作为按照 Shapley 值方法计算的甲乙丙三人应得的分配。

通过此例可对式(9.28)作些解释。对表 9.5 中的 s，如 $\{1,2\}$，$v(s)$ 是有甲参加时合作 s 的获利，$v(s\backslash 1)$ 是无甲参加时合作（只剩下乙）的获利，所以 $v(s)-v(s\backslash 1)$ 可视为甲对这一合作的“贡献”。用 Shapley 值计算的甲的分配 $\varphi_1(v)$ 是，甲对他所参加的所有合作 S_1 的贡献的加权平均值，加权因子 $w(|s|)$ 取决于这个合作 s 的人数。通俗地说就是按照贡献取得报酬。

表 9.5 三人经商中甲的分配 $\phi_1(v)$ 的计算

s	1	$\{1,2\}$	$\{1,3\}$	$\{1,2,3\}$
$v(s)$	1	7	5	10
$v(s\backslash 1)$	0	1	1	4
$v(s)-v(s\backslash 1)$	1	6	4	6
$\|s\|$	1	2	2	3
$w(\|s\|)$	1/3	1/6	1/6	1/3
$w(\|s\|)[v(s)-v(s\backslash 1)]$				

表 9.5 计算的 Matlab 程序如下：

```
clc,clear,format rat
a=[1 6 4 6]; b=[1 2 2 3]; n=3;
w=factorial(n-b).*factorial(b-1)/factorial(3)  %计算权重
c=w.*a,fai1=sum(c)  %计算甲的 Shapley 值
```

2. 股东在公司决策中的权重

例 9.8 考虑一家有 4 位股东的公司，用 $I=\{1,2,3,4\}$ 代表该 4 位股东的集合，而股东 1、2、3 和 4 的持股量分别为 6、10、35 和 49。假定这间公司所有决议皆按股东的持股量投票决定，在投票中只要得到超过 50%的票量，决议便会获得通过。问这 4 个股东在公司决策中的权重各多大。

解 这个问题可看成一个 4 人合作对策，4 位股东分别代表 6%，10%，35%，49%的股份。

不难发现，博弈当中共有 8 个赢的联盟，分别为{1,4}，{2,4}，{3,4}，{1,2,3}，{1,2,4}，{1,3,4}，{2,3,4}，{1,2,3,4}。

特征函数定义如下：对 I 的每一子集 s，当其持有的股份超过 50%时，$v(s)=1$，否则 $v(s)=0$，于是 $v(s)=1$ 的子集为{1,4}，{2,4}，{3,4}，{1,2,3}，{1,2,4}，{1,3,4}，{2,3,4}，{1,2,3,4}，其余 8 个子集 $v(s)=0$。利用式(9.28)，式(9.29)计算每个股东的 Shapley 值 $\phi_i(v)(i=1,2,3,4)$。

显然，股东 1 可以起着决定性作用的赢的联盟只有{1,4}和{1,2,3}，股东 2 可以起着决定性作用的赢的联盟分别为{2,4}和{1,2,3}，而股东 3 可以起着决定性作用的赢的联盟分别为{3,4}和{1,2,3}，而股东 4 在联盟{1,4}、{2,4}、{3,4}、{1,2,4}、{1,3,4}和{2,3,4}中都能起决定性作用。因此，有

$$\phi_1(v)=\frac{2!\ 1!}{4!}+\frac{1!\ 2!}{4!}=\frac{1}{6},\phi_2(v)=\frac{2!\ 1!}{4!}+\frac{1!\ 2!}{4!}=\frac{1}{6},$$

$$\phi_3(v)=\frac{2!\ 1!}{4!}+\frac{1!\ 2!}{4!}=\frac{1}{6},\varphi_4(v)=\frac{2!\ 1!}{4!}\times 3+\frac{1!\ 2!}{4!}\times 3=\frac{1}{2}。$$

因此，这个博弈的 Shapley 值为$\left[\frac{1}{6},\frac{1}{6},\frac{1}{6},\frac{1}{2}\right]$。

根据 Shapley 值所示，票数向量所示的权利分布[6%,10%,35%,49%]高估了股东 2 和股东 3 的权利，并低估了股东 1 和股东 4 的权利。虽然股东 3 是第二大股东，比股东 1 有多于 5 倍的票数，但 Shapley 值显示，他们都拥有一样的权利。

3. Shapley 值方法的缺点及其他解决办法

Shapley 值方法以严格的公理为基础，在处理合作对策的分配问题时具有公正、合理等优点，但是它需要知道所有合作的获利，即要定义 $I=\{1,2,\cdots,n\}$ 的所有子集(共 2^n 个)的特征函数，这在实际上常常做不到。如 n 个单位合作治理污染，第 i 方单独治理的投资 y_i 和 n 方合作治理的投资 Y，通常是已知的。为了度量第 i 方在合作中的“贡献”，还常要设法知道第 i 方不参加合作时其余 $n-1$ 方所需的投资 z_i。投资函数应定义为合作的获利，即节约的投资，有 $v(i)=0(i=1,2,\cdots,n)$，$v(I)=\sum_{i=1}^{n}y_i-Y$，$v(I\backslash i)=\sum_{j\neq i}y_j-z_i$，显然除此之外还有许多 $v(s)$ 不知道，无法用 Shapley 值方法求解。

下面仍以上面提出的三人经商问题为例，介绍几种其他的解决办法。

9.5.2 其他分配方案

已知全体合作的获利可记为 $v(I)=B$，无 i 参加时其余 $n-1$ 方合作的获利记为 $v(I\backslash i)=b_i(i=1,2,\cdots,n)$，且 $\boldsymbol{b}=[b_1,b_2,\cdots,b_n]$。试确定各方对全体合作获利的分配，记为$\boldsymbol{x}=[x_1,x_2,\cdots,x_n]$。在三人经商问题中 $B=11$，$\boldsymbol{b}=[4,5,7]$，求 $\boldsymbol{x}=[x_1,x_2,x_3]$。

1. 协商解

分配按以下两步进行。先从 n 个 $n-1$ 方合作的获利得出各方分配的下限$\underline{x}=[\underline{x}_1,\underline{x}_2,\cdots,\underline{x}_n]$，即求解

$$\begin{cases}\sum_{i=1}^{n}x_i-x_1=b_1,\\ \vdots\\ \sum_{i=1}^{n}x_i-x_n=b_n,\end{cases}\tag{9.30}$$

得

$$\underline{x}_i = \frac{1}{n-1}\sum_{i=1}^{n} b_i - b_i, i = 1,2,\cdots,n。\tag{9.31}$$

再计算按下限$\underline{\boldsymbol{x}}$分配后全体合作获利的剩余为$B - \sum_{i=1}^{n} \underline{x}_i$，它通常是较小的部分，经协商将其平均分配，于是最终的分配结果为

$$x_i = \underline{x}_i + \frac{1}{n}\left(B - \sum_{i=1}^{n} \underline{x}_i\right) = \frac{B}{n} + \frac{1}{n}\sum_{i=1}^{n} b_i - b_i。\tag{9.32}$$

剩余$B - \sum_{i=1}^{n} \underline{x}_i \geqslant 0$，它等价于$B \geqslant \frac{1}{n-1}\sum_{i=1}^{n} b_i$。

对三人经商问题，$\underline{\boldsymbol{x}} = [4,3,1]$，$x = [5,4,2]$。

2. 均衡解

设各方能够接受的现状点为$\boldsymbol{d} = [d_1, d_2, \cdots, d_n]$，可看作谈判时的威慑点，在此基础上均衡地分配全体合作的获利B。根据n个数的和一定，当它们相等时乘积最大的原理，该模型为

$$\max \prod_{i=1}^{n} (x_i - d_i)$$

$$\text{s.t.} \begin{cases} \sum_{i=1}^{n} x_i = B, \\ x_i \geqslant d_i (i = 1,2,\cdots,n), \end{cases} \tag{9.33}$$

得

$$x_i = d_i + \frac{1}{n}\left(B - \sum_{i=1}^{n} d_i\right)。\tag{9.34}$$

$d_i = 0(i=1,2,\cdots,n)$时，相当于各方平均分配B；$\boldsymbol{d} = \underline{\boldsymbol{x}}$时，均衡解等价于协商解。

3. 最小距离解

设存在一个各方理想的分配上限，记为$\bar{x} = [\bar{x}_1, \bar{x}_2, \cdots, \bar{x}_n]$，追求分配结果与这个上限的距离最小，模型为

$$\min \sum_{i=1}^{n} (x_i - \bar{x}_i)^2$$

$$\text{s.t.} \begin{cases} \sum_{i=1}^{n} x_i = B, \\ x_i \leqslant \bar{x}_i (i = 1,2,\cdots,n), \end{cases} \tag{9.35}$$

得

$$x_i = \bar{x}_i - \frac{1}{n}\left(\sum_{i=1}^{n} \bar{x}_i - B\right)。\tag{9.36}$$

i方的理想上限若取为$\bar{x}_i = B - b_i$，看作i方对全体合作的“贡献”，或i方的边际效益，将其代入式(9.36)，得$x_i = \frac{B}{n} + \frac{1}{n}\sum_{i=1}^{n} b_i - b_i$，与式(9.32)相同，即最小距离解等价于协商解。对三

人经商问题，$\bar{\boldsymbol{x}}=[7,6,4]$，$\boldsymbol{x}=[5,4,2]$。

4. 满意解

i 方分配的满意度定义为 $u_i=\dfrac{x_i-d_i}{e_i-d_i}$，其中 d_i 是现状点，e_i 是理想点。为追求各方的满意度都高，用最小最大模型

$$\max(\min_i u_i),\quad \text{s.t.} \sum_{i=1}^{n} x_i = B, \tag{9.37}$$

得

$$x_i = d_i + u^*(e_i - d_i),u^* = \frac{B - \sum_{i=1}^{n} d_i}{\sum_{i=1}^{n} e_i - \sum_{i=1}^{n} d_i}。\tag{9.38}$$

可以验证，当 $d_i=\underline{x}_i, e_i=\bar{x}_i$ 时，满意解等价于协商解。当 $d_i=0, e_i=\bar{x}_i$ 时，$x_i=\dfrac{\bar{x}_i}{\sum_{i=1}^{n}\bar{x}_i}B$，即按照各方理想上限的比例进行分配。

5. Raiffa 解

Howard Raiffa 提出的解决办法按以下步骤进行：

（1）按照 n 个 $n-1$ 方合作的获利得到各方分配的下限，即协商解中的 $\underline{\boldsymbol{x}}$（见式（9.31）），作为分配的基础。

（2）当 j 方加入（原来无 j 的）$n-1$ 方合作时计算获利的增加，即 j 方的边际效益，是最小距离解中的上限 $\bar{x}_j=B-b_j$。

（3）按两步分配 $\bar{x}_j$：先由 j 方和无 j 的 $n-1$ 方平分，然后 $n-1$ 方再等分，即

$$x_j = \frac{\bar{x}_j}{2}, x_i = \underline{x}_i + \frac{\bar{x}_j}{2(n-1)}, i = 1,2,\cdots,n, i \neq j, \tag{9.39}$$

式中：$n-1$ 方是在 $\underline{\boldsymbol{x}}$ 的基础上分配。

（4）j 取 $1,2,\cdots,n$，重复第（3）步，然后求和、平均，得到最终分配为

$$x_i = \frac{n-1}{n}\underline{x}_i + \frac{1}{n}\left[\frac{\bar{x}_i}{2} + \frac{1}{2(n-1)}\sum_{j\neq i}\bar{x}_j\right], i = 1,2,\cdots,n。\tag{9.40}$$

将 $\underline{\boldsymbol{x}}, \bar{\boldsymbol{x}}$ 代入，式（9.40）又可表示为

$$x_i = \frac{B}{n} + \frac{2n-3}{2(n-1)}\left[\frac{1}{n}\sum_{i=1}^{n} b_i - b_i\right], i = 1,2,\cdots,n。\tag{9.41}$$

对三人经商问题，$\bar{\boldsymbol{x}}=[4,3,1]$，$\bar{\boldsymbol{x}}=[7,6,4]$，$\boldsymbol{x}=\left[4\frac{2}{3},3\frac{11}{12},2\frac{5}{12}\right]$。

6. 几种方法的比较

上面介绍的方法中，协商解、均衡解、最小距离解和满意解比较简单、容易理解，并且在许多情况下是等价的，不妨并为一类。这样，连同 Shapley 值共讨论了 3 类方法：Shapley 值；协商

解等；Raiffa 解。下面结合一个较为极端的例子说明它们的特点。

例 9.9 有一资方(甲)和二劳方(乙/丙)，当且仅当资方与至少一劳方合作时才能获利 10 元，应如何分配该获利？

解 甲、乙、丙三方记为 1,2,3。

(1) Shapley 值方法：特征函数定义为获利，则子集{1,2}，{1,3}，{1,2,3}的特征函数为 10，其余均为 0，容易算出 Shapley 值，将其作为一种分配，即得 $\boldsymbol{x}=[20/3,5/3,5/3]$。

(2) 协商解等：由 $B=10$，$\boldsymbol{b}=[0,10,10]$，得 $\underline{\boldsymbol{x}}=\bar{\boldsymbol{x}}=[10,0,0]$，于是 $\boldsymbol{x}=[10,0,0]$。

(3) Raiffa 解：将 $\underline{\boldsymbol{x}}=\bar{\boldsymbol{x}}=[10,0,0]$ 代入式(9.24)，即得 $\boldsymbol{x}=[25/3,5/6,5/6]$。

三种方法得到的结果不同，协商解显然对劳方不公平，Raiffa 解在一定程序上照顾了劳方的利益。

一般地，这三类方法有以下特点：

Shapley 值方法公正、合理，但是需要的信息太多，n 较大的实际问题难以提供。协商解等计算简单，便于理解，但通常偏袒强者，可用于各方实力相差不大的情况。Raiffa 解考虑了分配的上下限，又吸取了 Shapley 的思想，在一定程度上保护弱者。

9.6 演化博弈理论

9.6.1 有限理性与演化博弈理论

演化博弈理论以有限理性假设为基础，结合生态学、社会学、心理学及经济学的最新发展成果，在假定博弈的主体具有有限理性的前提下，分析博弈者的资源配置行为以及对所处的博弈进行策略选择，它分析的是有限理性博弈者的博弈均衡问题。

有限理性是指博弈者有一定的统计分析能力和对不同策略下相关得益的事后判断能力，但缺乏事前的预见、预测和判断能力。有限理性这一概念最早由 Simon 在研究决策问题时提出，Simon 认为人只有有限的知识水平、有限的推理能力、有限的信息收集及处理能力，即有限理性，人的决策行为受到其所处的环境、个人经历、日常惯例等因素的影响，只可能通过模仿、学习等方法来进行决策。

由于有限理性的影响，博弈者的有限理性意味着博弈方不会马上就能通过最优化算法找到最优策略，而是在此过程中，博弈者会受到其所处环境中各种确定性或随机性因素的影响，需要经历一个适应性的调整过程，在博弈中借助博弈学习，通过试错寻找到理想的策略。这意味着演化博弈下的均衡不是一次性选择的结果，而是需要通过不断地动态调整和改进才能实现，而且即使达到了均衡也可能再次偏离。

传统的博弈理论假定博弈者是完全理性的，其从完全理性的博弈者出发，利用纳什均衡来预测博弈者在完全信息条件下的策略选择行为。然而，现实经济生活中的人并不是完全理性的，博弈者的完全理性与完全信息的条件难以实现。如在企业的合作竞争中，博弈者之间是有差别的，经济环境与博弈问题本身的复杂性所导致的信息不完全和博弈者的有限理性是显而易见的。大量的心理学实验和经济学实验表明，人类在作出经济决策时往往存在着系统的推理误差，而这些误差产生的原因大多来自诸如信息成本、思考成本和经验等因素的影响。此外，当系统存在多重纳什均衡时，传统的博弈理论也无法给出令人满意的答案。而且，传统的博弈理论尽管把博弈者之间行为的互动关系纳入了分析之中，但由于其对完全理性的要求，使得该理论与现实相差太远。

与传统博弈理论不同,演化博弈理论则一反常规,既不要求博弈者是完全理性的,也不要求完全信息的条件,而是从一种全新的视角来考查经济及社会问题。它从有限理性的博弈者出发,利用动态分析方法考查系统达到均衡的过程,并利用一个新的均衡概念—演化稳定均衡来预测博弈者的群体行为。

虽然这两个理论存在着重大的区别,但如果用演化博弈理论中博弈者群体来代替经典博弈论中的博弈者个人,用群体中选择不同纯策略的个体占群体个体总数的百分比来代替非合作博弈理论中的混合策略,那么这两种理论就达到了形式上的统一。

一般认为,演化博弈理论的形成和发展大致经历三个阶段:首先,当博弈论在经济学中广泛运用时,生物学家们从中获得启示,尝试运用博弈论中策略互动的思想,建构各种生物竞争演化模型,给达尔文的自然选择过程提供数理基础,如动物竞争、性别分配以及植物的成长和发展等。这就是人们常说的演化博弈论是源于进化生物学,并相当成功地解释了生物进化过程中的某些现象;在研究生物进化的过程中,生物学家们发现,不同的种群在同一个生存环境中竞争同一种生存资源时,只有那些获得较高适应度(如较高的后代成活率)的种群生存下来,那些得到较低适应度的种群在竞争中被淘汰掉;在演化过程中,个体常常会发生突变、迁移、死亡,同时自然环境条件也会发生剧烈变化等,这些都会对生物演化过程产生影响,因而要对种群进化进行比较完整的分析,就需要建立一些能够综合考虑这些因素影响的模型。20 世纪 60 年代,生态学家 Lewontin 开始运用演化博弈理论的思想研究生态问题。于是,生物学家根据生物演化自身的规律,对传统博弈论进行改造,将传统博弈论中赢得函数转化为生物适应度函数(Fitness function)、引入突变机制将传统的纳什均衡精练为演化稳定均衡(Evolutionarily stable equilibrium)以及引入选择机制建构复制者动态(Replicator dynamics)模型。这个阶段是演化博弈正式形成阶段。最后,鉴于演化博弈对传统博弈一些条件的放松,经济学家又反过来借鉴生物学家的研究成果,将演化博弈运用到经济学中,这又进一步推动演化博弈的发展,包括从演化稳定均衡发展到随机稳定均衡(Stochastically stable equilibrium),从确定性的复制者动态模型到随机的个体学习动态模型等。然而,演化博弈理论应用于研究经济问题在学术界曾经引起极大的争议,争论的焦点在于对理性的假定。由于理性概念在经济学界已经根深蒂固,许多经济学家认为用研究生态演化的演化博弈理论来研究博弈者的经济行为是不合适的。因为动植物行为是完全由其基因所决定的,而经济问题则涉及具有逻辑思维及学习、模仿能力的理性博弈者的行为。但随着心理学研究的发展及有限理性概念的提出,越来越多的经济学家应用演化博弈理论解释经济现象并获得了巨大的成功。

演化博弈理论能够在各个不同的领域得到极大的发展应归功于 Maynard 与 Price 提出的演化博弈理论中的基本概念——演化稳定策略(Evolutionary stable strategy)。Maynard 和 Price 的工作把人们的注意力从博弈论的理性陷阱中解脱出来,从另一个角度为博弈理论的研究找到可能的突破口。自此以后,演化博弈论迅速发展起来。

演化稳定策略及复制者动态的提出,使得演化博弈理论开始被广泛地应用于经济学、生物学、社会学等领域,从而得到了越来越多的经济学家、社会学家、生态学家的重视。演化稳定策略及复制者动态一起构成了演化博弈理论最核心的一对基本概念,它们分别表征演化博弈的稳定状态和向这种稳定状态的动态收敛过程,演化稳定策略概念的拓展和动态化构成了演化博弈论发展的主要内容。可见,演化博弈理论是结合非合作与合作博弈理论及生态理论研究成果,以有限理性的博弈者群体为研究对象,利用动态分析方法把影响博弈者行为的各种因素纳入分析之中,在一个动态过程中描述博弈者如何在一个博弈的重复较量过程中调整他们的行为,以系统论的观点来考查群体行为的演化趋势的博弈理论。

演化博弈理论的基本理论体系虽然已经基本形成,但还是比较粗糙,因此,仍然处于不断发展和完善的阶段。由于该理论提供了比经典博弈理论更具现实性且能够更准确地解释并预测主体行为的研究方法,因此得到了越来越多的经济学家、社会学家、生态学家的重视。

9.6.2 两个演化博弈的例子

下面先给出演化博弈理论中两个经典性的例子,在此基础上再进一步给出演化理论的基本内容及其研究方法的基本特点。

例 9.10 鹰鸽(Hawk-Dove)博弈。鹰鸽博弈是研究动物群体和人类社会普遍存在的竞争和冲突现象的一个经典博弈。

假定一个生态环境中有老鹰与鸽子两种动物,它们为了生存需要争夺有限的食物或生存空间资源而竞争。老鹰的特点是凶悍;鸽子的特点是比较温顺,在强敌面前常常退缩。在竞争中,获胜者得到了生存资源就可以更好地繁衍后代,战败者则会失去一些生存资源不利于其后代生长,导致后代的数量减少。如果群体中老鹰与鸽子相遇并竞争资源,那么老鹰就会轻而易举地获得全部资源,而鸽子由于害怕强敌退出争夺,从而不能获得任何资源;如果群体中两个鸽子相遇并竞争生存资源,由于它们均胆小怕事不愿意战斗,结果平分资源;如果群体中两个老鹰相遇并竞争有限的生存资源,由于它们都非常勇猛而相互残杀,直到双方受到重伤而精疲力竭,结果虽然双方都获得部分生存资源但损失惨重,入不敷出。假定竞争中得到的全部资源为 50 个单位;得不到资源则表示其适应度为零;双方重伤则用-25 来表示。于是,老鹰、鸽子两种动物进行的资源争夺可以用下述博弈来描述,博弈的赢得矩阵见表 9.6。

表 9.6 鹰鸽博弈的赢得矩阵

	鹰(H)	鸽(D)
鹰(H)	-25,-25	50,0
鸽(D)	0,50	25,25

老鹰与鸽子博弈并不是说老鹰与鸽子两种动物之间进行博弈,它们只是代表两种不同策略,其中“鹰”和“鸽”分别是指“攻击型”和“和平型”策略。它揭示的是同一物种、种群内部竞争和冲突中的策略和均衡问题。此博弈属于完全信息静态博弈,共有 3 个纳什均衡:两个纯策略纳什均衡和一个混合策略纳什均衡,即(老鹰,鸽子)、(鸽子,老鹰)及(1/2 鹰,1/2 鸽)。显然,依据纳什均衡无法得出该博弈最终会选择哪一个均衡。为此,演化博弈理论通过引入突变因素的影响来很好地解释了这一点。

假定在该生态环境中,初始时只有鸽子,只要动物是单亲繁殖,那么群体将会保持这种状态并持续下去。现在假定由于某种因素的影响而在该种群中来了一个突变者老鹰。开始时整个群体中鸽子数量占多数,因此,老鹰与鸽子见面的机会多且在每次竞争中都能够获得较多的资源而拥有较高的适应度,而老鹰的后代数目以较快的速度增长。随着时间的推移,老鹰的数量越来越多,鸽子在竞争中所获得的资源就越来越少,其数量不断地下降。但如果整个群体都由老鹰组成,那么由于老鹰与老鹰之间常常发生斗争,其数量也会不断地减少。如果在老鹰群体进入鸽子,那么突变者鸽子的数量就会不断地增加。因此,老鹰和鸽子群体唯一的稳定状态就是一半为老鹰、一半为鸽子。

鹰鸽博弈的演化博弈分析可以揭示人类社会或动物世界发生战争或激烈冲突的可能性及其频率、国际关系中霸道和软弱、侵犯和反抗、威胁和妥协等共存的原因等现实社会和经济生活中的大量问题。

例 9.11 配对选择博弈。下面分析一个有 10 个学生选择不同计算机操作系统的博弈。假定有两种可供选择的计算机操作系统 s_1, s_2，任何两个学生随机配对合作完成某项工作。假定使用不同操作系统的两个学生无法进行合作一起完成任务。进一步，假定操作系统 s_1 优于操作系统 s_2，得到表 9.7 所列的赢得矩阵。

表 9.7 配对选择博弈的赢得矩阵

	s_1	s_2
s_1	2,2	0,0
s_2	0,0	1,1

显然，该博弈有两个纯策略纳什均衡 (s_1, s_1)，(s_2, s_2) 和混合策略纳什均衡 $(1/3s_1, 2/3s_2)$。其中，(s_1, s_1) 是帕累托效率最优纳什均衡。根据非合作博弈理论无法知道该博弈最终的均衡将会是哪一个，但如果使用演化博弈理论就能够得出明确的结果。

由赢得矩阵可知，如果 10 个学生中有超过 1/3 的学生使用操作系统 s_1，那么随机配对博弈的最优反应策略就是选择操作系统 s_1。假定学生存在改变操作系统的倾向，同时假定学生只关心眼前利益，只要有机会调整自己的计算机操作系统，那么他就会选择相对于现行总体策略分布的最优反应策略。这 10 个学生都会选择相对于总体策略分布的最优反应策略，在这种情况下，显然 10 个学生最终会使用哪一种操作系统依赖于该群体的初始状态。如果初始时有多于 4 人使用操作系统 s_1，那么所有学生最终都会使用该操作系统 s_1；否则会使用操作系统 s_2。

9.6.3 演化稳定策略

演化博弈一般分为两个层次进行探讨：一种是由较快学习能力的小群体成员的反复博弈，相应的动态机制称为“最优反应动态（Best-response dynamics）”；另一种是学习速度很慢的成员组成的大群体随机配对的反复博弈，策略调整用生物学进化的“复制动态（Replicator dynamic）”机制模拟。这两种情况都有很大的代表性，特别是“复制动态”，由于它对理性的要求不高，因此对理解演化博弈的意义有很大的帮助。复制动态又可以分为对称博弈和非对称博弈。

1. 演化博弈理论基本模型分类

（1）演化博弈理论的基本模型

按其所考查的群体数目可分为单群体模型（Monomorphic population model）与多群体模型（Polymorphic populations model）。单群体模型直接来源于生态学的研究，在研究生态现象时，生态学家常常把同一个生态环境中所有种群看作一个大群体，由于生物的行为是由其基因唯一确定的，因而可以把生态环境中每一个种群都程式化为一个特定的纯策略。经过这样处理以后，整个种群就相当于一个选择不同纯策略的个体。群体中随机抽取的个体两两进行的都是对称博弈，这类模型叫做对称模型。

多群体模型是由 Selten1980 年首次提出并进行研究的，他在单群体生态进化模型中通过引入角色限制行为（Role conditioned behavior），把对称模型变成了非对称模型。

（2）确定性动态模型和随机性动态模型

按照群体在演化中所受到的影响因素是确定性的还是随机性的，演化博弈模型可分为确定性动态模型和随机性动态模型。确定性模型一般比较简单，并且能够较好地描述系统的演化趋势，因而研究较多。随机性模型需要考虑许多随机因素对动态系统的影响，比较复杂，但该类模型却能够更准确地描述系统的真实行为。

2. 演化博弈理论基本均衡概念—演化稳定策略

演化博弈理论的一个基本概念就是演化稳定策略(Evolutionary Stable Strategy,ESS),它源于生物进化论中的自然选择原理,由 Maynard Smith 于 1973 年提出。所谓演化稳定策略是指,如果群体中所有的成员都采取这种策略,那么在自然选择的影响下,将没有突变策略侵犯这个群体。也就是在重复博弈中,仅仅具备有限信息的个体,根据其现有利益不断地在边际上对其策略进行调整,以追求自身利益的改善,最终达到一种动态平衡状态,在这种平衡状态中,任何一个个体不再愿意单方面改变其策略,这种平衡状态下的策略称为演化稳定策略,这样的博弈过程称为演化博弈。

一个演化稳定策略具有这样的特点:一旦被接受,它将能抵制任何变异的干扰。换言之,演化稳定策略在所定义的策略集中具有更大的稳定性。

演化稳定策略具有以下几个方面的重要性质:

(1) 由演化稳定策略组成的策略组合是严格的、对称的、完美的均衡。

(2) 演化稳定策略是静态的概念,并不探讨均衡是如何获得,在某些情况下可以从博弈的赢得矩阵中直接判断出演化稳定策略。

(3) 演化稳定策略必须是纳什均衡,而纳什均衡不一定是演化稳定策略。

(4) 如果一个对称的策略组合是均衡策略,那么它是演化稳定策略,但逆命题不成立。

(5) 演化稳定策略是离散型的纯策略,群体是无限大,而且博弈中的支付直接等同于策略的适应度。

9.6.4 模仿者动态模型

1. 单群体确定性模仿者动态

按所研究的群体数目不同,演化博弈动态模型可分为两大类:单群体动态模型与多群体动态模型。单群体动态模型是指所考查的对象只含有一个群体,并且群体中个体都有相同的纯策略集,个体与虚拟的博弈者进行对称博弈。多群体动态模型是指所考查的对象中含有多个群体,不同群体个体可能有不同的纯策略集,不同群体个体之间进行的是非对称博弈。博弈中个体选择纯策略所得的赢得不仅随其所在群体的状态变化而变化,而且也随其他群体状态的变化而变化。下面主要介绍单群体与多群体动态模仿者动态模型。

假定群体中每一个个体在任何时候只选择一个纯策略,例如,第 i 个个体在某时刻选择纯策略 s_i。$s=\{s_1,s_2,\cdots,s_n\}$ 表示群体中各个体可供选择的纯策略集;n 表示群体中个体总数;$n_i(t)$ 表示在时刻 t 选择纯策略 i 的个体数。$\boldsymbol{x}=[x_1,x_2,\cdots,x_n]$ 表示群体在时刻 t 所处的状态,其中 x_i 表示在该时刻选择纯策略 i 的人数在群体中所占的比例,即 $x_i=n_i(t)/n$,$u(s_i,x)$ 表示群体中个体进行随机配对匿名博弈时,群体中选择纯策略 s_i 的个体所得的期望赢得。$\bar{u}(\boldsymbol{x},\boldsymbol{x})=\sum_{i=1}^{n}x_iu(s_i,\boldsymbol{x})$ 表示群体平均期望赢得。

下面给出连续时间模仿者动态模型,此时动态系统的演化过程可以用微分方程表示。

在对称博弈中每一个个体都认为其对手来自状态为 x 的群体。假定选择纯策略 s_i 的个体数的增长率等于 $u(s_i,\boldsymbol{x})$,那么可以得到如下等式:

$$\mathrm{d}n_i/\mathrm{d}t=n_i(t)u(s_i,\boldsymbol{x}), \tag{9.42}$$

由定义可知 $n_i(t)=x_in=x_i\sum_{k=1}^{n}n_k$, 两边对 t 微分,得

$$\frac{\mathrm{d}n_i}{\mathrm{d}t} = n\frac{\mathrm{d}x_i}{\mathrm{d}t} + x_i\sum_{k=1}^{n}\frac{\mathrm{d}n_i(t)}{\mathrm{d}t}, \tag{9.43}$$

两边同时除以 n 并整理,得

$$\frac{\mathrm{d}x_i(t)}{\mathrm{d}t} = x_i[u(s_i,\boldsymbol{x}) - \bar{\boldsymbol{u}}(x,\boldsymbol{x})]。 \tag{9.44}$$

式(9.44)就是对称博弈模型中模仿者动态模型的微分方程形式。可以看出,如果一个选择纯策略 s_i 的个体得到的赢得少于群体平均赢得,那么选择纯策略 s_i 的个体在群体中所占比例将会随着时间的演化而不断减少;如果一个选择策略 s_i 的个体得到的赢得多于群体平均赢得,那么选择策略 s_i 的个体在群体中所占比例将会随着时间的演化而不断地增加;如果个体选择纯策略 s_i 所得的赢得恰好等于群体平均赢得,则选择该纯策略的个体在群体中所占比例不变。

例 9.12 随机配对博弈。考虑在一个大群体的成员间随机配对进行博弈,赢得矩阵见表 9.8。

表 9.8 一般 2×2 对称博弈

	策略 1	策略 2
策略 1	a,a	b,c
策略 2	c,b	d,d

假设在该群体中,比例为 x 的博弈方采用策略 1,比例为 $1-x$ 的博弈方采用策略 2。那么,采用两种策略博弈方的期望赢得和群体平均期望赢得分别为

$$u_1 = xa + (1-x)b,$$
$$u_2 = xc + (1-x)d,$$
$$\bar{u} = xu_1 + (1-x)u_2,$$

把演化博弈有限理性分析的复制动态模型用到这个一般的 2×2 对称博弈中,根据上述赢得得到复制动态方程为

$$\begin{aligned}\frac{\mathrm{d}x}{\mathrm{d}t} &= x(u_1 - \bar{u}) = x(u_1 - xu_1 - (1-x)u_2)\\ &= x(1-x)(u_1-u_2) = x(1-x)[x(a-c) + (1-x)(b-d)]。\end{aligned}$$

当给定 a、b、c、d 的数值时,$\mathrm{d}x/\mathrm{d}t$ 为 x 的一元函数。为清楚起见,这里给出一个具体的赢得矩阵,如表 9.9 所列。

表 9.9 一般 2×2 对称博弈

		博弈方 2	
		策略 1	策略 2
博弈方 1	策略 1	50,50	49,0
	策略 2	0,49	60,60

很显然,该博弈就是一个标准的 2×2 对称博弈。因为前面已经得到一般 2×2 对称博弈复制动态模型的一般方程。因此,直接把 $a=50$、$b=49$、$c=0$、$d=60$ 代入该一般复制动态模型,得

$$\begin{aligned}\frac{\mathrm{d}x}{\mathrm{d}t} &= F(x) = x(1-x)[x(a-c) + (1-x)(b-d)]\\ &= x(1-x)(61x-11)。\end{aligned}$$

令 $F(x)=0$ 可解出三个稳定状态,分别为 $x^*=0$、$x^*=1$ 和 $x^*=11/61$。并且不难验证,$F'(0)<0, F'(1)<0$,而 $F'(11/61)>0$。根据微分方程稳定性定理,可知 $x^*=0, x^*=1$ 都是该博弈的进化稳定策略,而 $x^*=11/61$ 则不是本博弈的进化稳定策略。上述复制动态方程的相位图如图 9.1 所示。

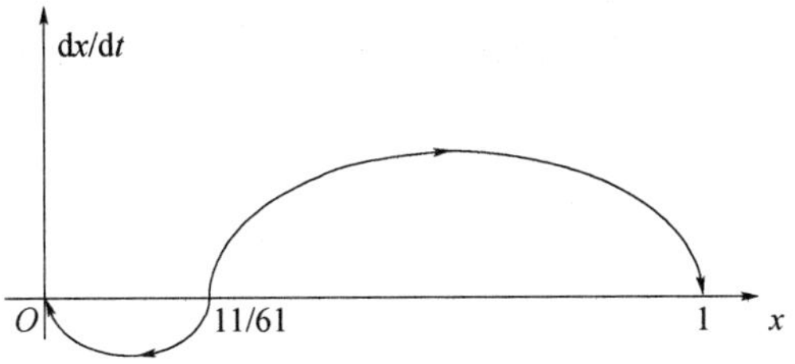

图 9.1　复制动态方程相位图

根据上述复制动态方程相位图可以进一步看出结论,那就是当初始的 x 水平落在区间 $(0,11/61)$ 时,复制动态会趋向于稳定状态 $x^*=0$,所有博弈方都采用策略 2。当初始的 x 水平落在区间 $(11/61,1)$ 时,复制动态会趋向于 $x^*=1$,即所有博弈方都采用策略 1。由于所有博弈方都采用策略 2 的均衡是两个均衡中效率较高的,每个博弈方都能得到 60 个单位赢得,而所有博弈方都采用策略 1 的均衡每个博弈方只能得到 50 个单位赢得,因此前一种情况代表更理想的结果。但按照上述分析可知,如要初次进行这个博弈时群体成员采用两种策略的比例落在 $[0,1]$ 区间任一点的概率相同,那么通过复制动态最终实现前一种更高效率进化稳定策略均衡的机会是 11/61,实现后一种相对较差进化稳定策略均衡机会却有 50/61,后者明显大于前者。

前面所述的两人对称合作博弈的均衡稳定性分析对两人非对称博弈也同样适用。下面举例说明这种适用性。

例 9.13　市场竞争博弈的复制动态模型。假设有一水平差异化产品的市场竞争博弈,有两类博弈者:实力较强的企业 1 和实力较弱的企业 2。企业 1 的市场竞争能力强,因而拥有较大的市场份额;企业 2 的市场竞争能力弱,市场份额相对较低。在本模型中,两类企业合作意味着双方维持正常的价格销售产品,不合作意味着企业通过降低产品销售价格进行恶意竞争。双方的赢得矩阵见表 9.10。

表 9.10　市场竞争博弈的赢得矩阵

		企业 2	
		策略 1	策略 2
企业 1	策略 1	10,2	0,5
	策略 2	17,0	-2,-10

这是一种典型的非对称博弈,对该博弈构造如下的支付结构:假设企业 1 类型的群体中,采用合作策略的比例为 x,那么采用不合作策略的比例为 $1-x$;假设企业 2 类型的群体中,采用合作策略的比例为 y,不合作策略的比例为 $1-y$。于是,企业 1 类型的博弈者采用两种策略的期望赢得和平均期望赢得分别为

$$\pi_1^c = 10y,$$

$$\pi_1^d = 19y - 2,$$

$$\pi_1 = x\pi_1^c + (1-x)\pi_1^d = -9xy + 2x + 19y - 2。$$

企业2类型的博弈者采用两种策略的期望赢得和平均期望赢得分别为

$$\pi_2^c = 2x,$$

$$\pi_2^d = 15x - 10,$$

$$\pi_2 = y\pi_2^c + (1-y)\pi_2^d = -13xy + 15x + 10y - 10。$$

两类博弈者的复制动态方程分别为

$$\frac{dx}{dt} = x(x-1)(9y-2),$$

$$\frac{dy}{dt} = y(y-1)(13x-10)。$$

首先对企业1类型的博弈者群体的复制动态方程进行分析。

由于$0 \leqslant y \leqslant 1$，由$\frac{dx}{dt}=0$，得$x_1=0$与$x_2=1$是两个平衡状态，其中，$x_1=0$是演化稳定的策略。

同样地，对企业2类型的博弈者群体，当$x=10/13$时，$dy/dt=0$，即所有的y都是稳定状态，当$x>10/13$时，$y_1=0$与$y_2=1$是两个平衡状态，其中，$y_2=1$是演化稳定的；当$x<10/13$时，平衡状态仍是$y_1=0$与$y_2=1$，其中，$y_1=0$是演化稳定的。

上述两个类型的博弈者合作竞争的复制动态关系可用图9.2表示。

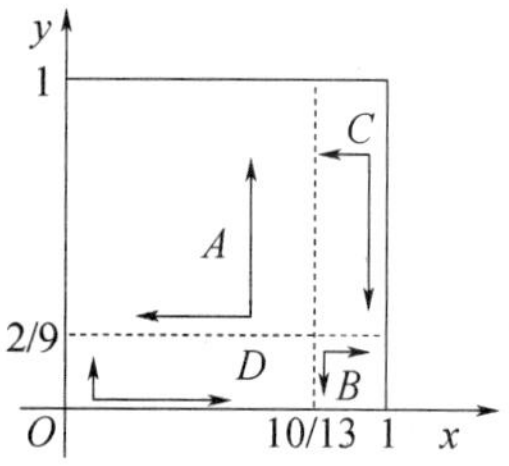

图9.2 市场竞争博弈复制动态方程相位图

从图9.2不难看出，在差异化产品市场的合作竞争博弈中，(1,0)和(0,1)都是这个博弈的演化稳定策略，最终收敛到哪个策略要看系统的初始状态。当初始状态落在区域A时，系统将会收敛到(0,1)，即企业1类型的群体将会采用不合作的策略，企业2类型的群体将会采用合作的策略；当初始状态落在区域B时，系统将会收敛到(1,0)，即企业1类型的群体将会采用合作的策略，企业2类型的群体将会采用不合作的策略；当初始状态落在区域C、D中时系统演化的方向是不确定的，有可能进入A区域而收敛到(0,1)，也有可能进入B区域而收敛到(1,0)，这反映了市场竞争策略多样性的现实。从上面的分析可以看到，该系统具有复杂系统的演化特征，$x=10/13$与$y=2/9$是系统演化特性改变的阈值，当系统的初始状态在这两个值附近时，初始状态的微小变化将影响到系统演化的最终结果，这是系统对初始条件的敏感性，当系统的初始状态落在A、B中时，系统演化的最终状态是确定的，这又表现出系统演化的结果对初始条件的依赖性。

2. 多群体模仿者动态模型

Selten通过引入角色限制行为把群体分为单群体与多群体，不同群体根据个体可供选择的纯策略集不同来划分。在多群体中，不同群体中的个体有不同的纯策略集、不同的群体平均赢得及不同的群体演化速度。多群体模仿者动态连续微分方程为

$$\frac{dx_i^j}{dt} = x_i^j[u(s_i^j, x) - \bar{u}(x^j, x^{-j})], j = 1,2,\cdots,k, \tag{9.45}$$

式中：k为群体的个数；$j(j=1,2,\cdots,k)$为第j个群体；x_i^j为第j个群体中选择第$i(i=1,2,\cdots,n_j)$个纯策略的个体数占该群体总数的百分比；x^j为群体j在t时刻所处的状态；x^{-j}为第j个群

体以外的其他群体在 t 时刻所处的状态;s_i^j 为群体 j 中个体行为集中的第 i 个纯策略;x 为混合群体的混合策略组合;$u(s_i^j,x)$ 为混合群体状态为 x 时群体 j 中个体选择策略 s_i^j 时所能得到的期望赢得;$u(x^j,x^{-j})$ 为混合群体的平均赢得。

多群体模型并不是单群体模型的简单相加,从单群体过渡到多群体涉及一系列的诸如均衡及稳定性等问题的变化。同时,在模仿者动态下,同一博弈在单群体与多群体时也会有不同的演化稳定均衡。

9.7 复杂网络上的演化博弈

进入 21 世纪,大量研究表明网络无处不在,从生物的神经系统到蛋白质交互作用网络,从 Internet 到电力传输系统,从航空网到铁路交通网,从科研合作网到世界经贸网等。在传统的演化博弈理论中通常假设个体间以均匀混合的方式交互,即所有个体全部相互接触,此时系统状态的演化用模拟者动态刻画。然而,现实情况中个体间的接触总是有限的,个体仅与周围的少数其他个体接触。这样就可以在博弈理论中引入网络拓扑的概念,个体占据网络中的节点,且仅与直接连接的邻居进行交互。在策略演化时,个体参考周围邻居的收益来调整自己的博弈策略。随着复杂网络研究热潮的兴起,网络上的演化博弈也被大量地加以关注和研究,交互个体间存在的网络结构被认为是影响合作行为涌现的关键性因素之一。总体上看,网络上的演化博弈研究主要集中于 3 个基本的方向:

(1) 研究网络拓扑结构对博弈动力学演化结果的影响。

(2) 在特定的网络结构下,探讨各种演化规则对演化结果的影响。

(3) 考虑交互个体间的网络结构与博弈动力学的协同演化,研究群体合作行为与交互结构的共同涌现现象。

下面首先简要地介绍网络系统中博弈的策略演化规则,然后以囚徒困境和雪堆博弈为例,介绍规则网络、小世界网络和无标度网络中网络结构和各种策略演化规则对博弈行为的影响,以及个体策略与网络结构协同演化方面的研究进展[164]。

对于网络演化博弈,常用的策略更新规则有:

(1) 模仿最优者(Best-takes-over),即在每轮博弈过后,个体采取其邻居中获得最高收益的个体的策略进行下一轮交互。

(2) 比例更新(Proportional updating),即个体在策略更新时,同时参考那些收益比自身高的邻居的策略,以正比于他们所得收益的概率进行策略转变。以上两种规则可以统称为模仿策略。

(3) 配对比较(Pairwise-comparison),即个体随机选择某一邻居进行收益的比较,以某个概率(为此两个体收益差的函数)转变为对方的策略,即

$$W_{ij} = \frac{1}{1 + \exp[-(U_j - U_i)/\kappa]}, \tag{9.46}$$

式中:W_{ij}为个体 i 采取邻居 j 的策略的概率;U_i 和 U_j 分别为两个体所得收益;κ 为噪声项,当 κ 趋于无限大时,个体 i 随机地采取其邻居的策略。

(4) 随机过程方法,通常考虑生灭(Birth-death)过程,即在策略更新时,以正比于个体适应度的概率产生一个新的个体,然后随机取代此个体的某个邻居。

为了叙述问题的方便,下面给出囚徒困境赢得矩阵的另外一种描述,并给出雪堆博弈的问

题描述。

例 9.14（续例 9.5） 囚徒困境。两个小偷 A 和 B 合伙作案，被捕后被隔离审查。他们都知道，如果双方都坦白罪行，那么两人都会被判刑 3 年；而如果双方都拒绝坦白，那么两人都将被判刑 1 年。但是，如果一方坦白，而另一方拒不认罪，则前者将被宽大释放，后者将被判刑 5 年。囚徒困境的赢得矩阵可以用 (R,S,T,P) 表示，其中收益参数 R,S,T,P 的含义如下，相互合作（拒绝坦白）则二人同获得较大收益 $R=-1$，相互背叛（坦白）则同获较小收益 $P=-3$，一方合作、一方背叛，则背叛者获得最高收益 $T=0$，而合作者获得最低收益 $S=-5$，即参数满足 $T>R>P>S$，此外，$2R>T+S$，即相互合作能获得集体最高收益。由此，不论对手采取哪种策略，选择背叛策略都是最佳的，即理性的个体最终会处于相互背叛的状态（注意到此时的集体收益低于两人同时选择合作时的情况）。当 A 和 B 相互背叛时，没有个体愿意先改变自己的策略，单方面改变策略只能使得自身的收益更低，这种相互背叛的状态 (D,D) 就是系统的纳什均衡态。

例 9.15 雪堆博弈。在一个风雪交加的夜晚，两人开车相向而行，被一个雪堆所阻。假设铲除这个雪堆使道路通畅需要付出的劳动量为 c，道路通畅则带给每个人的好处量化为 $b(>c)$。如果两人一齐动手铲雪，则他们的收益为 $R=b-c/2$（两人各自承担劳动量 $c/2$）；如果只有一人下车铲雪，虽然两人都能及时回家，但是背叛者逃避了劳动，他的收益为 $T=b$，而合作者的收益为 $S=b-c$；如果两人都选择不合作，则两人都无法及时回家，其收益量化为 $P=0$。与囚徒困境博弈不同，对于雪堆博弈，赢得矩阵元素满足 $T>R>S>P$。那么，理性个体的最优选择是什么呢？如果对方选择背叛策略（呆在车里），那么另一方的最佳策略是下车铲雪；反之，如果对方下车铲雪，则自己的最佳策略是呆在舒服的车中。所以，不同于囚徒困境博弈，在雪堆博弈中存在两个纳什均衡态：(C,D) 和 (D,C)。

9.7.1 规则网络上的博弈[164]

探索由自私个体组成的群体中合作行为产生的机理是演化博弈研究关注的核心问题之一。当个体均匀混合，即个体间的接触网络为完全图时，相互背叛是唯一的稳定态，合作无法出现。那么改变网络结构能否导致合作行为出现呢？一个影响深远的工作是 Nowak 和 May 在 1992 年所做的“空间博弈”研究[165-166]。他们发现当个体间的接触网络具有空间结构时，如方格网络（Square lattice），在囚徒困境博弈中合作行为能够出现并且稳定维持。其原因是在显著的空间结构效应下，合作者可以通过相互结成紧密的簇来抵御背叛者的入侵。这个发现首次指出了网络结构对博弈演化起着重要的作用。值得一提的是，在特殊的初始构型下，空间博弈可以产生类似于混沌的时空斑图。虽然空间结构有助于囚徒困境博弈中合作的产生，但是 2004 年 Hauert 和 Doebeli 的工作[167]则表明，对于雪堆博弈，空间结构效应会对合作行为的产生起负面作用。

由于格子网络（Lattice network）的结构比较规则，因而在其上探讨各种促进合作涌现的机制与动力学现象成为主要的关注点。Szabó 等首先采用配对比较的博弈演化规则，运用平均场近似以及配对近似等方法详细研究了二维规则格子上的博弈行为。进一步，Szabó 等比较了另外两种规则网络（Kagome 格子和 4 点一圈规则格子）上的合作演化情况，发现在低噪声的情况下，Kagame 格子存在的三角形重叠结构有利于合作行为的产生与维持。在此基础上，Vukov 等又研究了 Bethe 树和具有三角形重叠结构的随机规则网络上的囚徒困境博弈，在低噪声情况下同样得到了相同的结论。最近，Vukov 等又研究了一维最近邻网格上囚徒困境博弈的相图,发现在没有噪声或者高噪声环境下,网络中的个体会从全合作瞬间变为全背叛,合作/背叛共存区域不复存在。由此可见,个体间的局部作用结构对于合作行为的演化有着复杂且微妙的影响。

对于促进合作的机制的研究,人们提出各式各样的方法。Wu 等[161]研究了二维方格上具有动态优先选择机制的囚徒困境博弈,发现在策略更新过程中,当个体对参照邻居的选择存在某种优先机制时,群体的合作行为能够明显地增强。此外,Wu 等考虑了个体收集信息的范围超过博弈范围时合作行为的演化,结果发现存在最优的信息收集范围使得群体达到最优的合作水平。

基于 Nowak 等[168]在有限规模均匀混合种群上的工作,Ohtsuki[169-171]研究了网络上的个体基于生灭过程进行策略演化时的博弈模型。假设个体采取合作行为付出的代价为 c,从合作获得的收益为 b,在弱选择的情况下,Ohtsuki 等从理论上分析表明只要 b/c 大于网络的平均连接度,则在最近邻网络和方格网络上,单个合作者能够最终入侵由背叛者所组成的种群。计算机仿真结果则表明在随机规则网络和无标度网络上这一结论也成立。

Perc[172]系统地研究了赢得矩阵元素的随机性对方格网络上囚徒困境博弈的影响。通过给原始的赢得矩阵元素增加噪声项 ξ,当 ξ 服从高斯分布时($-\sigma<\xi<\sigma$),改变 σ 可以提高方格网络上的合作水平,合作行为随着 σ 的变化类似共振现象。进而 Perc[173]又比较了 ξ 由高斯分布向 Levy 分布转变的情况,发现高斯噪声更能有效地促进合作。此后,Perc 等[174]又假设 ξ 服从均匀分布、指数分布和幂律分布,并将个体赢得矩阵的不同归结为个体投资的多样性,研究表明当个体投资的差异性服从幂律形式时,最能有效促进方格网络上合作的涌现。

2006 年,Wang[175]提出了基于个体记忆的雪堆博弈模型。在模型中,个体根据其以往采取不同博弈策略的收益决定当前将要采取的策略。作者研究了二维网格上基于记忆的雪堆博弈模型中的合作行为,发现合作水平随收益参数的变化产生分段行为和非连续相变。

2007 年,Guan 等[176]研究了个体学习能力差异性、噪声效应、策略更新事件的同步或异步性对合作演化的影响,具体的做法是在整个群体中,让一部分个体 μ 的学习能力弱化为原来的 ω 倍。在这种规则下,研究发现当有 $\mu=50\%$ 的个体的策略学习能力被弱化时,在演化稳态下系统中的合作者的密度呈现出多种类型的动力学现象:或出现峰值,或出现谷值,或者单调变化。具体现象的涌现依赖于收益代价比值的大小、外噪声的大小以及策略更新事件的同步或异步性。

9.7.2 小世界网络上的博弈

真实世界的网络普遍具有小世界特性,这种特性最早可以追溯到社会学家 Milgram 在 1967 年所做的社会学实验中发现的"六度分离"现象。这种现象表明社会关系网络中人与人之间的距离是很短的。由于社会网络都具有很强的小世界属性,因此在小世界网络上研究群体博弈行为将更加具有现实指导意义。

2001 年,Abramson 和 Kuperman[177]首先讨论了小世界网络上的博弈行为,并研究了合作行为在从规则网络到小世界网络转变过程中所受到的影响,结果表明断边重连概率与合作涌现程度有明显的关联性,网络平均度和移边概率在某些范围内能够促进合作,而在另一些情况下则会抑制合作。Wu 等[178]研究了 Newman-Watts 小世界网络上的博弈行为。

2005 年,Santos 等[179]研究了同质小世界网络上的囚徒困境博弈,并与异质小世界的情况进行了对比。同质小世界网络又称为规则小世界网络,每个节点的连接度一致,只存在单纯的长程边效应，而在异质小世界网络中还存在着度连接的差异性效应。当个体采取有限种群近似的繁殖动力学方程进行策略更新时，研究发现单纯的长程边效应对博弈结果有着微妙的影响，对于较大的欺骗诱惑，其有利于合作者在系统中的存在，而对较小的欺骗诱惑则降低了合作的水平；而同时具有度异质与长程边的拓扑结构则在整个博弈的参数区间对合作策略都具有促进作用。

2007 年，Ren 等[180]基于一维最近邻网络进行随机交换边，研究了拓扑随机性和噪声量 κ 对合作行为演化的影响。研究发现：在规则小世界网络上适当的噪声强度 κ 能够提高网络中的合作者数目；而且对于特定的噪声环境，合适比例的长程边能够最大程度地促进合作行为的涌现。也就是说，拓扑结构随机性与动力学随机性以一种相干共振的的方式对系统的合作行为产生影响。

对二维小世界网络上的囚徒困境博弈，Kim 等[181]研究了一个具有超级影响力的个体对系统动力学行为的影响。所谓超级个体是指系统中很多的其他个体与此个体之间有单向的连接，这意味着超级个体可以影响他们的策略决策，但反之不然。研究发现，在长时间演化下，这种超级影响效应会引起系统演化的不稳定性，系统的合作度表现出断续平衡的现象，即系统会突然出现合作崩溃，然后慢慢恢复到稳定的水平。通过对这种突然崩溃的频率与持续时间的统计研究发现，网络中的长程连接数对平衡态的恢复有着非单调的影响作用。

Chen 等[182]研究了一种类似于“赢则坚守，输则变通”的个体策略演化规则：NW 小世界网络上的个体 i 都拥有一个期望收益 $P(i)=k_iA$，其中 k_i 是个体的邻居数，A 衡量个体对收益的平均期望水平；个体进行囚徒困境博弈并累计收益，在策略更新时，个体比较它获得的实际收益与期望收益，并以费米函数形式得到的概率选取本轮策略的反策略用于下一轮博弈。这样 A 越低意味着个体很容易对当前收益满意，不会轻易改变初始策略；当 A 较高时，个体很容易改变策略，会出现合作者与背叛者同时反转自己的策略，网络出现乒乓效应。同时，作者发现适当选择 A 可以促进 NW 小世界网络上的合作水平。Fu 等[183]则基于 NW 小世界网络模型研究了度异质性对合作行为的影响，表明适当的异质性能够有效促进网络中合作行为的涌现。Tang 等[184]基于 NW 小世界网络模型和 ER 随机网络模型研究了平均度对合作频率的影响，表明存在最优的平均度使网络中出现最高的合作水平。

小世界网络结构对雪堆博弈动力学的影响也引起了学者的关注，Tomassini 等[185]基于雪堆博弈的变形鹰鸽博弈，针对模仿者动态、比例更新和最优更新 3 种策略演化，研究了小世界网络上的合作行为，研究表明个体的行为与底层拓扑结构、收敛代价比、个体所采用的策略规则和更新方式等紧密相关。在某些条件下空间结构能够促进雪堆博弈中个体的合作行为，而另外一些情况则会抑制合作行为的涌现。

9.7.3 无标度网络上的博弈

自从 1999 年 Barabási 和 Albert 发现很多真实网络具有无标度特性，并提出了基于偏好连接机制的无标度网络模型后，无标度网络及其上的动力学得到了广泛的研究。无标度网络与小世界网络、规则网络和随机网络最大的不同是节点连接度的异质性，这种异质性往往会造成无标度网络上的动力学过程与其他类型网络截然不同。

2005 年，Santos 和 Pacheco[186,187]首先探讨了囚徒困境和雪堆博弈在无标度网络上的动力学行为，发现无标度特性极其有利于合作行为的产生和维持。Santos 等[188]进一步研究了网络的异质性对囚徒困境博弈、雪堆博弈和猎鹿博弈中合作行为的影响，发现与规则网络相比异质性能够同时促进3种博弈中的合作行为。为了解释为什么网络的异质性能够有利于合作行为，Santos等[186-188]研究了打断中心节点(Hub)之间连边如何影响合作行为，发现断开中心节点间的连接会明显削弱合作水平。这种现象说明相互连接的中心节点能够相互保护、抵制背叛者的入侵，并能够带动整个网络朝高合作水平的方向演化。需要说明的是，Santos采用的演化规则假设个体的收益是与所有邻居博弈的累积和，因而中心节点一般具有高收益从而有更强的竞争优势。这一规则保证了无标度网络中合作程度的惊人增加。然而Wu等[189]发现如果策略更新时采用个体平均收益来替代累计收益，无标度网络上基于囚徒困境博弈的个体合作行为甚至要低于采取相同演化规则的规则随机网络。同样考虑无标度网络上的博弈，Masuda[190]在博弈动力学中引入参与代价，即把赢得矩阵元素的值减去相应的一个常量。研究结果表明在此规则下，先前发现的无标度拓扑对合作行为的促进被大大地削弱了。

Gomez-Gardenes等[191]将处于稳定状态的节点分为3类：纯合作者、纯背叛者、不断改变自己策略的骑墙者。他们发现，对于BA无标度网络上的囚徒困境博弈，网络中心节点以纯合作者形式存在，且网络中的纯合作者始终会处于一个相互之间连通的簇中，有效抵抗了背叛者的攻击。然而在具有较均匀度分布的随机网络中，纯合作者簇零散分布在网络中，很容易湮灭。这为理解网络结构与合作动力学之间的相互影响提供了新的研究视角。

网络的结构统计特征量有很多，Santos等[186-188]的工作说明异质性对于合作是有益的。研究其他的拓扑特征量对合作行为的影响也是很有意义的问题。2007年，Rong等[192]首先研究了无标度网络的度—度相关性对合作行为的影响。研究表明，当无标度的网络结构呈现同配性质，即连接度大的节点倾向于和连接度大的节点建立连接时，由于中心节点和边远节点(连接度一般较小)的“通信渠道”的减少，使得中心节点的策略难以传播出去，从而整体的合作水平呈现下降的趋势。而在异质的无标度网络中，系统的合作水平则依赖于赢得矩阵元素中的欺骗诱惑量的值。当此值较小时，异配性质会抑制合作的产生，而当此值较大时，则会有利于合作行为的维持。

9.7.4 总结

对于自然界中广泛存在的合作行为的理解，以及如何诱导自私个体之间产生合作一直是数学、物理、生物、管理乃至工程学科的学者关注的话题。随着复杂网络的兴起，人们对于自然界中复杂网络的组织结构有了新的认识。从网络结构角度研究演化博弈行为是一个既具理论意义又有工程实践价值的课题。本节简单介绍了复杂网络上的演化博弈，主要针对囚徒困境博弈和雪堆博弈介绍了当前物理类期刊中研究者所关注的问题，以及相关的研究成果。通过上面的概述可知，对于网络系统中的博弈，网络结构、演化规则和博弈模型三者密切相关，个体间有效的结构组织和使用合理的演化规则能够有效地维持合作，抵御背叛入侵。相比于较成熟的网络结构对博弈动力学的影响的研究，以下两个方面的研究还仅仅处于起步的阶段：

(1) 设计适当的动力学演化机制使得合作行为在系统的演化过程中更容易涌现与稳定维持。

(2) 网络拓扑结构与博弈动力学的协同演化。现实复杂系统都是由许多平行作用并且相互影响的独立个体组成的。系统中的个体能够在与其他个体相互作用时积累经验，并且在适应变化的环境中改变自己。

因此，在现有的博弈模型基础上引入合理的博弈演化规则，例如个体之间的非对称的影响作用、理性与非理性竞争、学习、适应、突变等，构造更加接近客观现实的博弈模型，研究其对合作涌现的影响将是很有意义的扩展工作。此外,根据现实复杂系统具有自适应、自组织的性质和功能,在将来的研究中不仅考虑网络结构以一定的规则进行相应的调整;还需要进一步考虑网络结构转变代价的评估等。在此基础上研究网络结构和动力学过程的协同演化,对理解自组织演化、集体涌现行为、社会及生态稳定性等问题是非常有益的。

习题 9

9.1 “二指莫拉问题”。甲、乙二人游戏,每人出一个或两个手指,同时又把猜测对方所出的指数叫出来。如果只有一个人猜测正确,则他所赢得的数目为二人所出指数之和,否则重新开始。写出该对策中各局中人的策略集合及甲的赢得矩阵,并回答局中人是否存在某种出法比其他出法更为有利。

9.2 甲、乙两队进行乒乓球团体赛,每队由3名球员组成。双方可排出3种不同的阵容。甲队的3种阵容记为A,B,C;乙队的3种阵容为Ⅰ,Ⅱ,Ⅲ。根据以往的记录。两队以不同的阵容交手的结果如表9.11所列。

表9.11 甲队得分数

甲队 \ 乙队	Ⅰ	Ⅱ	Ⅲ
A	-3	-1	-2
B	-6	0	3
C	5	1	-4

表9.11中的数字为双方各种阵容下甲队的得分数。这次团体赛双方各采取什么阵容比较稳妥?

9.3 演化博弈理论与经典博弈理论的不同主要体现在什么地方?

参考文献

[1] 汪小帆,李翔,陈关荣. 复杂网络理论及其应用[M]. 北京:清华大学出版社,2006.

[2] Erdös P, Rényi A. On the Evolution of Random Graphs[J]. Publ. Math. Inst. Hung. Acad. Sci., 1960, 5: 17-60.

[3] Milgram S. The Small World Problem[J]. Psychology Today,1967,5:60-67.

[4] 郭世泽,陆哲明. 复杂网络基础理论[M]. 北京:科学出版社,2012.

[5] 方锦清. 迅速发展的复杂网络研究与面临的挑战[J]. 自然杂志,2007, 27(5): 269-273.

[6] 孙立娟. 风险定量分析[M]. 北京:北京大学出版社,2011.

[7] 司守奎,孙玺菁. 数学建模算法与应用[M]. 北京:国防工业出版社,2011.

[8] 胡运权,郭耀煌. 运筹学教程[M].4 版. 北京:清华大学出版社,2012.

[9] Watts D J, Strogatz S H. Collective Dynamics of 'Small-world' Network[J]. Nature, 1998, 393(6684): 440-442.

[10] Barabási A L, Albert R. Emergence of Scaling in Random Networks[J]. Science, 1999, 286(5439): 509-512.

[11] Pastor-Satorras R, Vespignani A. Immunization of complex networks[J]. Phys. Rev. E, 2001, 65: 036134.

[12] Newman M E J. Assortative Mixing in Networks[J]. Phys. Rev. Lett., 2002, 89(20): 208701.

[13] 张亮. 复杂网络增长模型及社区结构划分方法[D]. 大连:大连理工大学,2008.

[14] Gaertler M, Patrignani M. Dynamic Analysis of the Autonomous System Graph[C]. IPS2004, Inter-Domain Performance and Simulation, 2004, 13-24.

[15] 何士产. 复杂网络的耗散结构特征与矩阵表示研究[D]. 武汉:武汉理工大学,2007.

[16] Newman M E J, Watts D J. Renormalization Group Analysis of the Small-world Network Model[J]. Phys. Lett. A, 1999, 263: 341-346.

[17] Barrat A, Weight M. On the Properties of Small World Networks[J]. Eur. Phys. J. B, 2000, 13: 547-560.

[18] Newman M E J. The Structure and Function of Networks[J]. Computer Physics Communications, 2002, 147: 40-45.

[19] 刘自然. 加反馈机制的复杂网络动力学[D]. 长沙:湖南师范大学,2007.

[20] 胡柯. 复杂网络上的传播动力学研究[D]. 湘潭:湘潭大学,2006.

[21] 田蓓蓓. 复杂网络传播行为的元胞自动机模拟研究[D]. 上海:上海大学,2008.

[22] 周杰. 复杂系统中的信息传播研究[D]. 上海:华东师范大学,2008.

[23] Bollobás B, Riordan O. Mathematical Results on Scale-free Random Graphs[M]//In: Bornholdt, S, Schuster H G(ed.) Handbook of Graphs and Networks: From the Genome to the Internet, Berlin: Wiley-VCH, 2003:1-34.

[24] Cohen R, Havlin, S. Scale-free Networks are Ultrasmall. Phys. Rev. Lett., 2003, 90: 058701.

[25] Fronczak A, Fronczak P, and Holyst J A. Mean-field Theory for Clustering Coefficients in Barabási-Albert Network. Phys. Rev. E., 2003, 68: 046126.

[26] 李涛. 复杂网络演化模型、鲁棒性与动力学过程研究[D]. 南京:东南大学,2010.

[27] Doar M. A Better Model for Generating Test Networks[J]. Pvoceedings of IEEE Global Internet, London, 1996, 86-93.

[28] Calvert K, Doar M, Zegura E. Modeling Internet Topology[J]. IEEE Communication Magazine, 1997, 35(6): 160-163.

[29] Bianconi G, Barabási A L. Bose-Einstein Condensation in Complex Network[J]. Phys. Rev. Lett., 2001, 86: 5632-5635.

[30] Li X, Chen G. A Local World Evolving Network Model[J]. Physica A, 2003, 328: 274-286.

[31] Milo R, Shen Orr S S, Nadav K, et al. Network Motifs: Simple Building Blocks of Complex Networks[J]. Science, 2002, 298: 824-827.

[32] Shen Orr S S, Milo R, Mangan S, et al. Network Motifs in the Transcriptional Regulation Network of Escherichia coli[J]. Nature Genet., 2002, 32: 64-68.

[33] Yeger Lotem E, Sattath S, Nadav K, et al. Network Motifs in Integrated Cellular Networks of Transcription-regulation and Pro-

tein-protein Interaction[C]. Proc. Natl. Acad. Sci. USA, 2004, 101: 5934-5939.

[34] 章忠志. 复杂网络确定性模型研究的最新进展[J]. 复杂系统与复杂性科学,2008, 5(4):29-46.

[35] Zhang Z, Rong L, Guo C. A Deterministic Small-world Network Created by Edge Interations[J]. Physica A: Statistical Mechanics and its Applications,2006,363(2): 567-572.

[36] 陶少华. 复杂网络模型研究及拓扑结构优化[D]. 武汉:华中师范大学,2007.

[37] 钟云霄. 混沌与分形浅谈[M]. 北京:北京大学出版社,2010.

[38] Daniel A, Justin S. A Fractal Representation for Real Optimization[C]. Evolutionary Computation, CEC 2007, IEEE Congress: 87-94.

[39] 武瑞馨. 复杂网络的自相似性与周期态、同步态稳定性[D]. 上海:上海大学,2006.

[40] Song C, Havlin S, Makse H A. Self-similarity of Complex Network[J]. Nature, 2005, 433: 392-395.

[41] Milo R, Itzkovitz S,Kashtan N,et al. Superfamilies of Evolved and Designed Network[J]. Science, 2004,303: 1538-1542.

[42] Waxman B M. Routing of Multipoint Connections[C]. IEEE Journal of Selected Areas n Communication, 1988,6(9): 1617-1622.

[43] Faloutsos M, Faloutsos P, Faloutsos C. On Power-law Relationships of Internet Topology[C]. ACMSIGCOMM Computer Communication Review, 1999, 29(4): 251-256.

[44] Albert R, Barabási A L. Topology of Evolving Networks: Local Events and Universality[J]. Phys. Rev. Lett.,2000, 85(24): 5234-5237.

[45] Bu T, Towsley D. On distinguishing between Internet power law topology generators[C]. Proceeding of INFOCOM, New York, 2002,2: 638-647.

[46] Pastor-Satorras R, Vespingnani A. Epidemic Spreading in Scale-free Networks[J]. Phys. Rev. Lett., 2001, 86(4): 3200-3203.

[47] Bailey N T J. The Mathematical Theory of Infectious Diseases and Its Applications[M]. New York: Hafner Press, 1975.

[48] Anderson R M, May R M. Infectious Diseases in Humans[M]. Oxford: Oxford University Press,1992.

[49] Diekmann O, Heesterbeek J A P. Mathematical Epidemiology of Infectious Disease: Model building, Analysis and Interpretation[M]. New York: John Wiley &Son publisher, 2000.

[50] 殷传洋. 复杂网络上的传播和耦合动力学过程研究[D]. 合肥:中国科学技术大学,2008.

[51] 姜启源,谢金星,叶俊. 数学模型[M].3 版. 北京:高等教育出版社,2003.

[52] 何大韧,刘宗华,汪秉宏. 复杂系统与复杂网络[M]. 北京:高等教育出版社, 2012.

[53] 王高峡. 复杂网络的社团结构及其相关研究[D]. 武汉:华中科技大学,2008.

[54] Newman M E J. Scientific Collaboration Networks. I. Network Construction and Fundamental Results[J]. Physical Review E, 2001,64(1): 016131.

[55] Newman M E J. Scientific Collaboration Networks. Ⅱ. Shortest Paths, Weighted Networks, and Centrality[J]. Physical Review E, 2001, 64(1): 016132.

[56] Milo R, Shen-Orr S, Itzkovitz S, et al. Network Motifs: Simple Building Blocks of Complex Networks[J]. Science, 2002, 298: 824-827.

[57] Pastor-Satorras R, Vespignani A. Epidemics and Immunization in Scale-free Networks[M]. In Handbook of Graphs and Networks, Bornholdt S., Schuster H. G. (eds.), WILE-YVCH publisher, 2003.

[58] Pastor-Satorras R, Vespignani A. Epidemic Dynamics in Finite Size Scale-free Networks[J]. Physical Review E, 2002, 65(3): 035108.

[59] Boguñá M, Pastor-Satorras R. Epidemic Spreading in Correlated Complex Networks[J]. Phys. Rev. E, 2002, 66: 047104.

[60] Moreno Y, Gómez J B, Pacheco A F. Epidemic Incidence in Correlated Complex Networks[J]. Phys. Rev. E, 2003, 68: 035103.

[61] 邵英英. 无标度网络上 SIR 和 SEIR 模型的动力学性质[D]. 杭州:浙江师范大学,2009.

[62] Cohan R, Havlin S, Ben-Avraham D. Efficient Immunization Strategies for Computer Networks and Populations[J]. Phys. Rev. Lett., 2003,91: 247901.

[63] Madar N, Kalisky T, Cohen R, et al. Immunization and Epidemic Dynamics in Complex Networks[J]. The European Physical Journal, 2004, 38(2): 269-276.
[64] Dezsö Z, Barabási A L. Halting Viruses in Scale-free Networks. Phys. ReV. E, 2002, 65: 055103.
[65] Fu X C, Small M, Walker D M, Zhang H F. Epidemic Dynamics on Scale -free Networks with Piecewise Linear Infectivity and Immunization[J]. Graphs and Combinatories, 2008,77: 36-113.
[66] Zanette D H. Criticality of Ru mor Propagation on Small-world Networks. http: //arxiv. org/PS_cache/cond-mat/pdf/0109/0109049v1. pdf.
[67] Zanette D H. Dynamics of Rum or Propagation on Small-world Networks. http: //arxiv. org/PS_cache/cond-mat/pdf/0110/0110324v1. pdf.
[68] 许鹏远. 复杂网络上的传染病模型研究[D]. 大连:大连海事大学,2007: 33-39.
[69] 张芳,司光亚,罗批. 谣言传播模型研究综述[J]. 复杂系统与复杂性科学,2009,6(4):1-11.
[70] 潘灶峰,汪小帆,李翔. 可变聚类系数无标度网络上的谣言传播仿真研究[J]. 系统仿真学报,2006,18(8): 2346-2348.
[71] Zhou J, Liu Z, Li B. Influence of Network Structure on Rumor Propagation[J]. Physics Letters A, 2007, 368(6): 458-463.
[72] Axelrod R. The Dissemination of Culture: A Model with Local Convergence and Global Polarization[M]//The Complexity of Cooperation: Agent-Based Models of Competition and Collaboration. New Jersey: Princeton University Press, 1997: 41.
[73] Kasperski K, Holyst J A. Phase Transitions and Hysteresis in a Cellular Automata-based Model of Opinion Formation[J]. Physica A,1996,84(1, 2): 169-189.
[74] Krause U. A Discrete Nonlinear and Non-autonomous Model of Consensus Formation[C]. Communications in Difference Equations. Amsterdam: Gordon and Breach Pub, 2000: 227-236.
[75] Jager W, Amblard F. Uniformity. Bipolarisation and Pluriformity Captured as Generic Stylized Behaviour with an Agent-based Simulation Model of Attitude Change[J]. Computational and Mathematical Organization Theory, 2005, 10: 295-303.
[76] Salzarulo L. A Continuous Opinion Dynamics Model Based on the Principle of Meta-contrast[EB/OL]. [2009-03-01]. http: //jasss. soc. surrey. ac. uk /9 /1 /13 /13. pdf.
[77] Stauffer D. Meyer-Ortmanns H. Simulation of Consensus Model of Deffuant et al on a Barabasi-albert Network[J]. Int J Mod Phys C, 2004(15): 2.
[78] Stauffer D, Sousa A O, Schulze C. Discretized Opinion Dynamics of the Deffuant Model on Scale-free Networks[EB/OL]. [2009-03-01]. http: //arxiv. org/PS_cache/con d-mat/pdf /0310 /0310243v2. pdf.
[79] 刘慕仁,邓敏艺,孔令江. 舆论传播的元胞自动机模型[J],广西师范大学学报,2002,6(2): 1-4.
[80] 肖海林,邓敏艺,孔令江,等. 元胞自动机舆论模型中人员移动对传播的影响[J]. 系统工程学报,2005,20(3): 225-231.
[81] 刘常昱,胡晓峰,司光亚,等. 基于小世界网络的舆论传播模型[J]. 系统仿真学报,2006,18(12): 3608-3610.
[82] Zou C C, Towsley D, Gong W B. Email Virus Propagation Modeling and Analysis. Technical Report TR-CSE -03-04. University of Massachusettes, Amherst 2003.
[83] 徐昌彪,鲜永菊. 计算机网络中的拥塞控制与流量控制[M]. 北京:人民邮电出版社,2007.
[84] 王先朋. 复杂网络上的路由策略研究[D]. 上海:上海交通大学,2009.
[85] 李涛,裴文江,王少平. 复杂网络负载传输路由优化策略[J]. 物理学报,20(4),2009: 34-85.
[86] 黎连业,张维,向东明. 路由器及其应用技术[M]. 北京:清华大学出版社,2004.
[87] Echenique P,Gómez-Garde J,Moreno Y. Dynamics of Jamming Transitions in ComplexNetworks[M]. Oxford University Press Inc,2004.
[88] Valverdel S,Sole R V. Internet's Critical Path Horizon[J]. European Physics Journal B.Vol. 38,No. 2,2004: 245-252.
[89] 陈振毅. 复杂网络上的拥塞分析和控制研究[D]. 上海: 上海交通大学,2006.
[90] Winfree A T. Biological rhythms and the behavior of populations of coupled oscillators[J]. J. Theo. Biol. , 1967, 16: 15-42.
[91] Kuramoto Y. Chemical Oscillations, Wave and Turbulence. Springer-Verlag, 1984.
[92] 张平伟. 混沌同步及其应用研究[D]. 桂林:广西师范大学,2005.

[93] 张刚．混沌系统及复杂网络的同步研究[D]．上海:上海大学,2007.
[94] 李险峰,褚衍东．Rössler 超混沌系统的非线性同步方法研究[J]．吉林大学学报(自然科学版),2008(8):81-83.
[95] 郑博仁．电子系统中混沌现象的判据与准则[J]．现代电子技术,2007(14):157-159.
[96] 蒋品群．混沌系统和复杂网络系统的控制、同步和演化研究[D]．合肥:中国科学技术大学,2005.
[97] Y. B. Pesin. Lyapunov characteristic exponents and ergodic properties of smooth dynamical systems with an invariant measure [J]. Sov. Math. Dokl. 1976(17):196.
[98] Brown R, Kocarev L. A Unifying Definition of Synchronization for Dynamical Systems[J]. Chaos,2000,10(2): 344-349.
[99] Pecora L A, Carroll T S. Synchronization in Chaotic Systems[J]. Phys. Rev. Lett. ,1990. 64: 821-824.
[100] Pecora, L M Carroll T L. Synchronization in chaotic systems[J]. Phys. ref. Lett, 1900,65(26): 3211.
[101] M. G. Rosenblum, A. S. Pikovsky, J. Kurths. Phase Synchronization of Chaotic Oscillators [J]. Phys. Pev. Lett. 1996 (76):1804-1807.
[102] 秦金旗．混沌控制与同步的方法研究[D]．长沙:湖南大学,2008.
[103] 吴晔．混沌系统的同步研究与复杂网络初探[D]．北京:北京邮电大学,2007.
[104] 刘维清．耦合混沌振子反向同步与振幅死亡[D]．北京:北京邮电大学,2008.
[105] 陈士华,陆君安．混沌动力学初步[M]．武汉:武汉水利电力大学出版社,1998.
[106] 潘凯．非线性动力系统及复杂网络的混沌同步研究[D]．北京:北京交通大学,2008.
[107] 邹家蕊．Rich-club 网络与叶子网络时空混沌同步研究[D]．大连:辽宁师范大学,2011.
[108] 柴元．新建复杂网络的时空混沌同步研究[D]．大连:辽宁师范大学,2010.
[109] Kocarev L, Parlitoz U. Gerenal Approach for Chaotic Synchronization with Application to Ecommunication [J]. Phys. Rev. Lett. 1995,74(25): 5028-5031.
[110] 赵明,汪秉宏,蒋品群,等．复杂网络上动力系统同步的研究进展[J]．物理学进展,2005,25(3): 273-295.
[111] 王瑞兵．复杂网络的同步及其在保密通信中的应用[D]．镇江:江苏大学,2009.
[112] 范瑾．复杂动态网络同步性能分析[D]．上海:上海交通大学,2006.
[113] 金山．复杂动态网络的同步控制研究[D]．上海:中南大学,2011.
[114] 杨明．三角形和链式网络的混沌同步研究[D]．大连:辽宁师范大学,2011.
[115] Fan J, Wang X F. On Synchronization in Scale-free Dynamical Networks[J]. Physica A, 2005, 349: 443-451.
[116] Fan J, Li X, Wang X F. On Synchronous Preference of Complex Dynamical Network[J]. Physica A, 2005,249.
[117] 黄增勇．一般拓扑结构复杂网络的时滞同步牵制控制[D]．镇江:江苏大学,2009.
[118] 孙国强．双重常时滞复杂网络的同步分析[D]．广州:暨南大学,2013.
[119] Qunjiao Zhang, Junan Lu, Jinhu Lü, et al. Adaptive Feedback Synchronization of a General Complex Dynamical Network With Delayed Nodes[J]. IEEE Transaction On Circuits And Systems,2008,2,55(2),118-121.
[120] 陆玉凤．提高复杂网络上动力学系统同步能力方法的研究[D]．合肥:中国科学技术大学,2008.
[121] 戴存礼．复杂网络上动力学系统的同步行为研究[D]．南京:南京航空航天大学,2008.
[122] Yang B, Garicia Molina H. Improving Search in Peer-to-peer Networks [C]. Proceedings of the 22nd IEEE International Conference on Distributed Computing(IEEE ICDCS'02),2002: 1-10.
[123] Hughes B D. Random Walks and Random Environments [M]. Oxford: Clarendon Press,1996.
[124] Scala A, Amaral L A N, Barthélémy M. Small-world Networks and the Conformation Space of a Short Lattice Polymer Chain [J]. Europhys. Lett. ,2001,55(4): 594-600.
[125] Jasch F, Blumen A. Target Problem on Small-world Networks [J]. Phys. Rev. E,2001,63: 41-52.
[126] Pandit S A, Amritkar R E. Random Spread on the Family of Small-world Networks [J]. Phys. Rev. E,2001,63: 104-111.
[127] Lahtinen J, Kertész J, Kaski K. Random Spreading Phenomena in Annealed Small World Networks [J]. Physica A,2002, 311: 577-580.
[128] Adamic L A, Lukose R M, Puniyani A R, et al. Serch in Power-law Networks [J]. Phys. Rev. E,2001,64: 234-241.
[129] Noh J D, Rieger H. Random Walks on Complex Networks[J]. Phys. Rev. Lett. ,2004,92: 403-421.
[130] Tadic B. Exploring Complex Graphs by Random Walks. Modeling Complex Systems [C], Garrido P L, Marro J(eds.), AIP

Conference Proceedings,2002,661: 224-244.
[131] Lv Q,Cao P,Cohen E,et al. Search and Replication in Unstructured Peer-to-peer Networks [C]. Proceedings of the 16th ACM International Conference on Supercomputing(ACM ICS'02),2002: 1-8.
[132] Adamic L A,Lukose R M,Huberman B A. Local Search in Unstructured Networks [M]. Berlin: In S. Bornholdt an H. G. Schuster(eds.),Handbook of Graphs and Networks,Wiley-VCH,2003.
[133] Kim B J,Yoon C N,Han S K,et al. Path Finding Strategies in Scale-free Networks [J]. Phys. Rev. E,2002,65: 27-43.
[134] Goh K I,Kahng B,Kim D. Universal Behavior of Load Distribution in Scale-free Networks [J]. Phys. Rev. Lett. ,2003,87: 78-91.
[135] Kleinberg J. Authoritative Sources in a Hyperlinked Environment[C]. Proceedings of the 9th ACM-SIAM SODA, 1998.
[136] Brin S. ,Page L. The Anatomy of a Large-scale Hypersexual Web Search Engine [J]. Computer Networks,1998,30: 107-117.
[137] Menczer F,Belew R K. Adaptive Retrieval Agents: Internalizing Local Context and Scaling up to the Web [J]. Machine Learning,2000,39(2-3): 203-242.
[138] Shen-Orr S, Milo R, Mangan S, et al . Network Motifs in the Transcriptional Regulation Network of Escherichia Coli[J]. Nature Genetics, 2002,31(1): 64-68.
[139] Fiedler M. Algebraic Connectivity of Graphs[J]. Czech. Math. J. 23, 1973: 298.
[140] Pothen A, Simon H, Liou K-P. Partitioning Sparse Matrices with Eigenvectors of Graphs[J]. SIAM J. Matrix Anal. Appl 11, 1990: 430.
[141] Scott J. Social Network Analysis: a Handbook[M]. London: Sage Publications, 2002.
[142] Girvan M, Newman M E J. Community Structure in Social and Biological Networks[J]. Proceedings of the National Academy of Science, 2002, 99(12): 7821-7826.
[143] Newman M E J, Girvan M. Finding and Evaluating Community Structure in Networks[J]. Phys. Rev. E, 2004, 69 (026113): 15.
[144] Costa L F. ,Hub-based Community Finding. Arxiv: cond-mat/0405022, 2004.
[145] Bagrow J P, Bollt E M. A Local Method for Detecting Communities. Arxiv: cond-mat/0412482, 2005.
[146] Estrada E, Hatano N. Communicability in Complex Networks[J]. Phys. Rev. E, 2008, 77(3): 036111-12.
[147] Estrada E. Characterization of Topological Keystone Species Local, Global and "Mesoscale" Centralities in Food Webs[J]. Ecological Complexity, 2007, 4(1-2): 48-57.
[148] Everett M, Borgatti S P. The Centrality of Groups and Classes[J]. Journal of Mathematical Sociology, 1999, 23: 181-201.
[149] Radicchi F, Castellano C, Cecconi F, et al. Defining and Identifying Communities in Networks[J]. Proc. Natl. Acad. Sci. U. S. A. , 2004, 101(9): 2658-2663.
[150] Derenyi I, Palla G, Vicsek T. Clique Percolation in Random Networks[J]. Phys. Rev. Lett. , 2005, 94(16): 160202-4.
[151] 李晓佳,张鹏,狄增如,等. 复杂网络中的社团结构[J]. 复杂系统与复杂科学,2008,5(3): 19-42.
[152] Newman M E J. Finding Community Structure in Networks Using the Eigenvectors of Matrices[J]. Phys. Rev. E, 2006, 74 (3): 036104-19.
[153] Zachary W W. An Information Flow Model for Conflict and Fission in Small Groups[J]. Journal of Psycholog, 1975, 12: 328-383.
[154] Capocci A, Servedio V D P, Caldarelli G, Colaiori F. Detecting Communities in Large Networks[J]. Computer Science, 2004, 3243: 181-187.
[155] Palla G,Derényi I,Farkas I,et al. Uncovering the Overlapping Community Structure of Complex Networks in Nature and Society[J]. Nature, 2005, 435(7043): 814-818.
[156] Radicchi F, Castellano C, Cecconi F, Loreto V. , Parisi D. Defining and Identifying Communities in Networks[J]. Proceedings of the National Academy of Sciences. 2004,101: 2658-2663.
[157] Newman M E J. Fast Algorithm for Detecting Community Structure in Networks[J]. Phys. Rev. E,2004,69: 066133.
[158] 贺纯纯,王应明. 网络层析分析法研究述评[J]. 科技管理研究. 2014, 3: 204-213.

[159] Saaty T L. The Analytic Network Process[M]. RWS publications, Pittsburgh, USA, 2001.
[160] 孙宏才,徐关尧,田平．用网络层次分析法(ANP)评估应急桥梁设计方案[J]．系统工程理论与实践．2007, 3: 63-69.
[161] Wu Z X, Xu X J, Huang Z G, et al. Evolutionary Prisoner's dilemma game with dynamic preferential selection[J]. Phys Rev E, 2006, 74: 021107.
[162] 范如国．博弈论[M]．武汉：武汉大学出版社,2012.
[163] 姜启源,谢金星,叶俊．数学模型[M].3 版．北京：高等教育出版社,2007.
[164] 吴枝喜,荣智海,王文旭．复杂网络上的博弈[J]．力学进展．2008, 38(6): 794-804.
[165] Nowak M A, May R M. Evolutionary Games and Spatial Chaos[J]. Nature, 1992, 359: 826-829.
[166] Nowak M A, May R M. The Apatial Dilemmas of Evolution[J]. Int J Bifurcat Chaos, 1993, 3(1): 35-78.
[167] Hauert C, Doebeli M. Spatial Structure often Inhibits the Evolution of Cooperation in the Snowdrift Game[J]. Nature, 2004, 428: 643-646.
[168] Nowak M A, Asaski A, Taylor C, et al. Emergence of Cooperation and Evolutionary Stability in Finite Populations[J]. Nature, 2004, 428: 646-650.
[169] Ohtsuki H, Hauert C, Lieberman E, et al. A Simple Rule for the Evolution of Cooperation on Graphs and Social Networks[J]. Nature, 2006, 441: 502-505.
[170] Ohtsuki H, Nowak M A, Pacheco J M. Breaking the Symmetry Between Interaction and Replacement in Evolutionary Dynamics on Graphs[J]. Phys Rev Lett, 2007, 98: 108106.
[171] Ohtsuki H, Pacheco J M, Nowak M A. Evolutionary Graph Theory: Breaking the Symmetry Between Interaction and Replacement[J]. J Theor Biol, 2007, 246: 681-694.
[172] Perc M. Coherence Resonance in a Rpatial Prisoner's Dilemma Game[J]. New J Phys, 2006, 8: 22.
[173] Perc M. Transition from Gaussian to Levy Distributions of Stochastic Payoff Variations in the Spatial Prisoner´s Dilemma Game [J]. Phys Rev E, 2007, 75: 022101.
[174] Perc M, Szolnoki A. Social Diversity and Promotion of Cooperation in the Spatial Prisoner´s Dilemma Game[J]. Phys Rev E, 2008, 77: 011904.
[175] Wang W X, Ren J, Chen G, et al. Memory-based Snowdrift Game on Networks[J]. Phys Rev E, 2006, 74: 056113.
[176] Guan J Y, Wu Z X, Wang Y H. Effects of Inhomogeneous Activity of Players and Noise on Cooperation in Spatial Public Goods Games[J]. Phys Rev E, 2007, 76: 056101.
[177] Abramson G, Kuperman M. Social Games in a Social Netwok[J]. Phys Rev E, 2001, 63: 030901.
[178] Wu Z X, Xu X J, Chen Y, et al. Spatial Prisoner´s Dilemma Game with Volunteering in Newman-Watts Small-world Networks[J]. Phys Rev E, 2005, 71: 036107.
[179] Santos F C, Rodrigues J F, Pacheco J M. Edidemic Spreading and Cooperation Dynamics on Homogeneous Small-world Networks[J]. Phys Rev E, 2005, 72: 056128.
[180] Ren J, Wang W X, Qi F. Randomness Enhances Cooperation: A Resonance-type Phenomenon in Evolutionary Games[J]. Phys Rev E, 2007, 75: 045101.
[181] Kim B J, Trusina A, Holme P, et al. Dynamic Instabilities Induced by Asymmetric Influence: Prisoners´ Dilemma Game in Small-world Networks[J]. Phys Rev E, 2002, 66: 021907.
[182] Chen X J, Wang L. Promotion of Cooperation Induced by Appropriate Payoff Aspirations in a Small-world Networked Game [J]. Phys Rev E, 2008, 77: 017103.
[183] Fu F, Liu L H, Wang L. Evolutionary Prisoner´s Dilemma on Heterogeneous Newman-Watts Small-world Network[J]. Eur Phys J B, 2007, 56: 367-372.
[184] Tang C L, Wang W X, Wu X, et al. Effect of Average Degree on Cooperation in Networked Evolutionary Game[J]. Eur Phys J B, 2006, 53: 411-415.
[185] Tomassini M, Luthi L, Giacobini M. Hawks and Doves on Small-world Networks[J]. Phys Rev E, 2006, 73: 016132.
[186] Santos F C, Pacheco J M. Scale-free Networks Provide a Unifying Framework for the Emergence of Cooperation[J]. Phys

Rev Lett, 2005, 95: 098104.

[187] Santos F C, Rodrigues J F, Pacheco J M. Graph Topology Plays a Determinant role in the Evolution of Cooperation[J]. Proc Royal Soc London B, 2006, 273: 51-55.

[188] Santos F C, Pacheco J M, Lenaerts T. Evolutionary Dynamics of Social Dilemmas in Structured Heterogeneous Populations[J]. Proc Natl Acad Sci USA, 2006, 103(9): 3490-3494.

[189] Wu Z X, Guan J Y, Xu X J, et al. Evolutionary Prisoner's Dilemma Game on Baraba' si-Albert Scale-free Networks[J]. Physica A, 2007, 379: 672-680.

[190] Masuda N. Participation Costs Dismiss the Advantage of Heterogeneous Networks in Evolution of Cooperation[J]. Proc R Soc B. 2007, 274: 1815-1821.

[191] Gomez-Gardenes J, Campillo M, Floria L M, et al. Dynamical Organization of Cooperation in Complex Topologies[J]. Phys Rev Lett, 2007, 98: 108103.

[192] Rong Z H, Li X, Wang X F. Roles of Mixing Patterns in Cooperation on a Scale-free Networked Game[J]. Phys Rev E, 2007, 76: 027101.